航天产品性能样机建模理论与仿真方法

张 峰 薛惠锋 徐 源 著

科 学 出 版 社

北 京

内 容 简 介

本书主要以性能样机的分析、设计、建模、仿真、验证、优化和综合集成技术支撑点展开，全面论述航天产品性能样机集成建模与仿真验证方法，应用系统工程思想贯穿全书，结合当前主流建模与仿真技术，提出了数字化样机的定义、性能样机的建模理论、协同设计过程集成、仿真与优化集成和基于高性能并行计算的性能样机验证技术，形成初步的航天性能样机设计与验证平台，实现航天大型复杂产品性能样机的系统设计、总体布局，实现从综合集成到综合提升的跨越，为后续技术研究提供理论指导。

本书可作为工程技术人员、硕士研究生、博士研究生关于性能样机数字化制造培养的统一教程、航天数字化制造发展的智库参考资料，为航天性能样机数字化综合集成提供理论与技术支撑，可作为航天性能样机建设的自主规范准则。

图书在版编目（CIP）数据

航天产品性能样机建模理论与仿真方法 / 张峰，薛惠锋，徐源著 . —北京：科学出版社，2019.5

ISBN 978-7-03-060860-4

Ⅰ.①航… Ⅱ.①张… ②薛… ③徐… Ⅲ.①航空航天工业–工业产品–样机–建立模型 ②航空航天工业–工业产品–样机–仿真 Ⅳ.①V423

中国版本图书馆 CIP 数据核字（2019）第 049067 号

责任编辑：李 敏 王 倩 / 责任校对：樊雅琼
责任印制：张 伟 / 封面设计：王 浩

科 学 出 版 社 出版

北京东黄城根北街 16 号
邮政编码：100717
http://www.sciencep.com

北京中石油彩色印刷有限责任公司 印刷

科学出版社发行 各地新华书店经销

*

2019 年 5 月第 一 版 开本：787×1092 1/16
2019 年 5 月第一次印刷 印张：22 1/2
字数：550 000

定价：188.00 元
（如有印装质量问题，我社负责调换）

前　　言

航天产品性能样机技术是当前具有挑战性和高难度的研究课题，是工业界和学术界的研究热点。它通常由几百个单位参与论证、设计、制造、试验、使用、保障和管理。目前，由于性能样机的定量描述和建模理论与技术尚不成熟，以超声速飞航武器为代表的大型复杂航天产品面临着地面试验条件模拟难、指标要求高、综合集成性差、建模与仿真难度大等一系列关键技术难题需要解决。当前，随着样机规模越来越大、复杂度越来越高、仿真实体之间的信息交互越来越频繁，对仿真验证通信和计算资源的需求也不断提高。因此，迫切需要利用并行计算优势，改变传统仿真验证过程在通信结构、任务调度策略、时间管理机制等方面的短板，从而彻底扭转性能样机仿真验证效率低下的瓶颈。

性能样机是针对大型复杂产品数字样机体系结构概念再设计过程，实现一个可扩展、综合集成、开放、协同的多领域产品设计模型。在模型的验证与性能优化过程中，利用高性能并行计算技术对仿真过程的任务描述、任务分解、任务调度、仿真计算、算法优化及数值计算等进行研究，确认模型在结构、行为、性能、交互方面的正确性，从而显著提高整个仿真过程的加速比及运行效率，实现从元件、成品件，到整个产品系列的全生命周期数字化仿真与虚拟试验，达到在产品设计初期就能对产品性能进行高效评估的目的。对性能样机的建模、验证与优化是一项复杂的系统工程，其在产品设计的各个阶段都扮演着重要的角色，可提供产品性能需求、概念设计、详细设计、加工制造、列装保障，直至报废的全生命周期管理，涉及不同学科领域之间的交叉和综合集成研究。因此，必须从系统工程的角度出发，以构建性能样机验证环境为支撑，以搭建完整的验证体系结构为支架，以多学科全数据验证关联模型为躯干，以高性能计算等先进技术为驱动，形成一套综合集成的研究框架和方法论体系。

本书力求反映性能样机的建模、验证与优化技术的新发展，并遵循理论与工程实践相结合的原则，立足于国际、国内视野，定位我国数字化样机发展现状与矛盾，研究我国航天数字化样机大框架构成，在此大框架基础上探寻此方面的主要矛盾和问题。

复杂航天产品性能样机技术是当前具有挑战性和难度的研究课题，已逐渐成为工业界和学术界的研究热点。在数字化环境下，性能样机验证与优化技术涉及仿真模型可信度的校核、验证与确认（verification, validation and accreditation, VV&A）过程，多学科协同仿真的并行优化计算过程，全系统的控制、弹道、动力、飞行器运动学、气动流场（力、热环境）、结构强度应力场、流体力学等学科和物理场的耦合动态特性仿真。

数字化样机工程是一项涉及面广、极为复杂的系统工程，研究对象不仅仅是系统、计算机网络设备，还包括研究企业的管理体制和运行机制及应用信息系统的人。数字化性能样机包含产品全生命周期内零部件及设备的完整数字信息模型，反映所指定产品的实际特征，可进行工程分析、优化及技术状态管理，同时性能样机应能按需进行简化处理，以满足不同的使用要求。性能样机本质上是一种虚拟样机，它是人的想象力和电子计算机技术相结合而产生的一项综合技术。

我们在大量的数字化样机工程实践中，通过对数字化样机基本理论和基础知识的学习，总结国内外数字化样机实践的经验与教训；探讨信息、信息化的基本规律，提出"分析、设计、建模、仿真、验证、优化、综合集成"性能样机总体设计策略，以及信息化工程组织、建设与应用模型。本书是作者多年从事企业信息化实践及研究的成果，是组织和主持过的 30 多项大型信息化工程的经验总结，以及指导大量信息化工程实践取得成功的案例。

本书提出了数字化样机的定义、性能样机的建模理论、协同设计过程集成、仿真与优化集成和基于高性能并行计算的性能样机验证技术，形成初步的航天性能样机设计与验证平台，为后续技术研究提供理论指导。

全书共 13 章，第 1 章详细定义性能样机的组成结构及理论基础，第 2 章介绍性能样机集成设计支撑技术，第 3 章介绍性能样机验证与优化方法，第 4 章介绍性能样机多学科协同建模方法，第 5 章介绍性能样机多学科协同仿真方法，第 6 章介绍性能样机建模及协同仿真模型库的构建方法，第 7 章介绍性能样机协同建模与仿真优化方法，第 8 章介绍性能样机仿真验证框架，第 9 章介绍性能样机仿真验证任务调度机制，第 10 章介绍性能样机仿真验证时间管理机制，第 11 章介绍性能样机协同建模与仿真架构，第 12 章介绍基于高性能并行计算技术的性能样机验证平台，第 13 章介绍基于多 Agent 系统的性能样机验证方法。

薛惠锋负责全书的总体构思、策划及框架设计，并对章节进行划分和具体内容指导，张峰具体负责撰写第 1～11 章，徐源具体负责撰写第 12～13 章。参加本书资料整理和编写工作的还有项目团队成员刘爱龙、张志浩、高山、左轩和冯敏。

本书是国内关于性能样机"分析、设计、建模、仿真、验证、优化、综合集成"方面的专著，性能样机设计知识全面，理论联系实践。与同类图书相比，作者在内容设计上注重结合最新建模与验证技术进行讲解，并且内容涉及性能样机的各个应用方面，使读者能够全面掌握性能样机设计过程中涉及的各种知识，而不是只介绍性能样机技术。

本书最大的特点是应用系统工程思想贯穿全流程，系统工程与性能样机"分析、设计、建模、仿真、验证、优化、综合集成"思想深处高度统一、高度和谐，立足于国内外视野，分析我国航天制造业数字化发展现状与矛盾，介绍国内外最尖端的设计与验证技术。提出数字化样机的定义、性能样机的建模理论、协同设计过程集成、仿真与优化集成和基于高性能并行计算的性能样机验证技术，形成初步的航天性能样机设计与验证平台。

本书内容丰富，逻辑性强，语言流畅，通俗易懂。作者为读者提供了 300 多张图片，尽量做到通俗易懂，循序渐进，从读者的角度去理解和把握各种概念与技术。

本书及时跟随动态，对当前国内外航天制造业数字化技术最前沿的技术应用作了详细的介绍。通过搭建统一的建模与仿真平台，建设统一的高性能并行验证平台、统一的基础架构支撑平台，集中承载业务应用系统，建立、健全一套数字化协调发展的运行机制，创新业务应用模式和管理机制，推动业务基础设施统建共用，提升信息技术（information technology，IT）基础设施建设和运行维护的专业化水平。

　　本书的撰写参考了国内外大量的相关文献资料，吸取了国内外同行在数字化制造方面的宝贵经验，可以说，本书的编写是集体智慧的结晶。在此对所有给予我们支持和帮助的朋友、同事、有关人员及参考文献的作者一并表示衷心感谢。本书建立在读者具备一定数字化制造和计算机相关知识的基础上，着重应用系统工程思想解决大型复杂产品数字化制造综合集成过程中各个环节所用到的技术集成问题。由于时间仓促、作者水平有限，书中的疏漏和不当之处在所难免，真诚希望广大读者提出宝贵意见，如果读者在阅读过程中遇到疑难问题，可以发送到邮箱 tfnew21@ sina. com 共同交流探讨。

作　者

2018 年 10 月

目　　录

第三篇　性能样机验证平台篇

第一篇

性能样机建模理论篇

第1章　性能样机技术概述

本章主要介绍本书研究背景及意义，主要内容包括性能样机的定义、性能样机技术的发展与应用、性能样机协同建模与仿真方法综述和性能样机的验证与优化，使读者初步了解性能样机发展的现状和相关知识，为后面各章的学习打下基础。

1.1　性能样机发展概述

大型复杂航天产品的设计通常由几百个单位参与论证、设计、制造、试验、使用、保障和管理，研制和使用保障周期长达几十年，汇集设计、制造、试验与管理等众多学科领域。以超声速飞航武器为代表的大型复杂航天产品面临着地面试验条件模拟难、指标要求高、综合集成性差、建模与仿真难度大等一系列关键技术难题需要解决。

航天产品性能样机是依据相关标准规范，基于各种建模方法、领域实现工具和业务管理平台建立的，能够实现各专业在航天产品研制各阶段进行系统和分系统的性能定义、分析、评估、优化、交联和展示的数字化航天产品，它是针对大型复杂产品数字样机体系结构概念再设计的过程。实现一个可扩展的、综合集成的、开放的、协同的多领域产品设计模型，在模型实现之前对系统的概念模型进行推演，确认模型在结构、行为、交互方面的正确性，可为不同层次的性能分析提供不同精确度的系统表示，提供产品性能评估并优化全生命周期管理。

复杂航天产品是指超声速飞航武器、航天器、飞机和导弹等产品，它的系统组成复杂、产品技术复杂、客户需求复杂、制造过程复杂、试验维护复杂、项目管理复杂、工作环境复杂，涉及空气动力学、飞行力学、制导与控制、喷气推进、结构力学、材料力学、电子学和信息科学等，系统研制任务具有技术新、领域广、创新难度大等特点。这就要求采用多领域渗透、多学科交叉、多技术融合的数字化多学科协同设计技术。依据"十二五"及今后一定时期内国家和军队发展的需求，以超声速飞航武器为代表的型号研制，特别是飞航武器具有地面试验条件模拟难、指标要求高、一体化程度高、设计制造难度大等一系列特点，同时随着型号进入立项阶段，面临着总体优化技术、多类目标制导控制一体化优化设计技术等一系列关键技术需要攻克。总而言之，这些工作面临着技术要求高、制造难度大、时间周期短、集成协同程度高、项目管理复杂等众多难题。

复杂航天产品的协同设计与仿真是一项十分复杂的系统工程，涉及不同学科领域之间的交叉和综合集成研究（朱德泉，2012；宁芊，2006）。因此，必须从系统工程的角度出发，采用层次分析等方法对大型复杂航天产品系统进行系统性的分解与建模，建立与之对应的多学科全数据关系关联模型，形成多学科优化的设计方案。

复杂航天产品性能样机技术是当前具有挑战性的研究课题，成为工业界和学术界的研究热点。随着信息技术的发展，复杂航天产品设计由基于物理样机试验验证的串行研制模式向数字化并行研制模式转变，而在先进的数字化条件下，产品研制模式的构建成为复杂航天产品研制的严峻挑战（Zhang，2015a）。因此，通过产品全生命周期的研制对数字样机实现由基于物理样机的独立、串行研制模式，向基于数字样机、与物理样机有机结合的并行、协同研制模式转变。而现有研究大多集中在数字样机（digital mock-up，DMU）中的几何样机和功能样机。在数字化环境下，复杂航天产品性能样机的建模与仿真涉及电子、机械、机电等多学科融合和协同，在多学科协作开发过程中，为了实现多领域并行协同设计，需要在几何样机和功能样机的基础上，以多学科设计和仿真分析为核心将不同工程领域的设计元模型综合集成进行分析，在产品设计与仿真流程中以性能样机代替实体物理样机，对复杂航天产品的性能样机进行设计、测试和优化。

复杂航天产品性能样机的建模与仿真需要多学科领域的设计人员分布式协同设计完成，涉及不同学科设计人员和不同领域的知识（许红静，2007）。由于建模过程需要实现各学科领域设计人员对各领域的专业知识在语义上有共同理解，必须按系统层次分析方法将该复杂系统分解为不同层次的子系统，然后应用相关领域建模方法对各个子系统按照各模型之间交互的接口逻辑关系进行建模与仿真。最后，把所设计各个学科的元模型综合集成为一个完整的系统模型，因此需要研究分布式环境条件下的协同建模与仿真技术，支持复杂航天产品设计阶段的性能验证过程。在现有环境条件下，不同子系统的设计建模与仿真采用不同的工具，各个领域工具之间有各自的学科特点，各模型之间的协同与交互有不同的依赖关系，如数据耦合、参数耦合、内容耦合、函数耦合和控制耦合关系，因此，性能样机统一建模与仿真主要解决各参与单位之间应用不同领域建模语言、不同领域模型算法和工具的综合集成与协同仿真问题。在当前航天产品综合性能更加凸显、结构及系统复杂度越来越高的背景下，开展以协同集成为基础的性能样机技术研究，建立并固化多学科协同设计仿真流程，实现多学科全过程数据共享，消除"信息孤岛"和"流程壁垒"，对于提升仿真技术应用过程规范化程度和效率，缩短研制周期和降低研制成本具有重要意义。

为此，作者提出并研究借助包括云计算、软计算和多学科协同与优化等在内的信息技术与系统工程理论和方法，解决复杂航天产品性能样机协同建模与仿真模型构建问题，研究利用综合集成方法提高复杂航天产品协同设计效率的模型方法、基于标准的高层体系结构（high level architecture，HLA）建模和一体化统一建模集成方法，搭建、描述复杂航天产品的性能样机模型，建立实现复杂航天产品性能指标的各个子系统的接口、行为及子系统之间相互依赖关系的模型，按照并行协同分析要求，分解分析任务，解析分析任务之间的关系，建立分析任务之间的数据接口和控制接口，搭建分布式协同仿真的分析模型，对性能样机的实现方法和途径及性能样机系统的集成方法进行初步的研究和探索。同时，以子系统性能验证为基础，建立子系统性能样机模型，验证子系统的性能指标，进而系统性地提出具备通用性和综合集成性的统一建模仿真库优化（unified-modeling-simulation-library-optimization，UMSLO）综合集成概念模型，它是进一步实现其他模型的基础。对于 UMSLO 模型的实现问题，采用多学科交叉、多技术综合集成研究及混合软计算、云计算等新一代信息技术的实现方法，发展和完善复杂航天产品一体化设计理论，建立复杂航天产品数字化性能样机分布式协同建模与仿真技术理论体系，为我国航天企业全面、协调、可持续发展，以及建设国际一流复杂航天产品技术研究奠定坚实基础, 为建设先进的国防科技工业做出贡献。

1.2　性能样机的定义

复杂产品数字样机是与实物样机组成结构、功能特性相对应的数字模型集合, 能从构造、功能等方面定义、模拟实物样机, 与数字化环境相结合验证实物样机性能。数字样机应反映产品的构造、功能和性能等全属性特性, 其具体表现形式包括具有直观可视性的二维或三维产品仿真模型, 也包括抽象的数学模型, 其应用面向从概念设计到售后服务的产品全生命周期, 在方案认证、方案设计、工程研制等过程中经虚拟验证与优化, 逐步演变、成熟与交付, 最终作为实物产品在制造、使用、训练、维修和保障等方面的主要信息来源与工作依据。按照航天产品数字样机构建的目的、构成要素的差异, 数字样机分为功能样机、几何样机和性能样机。

1.2.1　功能样机的定义

复杂产品功能样机是描述产品系统、分系统及设备的组成、接口关系、工作原理、时序关系、边界条件的数字样机, 用以反映复杂产品全生命周期内各阶段的产品功能。复杂产品系统、分系统和设备的功能样机建模遵循通用模型接口 (functional mock-up interface, FMI) 标准, 是将必要的产品本身的构成要素加以数字化描述, 并以二维图、三维模型或数学模型等多种方式加以具象表达的数字样机。功能样机是产品设计的起点, 其设计输入一般为产品研制任务书。通过功能样机的构建, 最终在数字化条件下, 实现产品 "从无到有" 的设计与验证。

1.2.2　几何样机的定义

几何样机是描述产品系统、分系统及设备的几何形状、拓扑结构、制造信息和属性信息的数字样机, 是产品物理组成的直观反映, 用于复杂产品全生命周期内各阶段的设计、制造、验证、保障等过程。

1.2.3　性能样机的定义

性能样机是在几何样机和功能样机的基础上, 加载外部数字化环境与约束条件, 利用相关专业软件, 对功能性指标进行验证与优化, 形成的模型、环境和数据结果的集合。

性能样机针对产品指标要求, 根据产品特点和实际工作需求, 面向相关专业和学科, 按照光、机、力、热、电、液等学科对复杂产品系统、分系统和设备的性能、可靠性等方面进行分析与验证。性能样机应包含两部分内容: 产品功能模型和虚拟验证环境模型, 即在功能样机构建完成的前提下, 通过虚拟建模技术, 构建面向某一或某些性能特性分析的虚拟验证环境, 对产品的设计指标进行进一步的分析和优化。

几何样机、功能样机和性能样机的主要区别如图 1-1 所示。

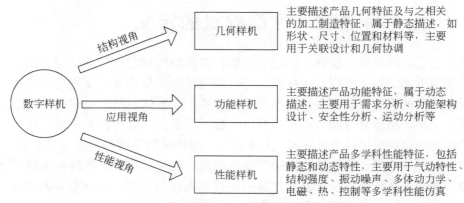

图 1-1　几何样机、功能样机和性能样机的区别

数字化性能样机包含产品全生命周期内零部件及设备的完整数字信息模型，反映所指定产品的实际特征，可进行工程分析、优化及技术状态管理，同时性能样机应能按需进行简化处理，以满足不同的使用要求。性能样机本质上是一种虚拟样机，它是人的想象力和电子计算机技术相结合而产生的一项综合技术。性能样机应该具备以下特点：

（1）性能样机以参数化三维实体为基础进行建模，所建模型在一定程度上具有与物理样机相当的功能真实度；

（2）可代替物理样机对其候选设计的各种特性进行测试和评价；

（3）性能样机设计环境是模型、仿真和仿真者的一个集合，它主要用于引导产品从概念设想到样机的设计，强调子系统的优化与组合；

（4）性能样机可以在产品开发的初期快速地"制造"出来，并可以不断修改、完善；

（5）性能样机可以全部或部分地取代物理样机，有利于降低开发成本；

（6）通过在设计的每一个阶段进行测试，虚拟原型机能够给未来产品提供有意义的评价。

同时，性能样机的设计和验证贯穿于产品全生命周期过程，性能样机的设计过程可用一个典型的 V 字形设计模式表示，如图 1-2 所示。性能样机能够较真实地模拟真实环境中操纵系统的运动学和动力学特性，可以在数字化环境下对新研制的产品进行设计方案优化和早期评估。

1.2.4　性能样机模型结构

1. 气动系统模型

飞行器性能样机气动系统模型的输入参数主要有控制指令、机翼参数、推力和力矩等；输出参数主要包括气动力、力矩、仰角、攻角、俯仰角、速度等。飞行器性能样机气动系统模型如图 1-3 所示。

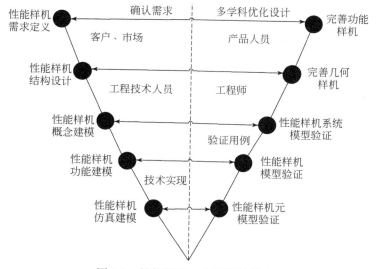

图 1-2　性能样机 V 字形设计模式

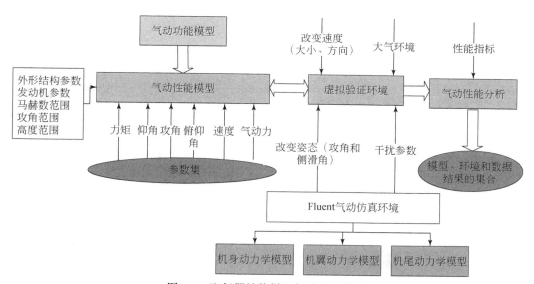

图 1-3　飞行器性能样机气动系统模型

2. 控制系统模型

飞行器性能样机控制系统模型的输入参数主要有仰角、攻角、俯仰角、速度、位置、推力、压力、气流和温度等；输出参数主要包括制导模型、姿控模型、组合导航模型等。飞行器性能样机控制系统模型如图 1-4 所示。

3. 外形结构模型

飞行器性能样机外形结构模型的输入参数主要有机/尾翼型号、参考面积、展弦比、翼展、前缘后掠角、平均气动弦长、翼剖面、翼型相对厚度等；输出参数主要包括布局

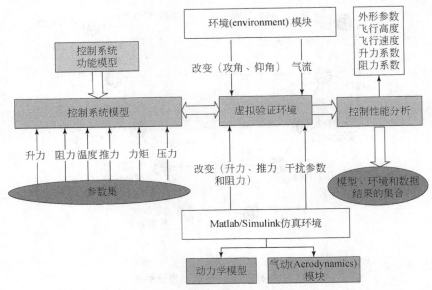

图 1-4　飞行器性能样机控制系统模型

和容积模型等。飞行器性能样机外形结构模型如图 1-5 所示。

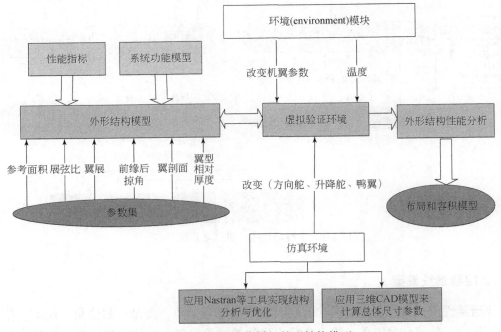

图 1-5　飞行器性能样机外形结构模型

4. 推进系统模型

　　飞行器性能样机推进系统模型的输入参数主要有气流参数、机体参数、发动机参数、燃料流量变化率、燃料流量、推力、冷却流量、飞行条件、壁面压力和温度等；输出参数主要包括低速推进模型、发动机循环模型、超燃室性能模型、隔离段性能模型、尾喷性能模型。飞行器性能样机推进系统模型如图1-6所示。

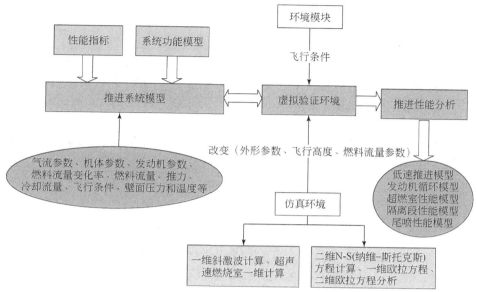

图1-6 飞行器性能样机推进系统模型

5. 性能/弹道模型

飞行器性能样机性能/弹道模型的输入参数主要有热载荷、热约束、弹道倾角变化率、燃料流量等;输出参数主要包括平均速度、燃料质量和航程。飞行器性能样机性能/弹道模型如图1-7所示。

6. 环境模型

飞行器性能样机环境模型的输入参数主要有热流密度、受热面积、冷却流量、壁面压力;输出参数主要包括驻点区冷却质量、气动加热模型和流道壁面传热模型。飞行器性能样机环境模型如图1-8所示。

航天产品性能样机的一体化设计由气动力、外形结构、推进、控制、性能/弹道、气动热/热和冷却等多个相互耦合学科构成,在系统的设计过程中,需要分解各子系统之间的参数耦合关系,以便于使设计出的系统得到整体性能最优。本项目根据大型复杂航天产品一体化设计中多学科分析、耦合关系和总体性能的分析与优化,设计实例参考Winged-cone高超声速概念飞行器,构造了航天产品性能样机一体化设计方案。方案设计阶段主要考虑外形结构分析、气动力分析、推进系统分析、控制系统分析、性能/弹道分析和环境分析六个学科的多学科优化设计问题。

1.2.5 性能样机技术主要特征

从性能样机技术发展的过程来看,性能样机技术是支撑性能样机构建、运行和管理

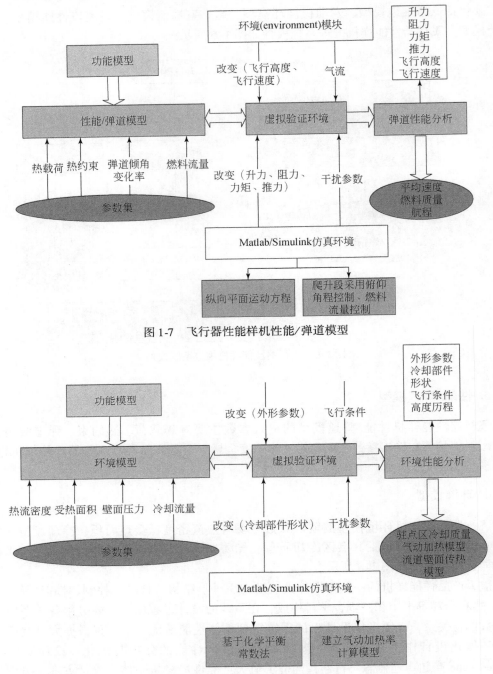

图 1-7　飞行器性能样机性能/弹道模型

图 1-8　飞行器性能样机环境模型

过程中性能指标定义、建模与仿真、仿真数据分析、仿真可信度评价、性能仿真结果可视化、性能指标权衡优化、仿真数据管理等技术的统称。从分析仿真技术的发展历史和趋势分析，性能样机技术不但具有数字样机技术的一般性特征，同时具有三个典型特征，即一体化、综合化和集成化，具体如图 1-9 所示。

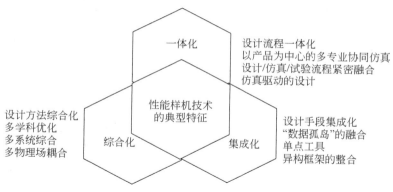

图 1-9　性能样机技术的典型特征

1.2.6　性能样机技术体系框架

仿真驱动的验证过程是性能样机体系构建的主线,按照仿真驱动的设计方法,从性能样机技术的问题域、过程域、结果域和工程应用管理四个方面进行体系建设,技术框架包括航天产品性能样机的高效验证优化技术、多领域系统综合分析与仿真、性能仿真结果可信度评价和基于高性能计算的航天产品性能样机验证仿真环境,具体如图 1-10 所示。

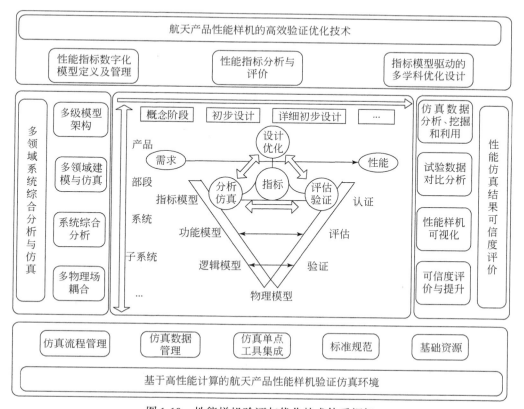

图 1-10　性能样机验证与优化技术体系框架

航天产品性能样机的高效验证优化技术主要支撑性能样机技术问题域的相关业务，包括性能指标数字化模型定义及管理、性能指标分析与评价、指标模型驱动的多学科优化设计等内容；多领域系统综合分析与仿真主要支撑性能样机技术过程域的相关业务，包括多级模型架构、多领域建模与仿真、系统综合分析及多物理场耦合等内容；性能仿真结果可信度评价主要支撑性能样机技术结果域的相关业务，包括仿真数据分析、挖掘和利用，试验数据对比分析，性能样机可视化，可信度评价与提升等内容；基于高性能计算的航天产品性能样机验证仿真环境主要支撑性能样机技术应用过程的工程管理业务，包括仿真流程管理、仿真数据管理、仿真单点工具集成、标准规范和各种仿真基础资源等。

1.3 性能样机技术的发展与应用

性能样机技术是数字样机发展的高级阶段，数字样机技术自 20 世纪 60 年代起步，从用计算机自动制图代替手工制图到数字化企业，其发展历程的演进如图 1-11 所示。图 1-11 反映了从企业的角度看数字样机技术的发展，呈现了由单项技术到围绕产品研发过程、企业业务流程的一体化集成发展趋势。描述产品本身技术特点的需要，以及一体化开发和团队合作开发的需要，推动了从单一用几何图形数据描述产品形状和尺寸的建模技术向描述产品功能、结构、制造性、装配性等越来越多方面产品特征的数字样机技术的发展（刘磊和韩克岑，2006）。

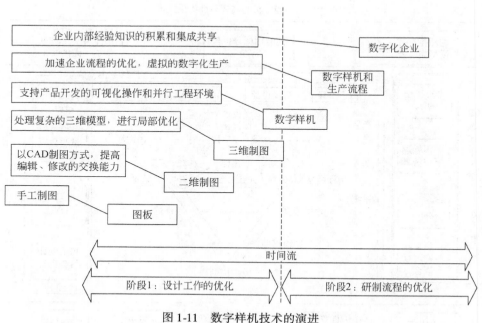

图 1-11 数字样机技术的演进

随着数字化制造水平的不断提高和普及，以超声速飞航武器为代表的大型复杂航天产品面临着地面试验条件模拟难、指标要求高、一体化程度高、设计制造难度大、多类目标制导控制一体化优化设计技术等一系列关键技术需要攻克。而基于三维 CAD 的几何样机、功能样机等虚拟样机无法满足用户对产品性能的需求。数字样机通过现代信息技术对传统的机械产品进行数字化描述与虚拟设计，通过利用 CAD 等设计软件来描述产品对象的几何属性、产品的功能及性能（Sumile，2013）。数字样机的设计可贯穿于产品的设计、制造、装配、测试、销售、使用、售后保障等全生命周期过程。与数字样机对应的是虚拟样机（virtual prototype，VP），数字样机是虚拟样机的别称。虚拟样机技术是以机电、机械、CAD、多学科协同设计、综合集成建模技术和虚拟现实技术为基础而发展起来的一种产品数字化设计技术，通过应用全生命周期的一体化建模与仿真技术，以多体系统动力学、运动学和控制理论为核心，综合利用三维 CAD、三维打印技术、灵境技术、三维虚拟实现技术、协同设计技术等，从几何构造、功能特性和空间组成关系上来实现物理产品在实际应用环境下的系统运动和动力学特性，并根据多学科领域仿真结果进行多目标优化，使优化结果成为物理样机设计和制造的决策依据（Shen，2012）。基于数字样机的复杂航天产品研制模式如图 1-12 所示。

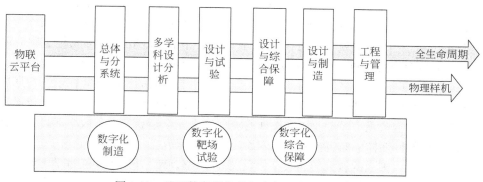

图 1-12 基于数字样机的复杂航天产品研制模式

目前，虚拟样机分为沉浸感虚拟样机和面向分析的虚拟样机两类。其中，沉浸感虚拟样机实现了虚拟灵境空间技术，用户通过具有沉浸感的人机交互界面来对数字样机产品简化模型进行虚拟操作，以便于用户从不同角度、不同层次和不同部件对样机进行全方位的观测；而面向分析的虚拟样机模型是用数字化的方法对产品样机进行表达，主要为产品不同的设计人员在特定的环境下对数字样机的行为和性能特性进行数字化全方位的试验、测试、优化和评估提供一个统一的分析平台（Sung and Kim，2014；郑党党等，2015）。

通过以上对虚拟样机的分析可知，数字样机可以看作非沉浸感虚拟样机即面向分析的虚拟样机，数字样机的设计目标是实现对产品性能进行数字化仿真与分析，而不考虑对产品的外观结构数字化实现。从应用范围可以将数字样机定义为广义的数字样机和狭义的数字样机。其中，广义的数字样机基于一体化的建模技术、分布式协同仿真技术、多学科领域及多目标优化技术、统一仿真平台技术、虚拟灵境现实技术、综合集成技术和系统工程分解技术的综合应用结果（姚雄华等，2015）。广义的数字样机可分为具有机械特性的几何样机和注重产品性能的性能样机。所以，性能样机通过利用各种高性能计算与仿真技术，在几何样机的基础上，模拟和仿真产品的各种性能（Wei，2013）。而狭义的数字样机侧重于产品外观及功能特性的数字化定义，它在产品的几何样机基础上建立与物理样机相一致的数字化几何模型，实现了对产品物理实体模型的数字化表达（Wang，2013）。

在数字样机结构中，几何样机是侧重于产品几何描述的数字样机，功能样机是侧重于产品功能描述的数字样机，而性能样机是侧重于产品性能描述的数字样机。本书主要研究广义的数字样机，即以多学科综合集成建模为基础的性能样机。

数字样机技术在西方发达国家发展较早且较为成熟和广泛，例如，工程机械产品设计、航天航空飞行器设计、汽车设计制造、军工武器设计制造和医疗器械等都有广泛的应用案例。例如，由美国波音飞机公司生产的波音 777 飞机是世界上首架全数字化设计及制造一体化的飞机，没有应用任何纸质图，整个设计、制造、测试、优化及分析全程采用数字样机技术来实现，通过应用这种先进制造技术，大大地缩短了研发周期，而且保证了最终产品一次性组装成功。与传统方式相比，采用数字样机设计技术后，波音 777 飞机降低了 50% 的研发成本，减少了 93% 的设计更改，制造周期缩短了 50%（丁建完，2006）。

而由美国波音–西科斯基飞机公司设计的 CH-53E 型直升机，使用了 38 名产品绘图员共花费了 6 个月绘制出了飞机外形生产轮廓图，而在 RAH-66 直升机设计中，一名工程师仅用了 1 个月就制作出了飞机外形生产轮廓图，并且 RAH-66 直升机使用了统一的设计与仿真方法进行设计和验证，仿真和测试时间花费 4590 小时，节省 11590 小时的飞行试验时间，节约经费总计 6.73 亿美元，同时数字化设计使所需人力减到最小（Ma，2012a）。但是，在飞机的设计过程中，更注重数字化结构和功能的设计，所有产品的性能不能在设计初期进行数字化仿真，常常通过实物试验才能验证性能、暴露问题，真正性能样机的数字化技术应用还没有覆盖全过程、全系统，多专业协同设计的流程还未完全建立，设计效率不高。尤其是针对航天产品特点的性能样机的定量研究还未给出相关的研究。

相对国外而言，国内的航天产品数字化发展起步比较晚，开始主要通过学习和引进国外的一些相对成熟的软件工具和设计平台来实现数字化设计，大多停留在对数字样机概念和结构的研究。但随着我国航天航空领域产品应用的扩展以及信息化水平的提高，当前，我国已经对数字样机一体化仿真平台相关技术展开了研究，在三维 CAD、CAM（计算机辅助制造）、PDM（产品数据管理）、数据交换与共享技术、云制造技术、多学科统一集成仿真技术等方面已经有较多研究成果，但总体上与国外先进企业相比还有一定的差距（Martin-Vega，1999）。以航空航天、舰船兵器为代表的国防军工及汽车等工业领域正在大力推动数字样机技术应用，进入了以三维模型为基础的数字化产品设计技术集成应用阶段。

在中国航空工业，把"数字样机"作为新一代航空产品研制模式转变的突破口，数字样机应用取得较快进展（Wang，2009）。中国航空工业集团有限公司（简称中航工业集团）的多家单位已实现全三维数字化设计，航空主机所的下游生产单位、配套单位已基于三维模型进行生产加工（Ye，2013）。"十二五"以来，中航工业集团大力推进全三维模型 MBD（model-based design，基于模型的设计）应用技术，改变了传统以工程图纸为主，以三维实体模型数据为辅的制造方法，实现了飞机研制生产从模拟量传递到数字量传递、物理样机协调到数字化制造协调的转变。经统计，在传统的设计模式下，设计一架相同规模的飞机工程设计修订文稿约为 7000 张，而采用了数字样机设计技术后，工程设计修订文稿减少到 1082 张。设计周期缩短了 60%，并且设计质量大大提高，减少了 40% 的设计反复。由于在数字化制造阶段就进行了全面协调，在生产中都是一次制造成功，装配到位，没有出现大的返工。

在航天工业中，自主开发了基于 J2EE 平台的 AVIDM，并在 AVIDM 平台上集成了

CAD、CAPP、Protel 等各类应用工具，实现了院所的协同设计与管理，成功应用在"载人航天"、"探月"、"二代导航"及"新一代大运载"等国家重大研制项目。航天科工二院、航天科工四院应用 Pro/E 软件完成多个型号的三维数字化设计。航天科工四院以某型号为背景，完成了导弹/发射车数字化结构样机建模与三维标注，实现了三维审查与弹体结构件 85% 全三维下厂，结构设计周期缩短 40%，有效提升了该型号的竞争力。但航天产品功能结构复杂、领域间存在着大量的耦合与交互关系，研制过程需要多学科、多单位协同完成，很难通过当前的单领域建模与仿真技术来解决，缺乏协同设计、协同仿真和协同优化的深入应用，尤其是三者之间的协同集成。目前相关研究机构已能够借助相关标准、规范、工具、流程和平台的建立，实现各专业在飞机研制各阶段进行全机、系统和分系统的性能定义、分析、评估、优化、交联和展示的飞机性能样机技术研究，突破了许多技术关键，并初步建立了如图 1-13 所示的航天产品性能样机系统总体架构。

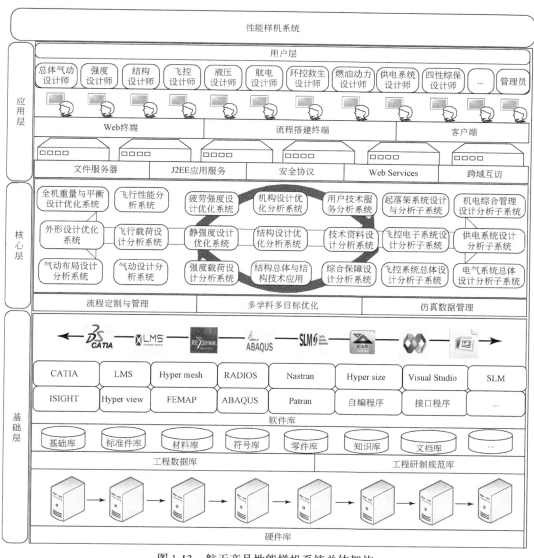

图 1-13　航天产品性能样机系统总体架构

1.4 性能样机协同建模与仿真方法综述

航天产品性能样机是一个复杂的机、电、液、气的一体化综合集成系统，涉及空气动力学、飞行力学、制导与控制、喷气推进、结构力学、材料力学、电子学、信息科学等多个技术领域，这些交叉学科需要在统一的集成平台中研究（Ji，2010）。新一代航天产品对精度和抗恶劣环境要求越来越高，必须通过建立面向系统级的性能样机，研究航天产品在复杂环境下的各项功能和受控特性，实现航天产品的功能仿真与方案优化。在性能样机协同建模研究方面，由于其研究范围广、涉及领域多，国内外学者从不同角度出发提出了一系列性能样机协同建模与仿真模型，这些模型可归结为以下几类。

1.4.1 基于多学科的性能样机一体化建模与仿真技术

性能样机的设计、分析、协同建模是当前科研人员的研究热点之一。性能样机的协同建模与仿真是一项复杂的系统工程，需要通过应用系统工程的方法与技术对组成复杂航天产品的各子系统或子学科间的内在关系进行分析和设计（黄雄庆和丁运亮，2000）。

多学科领域协同建模与仿真技术是基于一体化建模语言的多学科建模与仿真集成环境，开展控制、机械、电子、软件等多学科领域一体化建模与仿真分析，实现航天产品系统多学科一体化快速原型设计。复杂航天产品性能样机技术涉及机械、气动、电子、制导控制等多个技术领域，需要在统一的框架内研究机械系统、电气系统、控制系统等（Randhir，2014）。而建模是人类对客观世界和抽象事物之间联系的具体描述，通过应用协同建模技术实现航天产品性能样机统一建模与设计。目前最常用的一体化建模语言是UML（unified modeling language，统一建模语言），基于一体化建模语言的多学科仿真商用平台在工程领域得到较好应用，如 Dynasim AB 公司的 Dymola 系统、MapleSoft 的 MapleSim 系统、LMS 公司的 AMESim 系统、ITI 公司的 SimulationX 系统等（王鹏等，2006），这些系统具有广泛的通用性，但缺乏面向航天产品性能样机的专有特性，无法满足航天产品性能样机建模与仿真需求。

1.4.2 基于本体的性能样机建模方法

本体（ontology）最初起源于哲学领域，用于表示世界的本源和存在的本质，它为不同领域知识在语义上的共同表达提供了一个统一的描述语言（艾辉，2011；Verzichelli，2008）。利用本体可以实现多学科领域性能样机的模型统一构建与表达。例如，在复杂航天产品的系统建模过程中，用本体可以表述模型中的术语概念和关系的词汇集，通过该词汇集可以对一个领域进行建模（Paul et al.，2003；Musen et al.，2006）。

国内外学者将本体与 HLA 系统进行集成建模研究，例如，杨文兵等（2013）提出了基于本体的 HLA 对象模型生成方法，该方法较好地解决了多学科领域的 HLA 对象模型集成生成；Rathnam（2004）将本体应用于基于 HLA 的协同仿真当中，提出了一种基于本体的联邦对象模型（federation object model，FOM）构建框架；孙宏波等（2013）提出了一种基于交互本体创建联邦执行 FOM 的方法；Özdikis 等（2010）提出了一种将领域本体映射成联邦执行所需 FOM 的方法；Hu 和 Zhang（2009）提出了一种基于 HLA 和 Web Services 的本体化协同仿真架构，实现了多学科模型在语义层次上的一致性和互操作性；闵春平（2003）提出了本体的跨领域虚拟样机技术研究基于知识的本体论方法，实现了多学科领域统一建模的设计方法和建模技术；李犁等（2012；2013）在高层体系结构的框架下提出了复杂航天产品协同仿真中基于范畴论的语义本体集成方法，实现了 HLA 联邦仿真系统中的各联邦成员在领域模型中的综合集成与协同仿真执行中的语义一致。

1.4.3　基于接口的性能样机一体化建模方法

基于软件接口的方法是利用不同领域仿真软件所提供的功能接口来实现不同领域模型之间的数据交互和传递功能，从而在逻辑结构上实现了多学科领域模型之间的模型集成（Hamdi et al.，2015）。然后利用各领域仿真软件所实现的协同仿真功能，实现不同领域模型之间的协同仿真。该方法缺乏统一的标准，接口开发量大，对于不同领域子系统之间的耦合关系解耦性较差，仿真时间管理困难（Grogan and Weck，2015）。基于接口建模方法可以处理多学科复杂机械系统的分析设计问题（Liu，2015），例如，张卫等（2003）提出了采用统一的 UML 模型对不同的领域，如液压、电子、机械系统的动态行为进行建模；Zhang（2015b）提出了多层次混合建模方法；Xiong（2014）提出了复杂机械系统的顶层建模方法和复杂机电系统统一建模与仿真技术。

1.4.4　基于高层体系结构的性能样机一体化建模与仿真方法

高层体系结构 HLA 为分布式系统的集成仿真提供了一套统一的规范和框架，它以不同领域的仿真软件建立的模型为联邦成员，并按照 HLA 的规范进行综合集成和协同仿真（Akkaya et al.，2014）。因此，HLA 仿真平台通过利用各领域仿真软件实现多学科领域模型的综合集成仿真建模，但不同的仿真软件需要配置不同的模型接口，同时，要编写综合集成过程中的程序代码，要求建模人员熟悉 HLA 中运行支撑框架（runtime infrastructure，RTI）的各种服务，实现较为困难。

近年来，HLA 系统仿真技术得到了国内外学者的广泛关注，在基于 HLA 集成建模研究方面，潘堤等（2013）应用 HLA 联邦的开发与运行过程对单联邦、持久联邦和多联邦的开发问题进行了详尽的分析与论述，提出了基于高层体系结构的系统建模与仿真方法；Brun 等（2014）基于 HLA/RTI 架构提出了一种基于 HLA 的空天地一体化通信仿真系统方法；赖明珠等（2012）提出了一种采用客户端/服务器模式的协同仿真运行管理方法，能够有效地实现同时对多个仿真联邦的管理，并提出了基于该管理方法的协同仿真管理系统的体系结构；Lee 等（2007）采用面向服务的 SOA-HLA-Model（面向服务的高层体系结构模型）来构建协同仿真平台，提出了基于 HLA 的多领域协同仿真模型集成方法；王西超等（2013）基于系统工程建模语言与 HLA，提出了一种面向复杂系统虚拟样机的开放式协同仿真建模新方法。

扩展阅读：性能样机设计涉及气动、推进系统、飞行动力学、电子、控制分析等多个学科，每个学科的系统和子系统都有相应的设计目标、设计参数和约束条件，同时系统之间存在着复杂的耦合关系（Javed et al.，2009；Stramiello et al.，2008）。20世纪80年代，美国等提出了多学科设计优化（multidisciplinary design optimization，MDO）技术，并首先应用于航空航天领域（Braun，1996；AIAA White Paper，1991）。MDO是一种通过利用系统中相互作用的协同机制来设计复杂系统和子系统的方法论（Tian，2003）。

目前，国内外学者在复杂航天产品多学科优化模型的设计与实现上，进行了深入广泛的研究，例如，钟佩思和刘梅（2006）将复杂航天产品分解成为分布式层次型系统，提出了复杂航天产品多学科协同设计优化建模方法；Guo（2013）针对复杂工程系统设计过程，提出了复杂工程系统多学科设计优化集成环境模型；罗世彬（2004）采用多目标遗传算法确定再入飞行器气动布局优化问题的Pareto最优解集；Sobieszczanski-Sobieski和Haftka（1996）针对飞行器外形设计这一复杂的多目标问题，提出了基于Pareto的系统分解法及其在飞行器外形优化设计中的应用方法；王威等（2010）提出了基于混合多目标粒子群算法的飞行器气动布局设计模型。

1.5　性能样机的验证与优化

性能样机验证与优化的含义可从两方面进行理解：一方面，是针对性能样机本身进行的验证与模型参数优化，通过不断地将验证与优化结果转化为对样机的改进，提高性能样机的逼真度。此时，可将性能样机的验证与优化过程理解为样机模型的校核、验证和确认过程；另一方面，通过对性能样机进行仿真，在设计精度要求下，可以将部分或全部仿真结果数据作为真实系统的参数进行分析，从这个角度看，又可将性能样机验证与优化过程理解为产品设计过程中，基于性能样机开展的仿真活动，实现对产品性能和效能的分析。作者认为这两个层面的理解是不矛盾的，性能样机的真实性与准确性是保证验证与参数优化过程和结果可信性的前提，同时验证与参数优化也是提高性能样机逼真度的重要手段。因此，作者不严格区分对这两种定义的理解，并统称为性能样机的验证与优化。

目前，国内在性能样机验证与优化领域的研究主要集中在样机的开发技术上，如中航工业集团开展了虚拟样机建模和协同开发的关键技术研究，并在实践中积累了宝贵的经验，但没有形成面向全生命周期的性能样机验证与优化技术，各个领域及阶段的工具和资源缺乏互操作性与重用性，而且性能样机的仿真验证效率较低。

仿真技术作为人们认识世界、改造世界的一种有效手段，在工程领域（如航空、航天、电力、化工等）和非工程领域（如社会、经济、环境等）都得到了广泛应用。由于其具有可靠性、安全性、经济性、无破坏性和可重用性等优点，尤其在国防领域取得了显著成果。可以说，仿真技术与军事需求的结合给航空航天领域带来了一场全新的技术变革。随着研究对象的日益复杂和仿真技术本身的发展，仿真技术经历了从武器系统局部阶段仿真到全生命周期仿真、从单武器平台仿真到多武器平台分布式仿真、从性能仿真到性能与构造仿真相结合的发展过程。目前，仿真的应用已经不再局限于解决单一问题，而是为产品开发、分析决策提供全过程、全方位的支持。

作为产品设计的重要一环，性能样机的验证与优化过程得到了建模与仿真（modeling and simulation，M&S）技术全方位的支持。通过建立被测试对象模型，基于仿真平台开展各级别的虚拟测试，可以进行武器系统全生命周期的性能、效能验证和评估工作。M&S 技术对性能样机验证与优化过程的支持体现在以下几个方面：

（1）通过在测试风险和测试目标之间的折中来降低测试风险；

（2）提供无限制的重复仿真测试能力；

（3）充分利用仿真的可控性，压缩测试时间；

（4）通过高效低耗的仿真资源重用，实现跨计划或跨领域的成果重用；

（5）在仿真分析工具的支持下，实现对性能测试结果更深入的分析；

（6）当实物测试不能进行时，部分或全部地替代实物测试过程；

（7）利用集成 M&S 工具，通过特定的仿真过程评估备选系统效能，减少对测试资源的需求；

（8）提供一个集成和互操作框架，用于各层次性能样机验证与优化过程的集成，同时能最大限度地与外部模型进行互连。

更加重要的是，M&S 技术使产品性能预测、用户意见到设计环节的提前反馈成为可能。随着高性能并行仿真技术的发展，航天产品的性能测试已不再局限于单系统平台的性能测试，而是在多系统集成甚至各种复杂环境下进行航天产品系统性能验证和作战概念的仿真测试与评估。

随着仿真应用的不断深入，系统仿真规模越来越大，个体模型复杂度越来越高，使得仿真系统对计算资源的需求不断增加。如何缩短大规模仿真系统的运行时间，提高仿真应用的效率，是目前性能样机仿真验证领域研究的热点问题。然而，在基于高性能计算的多核集群上运行的仿真系统大多沿用以往传统集群的并行仿真技术，虽能取得一定的并行加速比，但仍然难以充分发挥高性能计算技术的性能潜力。

第2章 性能样机集成设计支撑技术

复杂航天产品性能样机的分布式协同建模与仿真是一项复杂的系统工程，涉及诸多系统工程的理论与方法。通过应用性能样机技术来模拟物理航天产品的性能，需要对性能样机的分阶段过程进行建模和仿真，需要统一的数据表达模型、统一的建模方法和统一的仿真技术，涉及由领域知识共享和管理、应用开发工具集成环境、交互式界面等构成的性能样机设计支撑开发集成环境和框架。为此，本章在对航天产品多学科领域设计过程进行分析的基础上，针对航天企业的飞航武器产品多学科领域协同设计开发的需求，提出一种基于多学科分布式协同与仿真的复杂航天产品开发的设计思想，设计出性能样机支撑开发集成环境框架和功能结构，分析性能样机的构建方法和设计技术。

2.1 多学科综合集成技术

大型复杂航天产品性能样机是一类典型的复杂巨系统，从定量上讲，复杂巨系统具有高维数、高阶次、多输入、多回路、多输出等特点；从定性上讲，复杂巨系统具有非线性、不确定性、多时空、开放性和混沌现象等特点。由于传统的社会科学研究方法难以分析、解决复杂巨系统问题，而决策者迫切需要一种新的思路和方法，以便处理信息、理清思路、提供多种可供选择的方案。于是，综合集成技术被提出来用于解决复杂系统建模问题（Zhang，2013）。

综合集成法作为一项技术又称为综合集成技术，是在系统工程科学方法的指导下，根据用户需求，优选各种技术和产品，对不同学科领域所构建的模型根据层次分析法和关系矩阵进行集成，使各模型所构成的子系统在性能、完整性、可靠性和协调性等方面得到多目标最优。

综合集成方法论采用了多层次分解系统和子系统之间的关联关系，从定性到定量来综合描述系统的整体性和局部性。例如，对于复杂航天产品性能样机的建模与仿真过程，从系统的顶层开始分解组成系统的各子系统及组成子系统的元模型，然后对组成子系统的元模型进行建模、仿真、分析、优化、运行与评估，以求得最好的或满意的系统方案并付诸实施，再综合集成到整体，从而实现了"1+1>2"的目标，这就是综合集成与一般综合分析方法的实质区别（Nicolich，2014；张勇等，2012）。

由于将复杂巨系统问题分解为一个具有递阶层次结构的巨系统时，系统目标和约束条件众多，许多约束条件还可能是非线性的，系统综合集成往往属于多目标规划问题，可用多目标规划、层次分析法等联合分析求解（夏露和高正红，2006）。作者在层次分析法的基础上提出了性能样机多学科协同设计系统分解过程，如图2-1所示。

在作者所研究的复杂航天产品性能样机的设计与仿真过程中，性能样机全生命周期中所涉及的多学科领域模型建模与集成、多学科领域知识的统一表达与共享、各模型之

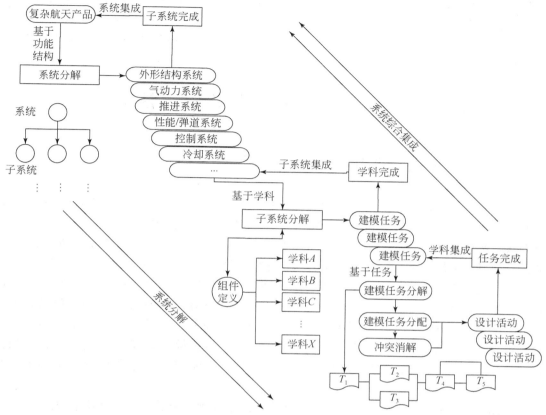

图 2-1　性能样机多学科协同设计系统分解过程

间的参数传递与数据融合都需要通过应用系统工程方法与理论来进行综合集成研究。

扩展阅读：系统科学是从事物的整体与部分、局部与全局及层次关系的角度来研究客观世界的。客观世界包括自然、社会和人自身，能反映事物这个特征最基本和最重要的概念就是系统。系统是指由一些相互关联、相互作用、相互影响的组成部分所构成的具有某些功能的整体。这是国内外学术界公认的科学概念，这样定义的系统在客观世界中是普遍存在的。所以，系统也就成为系统科学研究和应用的主要对象。系统科学与自然科学、社会科学等不同，但它们有内在联系，它能把这些科学领域研究的问题联系起来，作为系统进行综合性整体研究。这就是系统科学具有交叉性、综合性、整体性与横断性的原因。也正是这些特点，使系统科学处在现代科学技术发展的综合性整体化方向上。

钱学森是公认的我国系统科学事业的开拓者和奠基者，20 世纪 70 年代末，钱学森就提出了系统科学的体系结构，这个体系包括基础理论层次上的系统学，技术科学层次上的运筹学、控制论、信息论等，以及应用技术或工程技术层次上的系统工程。在 1978 年的一篇文章中，钱学森就已明确指出，系统工程是组织管理系统的工程技术。在大力推动系统工程应用的同时，又提出建立系统理论和创建系统学的问题。在创建系统学的过程中，钱学森提出了开放的复杂巨系统及其方法论，由此开创了复杂巨系统的科学与技术这一新领域，从而使系统科学发展到了一个新的阶段。

在上述发展过程中，系统工程也有了很大发展，现已发展到复杂巨系统工程和社会系统工程阶段。作者的目的是对这些进展进行介绍和讨论，以利于实践中的应用。

2.2　性能样机协同设计方法

2.2.1　性能样机建模与仿真集成模型

多学科领域一体化性能样机建模与仿真技术是基于一体化建模语言的多学科建模与仿真集成环境，开展控制、机械、电子、软件等多学科领域一体化建模与仿真分析，实现航天产品多学科一体化快速原型设计。按照控制、机械、电子、软件等不同专业，建立用于多学科领域一体化功能建模与仿真分析的模型库（王允良和李为吉，2008）。

复杂航天产品设计是典型的多学科、多耦合、多目标设计优化问题。传统的设计方法难以给出最优的设计方案（Recker et al.，2013）。各学科设计需要不同的领域模型，而各种模型之间又有复杂的关联关系，这些子模型之间需要应用系统工程的方法和技术进行综合集成分析，然后进行多学科模型融合优化，应用综合集成研讨厅进行方案可行性评估与选优，作者提出的复杂航天产品性能样机建模与仿真综合集成模型如图 2-2 所示。

如图 2-2 所示，复杂航天产品数字性能样机是不同领域分析模型，涉及结构分析、流体分析、电路分析、微波分析、光路分析、电磁兼容性分析及各类数学模型，这些模型需要有效集成与协同设计。因此实现数字性能样机综合集成分析方法的核心是如何对其进行一致和有效的描述、组织、管理与协同运行，通过给用户提供一个逻辑和语义上一致的、可组织产品全生命周期相关的各类信息的数字样机描述模型，支持各类不同模型的信息共享、集成与协同工作，实现不同层次上产品外观、功能和在特定环境下行为的描述与模拟。性能样机建模与仿真综合集成模型需要实现在产品全生命周期上的一致表示与信息交换和共享，实现模型在全生命周期上的应用，并实现相关数据信息的映射、提炼与交换，实现对产品全方位的协同分析与评估（Reddi and Moon，2011）。所以，作者应用系统工程方法与技术，通过分析组成复杂航天产品的各子系统或子学科间的内在关系，进行复杂航天产品方案设计。利用系统中相互作用的协同机制来进行复杂系统和子系统的多学科优化设计，进行一体化设计与分析、本体建模和多学科协同模型优化，进行复杂航天产品性能样机的建模与仿真。

2.2.2　性能样机协同设计业务流程

在复杂航天产品性能样机的开发过程中，需要对设计过程中的技术、方法和工具进行集成，实现各学科领域知识的综合集成。尽管不同学科涉及的开发对象和领域等有所不同，但从设计和开发过程的管理角度看，都存在相同的分阶段的生命周期，如分析、

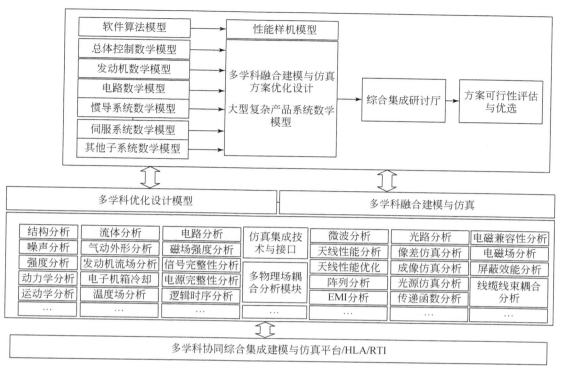

图 2-2　性能样机建模与仿真综合集成模型

EMI 为电磁干扰（electromagnetic interference）

设计、仿真、优化、组装和测试等。所以，需要开发统一的产品协同开发方法来实现全生命周期的产品开发，需要在统一的框架内研究。建模是人类对客观世界和抽象事物之间联系的具体描述，通过应用统一建模技术实现航天产品数字化性能样机统一建模与设计。

基于数字样机的协同制造技术研究以型号产品生产制造流程为主线，贯穿工艺协同审查、工艺规划、工艺设计、工装设计、虚拟制造仿真、零部件数字化制造实现等各主要环节，以数字样机作为产品制造依据。

在复杂航天产品数字性能样机的全生命周期协同设计与制造过程中，一般以科研生产流程为主线，结合各类设计模型，需要建立面向全生命周期、基于数字样机的一体化设计工作流程和综合集成服务平台，以多学科协同集成设计与仿真流程，实现数字性能样机一体化设计与仿真过程中的研讨、设计、建模、优化、仿真、评审和决策，形成统一的、满足面向全生命周期的、基于数字样机数字化设计工作流程及支持总装厂和分系统厂（所）间的协同制造应用系统，如图 2-3 所示。

在图 2-3 中，总体设计部进行复杂航天产品的总体设计，并形成分系统的设计任务模型，以便于各总装厂进行工艺、工装和产品模型的设计，应用组织建模，建立部门及人员的组织模型，提供组织管理、角色定义、职级资格定义、用户扩展属性定义、组织扩展属性定义等功能。定义角色的各种与 PDM 中权限和任务等功能相关联的基本属性。应用数据建模，建立 PDM 中需要管理的产品数据的类型定义。提供企业数据字典、对象类

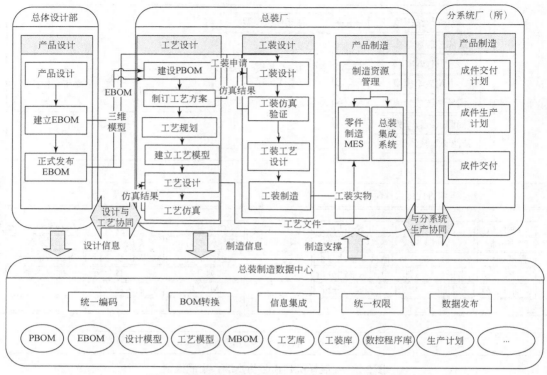

图 2-3 复杂航天产品设计–分析一体化建模框架

BOM 为物料清单（bill of material）；EBOM 为工程物料清单；PBOM 为计划物料清单；

MBOM 为制造物料清单；MES 为制造企业生产过程执行系统（manufacturing execution system）

树、对象类属性定义及属性项的关联填写方法，提供文档模板定义及各类文档的编辑工具、浏览圈阅工具，提供关联视图定义个性化工作界面，提供对象目录定义，动态地管理当前关注的对象集合。

2.3 性能样机多学科集成设计与建模

复杂航天产品性能样机的设计与仿真涉及多个学科交叉集成研究，而一个型号项目的研究需要在统一的平台下综合进行，同时面临着总体优化技术、多类目标控制一体化优化设计技术等一系列关键技术问题需要解决。

作者根据大型复杂航天产品性能样机一体化设计仿真业务需求，从项目设计任务的并行设计度和设计周期进行系统设计任务分解，然后利用综合集成的方法进行复杂航天产品综合集成协同设计架构的构建，如图 2-4 所示。

在图 2-4 中，各学科任务设计过程中需要知识协同共享，这些知识共享包括知识库（如显性知识、隐性知识、实例知识和定量知识等）、模型库（如工艺模型、设计模型、产品模型和定量模型等）、数据库（如元数据、编码库、主数据库和基础数据库等）、方法库（算法库、分析方法、建模方法和控制方法等）和实例库等。而在统一的集成平台下，各类设计与仿真工具也是集成共享的，共享工具主要包括系统工具（如平台开发、

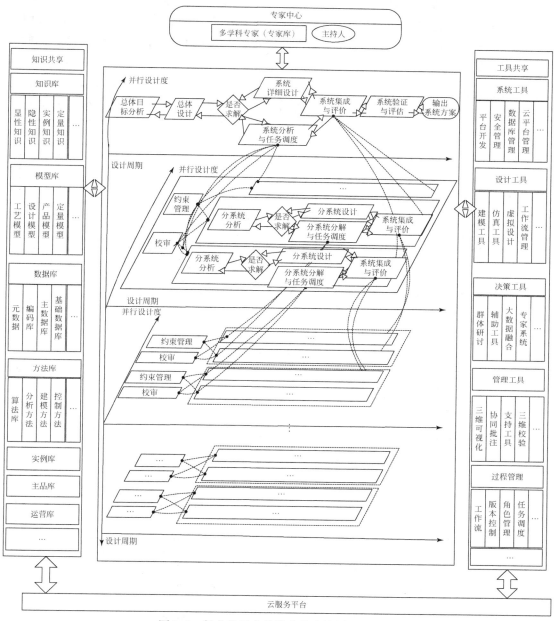

图 2-4　复杂航天产品综合集成协同设计架构

安全管理、数据库管理和云平台管理等）、设计工具（如建模工具、仿真工具、虚拟设计和工作流管理等）、决策工具（如群体研讨、辅助工具、大数据融合和专家系统等）、管理工具（如三维可视化、协同批注和支持工具等）和过程管理（如工作流、版本控制、角色管理和任务调度等）等。在知识共享库和工具共享库的支撑下，对系统进行多学科分解与设计。

复杂航天产品型号研制需要通过统一的云服务平台来实现综合管理，在传统的技术条件下，采用的是基于物理样机试验的串行设计方法，而在数字样机的设计过程中，产品设计平台的构建为复杂航天产品研制提出了严峻挑战。因此，需要构建一体化的综合服务平台，通过产品研制的全生命周期对数字样机的融合应用，实现基于物理样机的独立、串行研制模式，向基于数字样机与物理样机有机结合的并行、协同研制转变，如图2-5所示。

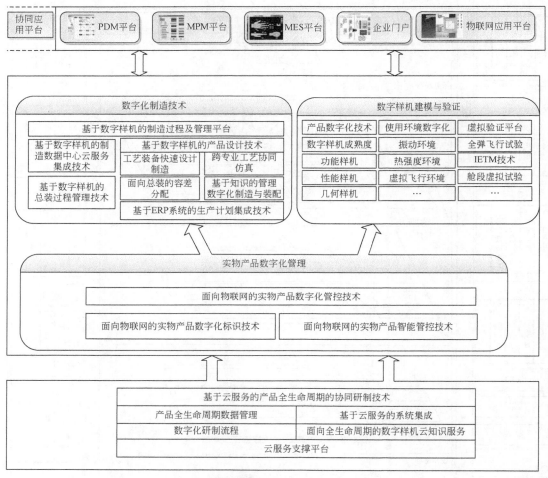

图 2-5 复杂航天产品综合集成设计架构

MPM 为工艺过程管理；ERP 为企业资源计划（enterprise resource planning）

在图 2-5 中，通过统一的云服务支撑平台，实现基于云服务的产品全生命周期的协同研制技术，包括产品全生命周期数据管理、基于云服务的系统集成和面向全生命周期的数字样机云知识服务等技术。

在设计和生产流程中，采用面向物联网的实物产品数字化管控技术，主要包括面向物联网的实物产品数字化标识技术和面向物联网的实物产品智能管控技术等。在物联云平台的基础上，实现复杂航天产品基于数字样机的制造过程及管理平台和数字样机建模与验证，其中，基于数字样机的制造过程及管理平台主要包括基于数字样机的制造数据中心云服务集成技术、基于数字样机的总装过程管理技术、基于数字样机的产品设计技术；数字样机建模与验证包括产品数字化技术、数字样机成熟度、使用环境数字化、虚拟验证平台等。

在如图 2-5 所示的总体技术架构方面，以航天产品系统科研生产需求为基础，以产品数字样机建模、验证、传递与管理为主线，面向航天产品型号设计、试验、制造和综合保障全生命周期，实现产品全生命周期数据管理、基于云服务的系统集成、数字化研制流程、面向数字样机全生命周期的云知识服务等基于云服务的产品全生命周期协同研制基础支撑技术，同步开展产品数字化技术、使用环境数字化技术、虚拟验证技术、数字化制造技术、实物产品标识与智能管控技术等应用技术研究，形成基于数字样机的航天产品系统全生命周期研制模式。最终，以项目背景型号为应用对象，开展总体与分系统、多学科多专业设计与分析、设计与试验、设计与制造、设计与综合保障、工程与管理的协同应用。

2.4　性能样机建模与仿真技术

2.4.1　多学科领域协同建模技术

由于复杂航天产品是一类复杂巨系统，传统的建模与仿真方法过程复杂，多学科之间的协同性较差，不同学科对同一领域模型的语义理解不同，并不能在系统工程层次上描述复杂航天产品的整体结构和行为，已经不能满足复杂系统的建模需求（Son and Rojas，2011）。

为了更好地解决复杂系统仿真平台中的模型无缝集成和协同工作问题，元模型的建模方法与技术能够表示所有领域内的所有系统，从而较好地解决仿真中的模型集成、互操作和协同工作（孙亚东等，2013）。本体元模型是一种融合了本体与元模型特征的模型，作者主要利用本体元模型来构建复杂航天产品性能样机综合集成建模体系。

元模型和模型在本质上是一样的，都是对真实世界的抽象描述，所不同的仅是在描述层次上的区别（Fan，2010）。元模型比模型具有更高的层次，被作为模型的模型。相对而言，模型更能接近现实世界，是在较窄范围内对现实世界的抽象，对模型的更高一级抽象就是元模型（李伯虎等，2003）。元模型对如何建模、模型语义、模型间集成和互操作等信息进行描述。元模型的建立通常可概括为三个过程：仿真试验、模拟拟合和模型评估与验证（王鹏等，2004）。

元模型可以支持多领域的复杂系统建模（Xu，2012）。因为它与模型的本质是相同的，所以元模型建模和传统建模是一致的活动，即凡用于传统建模的概念都可同样用于元模型建模。在基于元模型进行复杂系统仿真建模时，利用了两种很重要的规范，即 MOF（Meta Object Facility）规范和 XMI（XML Metadata Interchange）规范（Wainer and Liu，2009）。MOF 规范定义了描述元模型的语言，被作为开发工具去设计和实现元模型建模系统；XMI 规范用以生成使用可扩展标记语言（extensible markup language，XML）描述的复杂系统的系统模型。在复杂系统元模型建模过程中，可将每个子系统视为相对于整个复杂系统的一个对象类，它们之间的互操作是通过信息交换来实现的（Imsland et al.，2010）。按照上述规范，通常有 6 种元类和元关系，其定义如图 2-6 所示，该图还表示了在元模型和元关系基础上，由元模型生成完整的复杂系统模型的基本原理（何克清，2011）。

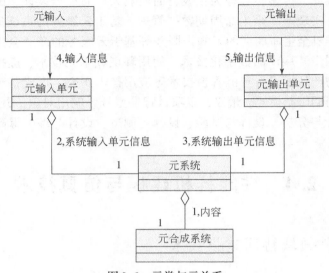

图 2-6　元类与元关系

一个本体一般由一组包括关系、组成关系和关系划分等概念的层次结构组成（刘兴堂，2011；陈颖和王春蓉，2010），其中，分类层次结构有复杂航天产品系统中的子系统分类层次、软件中的树型结构等。

本体语言的描述主要通过概念类、关系、函数、公理和实例进行（董建刚和张峰，2012）。可以使用五元组来对本体进行表示（马立元和董光波，2003）。

C：概念（concept）的集合，本体中的概念表示的意义较为广泛，可以表达产品设计任务、产品功能、行为关系、结构组成、逻辑推理等（Li and Reformat，2010）。在作者建模过程中，概念主要用来表达各种模型，表达为一个 UML 类（class）实体。

R：关系（relation）的集合，表示概念之间的关联关系，它主要应用于概念之间的关系定义，一组关系可以看作 n 维笛卡儿积的子集：$R：C_1 \times C_2 \times \cdots \times C_n$。概念之间主要存在四种类型的关系，分别是整体与部分的关系 part-of、继承关系 kind-of、概念与实例的关系 instance-of、属性关系 attribute-of。

F：函数关系的集合，函数主要用来表达概念之间的复杂推理关系，通过数学函数来表达概念之间存在的多元关联关系。一般情况下，函数关系用 $F：C_1 \times C_2 \times \cdots \times C_{n-1} \rightarrow C_n$ 来表示（Chi，2010）。

A：谓词逻辑的集合，表示领域内的一些永真式。

I：概念实例的集合，实例是指属于某概念类的基本元素，即某概念类所指的具体实体。

本体最终要通过特定的语言来描述，目前常用的描述语言包括 XML、RDF（S）、OWL（ontology web language）等。其中，OWL 可以表述本体中的概念类、属性、类的实例之间的关联关系（Antonio and Rafa，2010），提供较为全面的逻辑推理能力和语义分析方法，较 RDF 提供了更为全面的语义词汇集合，因此成为当前本体研究中首选的描述语言，作者也将选用 OWL 作为本体元模型的描述语言。

本体元模型（ontological meta model）应用本体技术来表达元模型的构成（Paulheim and Probst，2010）。可以应用本体语言来描述元模型本身的组成构建，同时可以应用本体语言来标识一个元模型。在本体元模型建模过程中，用本体中的概念来表示元模型中的元类，用本体标识的元模型直接与本体关联，当本体模型出现演化时会引起所关联的元模型变化（Lautenbacher and Bauer，2010）。例如，图 2-7 就是一个用本体来表达一个性能样机中的空气动力学的本体元模型，该模型使用了 OWL 中的 Class、objectProperty、subClassProperty 等属性来描述性能样机空气动力系统中的相关模型概念。在图 2-7 中，Wing dynamics 是一个 Class，它是 Aero dynamics 的子类。Wing dynamics 的操作用 Method 类来描述，操作属性用 Attribute 描述。

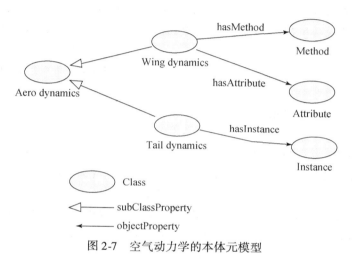

图 2-7　空气动力学的本体元模型

2.4.2　系统工程领域建模语言

在系统工程领域建模语言技术方面，目前主要是应用 UML/SysML，UML/SysML 是面向对象技术发展和软件系统描述标准化、可视化和文档化的产物，由 Booch 和 Rumbaugh 于 1995 年首先推出。UML 不同于传统的程序设计语言，其是一种可视化的统一建模语言标准，用以从不同角度描述模型，通过模型来表征系统的结构和静、动态特性，且可以作为系统测试阶段的依据（Lin et al.，2011）。利用 UML 可以描述大型复杂系统多领域模型之间的统一建模问题，并且可以贯穿于系统设计的全生命周期内，直至系统完成测试和维护（Park et al.，2010）。

UML 主要通过用例图、类图、对象图、状态图、顺序图、合作图、活动图和构件图来表达复杂系统的组成关系（Kayed et al.，2010）。

基于 UML 的多学科仿真商用平台在工程领域得到较好应用，如 Dynasim AB 公司的 Dymola 系统、MapleSoft 的 MapleSim 系统、LMS 公司的 AMESim 系统、ITI 公司的 SimulationX 系统等，这些系统具有广泛的通用性，但缺乏面向航天产品系统的专有特性，无法满足航天产品系统功能样机建模与仿真需求。

而 SysML 建模语言是在 UML2.0 子集重用和扩展的基础上提出的一种系统工程领域建模语言（Lin et al.，2011）。除具有和 UML 一样的图符外，SysML 还新增了参数图和需求图。在 SysML 中，应用参数图来描述复杂系统中各模型之间的数学关系、性能约束等。而需求图用于描述系统各类模型之间的关系及系统的功能需求。所以作者结合本体建模技术，应用 SysML 来描述复杂航天产品的元模型之间的复杂关系。

2.4.3　多学科优化设计技术

随着新一代航天产品系统对精度和抗恶劣环境要求的提高，必须通过建立面向系统级的数字化性能样机，研究航天产品系统在复杂环境下的各项功能和受控特性，实现航天产品系统的功能仿真与方案优化（Lonsdale et al.，2010；龚春林，2008）。需要利用系统工程的方法与技术分析组成系统的模型之间的复杂关联关系，从而进行一体化建模与仿真（Wang，2012）。

复杂系统的分析也称子系统分析或子空间分析。设子系统 i 的状态方程为

$$S_i(\boldsymbol{y}_i;\ X,\ X_i,\ y_{ij}) = 0 \tag{2-1}$$

则子系统分析就是求解学科状态方程：

$$y_i = \mathrm{CA}(X,\ X_i,\ y_{ij}) = S_i^{-1}(0;\ X,\ X_i,\ y_{ij}) \tag{2-2}$$

通过设置系统的设计变量方程，实现对系统运行过程中的状态进行求解。由于耦合效应，分析过程一般需要多次迭代才能完成，分析方程可表示为

$$y = \mathrm{SA}(X,\ X_1,\ X_2,\ \cdots,\ X_n) \tag{2-3}$$

对于一个复杂系统，它的多学科设计优化问题，在数学形式上可简洁地表达为

$$\min f = f(f_1(X,\ X_1,\ y_1),\ f_2(X,\ X_2,\ y_2),\ \cdots,\ f_n(X,\ X_n,\ y_n))$$

$$\mathrm{s.\,t.}\ \begin{cases} h_i(X,\ X_i,\ y_i) = 0 \\ g_i(X,\ X_i,\ y_i) \leqslant 0 \\ (i,\ j = 1,\ 2,\ \cdots,\ n;\ i \neq j) \end{cases} \tag{2-4}$$

其中，f 为目标函数；X 为设计变量；y_i 是状态变量；$h_i(x,\ y)$ 是等式约束；$g_i(x,\ y)$ 是不等式约束。

2.4.4　多学科优化设计技术

HLA 仿真系统是当前复杂航天产品仿真系统的典型模式，是由美国国防部（Department of Defense，DoD）建模与仿真办公室（Defense Modeling and Simulation Office，DMSO）提出的一个综合集成仿真模型框架（王琦，2011）。HLA 通过使用面向对象方法与技术设计开发和实现系统的对象模型，以获得仿真联邦的高层次的互操作和重用。在 HLA 仿真系统中，可以实现仿真模型的重用和仿真联邦成员之间的交互操作。HLA 为复杂航天产品的仿真应用提供了一种理想的集成方法和通用技术框架。HLA 已经被国际电气和电子工程师协会（Institute of Electrical and Electronics Engineers，IEEE）接受，成为分布式仿真系统架构的国际标准 IEEE1516。根据 IEEE1516 标准，HLA 包括框架与规则、联邦成员接口规范、对象模型模板三部分。

在 HLA 仿真系统中，通过定义联邦（federation）来表达一个分布式仿真系统，联邦中的各个仿真成员定义为联邦成员（federate），用对象来描述联邦成员的外部属性，用交互类来描述联邦成员与其他联邦成员互操作的内容。其中联邦、联邦成员和对象的关系如图 2-8 所示。

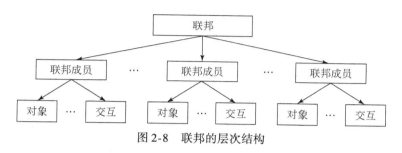

图 2-8　联邦的层次结构

联邦中存在一个 FOM，它描述联邦成员向联邦中其他成员展示的对象和交互；在联邦执行过程中，联邦成员间所有 FOM 数据的交互都应该通过 RTI 来实现，并且联邦成员和 RTI 之间依照 HLA 接口规范进行交互；在协同设计的过程中，产品对象的实例属性最多只能归一个设计联邦成员所有，即只有拥有对象设计权限的设计联邦成员才能更新它的属性值。

HLA 主要由 3 部分组成：规则（rules）、对象模型模板（object model template，OMT）和接口规范（interface specification）。HLA 联邦组成逻辑结构如图 2-9 所示。

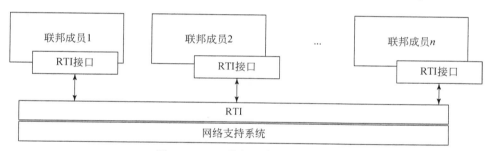

图 2-9　HLA 联邦组成逻辑示意图

1. 规则

规则是 HLA 的重要组成部分，用于定义联邦执行过程中联邦成员之间的数据交互标准，定义 HLA 联邦和联邦成员的设计目标与数据交互限制，规范了 HLA 的应用。

2. 对象模型模板

OMT 用来定义联邦执行过程中的 FOM 结构。在联邦的执行过程中，需要一个 FOM 来表达联邦中的术语集合。在 FOM 中定义了联邦成员之间数据共享、参数传递规则，在仿真系统的运行过程中，通过 RTI 来实现术语表的交换与共享。OMT 的主要组件有对象类和交互类。

3. 接口规范

在 HLA 仿真系统中，各联邦成员之间通过接口进行互调用，接口规范主要用来定义 RTI 接口的服务调用方法，对联邦运行过程中联邦成员之间实现数据共享、参数传递等互操作的管理提供标准的服务和接口。接口规范主要定义了联邦管理、声明管理、对象管理、所有权管理、时间管理和数据分发管理标准。

2.4.5 分布式协同仿真技术

复杂航天产品生产单位的组织架构一般是集团公司、院（基地）、厂（所）三级的管理体制模式，每级单位的管理职能是分层次推进的。通过协同工作环境、产品数字化研制、管理数字化实现分布式协同架构，解决各级机构信息化分散建设和集成性差的问题。

随着信息技术的不断发展，目前解决分布式仿真技术采用云计算作为基础仿真平台。

性能样机分布式仿真支撑环境研究是建立虚拟试验验证系统的关键，虚拟试验验证系统支撑环境的设计可分为平台层、工具层和应用层，如图 2-10 所示。

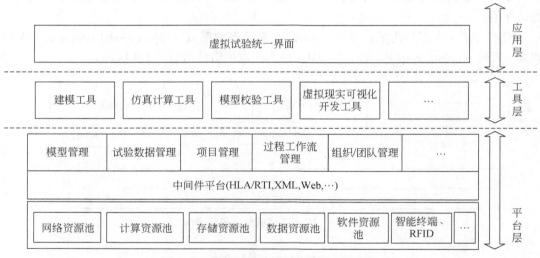

图 2-10　虚拟试验验证系统支撑环境框架

RFID 为射频识别

（1）平台层：包括计算机硬件、操作系统、网络和数据库系统等，提供模型管理、试验数据管理、项目管理、过程工作流管理、组织/团队管理等。

（2）工具层：在平台层基础上，利用平台提供的底层服务，以工具集的形式向用户提供服务，完成各项试验活动，主要包括建模工具、仿真计算工具、模型校验工具、虚拟现实可视化开发工具等。

（3）应用层：在性能样机虚拟验证环境中，以性能样机为基础，按照 HLA 高层建模思想，建立不同设备系统之间的接口关系和虚拟验证模型，放入模型库，同时采用 HLA 体系，建立性能样机飞行试验模型，在分布式环境下调用高性能计算资源，进行系统级联合仿真分析，实现性能样机虚拟飞行试验。以数字样机为基础，根据分析要求进行精确建模，生成虚拟试验模型；利用经过试验数据和试验验证的数值分析方法进行仿真分析，给出试验性能样机（元件、构件、部件等）力的热响应和强度评估结果，最后将仿真分析结果与物理试验测量结果进行比较，分析原因、逐步提高虚拟试验的准确度，最后在此基础上集成性能样机虚拟试验分析软件。分布式协同虚拟试验验证系统支撑架构如图 2-11 所示。

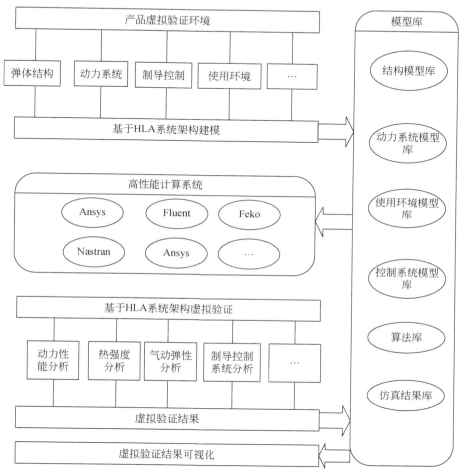

图 2-11　分布式协同虚拟试验验证系统支撑架构

　　目前的云计算就是网络提交作业和操作计算资源的服务，而云制造提供给用户网上提交任务，以及交互、协同、全生命周期制造服务。例如，设计时，需要知道设计的资源和能力，多协同完成制造设计，协同制造资源。

　　性能样机的构建过程涉及多学科多领域的建模与设计技术，按建模过程和实现过程可分为两个层面。第一层面是底层支持技术，包括协同建模方法、协同管理平台、数据交换与管理方法、设计过程管理、模型库和信息共享、协同仿真与数值计算等，作者研究的内容主要是第一层面的底层支持技术。第二层面是顶层实现技术，主要为设计师提供一种交互式的可视化设计的顶层技术，包括三维 CAD 模型生成、领域仿真工具、交互式设计技术和综合集成技术等，如参数化的三维 CAD 几何模型、基于机械特征设计的 CATIA 工具、机械系统多体动力学设计软件 ADAMS、线性/非线性、离散的控制系统仿真工具 Matlab/Simulink 等。这些软件工具都提供 Java、C++等语言的接口调用方法，实现工具之间的仿真动态联调，对性能样机实现仿真优化。

第3章　性能样机验证与优化方法

性能样机的验证与优化是一项复杂的系统工程，涉及诸多理论与方法。通过应用性能样机技术来验证大规模复杂航天产品的性能，需要对高性能计算背景下性能样机验证过程中的多个核心问题进行分析研究，主要涉及验证流程与过程优化的综合集成分析、多学科验证的并行仿真验证策略、高性能仿真验证支撑软件设计、时间管理策略、仿真验证任务的合理调度及负载平衡等。因此，本章主要针对以上几大核心问题进行初步介绍。

3.1　性能样机验证流程与仿真优化过程综合集成

性能样机验证流程与仿真优化过程综合集成分析如图 3-1 所示，层次化的航天产品总体性能验证过程基于总体设计方案验证的实际需求和背景，通过飞行、气动、热、结构强度、控制等多学科、多物理场耦合建模和大规模并行仿真等技术的研究，集成性能样机综合验证平台；主要针对多种额定状态、偏差状态和故障状态的仿真试验结果进行综合性能评估及全系统、全连续时间剖面的验证过程仿真，实现对总体设计方案的反馈和验证。

与传统航天武器系统研究中进行的飞行器分系统级仿真验证或基于概念模型的体系对抗协同仿真验证不同，航天产品的航迹从曲线转变为空间，性能验证过程具有多学科强耦合、强非线性、不确定性等特性。其总体性能验证涉及全系统的控制、弹道、动力、分离、飞行器运动学、气动流场（力、热环境）、结构强度应力场、热载荷、动力学等学科和物理场的耦合动态特性仿真。加之大型复杂航天产品仿真模型的计算繁复、耦合紧密，总体性能评估不能沿用航天领域传统的独立设计与仿真验证模式，兼以当前武器型号研制短时间、高精度的要求，以百万亿次乃至千万亿次的多核集群系统为硬件环境，进行高性能计算背景下的航天产品性能样机多学科仿真验证是必要且高效的解决途径。

基于 HLA 接口规范的 RTI 是 HLA 仿真验证系统运行的核心部件，在工业、军事等领域取得了广泛应用。大型复杂航天产品性能样机的仿真验证迫切需要高端计算能力、高效通信能力和高实时通信能力。同时，近年来多核计算、反射内存等技术飞速发展，面向多核计算环境和基于反射内存网（VMIC）计算环境的高性能 RTI 正成为研究热点。目前在 RTI 产品的研发方面，主要有国防科技大学自主研制的 KD-RTI、北京航空航天大学研制的 BH-RTI 及航天科工二院二零四所研制的 SSS-RTI。

然而，高性能计算仿真验证系统的并行计算能力与高效通信能力不是自然获得的。当前的 RTI 主要面向分布式网络环境，难以高效利用高性能计算平台的特点，HLA 仿真系统即使能够运行在高性能计算环境上，系统性能加速也十分有限。因此，研发基于高性能计算平台（HPC）的 RTI（作者称为 HPC-RTI）十分必要。这也是始终贯穿全书研究思路的重要技术支撑。

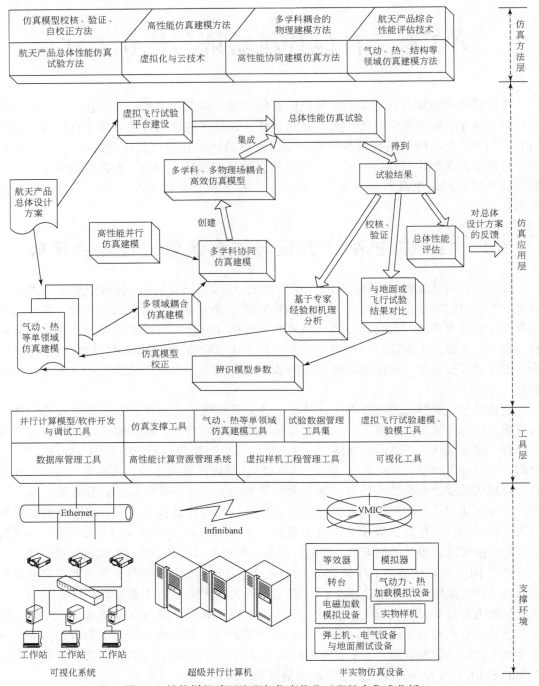

图 3-1　性能样机验证流程与仿真优化过程综合集成分析

3.2　性能样机仿真验证运行支撑环境

3.2.1　支持多层次并行通信的 RTI 通信结构

高性能计算平台一般都提供了多层次硬件通信支持，但在实际的仿真应用中，要充分发挥平台的通信优势，就需要 RTI 的支持。在大规模 HLA 仿真应用中，联邦成员之间的通信性能主要与联邦成员之间的数据通信延迟紧密相关。就简单的数据通信来说，一般来讲节点内共享内存通信延迟最小，高性能计算节点间无限带宽（infiniband，IB）通信延迟次之，千兆网通信延迟最大（Karnopp et al.，1990）。目前的 RTI 多采用串行通信结构，在基于高性能计算平台的大规模 HLA 仿真中，这种通信结构可能会导致系统整体通信效率下降，同时可能会带来联邦成员之间通信不对称的问题。

高性能计算平台采用串行通信结构可能会带来通信性能下降和联邦成员间通信不对称的问题，因此，需要改变目前 RTI 的通信结构，区分不同层次的通信方式，支持多层次并行通信，以提高仿真系统通信效率。为此本书提出了支持多层次并行通信的 RTI 通信结构，如图 3-2 所示。在该通信结构设计中，RTI 服务模块在接收到联邦成员的服务调用请求后，打包仿真消息，然后根据消息发送目的放入对应的发送队列；发送线程将仿真消息发送给目标联邦成员；消息接收线程分别从不同的通信链路接收仿真消息；消息处理模块负责对仿真消息进行分类处理。

该结构的主要特点如下。

1）多层次并行通信

该通信结构最大的特点是可同时支持共享内存、高速 IB 及外部网络三种通信方式，从而根据联邦成员通信连接情况，采用不同的通信方式实现联邦成员间的高效通信。各种通信链路可并行工作，提高系统通信吞吐率和效率。

2）计算与通信重叠的消息流水处理方式

在图 3-2 中，服务处理线程在收到联邦成员的服务调用请求后，对消息进行初步处理，若需要向其他联邦成员进程发送消息，则根据发送目标的不同，将消息放入相应的发送消息队列，然后即可进行其他工作，不必等待消息发送完成；此时与服务处理线程并行运行的消息发送线程会自动从消息队列中取出消息发送。由分析可以看出，在高性能计算平台上，支撑服务层及通信层之间的并行，可以使计算与通信重叠运行，从而实现消息的流水处理，更好地发挥多通道并行通信和并行计算优势。

3）数据缓冲队列降低不同层次之间的耦合度

在传统的单线程及多线程实现结构中，层与层之间是紧耦合的关系，使得层与层之间的业务处理难于并行。针对该问题，通过采用多队列设计来降低层与层之间的耦合度，如通信层与支撑服务层之间的发送消息队列和接收消息队列，以及支撑服务层与接口层之间的回调队列等。

综上所述，与传统的 RTI 通信结构相比，支持多通道并行通信的 RTI 通信结构，更有利于充分发挥高性能计算环境的并行通信与并行计算优势，提高系统的通信效率和吞吐率。

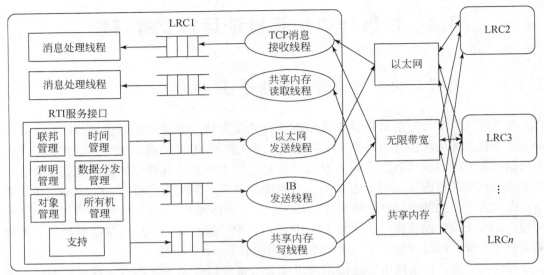

图 3-2   支持多层次并行通信的 RTI 通信结构

TCP 为传输控制协议（transmission control protocol）

3.2.2   并行 RTI 消息处理方式

如何提高仿真的运行效率、缩短仿真运行时间是大规模 HLA 仿真面临的最主要问题（李伟刚，2003）。而目前的 HLA 仿真多面向分布式网络环境，联邦成员间的通信延迟较大，通信开销往往是影响大规模 HLA 仿真运行性能最主要的因素，同时较大的通信延迟也导致联邦成员内部不会出现"消息风暴"，即在极短的时间内收到远大于自己处理能力的大规模消息（Javed et al.，2009）。而在高性能计算环境中，通过节点内共享内存通信以及高性能节点间高效 IB 通信，联邦成员间可以同时通过共享内存、IB 等高速通信方式实现并行通信（不仅包括联邦成员间并行，而且包括联邦成员内的共享内存与网络并行通信），明显减小通信延迟，提高通信性能。随着通信能力的增强，消息处理效率对仿真运行性能的影响变得明显。

一般来说，目前的 RTI 通常采用单线程消息处理方法，主要由消息接收处理线程接收和处理消息，这样做的好处是能够严格保证消息的正确处理顺序，每收到一个消息就及时处理，但也存在如下不足之处。

（1）数据的接收时间长。这是因为数据接收时间包含了消息的处理时间，可能引起通信不对称，即发送方发送较快，而接收方接收较慢。

（2）消息处理效率低。由于消息的整个处理流程都是串行的，当消息数较多时，处理总时间较长，效率较低。

（3）系统消息接收吞吐率小。采用单线程消息处理方式每次都只能接收处理一个消息，单位时间内接收的消息数较少。

由于模型负载的不平衡和仿真运行的动态性，静态负载分配不能满足高性能仿真的要求，需要动态负载平衡方法。在高性能仿真领域，动态负载平衡不是一个新概念。较早研究仿真动态负载平衡的是 Özdikis 等（2010），他们提出了基于处理器效用（effective utilization of processor）的 Time Warp（TW）仿真系统动态负载平衡方法；Hu 和 Zhang（2009）采用控制分配给逻辑进程 CPU（central processing unit，中央处理器）时间片，以减少逻辑进程之间逻辑时间差的方法来获得逻辑进程的负载平衡。在此基础上，闵春平（2003）通过预测未来可用 CPU 时间改进逻辑进程的 CPU 时间分配，协调逻辑进程的逻辑时间，减少回退的次数；李犁等（2012）研究了基于网格的 HLA 负载平衡管理系统；李犁等（2013）在基于 HLA 的大规模仿真系统动态负载平衡方面做了大量的工作，他们提出一种可扩展的层次动态负载平衡构架，这种构架在本地和集群两层上检测 HLA 仿真系统运行负载变化，以发现联邦成员之间的计算负载不平衡和通信负载不平衡，并运用联邦成员迁移的方法减少成员之间的通信响应时间和平衡节点之间的计算负载。

3.3　高性能计算技术对性能样机验证过程的支持

高性能计算环境相对于传统的分布式网络环境有两方面的性能优势：一是数据并行处理能力，通过多核、多 CPU 等硬件支持，高性能计算平台能够实现数据并行处理；二是高效通信能力，高性能计算平台往往提供了多种通信方式。

随着高性能通用微处理器体系结构进入多核时代，计算机集群系统中越来越多地采用了多核处理器，出现了新型的多核集群。多核集群的每个处理器都拥有多核处理核心，多核处理器之间通过某种互联网络连接。这种新型的多核集群通过提高处理器节点内的性能，提高了整个集群系统的性能。多核集群具有良好的灵活性和扩展性，使人们能够以较高的性价比拥有更多的计算核心。

集群（cluster）是一种并行或分布式处理系统，它由通过高速通信网络连接起来的一组计算器（又称为节点）组成，这些处理器通过统一调度与协调处理实现高效的并行处理（王琦，2011）。一个集群系统中的处理器节点可以位于同一个机柜中或者在地理上是分散的，通过网络把它们连接在一起。每个节点不但可以独立工作，还可以协同工作，作为一个集中的计算资源为并行计算任务提供服务。图 3-3 显示了一个核心间通过 Cache 互连的多核集群系统的拓扑结构。

多核集群具有两级存储机制：节点内是共享存储，节点间是分布式存储。为了区分，本书把节点分为两种：处理器节点和处理核节点。多核集群具有三层通信结构：处理器之间的通信、同一个多核处理器内处理核心间的通信，以及不同处理器内处理核心间的通信（颜力，2006）。两级存储机制和三层通信结构使得多核集群的体系结构变得更为复杂。在同一个多核处理器内，处理核心间的关系是紧密耦合的，这些核心通过共享 Cache 或者片上网络（network on chip，NOC）互连。由于处理器节点间通过互联网络连接，所以处理器节点之间是松散耦合的关系。因此，处理器节点之间的通信开销比同一处理器内核心间的通信要大很多。

当前，基于消息传递的并行编程模型被广泛使用，并行程序包含多个并行任务，任务间通过消息传递进行通信。为了有效地利用集群中日益增长的计算核心，应用程序中并行进程或线程的个数也在增加，传统的集群任务调度是把任务调度到处理器上，而多核集群系统将并行任务最终分配到不同的处理核心上。也就是说，线程最终被并行运行

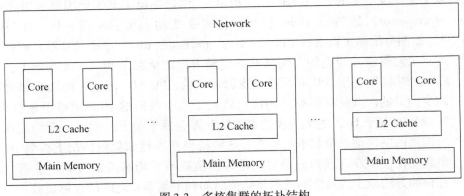

图 3-3　多核集群的拓扑结构

在各个计算核心上，同一进程的线程间的通信共享存储或片上网络，分属不同进程的线程间的通信借助于消息传递。

在结构上，多核集群和多处理器集群是类似的。因为可以把多核处理器中的每个处理节点看作一个集群在芯片层次的实现。多核集群与多处理器集群主要的不同是：多处理器集群的任务调度是并行任务被分配到不同的处理器上，所以只考虑处理器间的通信；但是多核集群的任务调度是并行任务最终被分配到每一个处理核上，因此不仅需要考虑处理器之间的通信开销，还需要兼顾处理核间的通信开销。多核处理器本身就可以看作有多个处理节点的集群。因此通过改进和优化面向多核处理器的任务调度与任务分配算法使其也适合多核集群系统。

3.4　性能样机高性能并行计算验证过程的关键技术

3.4.1　时间管理策略

时间管理（time management）是 HLA 的一项重要服务，它描述了联邦成员采用的时间推进机制以及各类消息的发布和订阅方式，推进机制必须与数据交互方式相协调，保证消息数据订阅发布顺序的逻辑正确性。时间管理是保证仿真系统正确运行的关键，其涉及的相关算法一直是研究领域的热点问题。

目前，国外有几款根据 IEEE1516 标准开发的 RTI 产品，这些产品实现了相应的时间管理服务，并在仿真领域有了较为广泛的运用，如瑞典 Pitch 公司的 pRTI1516、美国 MAK 公司的 MAK RTIplus 及 DMSO 公司出品的 RTI 系列软件等。除了以上成熟的产品，还有些其他的开发产品，如在仿真界公认的时间管理领域专家 Richard M. Fujimoto 教授的领导下，Georgia Tech Research Corporation 推出的 Federated Simulations Development Kit 及开源软件 yaRTI 和 CERTI 等。

目前，时间管理服务中存在的问题有三个主要方面：最大可用逻辑时间（greatest available logical time，GALT）的计算、时间推进机制及时间管理服务的应用。解决了这三个核心问题，就可以控制各联邦成员在仿真时间轴上的快速、准确推进，保证了 RTI 能在适当的时间以适当的方式和顺序将性能样机仿真验证的任务消息准确地发送给相应的联邦成员。作者将在第 5 章中详细介绍此内容。

3.4.2 最大可用逻辑时间

对于 GALT 的计算问题是 RTI 时间管理服务中的重点问题，也是作者研究的重点所在。GALT 的计算涉及多种因素，如消息传递机制、联邦成员状态、使用的时间推进服务、前瞻量等。因此，与本书研究相关的定义如下。

定义 3.1 GALT：允许联邦成员推进的逻辑时间上限。

保守时间推进机制保证联邦成员必须按照正确的逻辑时间顺序接收消息，不能出现接收到过期消息的情况，否则会出现逻辑错误，导致整个仿真过程出错。因此 GALT 是成员可以推进的时间上限。

定义 3.2 LETS（least existent time stamp，最小存在时间戳）：联邦成员已有 TSO（time stamp order，时间戳顺序）消息的最小时间戳，LETS 只针对 TSO 消息而言，不考虑 RO（receive order，接收顺序）消息。

定义 3.3 LITS（least incoming time stamp，最小输入时间戳）：联邦成员尚未接收或准备接收的消息的最小时间戳。LITS 与 LETS 不同，除了已经接收到的消息，其还包括将要接收到的消息、仍在传输中的消息以及尚未发送的消息。

定义 3.4 输出时间（output time）：联邦成员允许发送的消息所带的最小时间戳。为避免其他成员接收到过时消息而产生逻辑错误，联邦成员发送的消息必须大于等于输出时间。

定义 3.5 挂起（pending）：联邦成员处于暂停状态，该状态是由 RTI 没有允许联邦成员进行时间推进造成的。根据联邦成员的时间推进机制：NER/NERA（下一事件请求/下一事件即时请求）、TAR/TARA（时间推进请求/可用时间推进请求）及 FQR（flush queue request，清空队列请求），因为 FQR 总是被允许推进，所以不存在挂起问题，其他推进机制都有可能出现挂起。联邦成员的挂起状态分为以下五种：Grant 状态、TAR 挂起、TARA 挂起、NER 挂起、NERA 挂起。当联邦成员正在进行时间推进时，该联邦成员即处于 Grant 状态。

定义 3.6 死锁（deadlock）：相互之间存在依赖关系的联邦成员，在进行时间推进过程中，因相互等待对方的状态改变而处于挂起状态，该情况为死锁。

定义 3.7 前瞻量（lookahead）：联邦成员在当前逻辑时间 T 时刻，其所发送的消息所带时间戳均不小于 $T+L$，则 L 就称作该联邦成员的前瞻量。

3.4.3 时间推进机制

目前，国内外针对 HLA 时间管理方面的研究主要集中在针对时间管理推进机制中涉及的相关算法进行分析和改进；通过优化相关 GALT 算法解决仿真死锁问题。通过研究发现，在计算 GALT 算法中，涉及前瞻量参数，研究者通常将其人为定义为一个常量，也有研究者分析发现前瞻量对合理计算 GALT 具有很重要的作用，提出了动态调整前瞻量的算法。但这些算法仅仅提出了计算的思想，其中涉及的相关参数没有具体计算方法。作者通过对 HLA 时间管理问题及 GALT 的计算方法进行分析，提出了基于时间戳增量期望的前瞻量动态调整算法，通过对仿真系统运行状况的分析，计算更符合仿真验证运行状态的前瞻量，并进行实时更新，能有效解决死锁问题。

3.4.4 仿真验证任务调度策略

任务调度策略的优劣对多核处理器的系统性能有直接的影响，如果任务调度不当，多核处理器高并行性的优势会被抹杀，甚至比串行调度的效果还要差。当前，大多数的应用程序仍然基于串行方式去编写代码，如果不加以修改使之直接运行于多核分布式环境中，则多核结构的并行优势不能得到充分发挥。为了适应多核计算资源，传统的并行编译技术被引进。任务调度是并行编译中运行并行程序的关键步骤。

多核处理器任务调度的目标是充分利用处理器中的每一个处理核心，使处理器上执行总体程序的时间最短，提高系统吞吐率。在多核处理器的任务调度中，调度目标是多个处理核心，允许多个任务在多个处理核心上同时并行执行，所以多核处理器的任务调度比单核处理器的调度要复杂得多。此外，为了充分利用这些处理核心，更好地发挥多核优势，必须保证分配到各个处理核心上的任务具有一个较好的负载平衡。

传统的面向高性能并行计算环境的任务调度问题是基于单核处理器构建的，如图 3-4 所示。传统的单核处理器任务调度主要涉及两个因素：计算代价和处理器之间的通信代价。在松散耦合分布式系统中，处理器之间的通信代价是影响整个并行计算性能的瓶颈。

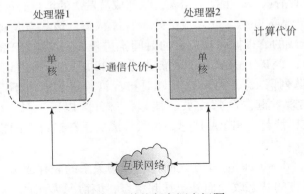

图 3-4 传统任务调度问题

而在多核集群环境中，不仅要考虑处理器节点间的通信，还要考虑处理器节点内处理核心间的通信。因此，任务调度的目标是最小化任务调度长度，如图 3-5 所示。

3.4.5 数据分发管理方式

数据分发管理的主要目的有两个：一是尽可能减少不相关数据的产生，以减少网络带宽占用；二是降低仿真节点接收冗余数据时引起的处理开销。与 DSI（distributed structural index，分布式结构索引）采用的广播技术相比，HLA 采用了组播技术以及支持数据过滤技术，可由联邦成员对数据的接收和发送进行过滤，使得所发送的数据只传输到那些对这些数

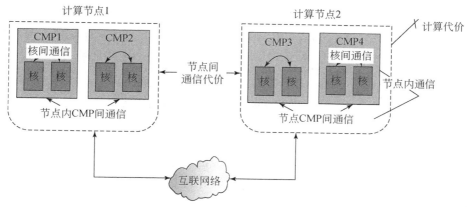

图 3-5　多核集群环境下的任务调度

CMP 为单芯片多处理器

据感兴趣的联邦成员。下面举例说明数据分发管理的概念。图 3-6 是一个二维路径空间 RS，其中的兴趣表达由两个更新区（U1，U2）和两个订购区（S1，S2）组成。数据分发管理服务通过对订购区和更新区之间进行匹配，发现只有 U1 和 S1 发生重叠，然后在创建 U1 的仿真实体和创建 S1 的仿真实体之间建立传输通道，才能将与 U1 相关联的数据发送到创建 S1 的仿真实体所在的联邦成员处。

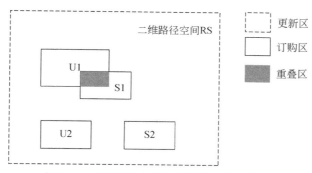

图 3-6　二维路径空间中的数据过滤示意图

数据分发管理的基本实现过程主要由兴趣表达、区域匹配、通道建立和数据发送 4 个步骤组成（肖冰松等，2009）。

（1）兴趣表达：仿真实体通过对更新区和订购区信息的描述建立起与自身相关的发送和接收数据与路径空间中区域的映射关系。兴趣以对象类和属性以及在路径空间中的订购区和更新区来表达。

（2）区域匹配：用来计算判断同一路径空间中的各个仿真实体更新区和订购区是否发生重叠，建立起更新区与订购区之间的映射。

（3）通道建立：RTI 在区域匹配生成的更新区/订购区映射关系的基础上，为发送和接收一组联邦成员分配组播地址，建立起更新数据方和订购数据方之间的数据连接通道。

（4）数据发送：利用底层网络以组播方式将更新数据从创建更新区的联邦成员传送到创建订购区的联邦成员。

扩展阅读：将复杂产品的设计开发向系统前期规划和后期性能评估两头延伸，通过建立基于高性能计算环境的仿真验证平台来实现，主要包括综合仿真验证环境的开发、性能样机的在线分析与评估、性能样机改进设计、性能样机可信度评价等。

3.5 多 Agent 系统理论的应用

Agent 技术自 20 世纪 50 年代就已经提出，但真正的发展是 80 年代之后，在 90 年代出现了一个研究热潮，直到现在仍然是人工智能研究的热点。主要的研究侧重于智能 Agent 和多 Agent 系统两个方面，但一般这两方面没有严格的区分。经过 20 多年的研究，多 Agent 系统理论与技术有了长足的发展，已经在很多领域中得到了应用。国外多 Agent 技术的应用已经十分广泛，国内由于起步较晚，更多地着重于认知模型和理论等方面的研究。

在国外，美国的 Stanford 大学开发了 JATLite 模板，该模板为 Agent 的开发和运行提供了一个支撑环境。Reticular 公司用 Java 开发了一个支持 Agent 开发的平台 AgentBuilder，可以支持多种 Agent 软件的开发。挪威科技大学的 Alf Inge 等把 Agent 技术用于协同软件工程中，提出了一个支持协同过程的多 Agent 软件开发体系结构，为开发大规模、分布式的多 Agent 系统提供了一个开放资源的 Agent 体系结构。AgentCities 是欧共体关于 Agent 研究的一个组织，其主要目的是将世界上的各 Agent 平台连接起来，每个 Agent 平台中包含各种类型的 Agent，构成一个"Agent 城市"，在不同平台之间可以进行通信，并提供各种服务。目前已经有数十个国家和地区建立了与 AgentCities 的连接。

在国内，中国科学院智能信息处理重点实验室开发了多 Agent 环境 MAGE，并且该平台已经和 AgentCities 连接，是国内唯一一个与之相连的平台。中国科学院已经将智能 Agent 技术应用在网络智能信息处理、知识管理、电力配电系统、电子商务等领域中，并取得了初步效果。蒋春辉将 MAS（multi-Agent system，多 Agent 系统）与 CSCD（计算机辅助协同设计）技术相结合，设计和开发了一个基于 MAS 代理机制的协同设计系统。葛建国在分析了多 Agent 技术的优点后，将其应用到一个具有缺陷的计算机考试系统，设计和实现了基于 Agent 技术的计算机考试系统，提高了系统的响应速度，大大提高了系统的可靠性。高广耀提出了一种基于 Agent 技术的决策支持系统模型，将决策支持系统视为一个由多个决策支持 Agent 组成的平台，将一个复杂系统分解为多个较小的简单系统，从而简化了复杂的决策支持系统的设计，在此基础上，开发了一个彩票预测系统。

综上所述，国内关于多 Agent 技术的研究着重于认知模型和基本应用等方面的研究，整体的应用水平要低于先进国家的水平，需要进一步对多 Agent 技术进行研究和广泛应用。

性能样机的验证工作涉及多领域、多学科的分系统或模型的验证，其任务量繁重，验证部门、人员分布，验证知识分散，而现有的仿真模型验证工具都不能很好地解决这些问题。作者在介绍了性能样机可信性验证相关背景、国内外关于性能样机验证以及 MAS 理论研究进展后，在对 MAS 理论和性能样机验证工作的特点进行研究的基础上，提出了性能样机验证指标体系，对常用模型验证方法进行了研究，将多 Agent 系统理论引入性能样机验证系统的模型设计中，将复杂的性能样机验证系统分解成为多个不同级别功能 Agent 的集合，对不同的功能 Agent、Agent 之间的交互以及相关的数据库和知识库进行了设计，最后，引入多 Agent 系统开发平台，结合 Java 语言等相关工具，对系统进行了实现。

第4章 性能样机多学科协同建模方法

现分布式协同建模与综合集成必须解决领域模型统一构建问题。本章将在分析多学科性能样机技术对建模语言的要求基础上，提出多学科性能样机建模方法。并以复杂航天产品性能样机设计与仿真建模为背景，以高超声速飞行器性能样机为例，构建复杂航天产品性能样机本体元模型，包括本体元模型、高超声速飞行器性能样机本体模型、多学科集成协同设计本体模型和基于 Petri 网的性能样机协同动态建模过程模型等，并利用 Protégé 本体建模工具实现，从而实现 UMSLO 模型的 M 子模型。

4.1 性能样机功能的划分及设计流程

性能样机的研制是个多阶段全生命周期的设计过程，需要经过多个阶段的设计、修改、优化和反馈，最终才能形成能够用于数字化制造的数字样机（刘磊和韩克岑，2006）。作者根据性能样机的研制过程将其划分为一级性能样机、二级性能样机、三级性能样机和四级性能样机。性能样机功能的划分及设计流程如图 4-1 所示。

1. 一级性能样机

一级性能样机是根据用户需求对航天产品的总体方案进行设计。如确定飞行器外形三维结构图及布局定义等设计输入、总体布局和总体参数设计、气动外形设计、零部件结构关系及外形设计、设计参数初步优化，按照性能样机构建要求使用三维设计软件建立几何样机。在一级性能样机设计阶段主要涉及概念建模过程，概念建模是构建便于人和机器共同理解的功能描述模型，以便于设计人员在产品功能空间中进行有效推理，从而实现产品的概念设计，它是真实系统的第一层抽象反映。各学科领域专家和用户需要借助概念模型来表达各自领域知识并传达给产品设计人员。作者通过研究本体建模技术和对象 Petri 网来构建性能样机的概念模型。

2. 二级性能样机

二级性能样机以物理样机功能结构为基础，在几何样机设计的基础上对系统功能结构、气动力、控制系统、弹道、操稳分析、推进系统、载荷计算、强度分析、总体设计参数进行设计和完善，建立不同粒度的性能样机模型。在二级性能样机设计阶段主要涉及功能建模过程，功能建模是概念建模过程中的基本元素，是表达产品功能特性的重要方法，在概念建模中起着生成和传递设计信息的重要作用。作者通过研究本体建模技术和 Petri 网来构建性能样机的功能模型。

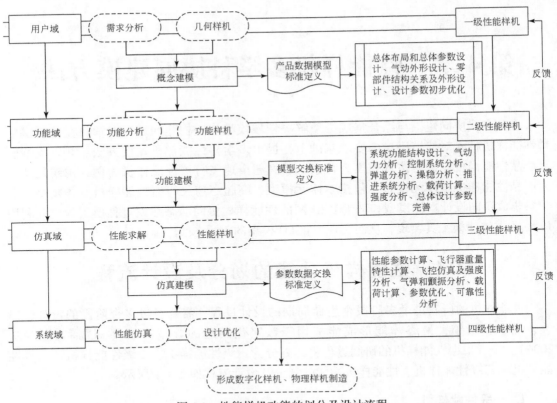

图 4-1　性能样机功能的划分及设计流程

3. 三级性能样机

三级性能样机是将同一级别的性能样机模型进行仿真计算，完成性能样机三维实体的最终设计，进行性能参数计算、飞行器重量特性计算、飞控仿真及强度分析、气弹和颤振分析、载荷计算、参数优化和可靠性分析等。在三级性能样机设计阶段主要涉及仿真建模过程，如前面所论述的性能样机概念模型和功能样机概念模型最终都要转化为仿真模型进行性能测试，仿真模型为概念模型在"需求"和"实现"之间架起了一座沟通的桥梁。作者通过研究 HLA 与本体元模型技术来构建三级性能样机的仿真模型（石峰等，2006）。

4. 四级性能样机

四级性能样机标志着已完成样机模型的最终设计，通过将不同学科领域模型进行协同仿真和优化，并把仿真计算结果进行综合评判，将评定结果反馈给上一级设计师，以便于进一步进行修改和再设计。

每级性能样机具有完整的模型结构并具有重用性，下一级的性能样机可以共享上一级性能样机产生的各类模型数据，是一个不断演化的设计过程，从而使性能样机的生成和后继的修改完善速度大为提高。

通过上述分析，性能样机系统的构建主要包括统一的建模方法、性能样机模型数据及相关设计资源的管理、分布式设计与仿真平台、仿真试验模型的设计及平台的构建、可视化的管理系统及协同设计的管理。作者将重点对性能样机系统设计过程中涉及的各类方法和技术进行系统性的研究。

4.2　基于本体的性能样机协同建模

在复杂航天产品性能样机协同建模领域中，建模与仿真是性能样机研制过程中的重要手段。其建模与仿真过程涉及概念建模、功能建模、仿真建模以及优化建模等过程，这些模型构建的好坏决定着仿真模型的结果。目前国内外有关航天产品性能样机建模方法的研究比较欠缺，大多研究重点都放在领域模型的仿真和构建样机的建模方法研究上。但复杂航天产品性能样机由于规模大、内部逻辑复杂，用户很难准确、全面地描述系统的层次结构。所以，本节重点研究性能样机的建模方法和建模工具的使用。

4.2.1　性能样机技术对建模语言的基本要求

复杂航天产品的设计需要依靠多学科领域专家的协同工作，由于不同学科领域专家有不同的知识背景，使用的知识建模方法也不相同。因此，对同一产品概念名称有着不同的描述，多学科协同设计无法实现知识共享，严重影响了多学科协同设计的效率。

而本体作为一种统一的建模语言，可以实现对多学科协同设计模型进行建模，为模型的构建提供统一的表达形式，有效解决了模型中知识共享问题（颜力，2006；许卓明等，2007）。通过应用本体技术将各学科领域异构的模型转化到本体语义层，通过本体映射技术来实现不同知识间的语义异构问题，通过建立知识在语义表达层的一致性来实现各学科领域模型的共享以及重用。

同时，复杂航天产品性能样机建模技术涉及多学科领域，所使用的建模语言必须能够支持多学科领域的协同建模与仿真，能够完整地描述设计对象的层次结构和逻辑关系。基于本体的元模型建模方法与技术能够表示所有领域内的所有系统，能够很好地描述复杂产品的层次结构和逻辑关系，同时，融入面向对象技术、语义推理和知识表示等建模语言的特点，从而较好地解决仿真中的模型集成、互操作和协同工作。

4.2.2　本体建模的构建方法

由于复杂航天产品由多部门不同学科人员进行设计，其中有些概念在不同的学科中有不同的名称，同一概念在不同年代的名称或内涵也在发生变化，加之词语之间"用、代、属、分、参、族"等复杂的语义关系，产品模型的输出结果常常出现缺失和冗余的信息。产品的设计知识会随着时间和空间的推移而不断发生演化，知识的演化会使知识的结构、名称等发生改变（Maedehe，2002）。复杂航天产品的设计需要不断创新，知识的演化对于复杂航天产品模型的管理至关重要，知识演化会产生新的知识，可以实现知识的创新，这对于企业从知识演化过程进行检索知识演化前后的模型轨迹具有重要意义，能够提高同一模型定位的准确性。

在性能样机协同建模与仿真过程中会产生设计信息在语义、内涵和原理性方面存在不一致的问题。其中，概念、名称混淆等语义问题，完整性约束和领域定义等内涵问题，数据类型、标识方式等原理性问题都需要在建模过程中统一解决（朱殿华，2010）。表4-1列出了多学科领域数据信息不一致的主要因素。通过本体建模技术，可以将这些不一致的信息抽象化，然后映射用本体来表达，生成语义、内涵和原理性一致的本体表达方法。

表4-1　多学科领域数据信息不一致的主要因素

	知识项	含义	设计案例
语义因素	名称	同义词、同名异义词、演化词	计算机与电脑、PC（personal computer）是同义词
	单位	公制、英制	同一尺寸表达存在单位不一致问题，如公斤、千克等
	混淆	概念相同，属性值不同其表现形式不同	同是翼锥面，角度的值不同，表现也是不一样的
内涵因素	领域完整性约束	同一对象从不同领域进行描述数据的唯一性存在差异	产品功能、性能描述、结构描述、产品数据库字段标识
原理性因素	数据类型	数据存在字符型、日期型、整型、浮点型等类型的差异	产品设计尺寸存在整型和浮点型的差异
	标识	同一概念在名称上可能存在同名，但所包含的属性值不同，其实质是不同的	产品数据库同一名称的表中，其内部数据记录却由于数值不同而不同
	演化	同一概念在不同年代的名称或内涵也在发生变化，但其内涵是一致的	在产品设计过程中，有些概念用代词描述，有些用俗称描述，有些用专业术语描述

对于多学科领域不同概念模型在语义上的一致表达问题，可以通过本体来实现不同领域之间概念的语义一致（Li，2014）。在HLA仿真系统中应用本体技术实现领域模型之间的语义一致性表达。HLA是当前复杂航天产品仿真系统的应用标准，对于复杂航天产品的仿真系统分析、对象的划分和确定、联邦成员的构建等底层工作进行支撑实现，正是采用了面向对象分析与设计方法解决联邦成员之间的集成与交互仿真，所以得到了广泛应用（龚春林等，2005）。但是HLA只规定了联邦成员交互规则，缺乏不同学科领域之间模型实现的语义一致性的表达方法。在HLA仿真系统中，只有不同仿真模型在语义级别达到一致时才能实现协同仿真结果，但是当前的HLA技术使用OMT方法并不能完全满足这一需求。所以作者提出用本体技术使HLA的协同仿真模型之间在语义层面达到一致。当前主要的本体建模方法有KACTUS法、Methontology法、SENSUS法、骨架法、TOVE法和斯坦福大学开发的七步法等（Natalya and Deborah，2001）。作者结合上述本体建模方法，形成本体的构建过程如下。

（1）确定本体的领域范围：根据所研究的系统建模和仿真需求，分析相关术语范围和相关约束，分析使用系统的角色和可复用的系统模型（何克清等，2005）。

（2）本体分析：定义所要分析的系统领域模型之间的关联关系，定义领域模型相关概念、属性以及相关的约束公理等，最终形成完整的本体化模型体系。

（3）本体表示：通过本体元模型来表示系统中的每个类、属性和实例之间的层次继承关系。

（4）本体评价：通过本体的评价标准和方法，对所构建的系统本体元模型库的完整性、语义无歧义性、可扩展性和复用性方面进行评价与决策。

（5）构建本体库：对所构建的本体进行评价和检验，将符合要求的本体模型添加到本体库中，否则继续对本体模型进行分析。

作者主要采用的本体建模流程如图 4-2 所示。

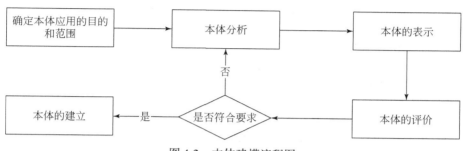

图 4-2　本体建模流程图

为了实现大粒度复杂航天产品资源信息共享与互操作，元建模是抽象构造和聚合互操作性复杂资源的元计算方法。本体论是一种元理论，建立在描述逻辑的基础之上。对于如何将元数据和元模型进行融合并应用到元模型建模技术中，需要对元模型的构建进行规范，对象管理组织（Object Management Group，OMG）制定了相应的 MOF 和 XMI 规范（王鹏等，2004）。

本体元模型的建立通常可概括为三个过程，即仿真试验、模型拟合和元模型评估与验证。仿真试验将通过试验设计与仿真获得两组试验数据，一组为元模型拟合的训练数据集，另一组为元模型评估的测试数据集；模型拟合是指选择合适的元模型类型与形式，应用数学方法（如多项式回归分析法、自适应样条函数法、径向基函数法、Kriging 法、神经网络法、小波分析法及支持向量机等）对训练数据进行元模型的拟合；元模型评估与验证以测试数据集为基础，采用合适的定量准则来实现（段寿建等，2009）。

MOF 元建模通过应用 UML 统一建模技术来实现元模型建模过程中的类、联（association）、数据类型（data types）和包（package）。

4.2.3　本体元模型建模语言

石峰等（2006）通过使用本体语言对领域模型进行统一的、语义一致的和形式化的概念描述，目前常用的描述语言包括 XML、RDF（S）和 OWL 等。

1. RDF（S）

RDF 是一种描述和使用数据的方法，它是关于数据的数据或元数据。RDF 是处理元数据的基础。RDF 的结构通常用三元组来表示：资源、属性和声明。其中，资源可以是网页或不能通过 Web 直接访问的对象；属性用来描述某个资源特定的方面、特征和关系；声明由属性的资源、属性名和属性的值共同构成，属性资源称为主体（subject）、属性名称为谓词（predicate）、属性的值称为客体（object）。例如，飞行器的气动力系统模型被定义为类，它的标签为"Aerodynamics"，定义了"Aerodynamics"的属性"isCompriseOf"，另外"Aerodynamics"有子类机尾动力学模型"Tail dynamics"和机翼动力学模型"Wing dynamics"，可以用 RDF 表示，如关键代码4-1 所示，其转化为本体模型如图4-3 所示。

```
/**关键代码4-1 用 RDF 表示的飞行器的气动力系统模型**/
<rdfs:Class rdf:ID="Aerodynamics">
    <rdfs:label>飞行器的气动力系统模型</rdfs:label>
</rdfs:Class>
<rdf:Property rdf:ID="isCompriseOf ">
    <rdfs:label> isCompriseOf </rdfs:label>
    <rdfs:domain rdf:resource="#Aerodynamics"/>
</rdf:Property>
<rdfs:Class rdf:ID="Tail dynamics">
    <rdfs:subClassOf rdf:resource="#Aerodynamics"
    <rdfs:label>机尾动力学模型</rdfs:label>
</rdfs:Class>
<rdfs:Class rdf:ID="Wing dynamics">
    <rdfs:subClassOf rdf:resource="#Aerodynamics"
    <rdfs:label>机翼动力学模型</rdfs:label>
</rdfs:Class>
```

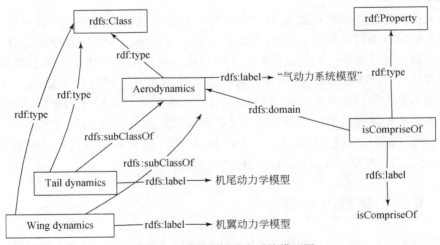

图4-3　飞行器的气动力系统模型图

  RDF 数据模型所拥有的语法定义和语汇表达方法有限，不能对新增属性的词汇以及属性与资源之间的关联关系进行处理。RDFS 定义了一种模式定义语言，提供了一个定义在 RDF 之上抽象的词汇集。在 RDFS 中，用 rdfs:Resource 标记来表达模型对象的根类节点，该标记包含 rdfs:Class 和 rdf:Property 两个派生子类。rdfs:Class 标记在语义上代表了领域中的本体，而 rdf:Property 标记代表了领域中本体的属性。

2. OWL

OWL 是一种本体语言，OWL 在 RDF 的基础上，提供了公理描述、属性特征约束、属性类型限制和类的逻辑组合等语法处理规则。与 RDF 相比，OWL 拥有更大的词汇表以及更强大的语言。在 OWL 所表达的本语言规则中，可以对类、属性、实例这些元素进行关联性描述和定义（郭银章，2011）。

4.3　基于本体元模型的性能样机协同概念建模

4.3.1　基于本体元模型的复杂系统建模

由于复杂航天产品的设计涉及多学科交叉建模与仿真，不同模型之间的集成、数据交换与共享等关键技术需要解决。而基于本体的元模型技术可以有效地对复杂系统的设计进行语义一致上的建模和数据共享管理，实现对不同领域模型在更高层次上的分析和研究。复杂航天产品各零部件模型可以用构成系统的模型之间关联关系的集合进行描述，例如，图 4-4 就是一个飞航武器多学科设计的多层次分解模型，用数学公式可描述为

$$Y = \{S, \ R_s\}, \quad S = \{s_1, \ s_2, \ \cdots, \ s_i, \ \cdots, \ s_j\}$$

$$R_s = \{R_{s, 1, 2}, \ R_{s, 2, 3}, \ \cdots, \ R_{s, (i-1), i}, \ \cdots, \ R_{s, (j-1), j}\}$$

其中，S 表示组成系统所有模型的集合；s_i 表示第 i 层模型的集合；R_s 表示各层模型之间的关联关系的集合；$R_{s, (i-1), i}$ 表示第（i-1）层与第 i 层之间的关联关系集合（孙亚东等，2013）。

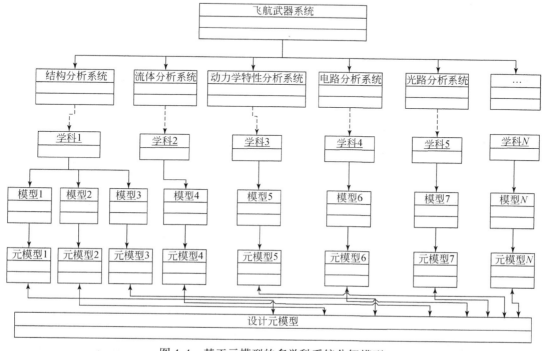

图 4-4　基于元模型的多学科系统分解模型

对于一个复杂航天产品系统，可以分解为多个子系统，而每个子系统又可以分为多个子系统，这就是一个多粒度层次分解模型。复杂系统的本体分解模型可表示为

$$\text{Onto\_ Sys} = \bigcup_{i=1}^{n}\bigcup_{j=1}^{P_j} S_{ij} = \bigcup_{i=1}^{n}\bigcup_{j=1}^{P}\bigcup_{k=1}^{m} \text{Sub}_{ijk} + \bigcup_{i=1}^{n}\bigcup_{j=1}^{P_j} M_{ij} + \bigcup_{i=1}^{n}\bigcup_{j=1}^{P_j} O_{ij} \tag{4-1}$$

式中，$\bigcup_{i=1}^{n}\bigcup_{j=1}^{P_j} S_{ij}$ 表示含有 n 层次的系统模型集合，P_j 表示第 j 层中包含的元模型数，S_{ij} 表示第 i 个粒度层次的第 j 个模型；$\bigcup_{i=1}^{n}\bigcup_{j=1}^{P}\bigcup_{k=1}^{m} \text{Sub}_{ijk}$ 表示各学科领域元模型集合，Sub_{ijk} 表示第 i 层的第 j 个模型在第 k 领域属性空间的模型；$\bigcup_{i=1}^{n}\bigcup_{j=1}^{P_j} M_{ij}$ 表示各个模型的综合集成，M_{ij} 表示第 i 层的第 j 个模型；$\bigcup_{i=1}^{n}\bigcup_{j=1}^{P_j} O_{ij}$ 表示各个元模型的综合集成，O_{ij} 表示第 i 个粒度层次的第 j 个元模型。

虽然 UML 是一种统一的建模语言，但是在特定领域建模方面适用性并不强。由于在多学科设计领域需要不同的建模工具和表达语言，在工具和语义上形成统一的设计模型，使用元建模技术可以实现上述目标。元模型可以支持多领域的复杂系统建模，在基于元模型进行复杂系统仿真建模时，可以利用 XML 进行统一的数据交换与表达。可以通过 UML 类图和对象约束语言定义该领域建模语言特有的语法和语义，建立该领域的元模型。例如，图 4-4 也是一个基于元模型的多学科系统分解模型。

本体元模型可以较好地解决多领域模型的多层次关联与多参数耦合问题，而对于本体元模型的表示可以采用 SysML 统一建模语言进行表达，作者将基于 SysML 统一建模语言对所要构建的性能样机模型进行表达。

4.3.2 本体元模型的构建

复杂航天产品由不同设计部门、不同专业领域的多种异构模型构成，每个模型又可由多个元模型耦合而成，每个元模型具有完备的功能结构和接口与参数传递方法，并具有高度的重用性，是不可再分割的模型，作者所构建的用 SysML 描述的元模型体系结构如图 4-5 所示。

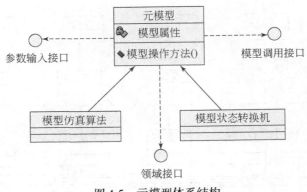

图 4-5　元模型体系结构

一个模型可由多个元模型或模型耦合而成，一个模型的内部组成除了可以是元模型，

也可以是其他的模型。用 SysML 描述的耦合模型体系结构如图 4-6 所示。

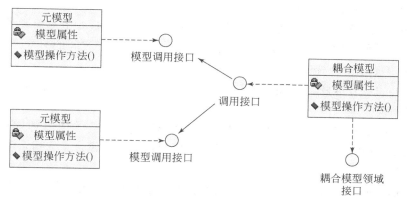

图 4-6 耦合模型体系结构

基于本体元的建模方法通过模型调用接口建立多领域的系统。元模型通过接口实现模型与模型之间的参数传递及调用。例如，定义一个基于 Simulink 的元模型，那么元模型领域接口就会调用 Simulink 模型的一个"输入"或者"输出"，即 Simulink 中的一个输入/输出变量。性能样机中模型的接口主要包括各学科模型参数输入/输出接口和设计任务接口两类，前者描述学科模型之间的参数传递与调用；后者描述模型设计活动之间的交互界面。

元模型中的仿真算法模型面向具体领域的各类算法、功能函数、模型文件等，具有高度重用性，如机翼与尾翼气动力计算、机身气动力数值计算方法和气动热/热计算方法等。

作者所研究的本体元模型可以采用六元组表示：

Ontology_Meta-Model = {Class，Attribute，Relation，Method，Interface，Constraint}

在上述六元组中各元素的含义如下。

（1）Class 为复杂航天产品的对象概念（类）集合，表示复杂航天产品中所包含的子系统、部件和特征。

（2）Attribute 为元模型的属性集合，包含功能属性、行为属性和结构属性。Attribute 由属性名、属性类型和属性值三元组组成。描述为 Attribute $= A_{\text{fun}} \cup A_{\text{beh}} \cup A_{\text{str}} = (t, a, v)$，其中 A_{fun} 表示元模型功能属性的集合，A_{beh} 表示元模型行为属性的集合，A_{str} 表示模型结构属性的集合，t 为属性对应的类型，a 为属性名，v 为属性的值。

（3）Relation 为映射关系集合，表示各模型之间的关系，一般在概念（类）集合的基础之上定义。从形式上来说，它是 n 维笛卡儿积的子集：$R: C_1 \times C_2 \times \cdots \times C_n$。具体来说，概念（类）之间主要存在 member-of、is-a、instance-of 和 attribute-of 四种类型的关系。

①member-of：表示整体与部分的关系，设 M 表示部分，W 表示整体，则两者之间的关系用 member-of 表示，记作 member-of（M，W）。

②is-a：表示概念（类）之间的继承关系，与 OOD（面向对象设计）中的父类和子类之间的关系相似，例如，给出两个对象 A 和 B，设 $A_1 = \{x \mid x$ 是 A 的实例$\}$，$B_1 = \{x \mid x$ 是 B 的实例$\}$，如果 $\forall x \in A_1 \Rightarrow x \in B_1$，则称 A 为 B 的父类，B 为 A 的子类；子类关系不满足对称性，但有自反性、反对称性和传递性，is-a 关系的知识推理规则如下。

a. 传递性：$(\text{is-a}(C_1, C_2) \wedge \text{is-a}(C_2, C_3)) \to \text{is-a}(C_1, C_3)$。

b. 属性继承：$(\text{is-a}(C_1, C_2) \wedge \text{HasAttibute}(C_2, A)) \to \text{HasAttibute}(C_1, A)$。

③instance-of：表示概念（类）与实例之间的关系，与 OOD 中的对象和类之间的关系类似，对于类 C 及其实例集 I_{set}，I_{set} 中的成员 $e(e \in I_{set})$ 和类 C 之间的关系称为实例关系，记作 instance-of (e, C)。instance-of 具有属性继承性。

④attribute-of：表示概念（类）的属性，例如，概念（类）"气动模型"可作为概念（类）"推进系统模型"的一个属性。

（4）Method 表示方法集合，用于定义元模型中对象、属性、约束关系等的操作。

（5）Interface 表示元模型中对其他模型调用所提供的接口集合，它指定了一个类所提供的功能服务。

（6）Constraint 为约束集合，用来限制设计对象的几何、功能结构、性能等属性值的范围。

4.4　基于本体元模型的性能样机协同概念建模案例

本节根据上面提出的基于本体的性能样机协同建模方法，采用 Protégé 工具构建高超声速飞行器性能样机的本体元模型库。

4.4.1　性能样机领域本体的规划

1. 领域本体的确定

高超声速飞行器一般是指飞行速度超过 5 倍声速的航天器、飞行武器、飞机之类的有翼或无翼飞行器，图 4-7 就是 X-51A 高超声速飞行器飞行效果图。

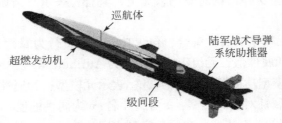

图 4-7　X-51A 高超声速飞行器飞行效果图

在作者所选择的实例中，选择的模型以 Winged-cone 和吸气式高超声速飞行器的六自由度非线性模型为基础。选择 Winged-cone 作为本体建模的边界，它确定了研究的核心术语范围。

2. 领域本体范围的确定

如前所述，高超声速飞行器数字性能样机系统是一个庞大、复杂的精密系统，它由众多的子系统构成。它的设计涉及外形结构、推进、气动力、气动热、冷却、控制和弹道等多个相互耦合学科，需要根据顶层设计、逐步分解、综合集成的设计方法来设计。根据高超声速飞行器数字性能样机的全生命周期，可将其问题域划分为气动力系统模型设计、外形结构模型设计、推进系统模型设计、控制系统模型设计、性能/弹道模型设计、气动热/热模型设计和冷却系统模型设计。根据上述对性能样机的建模需求分析可知，多学科领域模型的构建主要人员有模型设计人员、模型管理人员、领域专家等。模型设计人员和领域专家是该本体模型库抽象模型的构建者，后者的领域知识需要转化成 OWL 模型。

4.4.2　性能样机领域本体的设计

1. 领域本体术语

高超声速飞行器涉及的术语集非常庞大并且涉及不同学科领域，需要各学科领域协同建模来完成，依据《国防科技词典》《飞行器名词术语》《高超声速飞行器分析》等资料，可以确定"高超声速飞行器"为该本体的顶级概念，然后是"高超声速飞行器零部件"和"顶层系统"等。术语的收集也可以从这几个二级概念方面展开，如表 4-2 所示。分类本质上表达了术语的部分层级关系，因此，术语列举中尽管原则上不涉及层级关系，但在穷举的过程中，必要的分类能启发该术语的覆盖面趋于完整。

2. 定义术语层级

高超声速飞行器由不同设计部门、不同专业领域的多种异构模型构成，每个模型又可由多个元模型耦合而成，一个模型可由多个元模型或模型耦合而成，一个模型的内部组成除了可以是元模型，也可以是其他的模型。表 4-2 的分类是从系统顶层进行分解系统层次结构，然后根据所分解的层次对子系统进行建模。作者以高超声速飞行器性能样机为例，从顶层系统进行分解，根据性能样机的元模型进行层次分解建模。

高超声速飞行器数字性能样机中模型的接口主要包括各学科模型参数输入/输出接口和设计任务接口两类，前者描述学科模型之间的参数传递与调用；后者描述模型设计活动之间的交互界面。

表 4-2　高超声速飞行器本体所涉及术语

分类	术语
高超声速飞行器类型	高超声速导弹、高超声速飞机、航天飞机、火箭式高超声速飞行器和吸气式高超声速飞行器等
顶层系统	气动力系统、外形结构系统、推进系统、控制系统、性能/弹道系统、气动热/热系统、冷却系统等
性能参数	机/尾翼型号、布局、容积、升力、阻力、力矩、俯仰力矩导数、弹道倾角、攻角、气流参数、发动机参数、燃料流量变化率、燃料流量、冷却流量、壁面压力、冷却流量需求、温度、热载荷、冷却部件形状、热流密度、受热面积、弹道倾角变化率等

续表

分类	术语
零部件	进气道、尾喷管、燃烧室、隔离段、超燃室、头部驻点区、机翼前缘区、助推段、油门控制器、流道壁面、推力矢量尾喷管、风扇、压气机、涡轮等
试验参数	试车时数、试车循环数、发动机数、最大功率时间、加力点火次数等
……	……

3. 领域本体属性的定义

在 OWL 本体中，属性（properties）的真正含义和面向对象编程语言中的属性不一样，它的真正含义是两个类之间的双重联系，或者可以认为是两个类之间的桥梁。

该步骤是给高超声速飞行器的类加上属性，如表 4-2 所示，除高超声速飞行器类型外，其他类别的术语基本上可认定为用于描述某类高超声速飞行器的属性集，例如，任一类型的高超声速飞行器都应包含"零部件""基本信息""顶层系统"等属性，这些属性都属于"Object Properties"属性。例如，当"零部件"作为属性时，通常在<" ＊＊飞行器"，"零部件"，? >的三元组的宾语（object）中出现，事实上它是一个包含多个参变量的类，当作为类进行描述时又会出现在<"零部件"，"hasPropertyOf"，? >三元组的主语（subject）位置，相应的宾语是该对象的属性集合。依次类推，属性可以包含层级，这就是需要定义侧面传递性等关系特性的原因，通过属性的侧面关系特性能从很大程度上解决非继承的层级关系，综上可用三元组表示，如关键代码 4-2 所示。

```
/＊＊关键代码 4-2 用三元组表示的飞行器的领域本体属性定义＊＊/
<"推进系统装置","hasPart","进气道">
<"推进系统装置","hasPart","燃烧室">
<"推进系统装置","hasPart","尾喷管">
……
<"性能/弹道系统装置","hasPart","助推段">
<"性能/弹道系统装置","hasPart","油门控制器">
<"性能/弹道系统装置","hasPart","进气装置">
……
<"气动热/热系统装置","hasPart","推力矢量尾喷管">
<"气动热/热系统装置","hasPart","流道壁面">
<"气动热/热系统装置","hasPart","压气机">
```

4. 定义本体约束

约束定义主要有两方面：一方面对上一步的定义域和值域进行进一步约束；另一方面给属性加上一些特殊关系。约束包括针对数值的基数约束和针对对象实例的范围约束。对"零部件"架构中的"hasPart"属性进行约束定义如关键代码 4-3 所示。

```
/＊＊关键代码 4-3 对"零部件"架构中的"hasPart"属性进行约束定义＊＊/
<owl: Class rdf: about="推进系统装置">
```

```
    <rdfs: subClassOf>
        <owl: Restriction>
            <rdf: type rdf: resource="&owl; Transitive Property"/>
            <owl: onProperty rdf: resource="#hasPart"/>
            <owl: someValuesFrom rdf: resource="#进气道"/>
        </owl: Restriction>
    < /rdfs: subClassOf >
    <rdfs: subClassOf>
        <owl: Restriction>
            <owl: onProperty rdf: resource="#进气道数量"/>
            <owl: minCardinality rdf: datatype="&xsd; Integer"/>
            6</owl: minCardinality>
        </owl: Restriction>
    < /rdfs: subClassOf >
    ......
</owl:Class>
```

其中 owl；Transitive Property 定义了 hasPart 属性具备传递性，若 < "推进系统装置"，hasPart，"进气道" >；则 owl：Restriction "推进系统装置" 是实例范围的定义，minCardinality 是对 "进气道数量" 的最小基数限制，&xsd；Integer 表示指数值必须为整数，6 表示 "推进系统装置" 至少有 6 个 "进气道数量"，依次类推，各种约束可以交叉使用，实现对类属性的完整约束。本步完成约束定义后，就可以类模型进行全面的一致性校验。

4.4.3　性能样机领域本体的实现

领域本体的实现过程主要包括本体构建工具的选择和具体实现两部分。作者选择 Protégé5.0 作为领域本体的构建工具，Protégé 是开源的且操作简便、界面友好，目前拥有大量用户。

在 Protégé 中，本体主要通过所建模型的产品层次结构类树以及相应的属性值和实例来构建。用 Protégé 构建的本体知识库能够对相关学科的领域知识进行分类并构建各领域知识之间的内容关联关系，能够实现各领域本体元模型之间的知识共享。下面以超声速飞行器产品结构为例，介绍应用 Protégé 构建领域本体元模型的过程。

1）本体源文件的创建

启动 Protégé 后，在菜单 File→Preferences 选项中打开本体的各项配置界面进行配置，如本体的注释和默认名称空间等信息。

2）建立类

在 Protégé 中，选择 Classes 面板，根据全面确定的高超声速飞行器本体的类层次结构，可建立如图 4-8 所示的高超声速飞行器类图。

在图 4-8 中，模型之间存在继承关系，在 RDF 和 OWL 中父类与子类关系的语法描述如下。

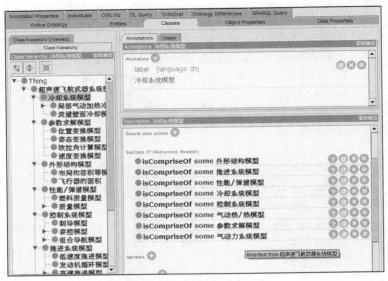

图4-8　高超声速飞行器类图

```
if T(?c1,rdfs:subClassOf,? c2)
    T(?x,rdf:type,? c1)
  then
T(?x,rdf:type,? c2)
```

上述代码表示，如果 c1 是 c2 的子类，并且有一个实体或者类是属于 c1 的，那么它也属于 c2。

3）建立属性

如前所述，本体通过 part-of、kind-of、instance-of 和 attribute-of 属性表达本体中类与类或其他元素之间的关系。但在实际构建本体的过程中，还需要根据具体业务需求增加其他属性关系。作者定义的关系属性如表 4-3 所示。在 Protégé 中，可创建飞行器的 DataType 属性、Object 属性和 Annotation 属性等，其 Object Properties 界面如图 4-9 所示。

表4-3　关系定义与扩展

关系	关键字	解释	元数
是子类	subClassOf	表示一个类（概念）是另一个类（概念）的子类	二元
是成员	memberOf	表示一个类（概念）是另一个类（概念）的成员	二元
是实例	instanceOf	表示一个个体是另一个类（概念）的实例	二元
是属性	attributeOf	表示某个类是另一个类的属性	二元
另称为	otherName	一个类（概念）的特殊名称	二元
参与	has_ attend	一个类参与到另一个类中	二元

4）添加实例

根据前面建立好的类、属性及其允许值，在 Individuals Editor 中添加具体实例。飞行器机翼的实例图如图 4-10 所示，在创建好各项实例后，可以设置实例的类型，例如，

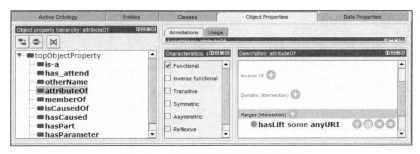

图 4-9　高超声速飞行器的属性图

设置飞行器机翼的"尾部半角"具有 hasValue 属性，它的类型为 float 型，设置界面如图 4-11 所示，在设置好实例的类型后，就可以给该实例添加具体的数值，添加界面如图 4-12 所示。

图 4-10　高超声速飞行器的创建个体实例图

图 4-11　设置实例类型

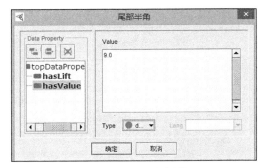

图 4-12　设置实例值

4.4.4　高超声速飞行器本体 OWL 描述

最后，根据上述所实现的高超声速飞行器领域本体的概念、属性和关系，可以利用 OWL 进行形式化表示。

1. OWL 的声明

作者所构建的高超声速飞行器的 OWL 声明包括一个命名空间声明和用 OWL 描述的 Ontology 头，它用来标明注释、版本控制以及对其他 Ontology 的引入等基本信息，OWL 的声明方法如关键代码 4-4 所示。

```
/**关键代码 4-4 OWL 的声明**/
<? xml version="1.0"? >
<! DOCTYPE Ontology[
    <! ENTITY xsd"http://www.w3.org/2001/XMLSchema#">
    <! ENTITY xml"http://www.w3.org/XML/1998/namespace">
    <! ENTITY rdfs"http://www.w3.org/2000/01/rdf-schema#">
    <! ENTITY rdf"http://www.w3.org/1999/02/22-rdf-syntax-ns#">
]>
<Ontology xmlns="http://www.w3.org/2002/07/owl#"
    xnlns:rdfs="http://www.w3.org/2000/01/rdf-schema#"
    xnlns:rdfs="http://www.w3.org/2001/XMLSchema#"
    xnlns:rdfs="http://www.w3.org/1999/02/22-rdf-syntax-ns#"
xmlns:xml="http://www.w3.org/XML/1998/namespace">
```

2. 类定义

高超声速飞行器顶层系统的 OWL 形式化部分表示代码如关键代码 4-5 所示。

```
/**关键代码 4-5 高超声速飞行器顶层系统的 OWL 形式化部分表示**/
<SubClassOf>
        <Class IRI="#Aerodynamics"/><! --国际化资源标识符-->
        <ObjectSomeValuesFrom>
            <ObjectProperty IRI="#isCompriseOf"/><! --自定义的组成属性-->
            <Class IRI="#CSXT"/>
        </ObjectSomeValuesFrom>
    </SubClassOf>
...
    <AnnotationAssertion><! --类的元数据-->
        <AnnotationProperty abbreviatedIRI="rdfs:label"/>
        <IRI>#Aerodynamics</IRI>
        <Literal xml:lang="zh" datatypeIRI="&rdf;PlainLiteral">
            超声速飞航武器系统模型</Literal>
    </AnnotationAssertion>
<AnnotationAssertion>
        <AnnotationProperty abbreviatedIRI="rdfs:label"/>
        <IRI>#WXJG</IRI>
        <Literal xml:lang="zh" datatypeIRI="&rdf;PlainLiteral">外形结构模型</
Literal>
```

```
</AnnotationAssertion>
```

3. 实例化

在高超声速飞行器系统模型本体中，定义参考面积、展弦比、翼展、前缘后掠角、平均气动弦长、翼剖面、翼型相对厚度、圆柱长度、最大圆柱半径、半锥角是飞行器模型中布局和容积模型的实例，用 ClassAssertion 联系起来，则 OWL 形式化表示如关键代码 4-6 所示。

```
/**关键代码 4-6 高超声速飞行器顶层系统的实例化**/
<Declaration><! --实例的声明-->
        <NamedIndividual IRI="#BJWDC"/>
    </Declaration>
    <Declaration>
        <NamedIndividual IRI="#BZJ"/>
    </Declaration>
...
<! --实例的分配-->
<ClassAssertion>
        <Class IRI="#BJRJ"/>
        <NamedIndividual IRI="#BJWDC"/>
    </ClassAssertion>
...
<DataPropertyAssertion><! --给实例设置值-->
        <DataProperty IRI="#hasValue"/>
        <NamedIndividual IRI="#CKMJ"/>
        <Literal datatypeIRI="&xsd;double">334.73</Literal>
    </DataPropertyAssertion>
```

最后，应用 Protégé 工具 OWLViz 提供的推理方法生成本体推理关系图，如图 4-13 所示。

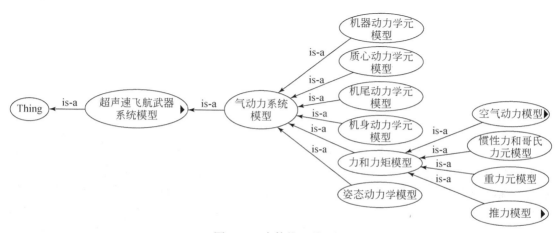

图 4-13 本体推理关系图

4.5　性能样机本体库的构建

4.5.1　性能样机本体库存储方法

在利用 Protégé 工具生成性能样机本体模型后，可利用关系数据库技术来存储本体映射文件。目录常用的本体文件格式包括 XML、RDF、OWL 等，大多本体建模工具都支持对这些文件格式的解析。但是在分布式协同环境下，还需要将不同学科领域的本体文件映射存储在关系库中，保证多用户并发访问和信息共享。

目前存在多种本体到关系的数据库存储方法：第一种方法是采用三元组结构的一张表法，该方法只在数据库中创建一张表来存储本体文件内容，这种方法对于本体的推理规则无法进行表达，维护起来较难；第二种方法是两张表法，这种本体存储方法是通过两张表来存储本体中的类实例和属性实例，这种方法割裂了属性与实例之间的映射关系，在查询时，会产生大量的关联外连接关系，查询效率较低；第三种方法是多张表法，为本体中每个类建立一张表，表中的列映射为概念中的属性，这种方法表结构清晰，但是当本体中的类或属性发生变化时，相应的二维表结构也要变化，需要实现本体与数据库表结构之间的维护，维护起来较为困难。根据性能样机的实际业务需求，作者在多张表存储方法的基础上，提出将每个类对应一张表，表中的列不再对应本体类中的属性，而是采用三元表结构，即用一列把本体类中的属性当作字段的值来存储，另外用两列来存储属性对应的值和定义域。本体类到关系数据库表存储过程如图 4-14 所示。

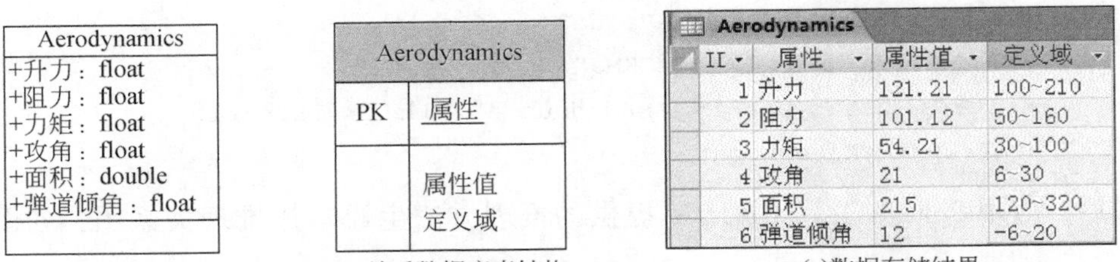

图 4-14　本体类到关系数据库表存储过程

（a）本体类模型　（b）关系数据库表结构　（c）数据存储结果

性能样机数据模型建立逻辑结构如图 4-15 所示。

4.5.2　性能样机关系数据库建模

性能样机领域本体关系数据库的构建过程是将性能样机各模型及元模型本体的概念内容按照一定的映射和转换规则在不损失其语义的情况下转换到关系数据库中，同时能够从关系数据库反向生成本体文件，以便于实现分布式协同建模活动过程，不同学科领域人员利用现有的关系数据库技术对本体进行操作。作者采用 OWL 作为本体描述语言的标准，在 OWL 中通过 URI（uniform resource identifier，统一资源标识符）来唯一标识本体中的类、属性和实例。通过关系数据库的二维表来存储性能样机领域本体中的概念之间

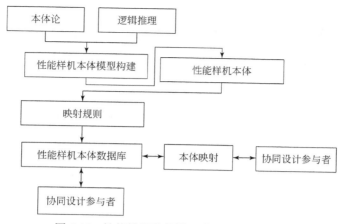

图 4-15　性能样机数据模型建立逻辑结构图

的关系以及它们的约束，通过关系数据库表之间的主外键引用关系实现本体的层次关系。性能样机本体库表结构层次如图 4-16 所示。

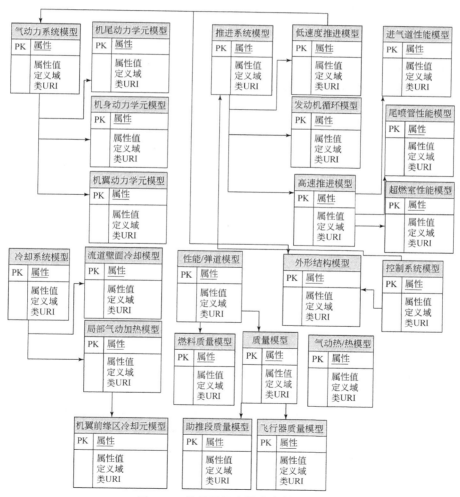

图 4-16　性能样机本体库表结构图

4.6　基于 Petri 网的性能样机协同动态建模过程

Petri 网是一种可用于各种离散事件系统动态建模的图形化数学建模与分析工具。1962 年，德国的 Carl A. Petri 博士在他的博士论文中提出 Petri 网，用来描述信息系统事件之间的逻辑推理关系（郭银章，2011）。Petri 网具有强有力的事件运行过程模拟能力，尤其适用于具有同步、异步、资源共享特征的复杂系统的协同建模与仿真。在系统建模中，Petri 网借助库所、变迁及弧的连接表示系统的静态结构和功能，通过变迁点火和令牌移动描述系统的动态行为。目前，Petri 网已广泛用于飞行器制导系统、复杂系统故障诊断及维修保障的建模与分析。

4.6.1　过程建模方法 Petri 网分析

Petri 网主要由库所（place）、变迁（transition）和连接有限弧（arc）构成（郭银章，2013）。其中，库所用于表示系统的条件、状态或相关信息，变迁用来表示系统的状态迁移或改变的事件，连接有限弧用于表示局部状态变化事件之间的关系。

Petri 网主要通过条件和事件节点进行建模，在由条件和事件组成的流程图上用托肯（Token）分布表示信息的状态。

把一个用于建模的 Petri 网抽象为一个七元组：

$$\mathrm{PN} = (P,\ T,\ F,\ I,\ O,\ M,\ M_0) \tag{4-2}$$

其中，

（1）P 为有限库所集，称为库所，$P = \{p_1,\ p_2,\ \cdots,\ p_n\}$，$n > 0$ 为库所的个数。

（2）T 为有限变迁集，称为变迁，$T = \{t_1,\ t_2,\ \cdots,\ t_m\}$，$m > 0$ 为变迁的个数。

（3）$P \cup T \neq \varnothing$ 且 $P \cap T = \varnothing$。

（4）F 为节点流关系集，亦称为有向弧集，$F \subseteq (p \times T) \cup (T \times p)$。

（5）I 为有向弧的权输入函数，$I: F \to \{1,\ 2,\ \cdots,\ n\}$，它定义了从库所 P 到变迁 T 的有限弧的重复数或权重集合。

（6）O 为定义在有向弧的权上的输出函数，$O: F \to \{1,\ 2,\ \cdots,\ n\}$，它定义了从库所 P 到变迁 T 的有限弧的重复数或权重集合。

（7）M 为状态标识含有托肯的数量，$M: p \to \{1,\ 2,\ \cdots,\ n\}$。

（8）M_0 为初始标识含有托肯的数量，$M_0: p \to \{1,\ 2,\ \cdots,\ n\}$。

图 4-17 就是一个典型的 Petri 网模型。在图 4-17 所示的 Petri 网模型图中，如果从库所 P 到变迁 T 的输入函数取值为非负整数 ω，则在 P 到 T 用有限弧连接的有限弧上标注 ω，设为 $I(p,\ t) = \omega$。同样，从变迁 T 到库所 P 的输出函数取值为非负整数 ω，则从 T 到 P 用有限弧连接，且在有限弧上标注 ω，设为 $O(t,\ p) = \omega$（郭银章，2011）。

初始标识 $M_0 = [11000]^T$、$T_1 = \{P_1,\ P_2\}$、$P_5 = \{t_4,\ t_5\}$ 等。$M_1 = [00110]^T$，变迁 T_2 和 T_3 在标识 $M_1 = [00110]^T$ 中处于并发关系，而变迁 T_4 和 T_5 在标识 $M_3 = [00101]^T$ 中处于冲突关系。该 Petri 网的状态可达图如图 4-18 所示。

对于层次结构相对简单的系统可以用基本的 Petri 网模型来描述，但是，对比大型复

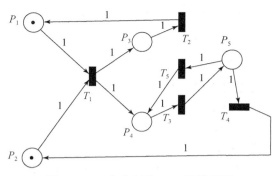

图 4-17　一个典型的 Petri 网模型图

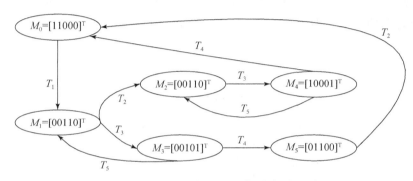

图 4-18　图 4-17 中 Petri 网的状态可达图

杂产品的描述，用简单的 Petri 网模型来描述将变得更加复杂烦琐（Gudiño-Mendoza et al.，2016）。另外，由于 Petri 网模型有其适用的领域和范围，用其所描述的模型重用性较差，往往依赖于具体的系统，缺乏对系统的模块化描述以及模型与系统实体的对应关系，并且所构建的模型可理解性差，复杂系统的建模变得极其困难。所以，需要一些更为抽象的高级 Petri 网来表达更为复杂的系统建模。作者采用面向对象的 Petri 网来对复杂航天产品性能样机协同建模进行建模与仿真。

对象 Petri 网（object Petri net，OPN）融合了面向对象建模技术与高级 Petri 网建模方法，可以实现模块化的面向对象建模技术，又继承了 Petri 网结构化地描述复杂逻辑关系的能力（Rindi，2016）。对象 Petri 网由 Valk 于 1998 年提出，其核心思想是将 Petri 网作为托肯对象，一个托肯可以是简单托肯，也可以是由一个 Petri 网组成的复杂对象，可以形成网中网的关系模型。在对象 Petri 网中，用对象网（object net，ON）表示为托肯的 Petri 网，而其所隶属的整个系统 Petri 网称为对象网系统，简称系统网（system net，SN）。为了将对象网与系统中的库所和变迁进行区分，用 $\bar{P}$ 和 $\bar{T}$ 分别表示系统网的库所集和变迁集，用 P 和 T 来表示对象网中的库所集和变迁集（Singh and Teng，2016）。

一个对象 Petri 网可以表示为一个六元组：

$$\text{OPN} = (\text{SN}, \text{ON}, d, e, R_0, M_0) \tag{4-3}$$

其中，

（1）SN 为系统网，$\text{SN} = (\bar{P}, \bar{T}, \bar{F}, \bar{W}, \bar{K})$。

（2）$\bar{F}=\left(\bar{P}\times\bar{T}\right)\cup\left(\bar{T}\times\bar{P}\right)$ 为对象流关系集合。

（3）$\bar{W}:\bar{F}\to\mathrm{IN}$ 为系统网的权函数。

（4）$\bar{K}:\bar{P}\to\mathrm{IN}\cup\mathrm{Bag}\left(\mathrm{ON}\right)$ 为容量函数。

（5）$d\in\bar{T}\times T$ 为系统网与对象网间的交互关系。

（6）$e\in T_i\times T_j$ 为不同对象网之间的交互关系。

（7）R_0 为系统网的初始标识。

（8）M_0 为对象网的初始标识。

（9）ON 为对象网，既可以是普通的 Petri 网，也可以是嵌套的系统网。

对象 Petri 网对象内部的状态库所和活动变迁描述了所建模型对象的动态属性，输入/输出信息库所是对象 Petri 网对象与其他对象 Petri 网对象之间的输入/输出信息。一个典型的对象 Petri 网如图 4-19 所示。

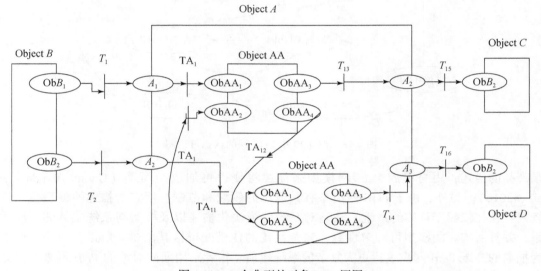

图 4-19　一个典型的对象 Petri 网图

通过应用对象 Petri 网可以实现系统分阶段的静态分析、动态分析和集成应用建模。对所要构建模型的系统进行业务分析可以通过静态分析阶段实现，设计系统的对象模型及其所包含的属性和方法。系统的动态分析首先要建立各类对象的对象 Petri 网对象模型，然后建立各对象间的对象通信模型。通过在对象 Petri 网控制逻辑中加入控制决策机制来实现系统集成功能，从而完成整个系统的建模任务（于瑞强和黄志球，2010）。

在协同建模过程中，所涉及的主要元素包括设计任务对象、基本设计单元和设计流程控制（郭银章，2013）。设计任务对象主要用来描述所要构建的模型所包含的元素以及构成关系，在本书中，主要通过前面论述的本体元模型来表达其中涉及的元素。基本设计单元是协同建模过程中所涉及的一系列工作流活动任务单元。通过对性能样机协同建模过程的分析，抽象出建模工作流过程中有共性特征的设计单元，每个设计任务单元也可以用元模型表示。在性能样机协同建模过程中，每个阶段所完成的单元任务都需要进行分析和评审，然后要根据评判结构进一步设计下一阶段的工作流程，这种设计过程的动态性和不确定性使得每一个设计阶段都需要在统一的工用流程控制下进行，通过设计每个单元的元模型，描述整个系统协同建模的动态工作流模型。

定义 4.1　协同建模工用流（collaborative modeling workflow，CMWF）OPN 模型可用一个五元组表示：

$$CMWF = (DTO, DMM, WFCN, R, M_0) \tag{4-4}$$

其中，DTO（design task object）为协同建模的设计任务对象模型；DMM（design meta model）为协同建模过程的设计元模型；WFCN（workflow control nets）为协同设计工作流控制网模型；R 为 DMM 之间的调用关系集；M_0 表示 CMWF 的初始状态。

在性能样机协同建模业务流程中涉及不同业务模型，每项业务模型的构建都有它的业务流程（business process）。而每项业务流程由固定的若干任务（task）构成，每项任务由分布在不同地域的人员协同完成。每项操作任务都有它固定的建模对象，建模对象之间产生任务间的因果依赖关系。从 Petri 网的角度看，任务集构成变迁集，建模对象集合构成库所集。变迁由库所和流关系连接，通过托肯的流动体现顺序、并发和冲突等关联（Vázquez and Silva，2015）。

协同建模的设计任务对象模型（DTO）可以应用 4.2.2 节所提出的本体元模型来表示：DTO = {Class，Attribute，Relation，Method，Interface，Constraint，Tform}，元组中各项含义与 4.2.2 节所论述的内容相同。在设计任务执行过程中，任务之间协同传递的是对象模型的内容或文件，可以称为建模对象业务表格 Tform，是构成 DTO 的主要内容。如果变迁 T_1 和 T_2 是顺序依赖关系，那么 T_1 完成后应将经 T_1 处理的 Tform 传递给 T_2。若 T_1 之后是若干任务并行，那么应将经 T_1 处理的 Tform 复制，向并行的任务各传递一份。若 T_1 以后是从 n 个任务中选 m 个执行，那么经 T_1 处理的 Tform 要复制 m 份，给每个选中的任务各发送一份（原菊梅等，2007）。

定义 4.2　性能样机协同建模流程设计单元的元模型 DMM 可用一个五元组表示：

$$DMM = (CM, FM, HLAM, SM, MOM) \tag{4-5}$$

其中，CM 为概念建模设计单元元模型；FM 为功能建模设计单元元模型；HLAM 为高层建模设计单元元模型；SM 为仿真建模设计单元元模型；MOM 为多学科优化建模设计单元元模型。各个设计单元元模型均可采用对象 Petri 网模型来定义，设 DMM = $(M_1, M_2, \cdots, M_n)$，M_i = {CM，FM，HLAM，SM，MOM}，则任一设计单元元模型的对象 Petri 网定义为

$$M_i = (SN_i, ON_i, d_i, e_i, R_{i0}, M_{i0}) \tag{4-6}$$

其中，

（1）SN_i 为设计单元元模型库所构成的系统网，$SN_i = (\bar{P}_i, \bar{T}_i, \bar{F}_i, \bar{W}_i, \bar{K}_i)$。

（2）$\bar{P}_i$ 表示系统网设计任务库所集。

（3）$\bar{T}_i$ 表示系统网设计任务变迁集。

（4）$\bar{F}_i = (\bar{P}_i \times \bar{T}_i) \cup (\bar{T}_i \times \bar{P}_i)$ 为设计任务流关系集合。

（5）$\bar{W}_i : \bar{F}_i \rightarrow IN_i$ 为系统网的权函数。

（6）$\bar{K}_i : \bar{P}_i \rightarrow IN_i \cup Bag(ON_i)$ 为容量函数。

（7）$d_i \in \bar{T}_i \times T_i$ 为系统网与设计任务对象网间的交互关系。

（8）$e_i \in T_i \times T_j$ 为不同设计任务对象网之间的交互关系。

（9）R_{i0} 为设计单元系统网的初始标识。

（10）M_{i0} 为设计任务对象网的初始标识。

（11）ON_i 为设计任务对象网，既可以是普通的 Petri 网，也可以是嵌套的系统网。

定义 4.3 性能样机协同设计工作流控制网模型 WFCN 可用一个五元组表示：

$$WFCN = (PC, \ VC, \ TC, \ FC, \ RC, \ W_rC)PC \cup VC \cup TC$$
$$\neq \varnothing \wedge PC \cap VC = \varnothing \wedge PC \cap TC = \varnothing \wedge VC \cap TC$$
$$= \varnothing \wedge FC \subseteq PC \times TC \cup TC \times PC \wedge RC, \ W_rC \subseteq VC \times TC$$
$$\wedge \, dom(FC) \cup cod(FC) = FC \cup TC \wedge dom(RC \cup WC_r)$$
$$= VC \wedge cod(RC \cup W_rC) \subseteq TC \tag{4-7}$$

其中，dom 和 cod 分别是定义域和值域；PC 表示工作流控制网库所集；VC 表示工作流控制网变量集，用于存放控制过程中形成的库所工作流案例，工作流案例的分类与控制过程语义密切相关（孟秀丽，2010）。语义使用案例属性值来消解 WFCN 中的冲突以获得唯一的工作流路径。每个案例都有确定的路径，但不同的案例不一定有不同路径。所以一个设计任务案例（case）为每个变量指定一个允许值域。如果设 VC 为工作流控制网变量集，那么 case 可以形式化为

$$case : VC \rightarrow TYPE$$

使得对每个 $v \in V$，$case(v) \in \wp(tp(v))$，$tp(v)$ 表示变量 v 的类型，$TYPE = \bigcup_{x \in v} tp(x)$ 为 WFCN 的类型集，$\wp(tp(v))$ 是 $tp(v)$ 子集的集合。所以 $case(v)$ 是 $tp(v)$ 的子集。

TC 表示工作流控制网变迁集，作者在对象 Petri 网模型的基础上，提出了基于对象 Petri 网的工作流控制网变迁元模型定义方法，如图 4-20 所示，该工作流控制网变迁元模型包含输出接口库所 P_{out}、规则变迁集 T_R、仿真算法库所 A_m、输入接口库所 P_{in} 和领域接口库所集 O_L 五层结构。且满足：① $\forall p_i \in P_{in}$，$\exists t_i \in T_R \rightarrow O_M(p_i, \ t_i) \neq 0$；② $\forall t_i \in T_R \rightarrow O_M(P_{out}, \ t_j) \neq 0$，记为

$$MPN = (P_{in} \cup P_{out}, \ T_R, \ O_L, \ A_m, \ W, \ M_{0in}) \tag{4-8}$$

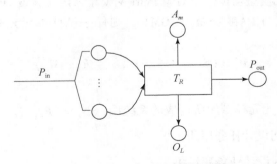

图 4-20 基于对象 Petri 网的元模型

一个工作流控制网变迁模型可由多个工作流控制网变迁元模型耦合而成，一个工作流控制网变迁元模型的内部组成除了可以是对象 Petri 网元模型，也可以是其他的模型。多个工作流控制网变迁元模型耦合后的模型如图 4-21 所示。

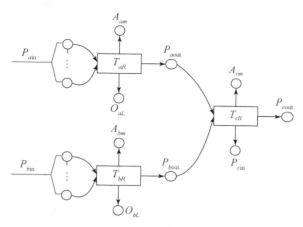

图 4-21 Petri 网耦合元模型

FC 表示工作流控制网中元模型之间的关系流；RC 表示工作流控制网中元模型的输入关系集；W_rC 表示工作流控制网中元模型的输出关系集。

定义 4.4 性能样机协同设计工作流关系网表示模型之间的数据调用关系，设 M_i 为协同工作流发送调用信息的元模型，M_j 为接收调用信息的元模型，$i \neq j$，则 R 定义为

$$R = (\mathrm{DM}_i, \ \mathrm{DM}_j, \ T, \ F, \ C, \ B, \ M_0) \tag{4-9}$$

其中，DM_i 表示 M_i 发送出去的调用信息库所集；DM_j 表示 M_j 调用信息输入流库所集；$T = T_i \cup T_j$，T_i 和 T_j 分别为元模型调用信息输入元模型变迁集和输出变迁集；C 是控制库所集，$C \cap \mathrm{DM} = \varnothing$；$B \subseteq C \times T_i$ 是从控制库所引向输入变迁的有向弧集，它的元素称为控制弧。用 $R(M_0)$ 表示 DM 的可达标识集，用 R 表示在控制策略 F 的作用下 R 的可达标识集，显然，$R(M_0, F) \subseteq R(M_0)$。

定义 4.5 工用流的元模型调用变迁规则：设 M_0 为 CMWF 的初始可达标识，T 为任一变迁，则 $M_0[T > \Rightarrow M_0(\mathrm{condion}(T)) \ \wedge \ \neg \ \mathrm{status}(M_0, T)$ 是 $\mathrm{Body}(T)$ 的不动点，$\mathrm{condion}(T)$ 是变迁 T 的条件，$\mathrm{Body}(T)$ 由赋值语句组成，$\mathrm{status}(M_0, T)$ 为 T 在 M_0 点的变迁状态，为布尔变量值。

4.6.2 协同概念建模设计单元的对象 Petri 网元模型

概念设计是构建便于人和机器共同理解的功能描述模型，以便于设计人员在产品功能空间中进行有效推理，从而实现产品的概念设计，它是真实系统的第一层抽象反映。各学科领域专家和用户需要借助概念模型来表达各自领域的知识并传达给产品设计人员。

如前所述，性能样机的设计强调各子系统或模型之间的合成，由多个学科领域人员协同开发完成。系统中的各模型相互作用，协同完成同一目标与使用过程。由于复杂航天产品由多部门不同学科人员进行设计，其中有些概念在不同的学科有不同的名称，在性能样机建模仿真过程中，概念建模流程是其中的重要设计环节。基于本体的概念建模流程是根据所要构建的对象模型，对真实系统进行分析，提出系统的知识结构，确定领域本体，然后进行系统描述，确定领域本体的范围，定义领域本体术语层次结构，并对

系统层次关系进行定义，对各层级模型进行设计，生成计算机模型并进行仿真。性能样机概念建模设计单元元模型可定义为

$$CM = (S_{cm},\ T_{cm},\ I_{cm},\ O_{cm},\ F_{cm},\ C_{cm}) \tag{4-10}$$

其中，

（1）性能样机概念建模设计任务状态库所：

$$S_{cm} = (S_1,\ S_{11},\ S_2,\ S_{21},\ S_{22},\ S_{23},\ S_{24},\ S_{25},\ S_{26},\ S_{27},\ S_3,\ S_{31},\ S_{32},\ S_{33},\ S_{34},$$
$$S_4,\ S_{41},\ S_{42},\ S_{43},\ S_5,\ S_{51},\ S_{52},\ S_{53},\ S_6,\ S_{61},\ S_{62},\ S_{63})$$

（2）性能样机概念建模设计活动变迁：

$$T_{cm} = (T_1,\ T_2,\ T_{21},\ T_{22},\ T_3,\ T_{31},\ T_{32},\ T_{33},\ T_4,\ T_{41},\ T_{42},$$
$$T_{43},\ T_5,\ T_{51},\ T_{52},\ T_{53},\ T_{54},\ T_6,\ T_7)$$

（3）性能样机概念建模输入信息库所集：$I_{cm} = (I_{start\_in},\ I_{modify\_in},\ I_{reupdate})$

（4）性能样机概念建模输出信息库所集：$O_{cm} = (O_{ontooutput},\ O_{modifyoutput},\ O_{updateoutput})$

（5）$F_{cm} = (S_{cm} \times T_{cm}) \cup (T_{cm} \times S_{cm})$ 为性能样机概念建模设计任务流输入输出关系集合。

（6）C_{cm} 为性能样机概念建模工作流控制网变量集，用于存放控制过程中形成的库所工作流案例。

概念建模设计单元的对象 Petri 网元模型如图 4-22 所示，对应的库所集合如表 4-4 所示，变迁集合如表 4-5 所示。

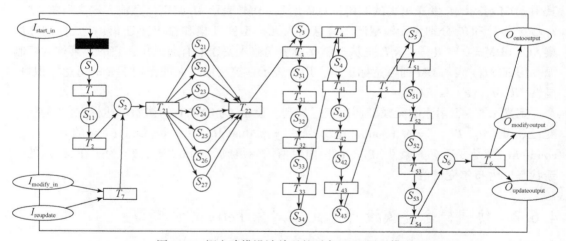

图 4-22　概念建模设计单元的对象 Petri 网元模型

表 4-4　概念建模设计单元的对象 Petri 网元模型变迁信息描述

库所	库所信息描述	库所	库所信息描述
S_1	确定领域本体	S_{24}	推进系统模型
S_{11}	领域本体确定结果	S_{25}	控制系统模型
S_2	确定领域本体范围	S_{26}	性能/弹道模型
S_{22}	气动力系统模型	S_{27}	气动热/热模型
S_{23}	冷却系统模型	S_3	领域本体术语

库所	库所信息描述	库所	库所信息描述
S_{31}	性能样机类型	S_{53}	基本信息
S_{32}	顶层系统	S_6	确定模型本体约束
S_{33}	零部件	S_{61}	定义域
S_{34}	性能参数	S_{62}	值域
S_4	术语分层级关系	S_{63}	特殊关系
S_{41}	顶层分解	I_{start_in}	概念设计任务书输入库所
S_{42}	层次分解建模	I_{modify_in}	概念设计单元返回修改输入库所
S_{43}	系统分层结构耦合模型	$I_{reupdate}$	概念设计单元返回更新输入库所
S_5	定义领域本体属性	$O_{ontooutput}$	概念模型设计单元输出信息库所
S_{51}	顶层系统	$O_{modifyoutput}$	概念模型返回修改输出库所
S_{52}	零部件	$O_{updateoutput}$	概念模型返回更新输出信息库所

表 4-5　概念建模设计单元的对象 Petri 网元模型变迁信息描述

变迁	变迁信息描述	变迁	变迁信息描述
T_1	接受领域本体任务	T_{42}	形成顶层分解关系模型
T_2	领域本体分析	T_{43}	形成层次分解模型
T_{21}	形成领域本体方案	T_5	形成系统分层结构耦合模型
T_{22}	形成领域本体范围分析报告	T_{51}	领域本体属性关系分析
T_3	领域本体术语分析	T_{52}	形成顶层系统属性关系
T_{31}	形成性能样机类型库	T_{53}	形成零部件属于关系
T_{32}	形成顶层系统设计模型	T_{54}	构建基本信息关系库
T_{33}	形成零部件模型库	T_6	模型本体约束分析
T_4	形成性能参数及试验参数库	T_7	查找所要更改的节点
T_{41}	术语分层级关系分析		

4.6.3　协同功能建模设计单元的对象 Petri 网元模型

功能建模是概念建模设计过程中的基本元素，是表达产品功能特性的重要方法，在概念建模中起着生成和传递设计信息的重要作用（Li and Reveliotis, 2015）。通过概念建模设计实现不同领域设计人员和机器理解的功能描述模型，多学科设计人员在功能空间中实现有效的产品功能推理和产品的概念设计。性能样机功能建模设计单元元模型可定义为

$$FM = (S_{fm}, \ T_{fm}, \ I_{fm}, \ O_{fm}, \ F_{fm}, \ C_{fm})　\quad\quad (4\text{-}11)$$

其中，

（1）性能样机功能建模设计任务状态库所：

$$S_{fm} = (S_1 , S_{11} , S_{12} , S_{13} , S_{14} , S_{15} , S_{16} , S_{17} , S_{18} , S_{19} , S_{20} , S_{21} , S_{22} , S_3 , S_{31} , S_{32} ,$$
$$S_{33} , S_{34} , S_{35} , S_{36} , S_{37} , S_{38} , S_{39} , S_{40} , S_{41} , S_{42} , S_{43} , S_5 , S_{51} , S_{52} , S_{53} , S_{54} ,$$
$$S_{55} , S_{56} , S_{57} , S_{58} , S_{59} , S_6 , S_{61} , S_{62} , S_{63} , S_7 , S_{71} , S_{72} , S_{73} , S_{74} , S_{75} , S_{76} ,$$
$$S_{77} , S_{78} , S_{79} , S_{80} , S_{81} , S_{82})$$

（2）性能样机功能建模设计活动变迁：

$$T_{fm} = (T_1 , T_{11} , T_{12} , T_{13} , T_{14} , T_{15} , T_{16} , T_{17} , T_{18} , T_{19} , T_{20} , T_{21} , T_{22} , T_3 , T_{31} , T_{32} ,$$
$$T_{33} , T_{34} , T_{35} , T_{36} , T_{37} , T_{38} , T_{39} , T_{40} , T_{41} , T_{42} , T_{43} , T_5 , T_{51} , T_{52} , T_{53} , T_{54} ,$$
$$T_{55} , T_{56} , T_{57} , T_{58} , T_{59} , T_{60} , T_{61} , T_{62} , T_{63} , T_{64} , T_7 , T_{71} , T_{72} , T_{73} , T_{74} , T_{75} ,$$
$$T_{76} , T_{77} , T_{78} , T_{79} , T_{80} , T_{81} , T_{82} , T_{83})$$

（3）功能建模设计输入信息库所集：$I_{fm} = (I_{start\_in} , I_{modify\_in} , i_{reupdate})$

（4）功能建模设计输出信息库所集：$O_{fm} = (O_{Out\_F\_Onto} , O_{Out\_S\_Onto} , O_{Out\_B\_Onto} ,$
$O_{Out\_FL\_Onto})$

（5）$F_{fm} = (S_{fm} \times T_{fm}) \cup (T_{fm} \times S_{fm})$ 为功能建模设计任务流输入输出关系集合。

（6）C_{fm} 为功能建模工作流控制网变量集，用于存放控制过程中形成的功能建模库所工作流案例。

功能建模设计单元的对象 Petri 网元模型如图 4-23 所示。

对应的库所集合如表 4-6 所示，变迁集合如表 4-7 所示。

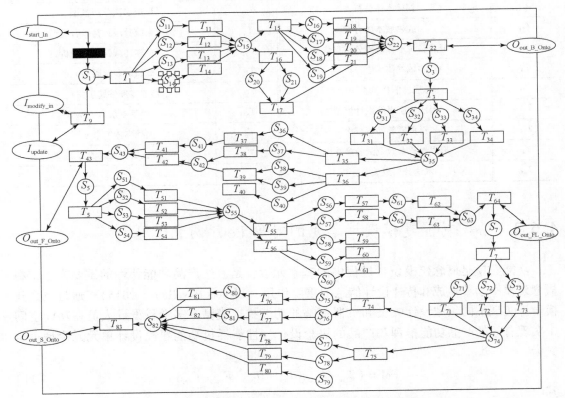

图 4-23　功能建模设计单元的对象 Petri 网元模型

表 4-6　功能建模设计单元的对象 Petri 网元模型库所信息描述

库所	库所信息描述	库所	库所信息描述
S_1	设计功能模型	S_{54}	定义流标准术语
S_{11}	确定功能名称	S_{55}	确定流类
S_{12}	功能描述	S_{56}	确定匹配结构
S_{13}	确定功能类型	S_{57}	确定实现行为
S_{14}	定义功能术语词汇	S_{58}	确定父流
S_{15}	确定功能类	S_{59}	确定相关子流
S_{16}	确定功能类匹配结构	S_{60}	确定实现功能
S_{17}	设置结构类	S_{61}	确定结构类
S_{18}	确定匹配行为	S_{62}	确定实现行为
S_{19}	设置行为类	S_{63}	确定流本体
S_{20}	确定父功能	S_7	设计结构模型
S_{21}	确定相关子功能	S_{71}	确定结构名称
S_{22}	确定功能本体	S_{72}	确定使用材料
S_3	设计行为模型	S_{73}	确定零件型号
S_{31}	确定行为名称	S_{74}	确定结构类
S_{32}	行为描述	S_{75}	确定实现流
S_{33}	确定行为类型	S_{76}	确定实现功能
S_{34}	定义行为标准术语	S_{77}	确定父结构
S_{35}	确定行为类	S_{78}	确定相关子结构
S_{36}	确定行为匹配结构	S_{79}	确定结构图
S_{37}	确定行为匹配流	S_{80}	确定流类
S_{38}	确定相关子行为	S_{81}	确定功能类
S_{39}	确定父行为	S_{82}	确定结构本体
S_{40}	确定实现功能	$I_{\text{start\_in}}$	功能模型设计方案输入库所
S_{41}	设置结构类	$I_{\text{modify\_in}}$	功能模型设计单元返回修改库所
S_{42}	设置流类	I_{reupdate}	功能模型设计单元返回更新库所
S_{43}	确定行为本体	$O_{\text{Out\_F\_Onto}}$	功能本体输出库所
S_5	设计流模型	$O_{\text{Out\_B\_Onto}}$	行为本体输出库所
S_{51}	确定流名称	$O_{\text{Out\_Fl\_Onto}}$	流本体输出库所
S_{52}	流描述	$O_{\text{Out\_S\_Onto}}$	结构本体输出库所
S_{53}	确定流类型		

表4-7 功能建模设计单元的对象 Petri 网元模型变迁信息描述

变迁	变迁信息描述	变迁	变迁信息描述
T_1	接受功能模型设计任务	T_{51}	分析流名称
T_{11}	分析功能名称	T_{52}	对流进行描述
T_{12}	对功能进行描述	T_{53}	分析流类型
T_{13}	分析功能类型	T_{54}	形层次分解模型
T_{14}	分析功能涉及的相关术语	T_{55}	形成流类
T_{15}	形成功能类	T_{56}	分析流的父子结构关系
T_{16}	分析功能类的父子结构	T_{57}	分析流的匹配结构
T_{17}	形成功能类父结构和子结构关系	T_{58}	分析流的实现行为
T_{18}	分析功能类匹配结构	T_{59}	分析流类的父流
T_{19}	分析结构类	T_{60}	分析流类的相关子流
T_{20}	分析匹配行为	T_{61}	分析流类的实现功能
T_{21}	分析行为类	T_{62}	确定流类涉及的结构类
T_{22}	形成功能模型本体库	T_{63}	确定流类涉及的实现行为
T_3	接受设计行为模型设计任务	T_{64}	形成流模型本体库
T_{31}	分析行为名称	T_7	接受设计结构模型设计任务
T_{32}	对行为进行描述	T_{71}	分析结构名称
T_{33}	分析行为类型	T_{72}	分析使用材料
T_{34}	分析行为标准术语	T_{73}	分析零件型号
T_{35}	形成行为类	T_{74}	形成结构类
T_{36}	分析行为父子功能结构关系	T_{75}	分析结构类父子结构
T_{37}	分析行为匹配结构	T_{76}	分析实现流
T_{38}	分析行为匹配流	T_{77}	分析实现功能
T_{39}	形成行为类父结构和子结构关系	T_{78}	分析父结构
T_{40}	分析行为类实现功能	T_{79}	分析相关子结构
T_{41}	分析行为类涉及的结构类	T_{80}	分析结构图
T_{42}	分析行为类涉及的流类	T_{81}	分析结构类涉及的流类
T_{43}	形成行为模型本体库	T_{82}	分析结构类涉及的功能类
T_5	接受设计流模型设计任务	T_{83}	形成结构模型本体库

4.6.4　协同 HLA 仿真建模设计单元的对象 Petri 网元模型

HLA 建模从高层架构出发提供了多学科分布式仿真框架，并没提供相关 HLA 联邦的建模方法。而在 HLA 联邦设计过程中会涉及各类模型，如前面论述的概念模型和功能模型。这些模型为不同领域的设计人员提供了一个能共同理解的抽象模型（Hiraishi，2015）。HLA 作为一个高层体系结构，其联邦作为一个分布式仿真系统，在设计过程中会涉及多种概念模型，通过概念模型在"需求"和"实现"之间架起了一座沟通的桥梁。

在 HLA 开发规范中，每个联邦都需要开发 FOM，联邦中的每个联邦成员需要开发仿真对象模型（simulation object model，SOM），两者的设计是 HLA 仿真模型中的重要活动。HLA 建模设计单元元模型可定义为

$$\text{HLAM} = (S_{\text{HLA}}, T_{\text{HLA}}, I_{\text{HLA}}, O_{\text{HLA}}, F_{\text{HLA}}, C_{\text{HLA}}) \qquad (4\text{-}12)$$

其中，

（1）性能样机仿真 HLA 建模设计任务状态库所：

$$S_{\text{HLA}} = (S_1, S_{11}, S_{12}, S_{13}, S_{14}, S_{15}, S_2, S_{21}, S_{22}, S_{23}, S_3, S_{31}, S_{32}, S_{33}, S_{34}, S_{35},$$
$$S_{36}, S_{37}, S_{38}, S_{39}, S_4, S_{41}, S_{42}, S_{43}, S_{44}, S_{45}, S_{46}, S_{47}, S_{48}, S_{49}, S_{50}, S_{51},$$
$$S_{52}, S_{53}, S_6, S_{61}, S_{62}, S_{63}, S_{64})$$

（2）性能样机仿真 HLA 建模设计活动变迁：

$$T_{\text{HLA}} = (T_1, T_{11}, T_{12}, T_{13}, T_{14}, T_2, T_{21}, T_{22}, T_3, T_{31}, T_{32}, T_{33}, T_{34}, T_{35}, T_{36}, T_{37},$$
$$T_{38}, T_{39}, T_4, T_{41}, T_{42}, T_{43}, T_{44}, T_{45}, T_{46}, T_{47}, T_{48}, T_{49}, T_{50}, T_{51}, T_{52}, T_{53},$$
$$T_6, T_{61}, T_{62})$$

（3）输入信息库所集：$I_{\text{HLA}} = (I_{\text{start\_in}}, I_{\text{request\_in}}, I_{\text{modify\_in}}, I_{\text{reupdate\_in}})$

（4）输出信息库所集：$O_{\text{HLA}} = (O_{\text{HLAoutput}}, O_{\text{HLAupdateoutput}})$

（5）$F_{\text{HLA}} = (S_{\text{HLA}} \times T_{\text{HLA}}) \cup (T_{\text{HLA}} \times S_{\text{HLA}})$ 为设计任务流输入输出关系集合。

（6）C_{HLA} 为工作流控制网变量集，用于存放控制过程中形成的库所工作流案例。

HLA 建模设计单元的对象 Petri 网元模型如图 4-24 所示。

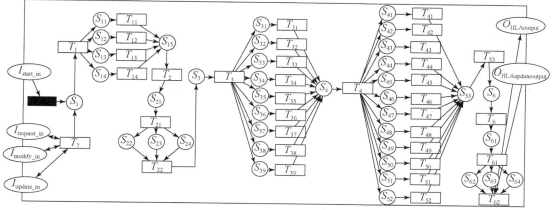

图 4-24　HLA 建模设计单元的对象 Petri 网元模型

对应的库所集合如表 4-8 所示，变迁集合如表 4-9 所示。

表 4-8　HLA 建模设计单元的对象 Petri 网元模型库所信息描述

库所	库所信息描述	库所	库所信息描述
S_1	定义联邦需求	S_{43}	确定各联邦成员对属性参数的需求
S_{11}	确定项目目标	S_{44}	准备对象类结构表/交互类结构表
S_{12}	确定需求信息	S_{45}	准备属性表/参数表
S_{13}	确定可获得的资源	S_{46}	准备各类数据类型
S_{14}	初始计划文档	S_{47}	准备时间表示表
S_{15}	确定联邦目标	S_{48}	准备用户定义的标记符表
S_2	分析联邦概念模型	S_{49}	准备同步表
S_{21}	设计联邦概念模型	S_{50}	准备传输类型表
S_{22}	设计联邦需求	S_{51}	准备 FOM/SOM 术语表
S_{23}	设计联邦方案	S_{52}	准备对象模型鉴别表
S_3	设计协同仿真联邦成员仿真对象模型	S_{53}	协同仿真联邦成员仿真对象模型
S_{31}	确定联邦仿真系统对象/交互类的交互能力	S_6	仿真系统接口开发
S_{32}	确定联邦仿真系统对象/交互类的定购需求	S_{61}	HLA 仿真系统接口开发
S_{33}	设计对象/交互类结构表	S_{62}	测试数据
S_{34}	设计对象/交互类属性表/参数表	S_{63}	测试过的联邦
S_{35}	设计各类数据类型表	S_{64}	测试结果分析
S_{36}	设计时间表示表	I_{start_in}	HLA 建模设计方案输入库所
S_{37}	准备用户定义的标记符表	$I_{request\_in}$	HLA 建模设计单元需求输入库所
S_{38}	准备同步表	I_{modify_in}	HLA 建模设计单元返回修改库所
S_{39}	准备 FOM/SOM 术语表	$I_{reupdate\_in}$	HLA 建模设计单元返回更新库所
S_4	设计分布式协同仿真联邦对象模型	$O_{HLAoutput}$	HLA 建模设计单元输出信息库所
S_{41}	确定各联邦成员的公布/定购能力	$O_{HLAupdateoutput}$	HLA 建模返回修改输出信息库所
S_{42}	确定联邦的公布协议		

表 4-9　HLA 建模设计单元的对象 Petri 网元模型变迁信息描述

变迁	变迁信息描述	变迁	变迁信息描述
T_1	接受定义联邦需求任务	T_2	接受联邦概念模型分析任务
T_{11}	形成联邦需求	T_{21}	分析联邦概念模型
T_{12}	形成项目目标	T_{22}	确定联邦概念模型
T_{13}	形成需求信息	T_3	接受设计协同仿真联邦成员仿真对象模型任务
T_{14}	形成可获得的资源	T_{31}	形成联邦仿真系统对象/交互类的交互能力

变迁	变迁信息描述	变迁	变迁信息描述
T_{32}	形成联邦仿真系统对象/交互类的定购需求	T_{45}	形成属性表/参数表
T_{33}	形成对象/交互类结构表	T_{46}	形成各类数据类型
T_{34}	形成对象/交互类属性表/参数表	T_{47}	形成时间表示表
T_{35}	形成各类数据类型表	T_{48}	形成用户定义的标记符表
T_{36}	形成时间表示表	T_{49}	形成同步表
T_{37}	形成用户定义的标记符表	T_{50}	形成传输类型表
T_{38}	形成同步表	T_{51}	形成 FOM/SOM 术语表
T_{39}	形成 FOM/SOM 术语表	T_{52}	形成对象模型鉴别表
T_4	接受设计分布式协同仿真联邦对象模型任务	T_{53}	形成协同仿真联邦对象模型
T_{41}	形成各联邦成员的公布/定购能力	T_6	接受仿真接口开发任务
T_{42}	形成联邦的公布协议	T_{61}	形成 HLA 仿真接口
T_{43}	形成各联邦成员对属性参数的需求	T_{62}	形成测试方案
T_{44}	形成对象类结构表/交互类结构表		

4.6.5 协同优化建模设计单元的对象 Petri 网元模型

性能样机的多学科协同优化建模过程是一项复杂的系统工程，涉及概念建模、顶层优化建模、子学科优化建模、学科分析建模和系统集成优化建模等多个阶段，需要应用系统工程的理论和方法从整体设计，到分阶段、分系统开发，最终形成自顶而下以及自底而上的综合集成分析与优化的建模过程，每个阶段的建模过程都是基于协同设计与优化算法进行的（张立，2007；Tiplea，2017）。

性能样机多学科协同优化建模设计单元元模型可定义为

$$\mathrm{MDO} = (S_{\mathrm{mdo}}, \ T_{\mathrm{mdo}}, \ I_{\mathrm{mdo}}, \ O_{\mathrm{mdo}}, \ F_{\mathrm{mdo}}, \ C_{\mathrm{mdo}}) \qquad (4\text{-}13)$$

其中，

（1）性能样机多学科协同优化建模设计任务状态库所：

$S_{\mathrm{mdo}} = (S_1, \ S_{11}, \ S_{12}, \ S_{13}, \ S_{14}, \ S_{15}, \ S_{16}, \ S_2, \ S_{21}, \ S_{22}, \ S_{23}, \ S_{24}, \ S_{25}, \ S_{26}, \ S_{27}, \ S_3,$
$S_{31}, \ S_{32}, \ S_{33}, \ S_{34}, \ S_4, \ S_{41}, \ S_{42}, \ S_5, \ S_{51}, \ S_{52})$

（2）性能样机多学科协同优化建模设计活动变迁：

$T_{\mathrm{mdo}} = (T_1, \ T_{11}, \ T_{12}, \ T_{13}, \ T_{14}, \ T_{15}, \ T_{16}, \ T_2, \ T_{21}, \ T_{22}, \ T_{23}, \ T_{24}, \ T_3, \ T_{31}, \ T_{32}, \ T_{33},$
$T_{34}, \ T_4, \ T_{41}, \ T_{42}, \ T_5, \ T_{51}, \ T_6)$

（3）输入信息库所集：$I_{\mathrm{mdo}} = (I_{\mathrm{start\_in}}, \ I_{\mathrm{modify\_in}}, \ I_{\mathrm{update\_in}})$

（4）输出信息库所集：$O_{\mathrm{mdo}} = (O_{\mathrm{MDOOutput}}, \ O_{\mathrm{MDOModOutput}}, \ O_{\mathrm{MDOUpOutput}})$

（5）$F_{\mathrm{mdo}} = (S_{\mathrm{mdo}} \times T_{\mathrm{mdo}}) \cup (T_{\mathrm{mdo}} \times S_{\mathrm{mdo}})$ 为设计任务流输入输出关系集合。

（6）C_{mdo} 为工作流控制网变量集，用于存放控制过程中形成的库所工作流案例。

性能样机多学科协同优化建模设计单元的对象 Petri 网元模型如图 4-25 所示，对应的库所集合如表 4-10 所示，变迁集合如表 4-11 所示。

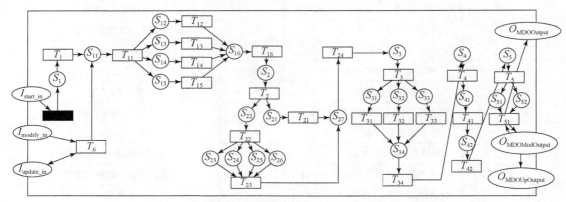

图 4-25　多学科协同优化建模设计单元的对象 Petri 网元模型

表 4-10　多学科协同优化建模设计单元的对象 Petri 网元模型库所信息描述

库所	库所信息描述	库所	库所信息描述
S_1	概念建模	S_{31}	分解多学科建模任务
S_{11}	确定概念模型	S_{32}	确定子学科的优化目标函数和约束条件
S_{12}	分析技术指标需求	S_{33}	分析优化任务给各学科开发小组
S_{13}	确定优化设计方案	S_{34}	确定多学科优化模型
S_{14}	确定设计优化系统的构成	S_4	多学科分析建模
S_{15}	确定子系统学科种类	S_{41}	确定各学科所使用异构性的学科分析工具
S_{16}	确定协同优化概念模型	S_{42}	确定不同学科工具分析模型
S_2	总体优化建模	S_5	系统综合集成
S_{21}	确立目标函数和系统级约束条件	S_{51}	软件集成与求解
S_{22}	设计多学科协同设计优化方案总体模型	S_{52}	最优方案
S_{23}	多学科协同模型的行为特征	I_{start_in}	协同优化设计任务书输入库所
S_{24}	多学科协同模型的交互关系	I_{modify_in}	协同优化设计单元返回修改输入库所
S_{25}	各子模型的行为特征	$O_{MDOOutput}$	协同优化模型设计单元输出信息库所
S_{26}	各子模型的交互关系	$O_{MDOModOutput}$	协同优化模型返回修改输出信息库所
S_{27}	确定总体优化模型	$O_{MDOUpOutput}$	协同优化模型返回更新输出信息库所
S_3	多学科优化建模	I_{update_in}	协同优化设计单元返回更新输入库所

表 4-11　多学科协同优化建模设计单元的对象 Petri 网元模型变迁信息描述

变迁	变迁信息描述	变迁	变迁信息描述
T_1	接受概念建模任务	T_3	接受多学科优化建模任务
T_{11}	概念模型分析	T_{31}	形成分解多学科建模任务
T_{12}	形成技术指标需求	T_{32}	分析子学科的优化目标函数和约束条件
T_{13}	形成优化设计方案	T_{33}	形成优化任务给各学科开发小组
T_{14}	分析优化系统的构成	T_{34}	形成多学科优化模型
T_{15}	分析子系统学科种类	T_4	接受多学科分析建模任务
T_{16}	形成协同优化概念模型	T_{41}	分析各学科所使用异构性的学科分析工具
T_2	接受总体优化建模任务	T_{42}	分析不同学科工具分析模型
T_{21}	分析目标函数和系统级约束条件	T_5	接受系统综合集成优化任务
T_{22}	分析多学科协同设计优化方案总体模型	T_{51}	形成软件集成与求解方案
T_{23}	对优化模型进行描述	T_6	形成综合集成最优方案
T_{24}	形成总体优化模型		

至此，作者构建了性能样机协同建模过程的概念模型、功能模型、仿真模型和优化模型的设计单元元模型，形成了性能样机协同建模与仿真元模型库，以便在性能样机协同建模工作流控制网动态模型描述时调用。

4.6.6　基于有色 Petri 网的性能样机协同建模

通过对高超声速飞行器数字性能样机的外形结构、推进、气动力、气动热、冷却、控制和弹道等多个仿真分系统的分析，利用有色 Petri 网对超声速飞航武器系统这类复杂航天产品设计过程中的事件驱动进行表示，如图 4-26 所示，对应的库所集合如表 4-12 所示。

在图 4-26 中，复杂航天产品性能样机的设计任务分为 8 个子任务，每个子任务分别对应外形结构、气动力系统、推进系统、控制系统、弹道系统和冷却系统。在这些系统级别的设计任务中，任务之间的综合设计可以看作串行的，各子系统内部可以是并行设计的，每个任务对应相应的事件。

TG_i 表示第 i 个设计任务对应的状态变迁，从其输入库中减少一个托肯并在其输出库中增加一个托肯，将会引发它的状态变迁条件；变迁 TE_i 表示各个任务所对应的执行方案的变迁过程，若输入库中的任务托肯存在并且资源库中有 a 颜色托肯，则会引起 TE_i 的方案的变迁过程事件。引发方案的变迁事件后，将会把对应的托肯移到可用的资源库中，资源的托肯颜色由 a 变为 o；变迁 TS_i 表示 i 个任务的任务完成变迁，每一个 TS 对应 k 个变迁，分别表示一种任务的 k 种执行方案所对应的完成任务变迁，其引发条件为所有输入库所中均有任务托肯。

其中，子任务 2 所对应的外形结构设计由 TG_2 和 TS_2 两个任务状态集构成，$TG_2 = \{S_1\}$，$TS_2 = \{S_2, S_3, S_4\}$。

子任务 3 所对应的推进系统设计由 TG_3、TE_{31}、TE_{32} 和 TS_3 四个任务状态集构成，$TG_3 =$

$\{S_5\}$，$TS_3 = \{S_9，S_{10}，S_{11}，S_{12}\}$，$TE_{31} = \{S_6\}$，$TE_{32} = \{S_7，S_8\}$。

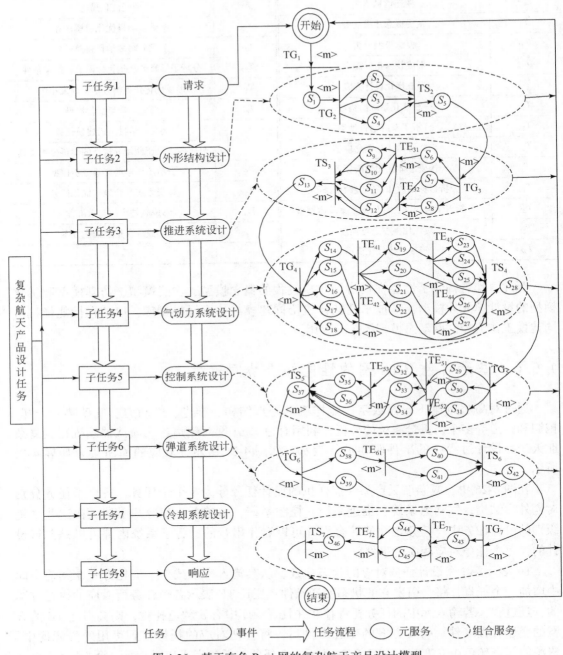

图 4-26　基于有色 Petri 网的复杂航天产品设计模型

子任务 4 所对应的气动力系统设计由 TG_4、TE_{41}、TE_{42}、TE_{43}、TE_{44} 和 TS_4 六个任务状态集构成，$TG_4 = \{S_{13}\}$，$TS_4 = \{S_{20}，S_{22}，S_{23}，S_{24}，S_{25}，S_{26}，S_{27}\}$，$TE_{41} = \{S_{14}，S_{15}\}$，$TE_{42} = \{S_{16}，S_{17}，S_{18}\}$，$TE_{43} = \{S_{19}\}$，$TE_{44} = \{S_{21}\}$。

子任务 5 所对应的控制系统设计由 TG_5、TE_{51}、TE_{52}、TE_{53} 和 TS_5 五个任务状态集构

成，$TG_5 = \{S_{28}\}$，$TS_5 = \{S_{33}, S_{34}, S_{35}, S_{36}\}$，$TE_{51} = \{S_{29}\}$，$TE_{52} = \{S_{30}, S_{31}\}$，$TE_{53} = \{S_{32}\}$。

子任务 6 所对应的弹道系统设计由 TG_6、TE_{61} 和 TS_6 三个任务状态集构成，$TG_6 = \{S_{37}\}$，$TS_6 = \{S_{39}, S_{40}, S_{41}\}$，$TE_{61} = \{S_{38}\}$。

子任务 7 所对应的冷却系统设计由 TG_7、TE_{71}、TE_{72} 和 TS_7 四个任务状态集构成，$TG_7 = \{S_{42}\}$，$TS_7 = \{S_{46}\}$，$TE_{71} = \{S_{43}\}$，$TE_{72} = \{S_{44}, S_{45}\}$。

表 4-12　基于有色 Petri 网的性能样机协同建模库所信息描述

库所	库所信息描述	库所	库所信息描述
S_1	开始设计任务	S_{24}	升力任务事件
S_2	机身设计任务事件	S_{25}	侧力任务事件
S_3	机翼设计事件	S_{26}	助推器推力任务事件
S_4	尾翼设计事件	S_{27}	超燃冲压发动机任务事件
S_5	完成外形设计任务	S_{28}	完成气动系统设计任务
S_6	低速度推进任务事件	S_{29}	制导任务事件
S_7	发动机循环任务事件	S_{30}	姿控任务事件
S_8	高速推进任务事件	S_{31}	组合导航任务事件
S_9	进气道性能任务事件	S_{32}	末段姿控任务事件
S_{10}	尾喷管性能任务事件	S_{33}	助推段姿控任务事件
S_{11}	超燃室性能任务事件	S_{34}	巡航段姿控任务事件
S_{12}	隔离段性能任务事件	S_{35}	油门控制任务事件
S_{13}	完成推进系统设计任务	S_{36}	航迹点导引任务事件
S_{14}	机尾动力学任务事件	S_{37}	完成控制系统设计任务
S_{15}	机身动力学任务事件	S_{38}	质量任务事件
S_{16}	机翼力和力矩任务事件	S_{39}	燃料质量任务事件
S_{17}	质心动力学任务事件	S_{40}	飞行器质量任务事件
S_{18}	姿态动力学任务事件	S_{41}	助推段质量任务事件
S_{19}	空气动力任务事件	S_{42}	燃料质量任务事件
S_{20}	重力任务事件	S_{43}	局部气动加热冷却任务事件
S_{21}	推力任务事件	S_{44}	头部驻点区冷却任务事件
S_{22}	惯性力和哥氏力任务事件	S_{45}	机翼前缘区冷却任务事件
S_{23}	阻力任务事件	S_{46}	流道壁面冷却任务事件

第二篇

性能样机仿真与优化篇

第5章 性能样机多学科协同仿真

对于包括不同领域学科的复杂航天产品性能样机，需要通过一体化的建模与仿真方法对多学科子系统进行建模与仿真。虽然 HLA 能够通过 FOM 和 SOM 文件将不同的联邦成员综合集成起来形成一个巨大的仿真系统，但是 HLA 提供的 OMT 中缺乏对 FOM 和 SOM 中的对象类与交互类之间的语义一致性的表达方法，OMT 只能保证各领域交互数据语法层面的一致性。如前所述，本体是解决领域模型之间语义差异的有效工具，它能够用于自动推理、知识表示和知识重用。

本章在第 4 章所构建的基于本体元模型的基础上，应用本体技术实现 FOM 和 SOM 的定义，进而实现基于 HLA 的分布式性能样机集成仿真模型架构，从而实现 UMSLO 模型的 S 子模型。

5.1 本体元模型与联邦模型的映射

在第 4 章中，从顶层结构对复杂航天产品性能样机进行分解和建模，描述了复杂系统的元模型之间的关联关系和模型之间的耦合关系，实现了顶层模型的本体元建模方法，但所构建的本体元模型并没用确定元模型之间的实现形式，只是一种抽象的概念模型；而所构建的复杂航天产品性能样机领域模型则是在各个领域工具中设计而成的，是子系统或者模块的实现形式，是一种实体模型。而目前对于复杂系统的综合集成仿真是通过 HLA 实现的，HLA 通过 RTI 进行系统的综合集成仿真，所仿真的系统称为联邦，联邦中的各个仿真成员称为联邦成员。联邦成员模型由第 3 章所构建的复杂系统领域模型中的本体元模型映射为 HLA 中 FOM 和 SOM 并耦合 HLA 接口构成（肖冰松等，2009；林亚军等，2006）。高层建模中的模型包括仿真算法模型、组件模型联邦成员和仿真系统，定义如下。

（1）仿真算法模型：通常指面向具体仿真应用领域的各类算法、功能函数等，它必须符合协同仿真平台对元模型的封装要求，具有高重用性，内部不含有任何与业务相关的逻辑成分。

（2）组件模型：由元模型和仿真算法模型构成。元模型包含面向具体应用的业务逻辑，对外负责与其上层引擎交互；对内负责对其仿真算法的调度与交互。

（3）联邦成员：是组成 HLA 仿真系统的重要组件，在仿真系统中，联邦成员主要由各领域模型组成。

（4）仿真系统：是协同仿真系统，一个协同仿真系统由若干联邦成员和 RTI 共同构成。

5.2 分布式协同仿真统一建模过程

RTI 是 HLA 仿真的核心部件，其功能类似分布式操作系统，是 HLA 接口规范的具体体现。为了实现 HLA/RTI 的统一建模，RTI 系统用例图如图 5-1 所示，HLA/RTI 系统类图如图 5-2 所示。

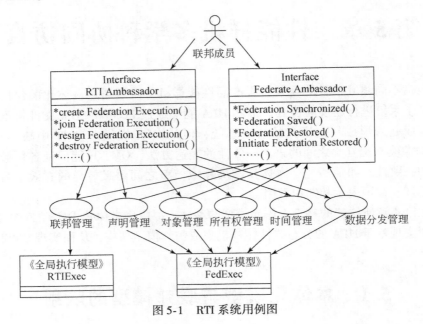

图 5-1　RTI 系统用例图

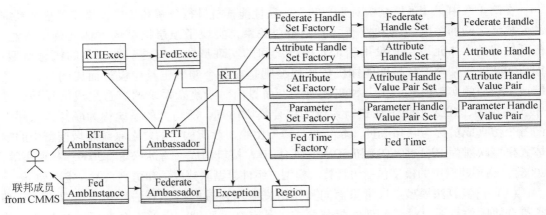

图 5-2　HLA/RTI 系统类图

CMMS 为计算机维护管理系统（computer maintenance management system）

通过联邦开发和执行过程（federation development and execution process，FEDEP）模型可以快速地开发基于 HLA 的仿真系统，在 FEDEP 模型中，联邦开发和执行过程步骤如下（林山等，2011；毛媛等，2002）：

（1）定义联邦目标；

（2）开发联邦概念模型，包括联邦应用场景开发、抽象概念分析和确定联邦需求；

（3）设计联邦，包括确定联邦成员数目及功能，制订详细开发计划；

（4）开发联邦，依据联邦成员设计，开发各联邦成员，包括开发 SOM、开发 FOM 和编写程序；

（5）集成和测试联邦；

（6）运行联邦并分析结果。

联邦运行通常是按照如图 5-3 所示的 HLA 仿真流程图进行的。

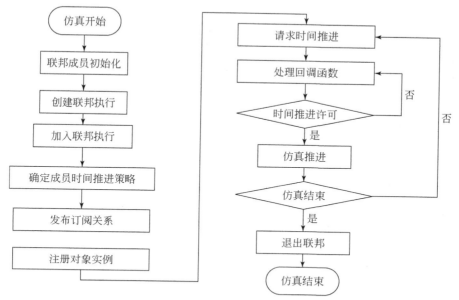

图 5-3　HLA 仿真流程图

5.3　协同仿真对象模型

如前所述，OMT 规定了所有 FOM 的结构，每个 FOM 都作为一个特定联邦词汇表，联邦的每一次运行都使用联邦的 FOM（闫喜强等，2013；何希凡，2004）。

5.3.1　分布式协同仿真对象模型

OMT 定义了 HLA 仿真系统中的属性、交互、对象和参数等成员对象。在 RTI 运行过程中，以 FOM 作为运行时所需要的数据源。FOM 与 RTI 是相互独立的两个组件，它们通过 OMT 所定义的规范进行交互。对象类和交互类是 HLA 仿真系统中的主要组件，交互类由 FOM 组件来实现，每个 FOM 的交互用例图都有一个交互根，交互类的层次结构如图 5-4 所示。

在 HLA 仿真系统运行过程中，联邦成员之间通过交互类和对象来实现相互之间的参数传递与数据共享。如果联邦成员是采用和 HLA 兼容的方法开发的，这个转换非常简单；如果联邦成员正在向 HLA 移植，则这个转换比较麻烦。FOM 表示联邦中联邦成员共同认可的词汇表。

HLA 中的对象类是一个分层的、多粒度的树型结构，每个对象类有一个唯一的对象根并且类的名称也是唯一的。子类可以继承父类的属性和方法，根类必须有一个属性，即删除对象的特权，因此每一个类至少有一个有效属性，如图 5-5 所示。

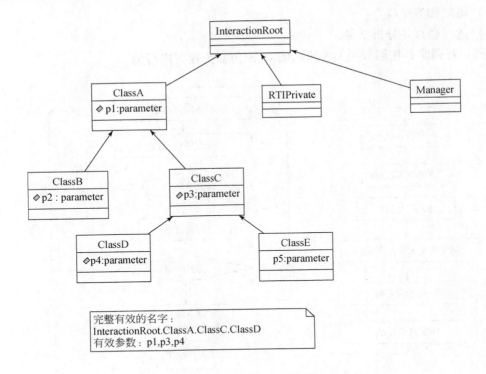

图 5-4　交互类的层次结构

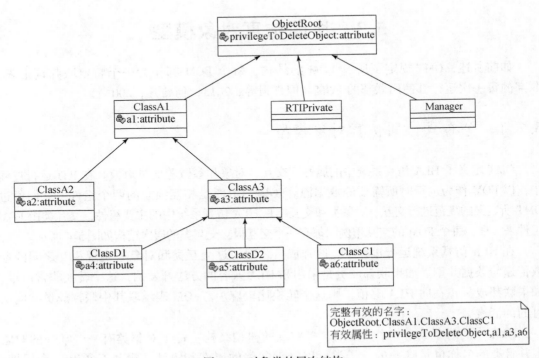

图 5-5　对象类的层次结构

当属性是 RTI 操作的主体时，它们要么是一个对象类的属性，要么是一个特定对象实例的属性。其中，一个对象类的属性称为类属性（class attribute），一个特定对象实例的属性称为实例属性（instance attribute）。例如，希望订阅一个确定对象类所有实例信息的联邦成员的属性，希望为一个特定对象实例提供新值的联邦成员将更新适当的实例属性。在图 5-5 中出现的属性是类属性。

类属性和实例属性通过同样的标识符、名字或句柄引用。指定类属性的 RTI 服务指定对象类和属性标识符，但是不标识对象实例；指定实例属性的 RTI 服务总是指定对象实例和属性标识符。对象和交互之间是可以相互转化的，因此任何联邦模型可以全部采用对象或全部采用交互类来实现（蔡国飙，2012）。作者采用对象类的层次结构实现系统的建模与仿真。

5.3.2　分布式协同仿真对象模型的组成

根据 IEEE1516 标准，OMT 由以下 14 类表组成，如表 5-1 所示。

表 5-1　OMT 表格种类

表名	描述
对象模型鉴别表（object model identification table）	HLA 对象模型的元数据
对象类结构表（object class structure table）	联邦或联邦成员对象类和对象类的继承关系
交互类结构表（interaction class structure table）	联邦成员交互类和交互类的继承关系
属性表（attribute table）	描述对象的属性特征
参数表（parameter table）	描述交互的参数特征
时间表示表（time representation table）	时间戳的描述
维度表（dimension table）	数据分发服务中过滤实例属性和交互的维
同步表（synchronization table）	联邦同步点
传输类型表（transportation type table）	表数据的传输机制
数据类型表（data type table）	数据类型声明
FOM/SOM 词典（FOM/SOM lexicon）	扩展信息说明

从表 5-1 可以看出，对象类和交互类是联邦成员之间实现交互的数据交换形式。在 HLA 仿真系统中，通过事件的方式实现交互，对象属性值的更新和发送交互都可以看作事件，OMT 对事件发生时传递的数据描述得非常清楚，但对于对象模型以及对象模型所代表的联邦和联邦成员未提供相关的描述。

5.4　基于本体的协同仿真对象模型

多学科领域一体化功能样机建模与仿真集成环境涉及控制、机械、电子、软件等多学科，为了能够灵活、快速、高效地实现复杂航天产品系统多学科一体化快速综合集成仿真，需要按照控制、机械、电子、软件等不同领域创建大量的仿真组件，仿真组件包含的相关领域知识需要统一表达，实现语义上的一致性，进而构建统一的元模型以进行设计与仿真。

在 HLA 的仿真系统中，FOM 和 SOM 中的对象类和交互类中所定义的成员名称需要一个统一的、用于共同理解的语义表达方式。HLA 标准中用 SOM 来定义各联邦成员之间的交互操作。但是并没有对 SOM 构建过程和方法制订相应的方案，在实际构建 SOM 时很难保证不同学科领域知识在语义上的一致性和完整性。而本体作为领域建模的有效工具，可以统一描述各学科领域模型中的概念和关系，实现学科领域模型之间的语义一致。对于不同学科领域的各类模型，可以通过本体技术来设计这些模型，实现各领域模型在语义上的一致性和领域模型资源的复用目标。

在 OMT 中所定义的对象类中，每个类定义一个称为属性的数据集。在 HLA 仿真系统中，每个 FOM 可作一个实体。对于 FOM 对象类中所定义的属性，在基于本体的元模型表示中，可以用"hasAttribute"属性描述 FOM 中的属性字段，图 5-6 为用 UML 表示的飞行器气动 FOM 对象类，代码 5-1 表示飞行器气动 FOM 对象类对应的代码，飞行器气动 FOM 对象类用本体元模型表示如图 5-7 所示，代码 5-2 为对应用的 OWL 三元组代码。这样就可以应用第 3 章所构建的高超声速飞行器类层级来构建 FOM 对象类层次结构。在各学科领域模型与联邦模型映射时，将各学科领域模型映射为 HLA 数据对象；学科领域模型之间的耦合关系转化为 HLA 联邦成员间的调用关系。联邦成员模型由领域模型融合 HLA 联邦接口组成，领域模型由相关学科领域仿真工具构成，例如，飞行器气动领域模型由 ADAMS 气动模型和 CATIA/SolidWorks 结构模型两个学科领域模型构成，而飞行器控制领域模型由 Matlab/Simulink 模型组件和 HLA 联邦成员大使联合构成。有关顶层元模型、联邦模型和领域模型的转换将在 5.6 节详细介绍。

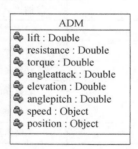

图 5-6　飞行器气动 FOM 对象类

```
/**代码 5-1　飞行器气动 FOM 对象类代码**/
public Class ADM{
    Double lift,resistance,torque,angleattack,elevation,
    anglepitch;
    Object speed,position;
}
```

```
/**代码 5-2　飞行器气动本体元模型代码**/
```

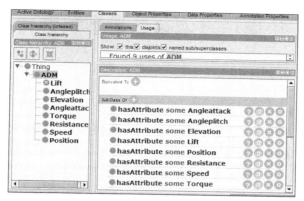

图 5-7　飞行器气动本体元模型图

<"ADM","hasAttribute","lift">

<"ADM","hasAttribute","resistance">

<"ADM","hasAttribute","torque">

<"ADM","hasAttribute","angleattack">

<"ADM","hasAttribute","resistance">

<"ADM","hasAttribute","elevation">

...

<"ADM","hasAttribute","position">

　　在进行 HLA 联邦成员转换时，需要将联邦模型、顶层模型和领域模型映射成为 HLA 对象类，元模型中的实例项映射成为对象类属性，元模型中所定义的接口可以映射为 HLA 交互类，接口之间的调用数据项可以映射为交互类参数，基于本体的 HLA FOM 生成流程如图 5-8 所示。

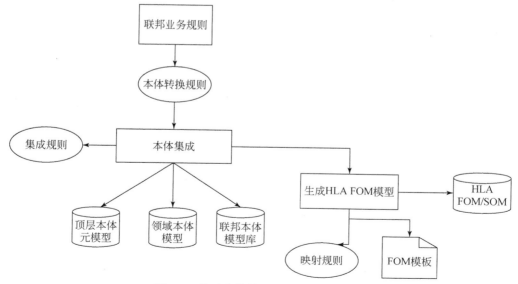

图 5-8　基于本体的 HLA FOM 生成流程

5.5 协同仿真本体元模型转换与集成

5.5.1 本体元模型的转换方法

在基于 HLA 的复杂航天产品仿真系统中，需要将顶层元模型转化为 XML 格式的文件，以便构建 HLA 中的联邦成员仿真数据模型，各学科领域建模人员通过对顶层本体元模型分解后，对顶层本体元模型进行领域模型建模。复杂航天产品元模型的转换范式可定义为一个五元组：

$$DMM=<Object,\ Syn,\ C,\ D,\ F> \tag{5-1}$$

其中，Object 是转换范式的可以被使用的元模型对象集；Syn 是作用于元模型对象间的一组语法规则；C 是作用在对象间的静态语义；D 为语义领域，即 Object 对应的所有语义对象的集合；F 是一组语义函数，即将对象 $obj \in Object$ 映射到 D 中的特定对象。$F:obj \rightarrow \{D-obj,\ undefined,\ false\}$，其中，$obj \in Object$，$D-obj \in D$。

设 SM 是现存所有遵循元模型转换范式 DMM 的模型集合，mm 是任意个包含 SM 的模型，设 mm 遵循的元模型 DMM 规范为

$$cfrm(mm,DMM):SM \times DMM \rightarrow \{true\} \tag{5-2}$$

其中，$mm \in SM$。

设 $MM_s \in SM_s$ 是转换中的源模型，源模型所遵循的模型转换范式记为 DMM_s，目标模型设为 $MM_t \in SM_t$，目标模型所遵循的模型转换范式记为 DMM_t，定义转换函数 trans_f 是作用于 MM_s 的部分函数，产生目标模型 MM_t。trans_f $(mm):SM \rightarrow SM \cup \varnothing$。设转换函数 trans_function 是作用在 SM_s 上的全函数，使用一组 trans_f 产生一个 SM_t，转换算法如代码 5-3 所示。

```
/**代码 5-3  trans_f 转换算法**/
    trans_function：SM_s→SM_t,其中,init SM_t=∅,∀MM_s∈SM,
    while(∃MM_s∈SM：trans_f(MM_s)∉SM_t)
        SM_t=SM_t∪trans_f(MM_s)∧cfrm(trans_f(MM_s),DMM_t)
```

设语法转换 Trans_Syn 作用于模型 SM_s，产生的模型 SM_t 遵循模型范式 DMM_t 的语法规则 Syn。Trans_Syn 函数的算法描述如代码 5-4 所示。

```
/**代码 5-4  Trans_Syn 函数的算法**/
Trans_Syn≡{Trans_Syn(SM_s)：SM_s→SM_t|
        Initial SM_t=∅;
        ∀MM=SM_t∪Trans_Syn(SM_s)
        }
```

设计好本体转化规则后，对于通过可视化编辑器 Protégé 建立本体模型结构，并以 OWL 文件格式存储，UML 模型中的关系在本体中对应 "Properties"，它表示本体模型间的类之间的关系，用 Protégé 工具定义的本体模型中的关系主要如下。

（1）hasValue 表示某个属性拥有的属性值。

（2）hasAttribute 表示源模型拥有属性。

（3）isValueOf 表示某属性值是某属性的。

通过调用 Jana 组件所提供的方法对 OWL 本体内容进行操作。Jana 是由美国 HP（惠普）实验室的 Brian McBride 开发的基于 Java 平台的语义网开源工具包，最初用于解决 RDF 模型的创建、查询和读写操作。模型转换系统打开 OWL 本体文件后，调用相应的本体规则处理方法进行处理，生成 XML 目标模型文档，其具体过程如代码 5-5 所示。

```
/**代码 5-5　Trans_Syn 函数的算法**/
//新建一个 RDF 模型
RDFModel testm=ModelFactory.createDefaultModel();
//生成 RDF 文件并写入模型信息
testm.read(new InPutStream Reader(RDFStream rdf);
for(Iterator<OntClass> i = testm.listClasses();i.hasNext();){
        OntClass c = i.next();
        //调用转换规则进行 XML 文档解析与转换
...
```

5.5.2　本体元模型的本体集成规则

在基于本体元模型转换成 HLA FOM 的实现过程中，首先要对本体进行集成处理。通过本体综合集成，可以建立复杂航天产品多学科领域共享本体集，解决了多学科领域本体间的语义异构问题。本体集成模型主要包括下列 3 个组成部分（李犁等，2012）。

（1）一个 HLA FOM "对象" 的类。

（2）对于两个有公共论域的对象 A 和 B，存在一个从 A 到 B 的态射集合 map（A，B）。如果 f 属于 map（A，B），则 $f: A \rightarrow B$。

（3）对于任何三个对象 A、B 和 C，存在一个二元运算 map（A，B）×map（B，C）→map（A，C），称此为复合态射；由 $f: A \rightarrow B$ 和 $g: B \rightarrow C$ 复合而成，记为 gof。

如果有 $f: A \rightarrow B$，$g: B \rightarrow C$ 和 $h: C \rightarrow D$，$ho(gof) = (hog)of$，则称范畴具有结合性。

对任意对象 X，存在一个态射 $mp_x: X \rightarrow X$，称为 X 的恒等态射，使得对任何态射 $f: A \rightarrow B$，都有 mp_x of $= f = fo$ mp_x，则称范畴具有等价性。

对任意对象 X 及态射 $x_1: B \rightarrow X$ 和 $x_2: C \rightarrow X$，满足 x_0 $of = x_2 og$，都存在着唯一的态射 $m: D \rightarrow X$，则称范畴具有可交换性。

根据上面推出的定义，作者构建了如下的本体元模型集成算法。设要集成的本体元模型为

$$A = \{ \text{Class}_A，\text{Attribute}_A，\text{Relation}_A，\text{Method}_A，\text{Interface}_A，\text{Constraint}_A \} \quad (5\text{-}3)$$

$$B = \{ \text{Class}_B，\text{Attribute}_B，\text{Relation}_B，\text{Method}_B，\text{Interface}_B，\text{Constraint}_B \} \quad (5\text{-}4)$$

在模型关系结构中，模型 A 和 B 有相应的匹配关系模型：

$$M = \{ \text{Class}_M，\text{Attribute}_M，\text{Relation}_M，\text{Method}_M，\text{Interface}_M，\text{Constraint}_M \} \quad (5\text{-}5)$$

此外，模型 A 和 B 有两个态射 $f: M \rightarrow A$、$g: M \rightarrow B$，f 和 g 描述了 A 和 B 之间的类

相等关系。如果 A 中的类 a 与 B 中的类 b 存在相等关系，则 M 中必然存在一个概念 m，使得 $f_1(m) = a$ 同时 $g_1(m) = b$。对于领域本体和共享本体的定义，根据 OWL 结构，可以在本体元关系模型的基础上对 HLA 仿真系统中的领域本体定义如下：

$$M = < \text{Class}, \text{Attribute}, R_{\text{class}}, R_{\text{Attribute}}, R_{ca}, \text{Instance} > \tag{5-6}$$

其中，Class 为类集合；Attribute 为属性集合；R_{class} 是类之间层次关系；$R_{\text{Attribute}}$ 是属性之间的层次关系；Instance 是实例集合；R_{ca} 是类关系到具体概念之间的映射。

对于集成后生成新的 HLA 系统共享本体，可定义为

$$S = < O, R, f > \tag{5-7}$$

其中，O 为共享本体类集合；R 为领域本体与全局本体类间相等关系的集合；f 是类相等关系到类的映射。本体集成模型如图 5-9 所示。

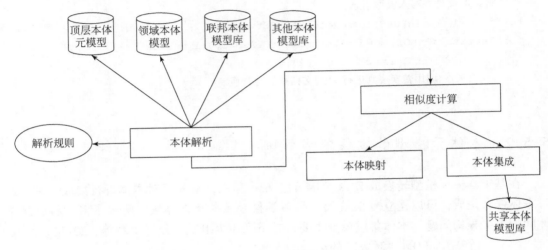

图 5-9　本体集成模型

5.5.3　本体模型集成混合算法

在模型转换与集成过程中，需要对不同学科所定义的本体模型进行相似度计算。国内外学者在概念的语义相似度计算方面进行了多方位的研究，目前形成的计算方法主要有基于信息理论定义相似度的计算方法和两个概念在树中的语义距离以及语义相似度计算方法。

两个本体之间的语义距离越大，其相似度越低；反之，两个本体之间的语义距离越小，其相似度越大。所以两者之间可以建立一种简单的对应关系。设 X，Y 是领域本体中的两个概念，Sim (X, Y) 表示两个概念间的相似度，则 Sim (X, Y) 的定义为

$$\text{Sim}(X, Y) = \sum_{i=1}^{n} \delta_i(X, Y)\theta_i \tag{5-8}$$

其中，n 是 X，Y 在领域本体中所具有的最大深度；θ 是权重，可取 $\theta = 1/n$；$\delta_i(X, Y)$ 取值定义如下：

$$\delta_i(X,\ Y)=\begin{cases}1, & X,\ Y\ \text{前}\ i\ \text{个父类相同}\\ 0, & X,\ Y\ \text{前}\ i\ \text{个父类不相同}\end{cases} \tag{5-9}$$

针对复杂航天产品多学科领域本体模型的复杂性和影响不同本体模型相似度的多种因素，作者提出一种多类元模型名称相似度和类实例相似度相等关系的混合判定计算方法。

对于语义重合度的计算方法定义如下：设本体元模型层次树的根 R、X、Y 是模型树的任意两个元模型，$\mathrm{NodeSet}(X)$ 是从元模型 X 出发向上直到顶层领域模型根 R 所经过的节点集合，$\mathrm{NodeSet}(X)\cup \mathrm{NodeSet}(Y)$ 表示从 X 到 R 经过的节点集和从 Y 到 R 经过的节点集的并集，$\dfrac{\left|\mathrm{NodeSet}(X)\cap \mathrm{NodeSet}(Y)\right|}{\left|\mathrm{NodeSet}(X)\cup \mathrm{NodeSet}(Y)\right|}$ 表示元模型 X、Y 之间的语义重合度。

语义距离和节点层次的计算方法定义如下：设 X，Y 是本体元顶层模型中的任意两个元模型，$\mathrm{Distance}(X,\ Y)$ 表示从元模型 X 到元模型 Y 的路径长度，$\mathrm{Level}(X)$ 表示元模型 X 所处的位置，$\mathrm{Level}(Y)$ 表示元模型 Y 所处的位置，$\left|\mathrm{Level}(X)-\mathrm{Level}(Y)\right|$ 表示元模型 X 和元模型 Y 的位置差。

根据以上定义，本体元模型树中任意两个元模型之间的相似度计算方法为

$$\mathrm{Sim}(X,\ Y)\begin{cases}1, & X=Y\\ \dfrac{\alpha\times\beta}{(\mathrm{Distance}(X,\ Y)+\alpha)\times\left|\mathrm{NodeSet}(X)\cup \mathrm{NodeSet}(Y)\right|}\\ \qquad\dfrac{\times\left|\mathrm{NodeSet}(X)\cap \mathrm{NodeSet}(Y)\right|}{\times(\gamma\times\left|\mathrm{Level}(X)-\mathrm{Level}(Y)\right|+1)}, & X\neq Y\end{cases} \tag{5-10}$$

当 $X=Y$ 时，$\mathrm{Sim}(X,\ Y)=1$，即元模型与本身的相似度为 1。

当 $X\neq Y$ 时，式 (5-10) 可分解为

$$\mathrm{Sim}(X,\ Y)=\frac{\alpha\times\beta}{(\mathrm{Distance}(X,\ Y)+\alpha)\times\left|\mathrm{NodeSet}(X)\cup \mathrm{NodeSet}(Y)\right|}\frac{\times\left|\mathrm{NodeSet}(X)\cap \mathrm{NodeSet}(Y)\right|}{\times(\gamma\times\left|\mathrm{Level}(X)-\mathrm{Level}(Y)\right|+1)} \tag{5-11}$$

其中，α 是一个可变化的变量，α 的值决定了语义距离与语义相似度的关系；β 是一个变量，用于调节语义重合度的值对相似度的影响，β 的取值范围为 $\left[1,\ \dfrac{\mathrm{Depth}(O)}{\mathrm{Depth}(O)-1}\right]$，$\mathrm{Depth}(O)$ 表示本体元模型 O 的层次树深度，当本体模型树深度值过小时，语义重合度对相似度的影响过大，所以加入 β 来调节；γ 是一个参数变量，用于调节元模型层次差对相似度的影响，它的取值范围为 $(0,\ 1)$。

$\mathrm{Depth}(O)$ 算法描述如代码 5-6 所示。

```
/**代码5-6  Depth(O)函数的算法**/
Algorithm 1:Depth(boolean[]isVisited,int  i)
{
        //置该节点为已访问
        isVisited[i]=true;
        int w=getFirstNeighbor(i);//得到第一个邻接节点的下标
```

```
    while(w! =-1)
{
        if(! isVisited[w])
        {
            depth(isVisited,w);
    }
    w=getNextNeighbor(i,w);//根据前一个邻接节点的下标来取得下一个邻接节点
    }
}
...
```

在本体的 OWL 文件结构中，类的属性关系有数值属性和对象属性两种，数值属性描述的是类与数值的关系，所以不属于类相关度计算范畴。而对象属性描述的是类之间的关系。设 X、Y 是本体类相关图中的任意两个节点，则领域本体中任意两个类之间的相关度计算方法为

$$\text{Rel}(X,\ Y) = \begin{cases} 1, & X = Y \\ \dfrac{\lambda}{\text{spath}(X,\ Y)\ +\ \lambda} & \text{其他} \end{cases} \tag{5-12}$$

其中，λ 是一个可调节的参数。表示从 v_1 到 v_k 的一条路径；$\text{spath}(X,\ Y)$ 表示从 X 到 Y 的最短路径长度，路径为 $p: v_1 \to v_2 \to \cdots \to v_k$，它的权值为

$$w(p) = \sum_{i}^{k-1} w(v_i,\ v_{i+1}) \tag{5-13}$$

计算最短路径长度的算法如代码 5-7 所示。

```
/**代码5-7  spath(X,Y)函数的算法**/
Algorithm2:spath(G,W,s)//G 表示 OWL 文件结构图,W 表示权值函数,s 表示源顶点
    d[s]←0   //源点到源点最短路为 0
    for each v ∈ V - {s}    //初始化操作
            do d[v]←∞
                parent[v]←NIL
    S←∅
    Q←V          //Q 为优先队列
while Q≠∅
do u←Extract-Min(Q)    //提取估算距离最小的顶点,放入集合 S
    S←S∪{u}
for each v ∈ Adj(u)   //对与 u 相邻的每个顶点 v 进行三角不等式成立的松弛操作
        do if d[v]> d[u]+w(u,v)
            then d[v] = d[u]+w(u,v)    //这一步隐含了更新优先队列中的值
                parent[v]←u          //置 v 的前驱节点为 u
```

根据上述对本体集成规则与本体相似度计算的定义，设要集成的本体为

$$A = <\ \text{Class}_A,\ \text{Attribute}_A,\ R_{classA},\ R_{AttributeA},\ R_{ca_A},\ \text{Instance}_A\ > \tag{5-14}$$

$$B = <\ \text{Class}_B,\ \text{Attribute}_B,\ R_{classB},\ R_{AttributeB},\ R_{ca_B},\ \text{Instance}_B\ > \tag{5-15}$$

$$O = <\text{Class}_O, \text{Attribute}_O, R_{\text{class}O}, R_{\text{Attribute}O}, R_{caO}, \text{Instance}_O> \tag{5-16}$$

作者提出的本体模型集成算法如代码 5-8 所示。

```
/**代码 5-8　本体模型集成算法**/
Algorithm 3:Onto_Integr(A,B)
Input:A,B
Output:O
for(int k=1;k<n;k++)
    if(f(class_k)<g(class_k),f(class_k)∈A,g(class_k)∈B)
[class_k]∪f(class_k)∪g(class_k)→[class_k]//构建等价类[class_k]
Class_O∪[class_k]→Class_O
OTree←BuiltTree(Class_O)//分析领域本体,形成关系树结构
        end if
end  for
Depth=Depth(OTree)//领域本体类树的深度
root=getTreeRoot(OTree)//得到领域本体树的根节点
for(int i=1;i<Depth;i++)
if(g(root_ai)=f(root_bi))
    [R_classi]=[R_classi]∪f(root_ai)∪g(root_bi)
    [R_class]←[R_class]∪[R_classi]
    end if
    if(root_ai,root_bi)>λ /* 如果两个类节点相似度大于阈值,则认为两个类具有相似性* /
        O=O∪root_i
    end if
end for
```

5.5.4　本体模型集成应用实例

为了对算法进行对比试验,试验平台采用 Java 语言进行实现,并利用第 3 章所构建的高超声速飞行器数字性能样机本体元模型库,先通过人工的方式对这些领域本体进行分析与综合集成,试验的评价标准以这些集成结果为参考。以气动力系统模型(aerodynamic model,ADM)和推进系统模型(propulsion system model,PSM)为例研究领域本体之间的集成过程。其中,气动力系统使用 Matlab 模型和 CATIA/SolidWorks 仿真模型进行描述,而推进系统采用 CATIA 模型进行描述,ADM 和 PSM 通过速度、推力、攻角、升力和位置等进行数据交换。应用作者所提出的 HLA 协同仿真模型,对高超声速飞行器数字性能样机的气动力系统与推进系统在不同速度和力下的机动性能进行分析。在进行集成仿真前需要对各领域的本体元模型进行概念匹配与集成,作者所提出的气动力与推进性能分析领域模型集成过程如图 5-10 和图 5-11 所示。

在图 5-10 中所提出的本体 O 用于在处理过程中产生的模型匹配关系,存储了所要集成的领域本体概念相等的本体片段,并通过本体映射函数 f 和 g 进行描述。根据前面所提出的领域本体集成算法对上述 ADM 和 PSM 两个本体进行集成,生成集成后的本体 M 中

包含两个领域本体中的所有概念，同时也集成了它们之间的层次关系。本体集成后实现了各领域本体在语义上的一致性，为下一步实现联邦仿真各成员所需要的 SOM 和联邦执行数据（federation execution data，FED）做好了准备。

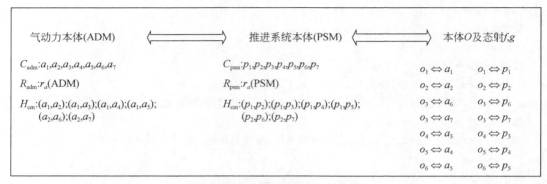

图 5-10　领域本体概念匹配关系

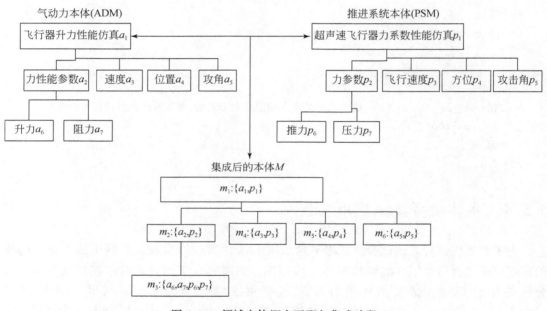

图 5-11　领域本体概念匹配与集成片段

5.6　元模型与协同仿真对象模型的转换

5.6.1　本体元模型与 FOM 的转换规则

如前所述，本体元模型的转换与集成实现了各领域本体元模型间的语义一致性，在生成领域共享集成本体模型后，需要实现本体元模型到 HLA 对象模型的映射，然后生成联邦 FOM/SOM 的 FED 文件。在进行本体元模型到 HLA FED 文件转换的过程中，可根据前面介绍的领域本体元模型与联邦模型的映射规则生成。

在本体元模型与 HLA 对象模型的转换过程中，本体元模型中的属性需要转换为 HLA 中的 FOM/SOM。FOM/SOM 的 FED 文件中涉及的联邦管理、时间管理等相关信息可以直接使用 HLA 定义的标准（徐大军和蔡国飙，2010）。本体元模型的转换需要根据 FED 文件结构规则生成 FED 核心内容，通过采用本体中 XML 格式的 OWL 文件生成 FED 文件。在 HLA 对象模型中，FED 语法是 HLA 接口规范的一部分，符合标准的 FED 可以被任何 RTI 重用，FED 包含了 RTI 运行所需要的 FOM 内容。FED 文件提供了设计一种基于本体的元模型来组织仿真概念的方法（蔡国飙，2012）。在 HLA FOM 的生成过程中通过 XML 解析程序对 OWL 文件中的标记进行分析，然后调用文档输出程序，将 OWL 不同"标签对"中的内容以文档形式输出，形成最终 FOM 的 FED 文件，生成过程如图 5-12 所示。

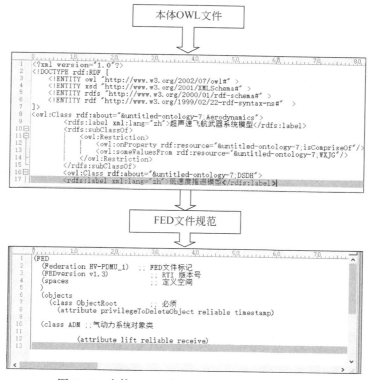

图 5-12　本体 OWL 到 HLA　FED 文件生成过程

5.6.2　本体元模型集成与转换案例

复杂航天产品中的高超声速飞行器数字性能样机由外形、推进、气动力、气动热、冷却、控制和弹道等多个仿真模型构成，需要实现统一的学科领域模型表达方法。所以作者利用本体元模型技术，以气动力系统模型（ADM）和推进系统模型（PSM）为例研究领域本体元模型之间的集成过程。图 5-13 是 Protégé 中生成的气动力系统和推进系统中的部分领域本体以及它们经过概念匹配后的结果。

其中，气动力系统有 lift（升力）、resistance（阻力）、torque（力矩）、angleattack（攻角）、speed（速度）、position（位置）等概念属性，推进系统有 thrust（推力）、pressure（压力）、direction（方位）和 flyspeed（飞行速度）等概念属性。经过概念匹配，将气动力系统整理为 lift（升力）、resistance（阻力）、torque（力矩）、angleattack（攻角）、flyspeed（飞行速度）。

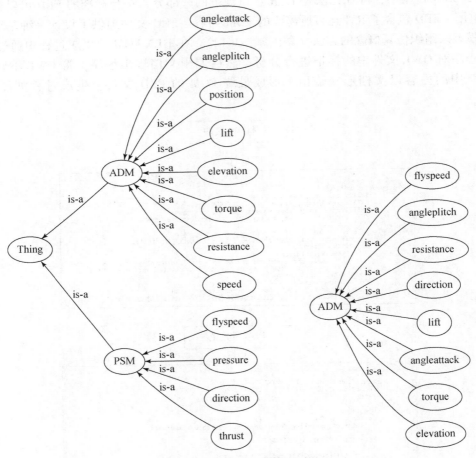

图 5-13　本体概念匹配示例

在完成领域本体元模型概念匹配后，生成语义一致的共享集成本体，然后根据 FED 文件映射规则，用 OWL 本体文件生成相应的 FED 文件。以下是生成的 FED 文件内容片段，如代码 5-9 所示。

```
/**代码 5-9　本体概念匹配示例 FED 代码**/
(FED
  (Federaton HV-PDMU_1);;FED 文件标记
  (FEDversion v1.3)      ;;RT1 版本号
  (spaces               ;;定义空间
  )
```

```
(class ADM;;气动力系统对象类
        (attribute lift reliable receive)
        (attribute resistance reliable receive)
        (attribute flyspeed reliable receive)
        (attribute direction reliable receive)
        ...

    )
```

5.7　基于 Petri 网的分布式协同仿真控制模型设计

　　为了减少 HLA 仿真模型中冗余的数据传输、控制网络数据流量、提高模型运行速度和 Petri 网（Petri net，PN）的建模能力，作者针对复杂系统仿真过程提出了一种改进 Petri 网的性能样机仿真方法，在 Petri 网分解之后，将每个子网作为一个联邦成员，应用 HLA 技术和 Petri 网的矩阵模型方法，设计了基于 HLA 的 Petri 网复杂系统建模与仿真方法。

5.7.1　协同仿真中的事件定义

　　在 HLA 仿真模型中，交互类、时间同步和状态更新数据等必须规范在 HLA 仿真中发生的行为事件结构 Event 中，定义如下：

$$Event = (type, id, time, data, list) \tag{5-17}$$

其中，type 表示事件类型；id 表示事件在仿真中的唯一标识；time 表示事件发生时间；data 表示事件的参数且其值是对事件内容的具体证明；list 表示该事件的事件标识列表，由一系列 id 组成（王倩和艾剑良，2012）。

　　设 Event 中的状态用其序号表示，这些序号所构成的集合为 $\Omega = \{1, 2, \cdots, n\}$，用 $S = \{1, 2, \cdots, k\}$ 表示事件的工作状态，Petri 网首先从事件表中取出最小时间事件，把仿真时间推进到最小时间事件的时间。设 $X(t)$ 表示时刻 t 事件所处的状态，则 $X(t)$ 是以 Ω 为状态空间的 HLA 时间同步管理过程。若 $p_i(t) = P[X(t)=i]$ 表示事件在时刻 t 处于状态 i 的概率；$p_{ij}(t) = P[X(t+s)=j \mid X(s)=i]$ 表示事件在任意时刻 s 处于状态 i 条件下在时刻 $t+s$ 转移到状态 j 的条件概率；事件在时刻 t 状态空间的分布用向量 $P(t) = (p_1(t), p_2(t), \cdots, p_n(t))$ 来表示，则事件的状态转移矩阵为

$$O(t) = \begin{bmatrix} p_{1,1}(t) & p_{1,2}(t) & \cdots & p_{1,n}(t) \\ p_{2,1}(t) & p_{2,2}(t) & \cdots & p_{2,n}(t) \\ \vdots & \vdots & & \vdots \\ p_{n,1}(t) & p_{n,2}(t) & \cdots & p_{n,n}(t) \end{bmatrix} \tag{5-18}$$

　　显然，有 $P(s+t) = P(s)O(t)$，在时间 Δt 内，转移函数满足 $P_{ij}(\Delta t) = q_{ij}\Delta t + O\Delta t$。

　　通过上述 Petri 元模型和 Event 定义可以看出，由 Petri 网所构建的模型通过输入、输出接口与模型进行数据交换，基于 Petri 网的 HLA 联邦成员的仿真流程如图 5-14 所示。

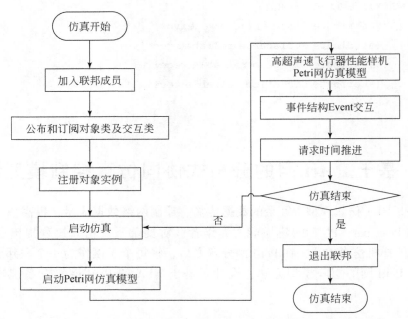

图 5-14   基于 Petri 网的 HLA 联邦成员的仿真流程

5.7.2   协同联邦仿真模型

在 4.4 节构建了高超声速飞行器性能样机模型结构，本节在性能样机模型结构的基础上，构建了基于 Petri 网的联邦成员仿真模型，如图 5-15 所示，对应的库所集合如表 5-2 所示，变迁集合如表 5-3 所示。

在如图 5-15 所示的联邦成员仿真模型中，各仿真联邦成员模型可表示为 $M_1 \xrightarrow{T_1} M_2 \xrightarrow{T_2} \cdots \xrightarrow{T_k} M_k$，例如，外形结构设计联邦对象包含的联邦成员由 P_2 机身设计成员、P_3 机翼设计成员和 P_4 尾翼设计成员构成，表示为 $M_1 = \{P_2, P_3, P_4\}$；所包含的事件为 T_1 和 T_2。

推进系统设计联邦由 P_7 低速推进成员、P_8 发动机循环成员、P_9 高速推进成员构成，可表示为 $M_2 = \{P_7, P_8, P_9\}$；而 P_7 由 P_{10} 进气道性能成员、P_{11} 尾喷管性能成员、P_{12} 超燃室性能成员和 P_{13} 隔离段性能成员构成，表示为 $M_{21} = \{P_{10}, P_{11}, P_{12}, P_{13}\}$；包含的事件为 T_4、T_5、T_6 和 T_7。

气动力系统设计联邦由 P_{16} 机尾动力学成员、P_{17} 机身动力学成员、P_{18} 机翼力和力矩成员、P_{19} 质心动力学成员和 P_{20} 姿态动力学成员构成，表示为 $M_3 = \{P_{16}, P_{17}, P_{18}, P_{19}, P_{20}\}$；而 P_{16} 由 P_{21} 空气动力成员、P_{22} 重力成员、P_{23} 推力成员及 P_{24} 惯性力和哥氏力成员构成，表示为 $M_{31} = \{P_{21}, P_{22}, P_{23}, P_{24}\}$；$P_{21}$ 由 P_{25} 阻力成员、P_{26} 升力成员和 P_{27} 侧力成员构成，表示为 $M_{311} = \{P_{25}, P_{26}, P_{27}\}$；$P_{23}$ 由 P_{28} 助推器推力成员和 P_{29} 超燃冲压发动机成员构成，表示为 $M_{312} = \{P_{28}, P_{29}\}$；包含的事件为 T_9、T_{10}、T_{11}、T_{12}、T_{13} 和 T_{14}。

控制系统设计联邦由 P_{32} 制导成员、P_{33} 姿控成员和 P_{34} 组合导航成员构成，表示为 M_4

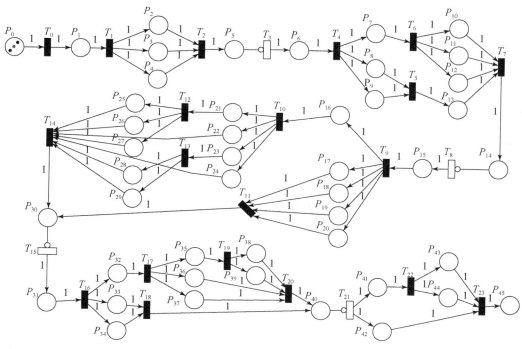

图 5-15　基于 Petri 网的联邦成员仿真模型

= $\{P_{32}, P_{33}, S_{34}\}$；而 P_{32} 由 P_{35} 末段姿控成员、P_{36} 助推段姿控成员、P_{37} 巡航段姿控成员构成，可表示为 $M_{41} = \{P_{35}, P_{36}, P_{37}\}$；$P_{35}$ 由 P_{38} 油门控制成员和 P_{39} 航迹点导引成员构成，表示为 $M_{411} = \{P_{38}, P_{39}\}$；包含的事件为 T_{16}、T_{17}、T_{18}、T_{19} 和 T_{20}。

弹道系统设计联邦由 P_{41} 质量成员和 P_{42} 燃料质量成员构成，可表示为 $M_5 = \{P_{41}, P_{42}\}$；而 P_{41} 由 P_{43} 飞行器质量成员和 P_{44} 助推段质量成员构成，可表示为 $M_{51} = \{P_{43}, P_{44}\}$；包含的事件为 T_{21}、T_{22} 和 T_{23}。

表 5-2　基于有色 Petri 网的性能样机协同建模库所信息描述

库所	库所信息描述	库所	库所信息描述
P_0	开始设计任务	P_{10}	进气道性能成员
P_1	外形结构设计联邦对象	P_{11}	尾喷管性能成员
P_2	机身设计成员	P_{12}	超燃室性能成员
P_3	机翼设计成员	P_{13}	隔离段性能成员
P_4	尾翼设计成员	P_{14}	确定推进系统联邦对象结构
P_5	确定外形结构联邦对象结构	P_{15}	气动系统联邦对象设计
P_6	推进系统联邦对象设计	P_{16}	机尾动力学成员
P_7	低速推进成员	P_{17}	机身动力学成员
P_8	发动机循环成员	P_{18}	机翼力和力矩成员
P_9	高速推进成员	P_{19}	质心动力学成员

库所	库所信息描述	库所	库所信息描述
P_{20}	姿态动力学成员	P_{33}	姿控成员
P_{21}	空气动力成员	P_{34}	组合导航成员
P_{22}	重力成员	P_{35}	末段姿控成员
P_{23}	推力成员	P_{36}	助推段姿控成员
P_{24}	惯性力和哥氏力成员	P_{37}	巡航段姿控成员
P_{25}	阻力成员	P_{38}	油门控制成员
P_{26}	升力成员	P_{39}	航迹点导引成员
P_{27}	侧力成员	P_{40}	弹道系统联邦设计
P_{28}	助推器推力成员	P_{41}	质量成员
P_{29}	超燃冲压发动机成员	P_{42}	燃料质量成员
P_{30}	完成气动系统联邦对象设计	P_{43}	飞行器质量成员
P_{31}	控制系统联邦对象设计	P_{44}	助推段质量成员
P_{32}	制导成员	P_{45}	完成弹道系统联邦设计

表 5-3　基于有色 Petri 网的性能样机协同建模变迁信息描述

变迁	变迁信息描述	变迁	变迁信息描述
T_0	接受联邦仿真任务	T_{12}	形成空气动力联邦仿真成员
T_1	开始外形结构联邦对象仿真	T_{13}	形成推力联邦仿真成员
T_2	形成外形结构联邦对象仿真方案	T_{14}	形成气动系统联邦仿真方案
T_3	进行推进系统联邦对象仿真	T_{15}	开始控制系统联邦对象仿真
T_4	分析推进系统联邦对象结构	T_{16}	分析控制系统联邦结构
T_5	形成发动机循环和低速推进联邦成员	T_{17}	形成制导联邦仿真成员
T_6	形成高速推进联邦成员	T_{18}	形成姿控和组合导航联邦仿真成员
T_7	形成推进系统联邦对象仿真方案	T_{19}	分析末段姿控联邦仿真成员结构
T_8	开始气动系统联邦对象仿真	T_{20}	形成制导联邦仿真方案
T_9	分析气动系统联邦仿真结构	T_{21}	开始弹道系统联邦仿真设计
T_{10}	分析机尾动力学联邦成员结构	T_{22}	形成质量联邦仿真成员
T_{11}	形成动力学仿真成员方案	T_{23}	形成弹道系统仿真方案

　　以上通过将现有的 Petri 网仿真模型改造为 HLA 联邦成员模型，设计基于 RTI 环境下的 Petri 网仿真模型集成环境。

5.8　性能样机分布式协同仿真模型的实现

　　本实例将六自由度元模型作为复杂系统的应用实例，进行高超声速飞行器性能样机（performance digital mock-up of hypersonic vehicle，HV-PDMU）的建模。

5.8.1　性能样机分布式协同仿真模型结构

　　高超声速飞行器性能样机各模型之间的耦合通过特定参数的传递来实现，在 HV-

PDMU 顶层本体元模型中，气动模型性能计算的入口条件是外形结构模型传递的机身、翼型等机翼参数；气动力系统模型计算得到的气动力和力矩是推进系统模型计算得到推力等的重要参数。HV-PDMU 模型整体结构如图 5-16 所示。

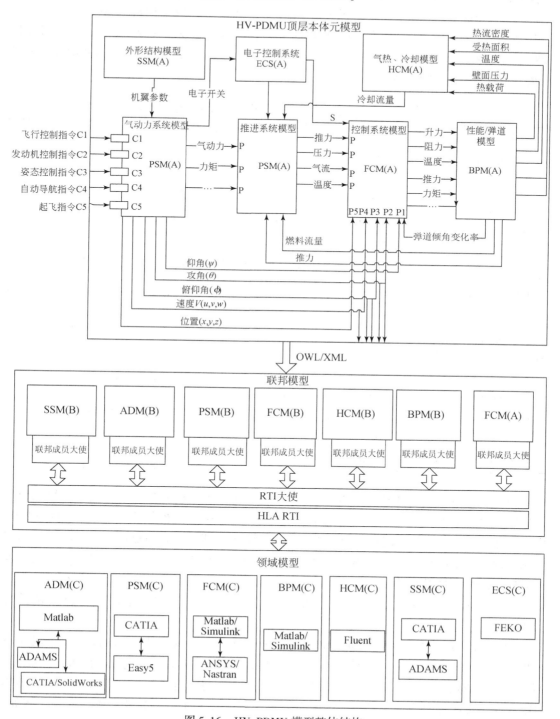

图 5-16　HV-PDMU 模型整体结构

在如图 5-16 所示的结构中，首先创建 HV-PDMU 顶层本体元模型，设计各子系统模型之间的参数传递的耦合量传递关系，为实现元模型转化为 HLA 中的联邦成员 FOM 提供数据来源。具体实现过程如下。

（1）在 HV-PDMU 顶层本体元模型中，HV-PDMU 由外形结构模型 SSM（A），电子控制系统 ECS（A），气热、冷却模型 HCM（A），气动力系统模型 ADM（A），推进系统模型 PSM（A），控制系统模型 FCM（A），性能/弹道模型 BPM（A）七部分构成，各子系统模型间的交互关系如表 5-4 所示。

表 5-4   各子系统模型之间参数传递的耦合量间的交互

元模型	接口类型	传递参数
外形结构模型 SSM（A）	输入	设计变量
	输出	外形面积、布局、容积、机/尾翼型号
气动力系统模型 ADM（A）	输入	控制指令、机翼参数、推力、力矩
	输出	气动力、力矩、仰角（ψ）、攻角（θ）、俯仰角（ϕ）、速度 $V(u, v, w)$、位置 (x, y, z)
推进系统模型 PSM（A）	输入	气动力、推力、燃料流量、气流参数、燃料流量变化率、升力、阻力、力矩、冷却流量
	输出	推力、压力、气流、温度
控制系统模型 FCM（A）	输入	仰角（ψ）、攻角（θ）、俯仰角（ϕ）、速度 $V(u, v, w)$、位置 (x, y, z)、推力、压力、气流、温度
	输出	升力、阻力、温度、推力、力矩
性能/弹道模型 BPM（A）	输入	升力、阻力、温度、推力、力矩
	输出	弹道倾角变化率、燃料流量、推力、力矩、热流密度、受热面积、热载荷
气热、冷却模型 HCM（A）	输入	热流密度、受热面积、热载荷、温度
	输出	冷却流量

（2）在生成 HV-PDMU 顶层本体元模型后，按照 OWL 相关规则对各模型进行综合集成处理，生成 HV-PDMU 仿真系统的描述脚本，构建 FOM 文件模板，然后将 HV-PDMU 模型转化为 XML 格式的文件，以便构建 HLA 中的联邦成员仿真数据模型，同时传递到相关领域建模环境中。各学科领域建模人员通过对顶层本体元模型进行分解后，对顶层本体元模型进行领域模型建模。例如，在图 5-16 中，ADM（A）本体元模型所对应的领域模型 ADM（C）由 ADAMS 气动模型和 CATIA/SolidWorks 结构模型两个学科领域模型构成。

（3）HLA 联邦中的仿真成员是 RTI 的一个实现和一些联邦成员，RTI 给每个联邦成员提供一个 RTI 大使接口，各联邦成员通过调用 RTI 大使接口来实现 RTI 服务请求工作，而每个联邦成员都有一个接口可供 RTI 大使接口调用（张红梅和胡为，2012）。根据 HV-PDMU 综合集成协同仿真要求，把领域模型和联邦成员大使封装为联邦成员模型，例如，图 5-16 中的 ADM（B）和联邦成员大使被封装为联邦成员，然后以一个联邦成员的身份加入 HLA 仿真系统中，以便于领域模型分析技术人员设计联邦成员的仿真接口代码，实现与仿真系统服务的连接。

5.8.2　协同仿真联邦服务的定义

实现了 HV-PDMU 模型整体结构和各子系统模型之间参数传递的耦合量间的交互关系后，需要对联邦人员进行管理。在联邦管理中，对联邦执行创建、动态控制、修改和删除等过程。在联邦成员调用 RTI 服务时，需要调用 RTI 提供的联邦大使服务接口 RTIambassador，调用方法如代码 5-10 所示。

```
/**代码 5-10　调用 RTI 提供的联邦大使服务接口代码**/
RTIambassador rti=RTI.get RTIambassador(hostName,portNumber);
当联邦成员得到 RTIambassador 后，就可以创建联邦执行了，创建方法如下：
rti.createFederationExcepion(federationExecutionName,FedURL);
创建完联邦执行后，就可以把联邦成员加入联邦执行了，加入的方法如下：
int federateHandle=rti.joinFederationExecution(federationExecutionName,
                                               federateType,fedAmb);
```

其中，fedAmb 为 rti.Federate 的实例，每个联邦成员都包含一个 FederateImpl。

5.8.3　协同仿真联邦对象模型的构建

在定义好联邦服务后，需要定义联邦成员执行所需要的 FOM，如前所述，每个联邦必须有一个联邦对象模型，以便将运行时的联邦成员之间数据交换的协议和条件文档化。

在第 4 章中已经定义了高超声速飞行器顶层元模型结构，该模型中定义了高超声速飞行器外形结构系统模型（SSM）类，气动力系统模型（ADM）类，推进系统模型（PSM）类，气热、冷却模型（HCM）类，性能/弹道模型（BPM）类，冷却系统模型（HBM）类，以及控制系统模型（FCM）类等 7 个顶层模型类，这个类可以转换为 FOM 中的联邦对象类，部分对象类如图 5-17 所示。

图 5-17 使用 UML 进行统一描述。其中，SSM 对象类中有 model（型号）、area（面积）、layout（布局）和 volume（容积）属性，model 是从 HV-PDMU 类继承来的，表明高超声速飞行器的规格型号，area、layout 等由创建这个生产联邦成员赋值；ADM 对象类有 model（型号）、lift（升力）、resistance（阻力）、torque（力矩）、angleattack（攻角）、elevation（仰角）、anglepitch（俯仰角）、speed（速度）、position（位置）等属性，其中，speed 和 position 为 Object 类型，speed 包含（u，v，w）变量，position 包含（x，y，z）变量，其余属性为 Double 类型；PSM 对象类有 thrust（推力）、pressure（压力）、airflow（气流）、temperature（温度）、fuelflow（燃料流量）和 coolingflow（冷却流量）等属性；FCM 对象类有 lift（升力）、resistance（阻力）、temperature（温度）、thrust（推力）和 torque（力矩）等属性；BPM 对象类有 bicrate（弹道倾角变化率）、thrust（推力）和 fuelflow（燃料流量）等属性；HCM 对象类有 heatingarea（受热面积）、heatload（热载荷）和 wallpressure（壁面压力）等属性；HBM 对象类有 heatflux（热流密度）等属性。

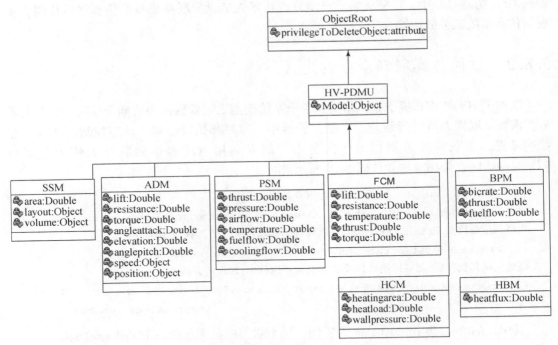

图 5-17　高超声速飞行器联邦中的对象类

在对象建模工具的 FOM 正式表示中必须描述属性和参数的数据类型，即整数、浮点数、字符串等（Xu et al.，2003）。而在 FED 中并没有描述这些，在 FED 中属性和参数没有相关的数据类型，这是因为 RTI 没有属性和参数的数据类型表示。RTI 把属性和参数当作不间断的字节序列，它按接收的顺序发送这些字节。

如果一个巨型计算机上的联邦成员更新它的四字节二进制整数属性，并且这个属性被微型计算机上的联邦成员接收，如果不对这个值做调整，那么接收联邦成员得到的将是一个没有任何意义的值。RTI 传输这个四字节数时不考虑联邦成员所在主机的解释。HLA 把解释联邦成员属性和参数类型的任务交给联邦成员，更重要的是将同意将这个解释所产生的任务交给联邦设计者。对于二进制整数，一个明智的方法是规定属性和参数总是以"网络顺序"提供给 RTI。这是因为它是非歧义的，而且大多数编程语言有完成与这个数据格式相互转换的库函数。

5.8.4　协同仿真联邦成员数据交互模型

在 HV-PDMU 模型中，有飞行控制指令 C1、发动机控制指令 C2、姿态控制指令 C3、自动导航指令 C4 和起飞指令 C5 等，这些指令可以看作联邦执行过程所发生的事件，通过联邦中的交互类来表述，交互类如图 5-18 所示。所有的交互类都是 InteractionRoot 的子类，C1Event 等都是作为 MOM（management object model，管理对象模型）扩展的 Manager 的子类，其中，用 SimulationEnds 类来终止联邦的一次执行。

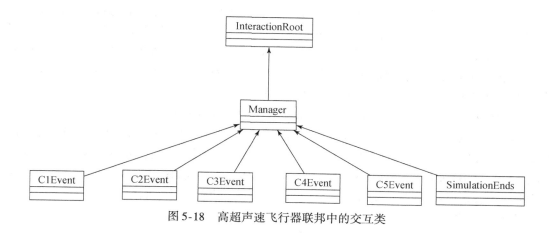

图 5-18　高超声速飞行器联邦中的交互类

5.8.5　协同仿真联邦执行数据的设计

在 HLA 联邦仿真系统中，RTI 需要准确的数据来支持联邦的执行，有些数据是 RTI 的一部分，这些数据是通过 FED 来传递的，每一个 FED 文件包含下列三个对象类。

（1）对象类的根 ObjectRoot。

（2）每个 ObjectRoot 有一个 RTIprivate 子类，RTIprivate 主要在系统过程中由 RTI 来调用，该类为私有类，子类无法继承该类的所有属性和方法。

（3）ObjectRoot 还有一个子类 Manager，用来管理仿真过程中的各类交互事件和时间同步问题。

用于 HV-PDMU 的 FED 文件部分内容如代码 5-11 所示。

```
/**代码 5-11　HV-PDMU 的 FED 文件部分内容**/
(FED
  (Federation HV-PDMU_1)   ;;FED 文件标记
  (FEDversion v1.3)          ;;RTI 版本号
  (objects
    (class ObjectRoot        ;;必须
      (attribute privilegeToDeleteObject reliable timestamp)
```

5.8.6　协同仿真联邦对象类的发布与订阅

在 HV-PDMU 联邦系统中，通过应用本体设计的 FOM/SOM 实现对仿真系统中的联邦成员之间进行数据共享和参数传递。在 HLA 仿真系统中，仿真过程的事件用交互类来表达，而仿真过程中的联邦成员所涉及的模型用对象类来表达。其中，对象类在联邦系统运行期间是长期存在的实体，而交互类主要用于描述仿真过程中发生的各类事件，所以是临时的，不持久保存。对象类中的数据是属性，交互类中的数据是参数。

在 HLA 仿真系统中，联邦成员之间的交互是在 RTI 的统一管理下通过参数的发布和订阅来实现的。而对象能分阶段发送数据，每当联邦成员登记某个对象类的一个新实例后就会通知 RTI，而订阅了这些属性参数的联邦成员通过 RTI 获得登记通知。实例登记完成后，登记这个实例的联邦成员为实例的一个或所有属性进行赋值。已经订阅了这个对象类某个或所有属性的联邦成员被通知这个新值。

在 HV-PDMU 联邦中，外形结构联邦成员将创建和维护 SSM 对象。因为气动力系统联邦成员和气动热/热联邦成员等都对 SSM 感兴趣，它们将订阅 SSM 的属性。当外形结构联邦成员创建 SSM 时，气动力系统联邦成员和气动热/热联邦成员将发现 SSM 的实例并留出存储 SSM 实例属性的内部空间。当外形结构联邦成员更新 SSM 的 area、layout 和 volume 属性时，气动力系统联邦成员和气动热/热联邦成员将反射这些更新。

在联邦仿真系统中，对象管理服务用于实现订阅对象类属性和交互类联邦成员的登记、发现、更新、反射、删除和移去对象的服务，声明管理服务的发布服务和订阅服务控制着所有服务的行为。RTI 的声明管理服务实现了对数据基于兴趣的粗略过滤。声明管理建立了发布和订阅的概念，其核心算法是把数据的生产者和数据的消费者分离开。某一种类数据的生产者不必知道该数据的接收者，生产者仅仅是声明它发布该种类数据的意图，发布与订阅服务确保数据送到感兴趣的接收者。同样，接收者也没有必要知道生产者，它们声明对该种类数据感兴趣就行了，发布与订阅服务确保将数据从数据的生产者送到接收者。声明管理是 RTI 发布与订阅功能的基础。图 5-19 表明了发布与订阅的核心算法。联邦成员 A 和联邦成员 B 分别发布了一个对象类，联邦成员 A、联邦成员 B 和联邦成员 C 都订阅了这个对象类。联邦成员 C 不知道哪一个联邦成员登记了它发现的对象实例，同样，联邦成员 A 和联邦成员 B 也不知道哪些联邦成员发现了它们登记的对象实例。

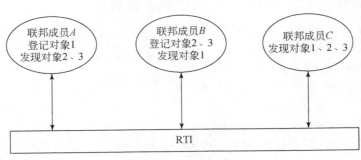

图 5-19　发布与订阅

在如前所设计的 HV-PDMU 顶层本体元模型中，确定了 HV-PDMU 各学科模型间的交互关系，根据图 5-16 所描述的 HV-PDMU 模型整体结构，表 5-5 列出了 HV-PDMU 系统联邦需要发布和订阅的属性。该表格中的内容和用于描述交互的相似表格中的内容是联邦设计部分必须要建立的重要内容，它们是把联邦的"概念模型"（联邦将仿真什么）转化为每个联邦成员职责工作的一部分。

表 5-5　HV-PDMU 联邦对象类的发布与订阅

	模型	外形结构系统联邦成员	气动力系统联邦成员	推进系统联邦成员	气动热/热联邦成员	性能/弹道联邦成员	冷却系统联邦成员	控制系统联邦成员
SSM	privilegeToDeleteObject	publish	publish	publish	publish	publish	publish	publish
	model	publish	publish	publish	publish	publish	publish	publish
	area	publish	subscribe					
	layout	publish	subscribe					
	volume	publish	subscribe					
ADM	lift		publish	subscribe				
	privilegeToDeleteObject	publish	publish	publish	publish	publish	publish	publish
	model	publish	publish	publish	publish	publish	publish	publish
	resistance		publish	subscribe				
	torque		publish	subscribe				
	angleattack		publish					subscribe
	elevation		publish					subscribe
	anglepitch		publish					subscribe
	speed		publish					subscribe
	position							
PSM	thrust			publish				subscribe
	pressure			publish				subscribe
	airflow			publish				subscribe
	temperature			subscribe				subscribe
	fuelflow			subscribe				
	coolingflow	publish	publish	publish				
	privilegeToDeleteObject	publish	publish	publish				
	model							
FCM	lift					subscribe		publish
	resistance					subscribe		publish
	temperature					subscribe		publish
	thrust					subscribe		publish
	torque					subscribe		publish
	privilegeToDeleteObject	publish	publish	publish	publish	publish	publish	publish
	model	publish	publish	publish	publish	publish	publish	publish
BPM	bicrate					publish		subscribe
	thrust			subscribe		publish		
	fuelflow			subscribe		publish		
	privilegeToDeleteObject	publish	publish	publish	publish	publish	publish	publish
	model	publish	publish	publish	publish	publish	publish	publish

模型		外形结构系统联邦成员	气动力系统联邦成员	推进系统联邦成员	气动热/热联邦成员	性能/弹道联邦成员	冷却系统联邦成员	控制系统联邦成员
HCM	heatingarea				publish			
	heatload			subscribe	publish			
	wallpressure				publish			
	privilegeToDeleteObject	publish	publish	publish	publish	publish	publish	publish
	model	publish	publish	publish	publish	publish	publish	publish
HBM	heatflux							publish
	privilegeToDeleteObject	publish	publish	publish	publish	publish	publish	publish
	model	publish	publish	publish	publish	publish	publish	publish

仿真过程中必须要转移仿真 HV-PDMU 实例的职责，因此发布 HV-PDMU 类的属性 privilegeToDeleteObject，属性 privilegeToDeleteObject 是每个联邦成员为每个类自动发布的，因为在联邦执行过程中的不同时刻，7 个联邦成员都要更新 HV-PDMU 的属性 model，所以它被 7 个联邦成员发布。属性 lift、model、resistance、torque、angleattack、elevation、anglepitch、speed、position 只被气动力系统联邦成员发布，气动力系统联邦成员是更新它的唯一联邦成员，其中，torque、angleattack 被推进系统联邦成员所订阅；elevation、anglepitch、speed、position 被控制系统联邦成员所订阅。所有 HV-PDMU 对象由外形结构系统联邦成员仿真并维护，因此只有外形结构系统联邦成员需要发布 HV-PDMU 的 area、layout 和 volume 属性。

根据图 5-18 所示的高超声速飞行器联邦中的交互类，表 5-6 列出了 HV-PDMU 联邦需要发布的交互。当飞行器停止飞行时，控制系统联邦成员发送 SimulationEnds 交互类，其他联邦成员为了收到这个交互，需要订阅此类。

表 5-6　HV-PDMU 联邦交互类的发布与订阅

事件	气动力系统联邦成员	推进系统联邦成员	气动热/热联邦成员	性能/弹道联邦成员	冷却系统联邦成员	控制系统联邦成员
C1 Event	publish					subscribe
C2 Event	publish					subscribe
C3 Event	publish					subscribe
C4 Event	publish					subscribe
C5 Event	publish					subscribe
SimulationEnds	subscribe	subscribe	subscribe	subscribe	subscribe	publish

5.8.7　协同仿真实现

在构建好 HV-PDMU 模型的 FED 和发布与订阅规则后，作者基于 HLA 1.3 规范和

DMSO RTI 实现接口，应用 Eclipse 开发工具采用 Java 语言开发了 HV-PDMU 模型中的 ADM、FCM 和 PSM 等领域的仿真实现代码，开发环境如图 5-20 所示。

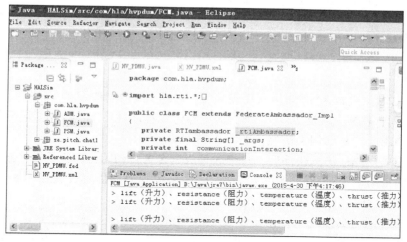

图 5-20　HV-PDMU 开发环境

HV-PDMU 仿真对象实现如代码 5-12 所示。

/**代码 5-12　HV-PDMU 仿真对象实现代码**/

```
RTIambassador _rtiAmbassador;//创建联邦大使
RtiFactory rtiFactory = RtiFactoryFactory.getRtiFactory();//得到 RTI 实现工厂方法
_rtiAmbassador = rtiFactory.getRtiAmbassador();//从工厂获得联邦大使实例
String settingsDesignator = "crcAddress="+rtiHost;//定义主机 IP 地址
rtiAmbassador.connect(this,CallbackModel.HLA_IMMEDIATE,settingsDesignator);//连接到 RTI 服务中心 CRC
File fddFile = new File("HV_PDMU.xml");//读到 FED 文件
_rtiAmbassador.createFederationExecution(FEDERATION_NAME,new URL[]
    { fddFile.toURL()},"HLAfloat64Time");//创建联邦成员
_rtiAmbassador.joinFederationExecution("ADM",FEDERATION_NAME,newURL[]
{fddFile.toURL()});//加入联邦
//联邦交互对象类的发布与订阅
_messageId = _rtiAmbassador.getInteractionClassHandle("Communication");
_parameterIdText = _rtiAmbassador.getParameterHandle(_messageId,"Message");
_parameterIdSender = _rtiAmbassador.getParameterHandle(_messageId,"Send-
er");
_rtiAmbassador.subscribeInteractionClass(_messageId);//订阅交互成员
_rtiAmbasador.publishInteractionClass(_messageId);//发布交互成员
//联邦对象类的发布与订阅
ObjectClassHandle participantId = _rtiAmbassador.getObjectClassHandle("
Participant");
_attributeIdName = _rtiAmbassador.getAttributeHandle(participantId,"Name");
```

```
    AttributeHandleSet attributeSet = _rtiAmbassador.getAttributeHandle Set-
Factory().create();
    attributeSet.add(_attributeIdName);
    _rtiAmbassador.subscribeObjectClassAttributes (participantId, attributeSe
t);//订阅对象成员
    _rtiAmbassador.publishObjectClassAttributes(participantId,attributeSet);
//发布对象成员
```

　　编写好 ADM、FCM 和 PSM 仿真代码类后，启动 DMSO RTI 服务端程序，然后分别在不同机器上运行 ADM、FCM 和 PSM 类，运行各仿真程序后，RTI 服务器端会接收到各机器端的仿真请求，并显示相关信息，如图 5-21 所示。

　　在运行 HV-PDMU 仿真联邦后，每个联邦成员在各自初始化后就开始推进时间，并且各联邦成员需要时间上进行同步执行管理，以便于实现协同仿真过程，图 5-22 就是 HV-PDMU 仿真联邦后时间各个联邦成员的时间状态。

　　在分布式协同仿真系统中，由于各领域联邦成员分布在不同网络环境中，除了通过相关服务调用，还需要在一个统一的平台中实现信息的交互操作与查看，图 5-23 就是 HV-PDMU 仿真联邦执行后通过 Web 实现远程查看各联邦成员的仿真信息。

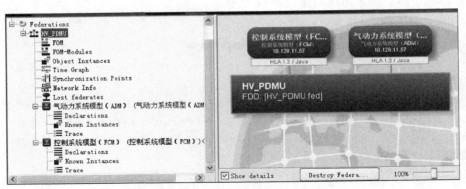

图 5-21　HV-PDMU 联邦成员运行视图

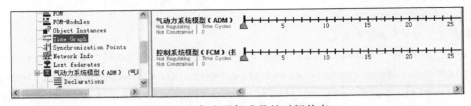

图 5-22　各个联邦成员的时间状态

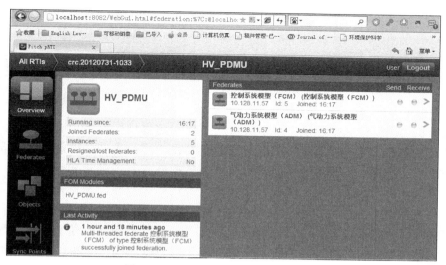

图 5-23　HV-PDMU 仿真 Web 查看器

第6章 性能样机建模及协同仿真模型库

性能样机协同设计支撑环境、多学科协同建模与仿真结构层次功能模型中涉及大量的元模型与数据需要统一管理，元模型信息的管理是构建航天产品性能样机多学科协同建模与仿真平台系统的关键，而性能样机仿真库的构建是其中的重要组成部分。如何进行性能样机仿真模型的统一定义与构建是作者研究的一个重点。本章采用云计算等分布式数据共享与管理技术，以高超声速概念飞机 Winged-cone 性能样机设计为例，围绕性能样机仿真模型库管理架构、全生命周期的模型库共享与管理技术、仿真元模型库的构建和模型对象接口等方面，探讨性能样机协同仿真元模型库的构建方法，从而实现 UMSLO 模型的 L 子模型。

6.1 性能样机仿真模型的定义

在性能样机的仿真中，由于涉及多学科交叉建模与仿真，不同模型之间的集成、数据交换与共享，涉及概念模型、功能模型、仿真模型、优化模型和管理模型等都需要在统一的模型库中实现共享与协同仿真及复用。通过本体技术可以实现多学科领域仿真模型的扩展、修改、集成和协同管理。

此外，由于所构建的元模型库一般都可作为独立的仿真单元，都封装了元模型输入/输出接口，可以实现参数传递、数据操作和问题求解等功能。元模型详细定义模型语义，对模型间集成和互操作等信息进行描述，可以较好地实现仿真试验、模拟拟合和模型评估与验证。所以模型之间具有相对的独立性，可以实现多学科并行仿真，构建模型库可以对多学科领域元模型进行统一管理。

性能样机包含产品全生命周期内零部件及其设备的完整数字信息模型，应反映所指定产品的实际特征，可进行综合集成分析、优化（Marrison and Stengel, 1998）。复杂航天产品性能样机综合建模需要采用定性与定量相结合的层次分析方法进行系统分解，例如，Wang 和 Stengel（2000）采用层次分析方法对高超声速巡航导弹所涉及的关键技术进行量化建模。作者采用层次分析方法对复杂航天产品数字性能样机的各子系统以及所包含的性能参数进行分解建模。通过以上对数字化性能样机建模方法的分析，作者以高超声速飞行器性能样机为例，用八元组表示一个性能样机的元模型：

$$P\_DMU = \{identification, \ mapping, \ parameters, \ parts\_library, \ simulation\_model,$$
$$model\_state, \ model\_format, \ maturity\} \tag{6-1}$$

根据式（6-1）对高超声速飞行器性能样机元模型的定义，下面将详细分析八元组中各成员的详细内容。

（1）identification：表示元模型的标识，每个元模型有唯一的标识。

（2）mapping：表示坐标系与定位，用坐标系来描述高超声速飞行器的运动状态。在建立运动坐标方程时，通常使用下面几种坐标系，坐标原点在运动物体的重心上（徐正军和唐硕，2007）。

①$Ox_gy_gz_g$ 为地面坐标轴系，它的轴分别平行于相对地球是固联的惯性判读坐标轴系 $O_gx_gy_gz_g$ 的各轴，这时 Oy_g 轴垂直向上。

②$Ox_ky_kz_k$ 为轨迹坐标体系，它的 Ox_k 轴指向运动物体相对惯性判读坐标轴系 $O_gx_gy_gz_g$ 的速度矢量方向，Oy_k 轴位于垂直平面内，当物体在 Ox_k 轴方向上水平运动时，它的方向向上，$Ox_ky_kz_k$ 相对 $Ox_gy_gz_g$ 的方向角由欧拉角 θ、ψ（$|\theta| \leqslant \pi/2$，$|\psi \leqslant \pi|$）确定。

③$Oxyz$ 为机体坐标轴系，它的各轴相对固联在所研究的物体上，Oxy 平面通常固联在飞机的对称面内，$Oxyz$ 相对于 $Ox_gy_gz_g$ 的方向角由 ϑ，γ，φ 角（$|\vartheta| \leqslant \pi/2$，$|\gamma \leqslant \pi|$，$|\varphi \leqslant \pi|$）确定。

④$Ox_ay_az_a$ 为速度坐标体系，它的 Ox_a 轴沿物体空速矢量方向，而 Oy_a 轴位于 Ox_ay_a 平面内，并且在 Ox 轴和 Ox_a 轴重合时 Oy_a 轴也与 Oy 轴重合（王倩，2011）；$Ox_ay_az_a$ 相对于 $Ox_gy_gz_g$ 的方向角由欧拉角 ϑ_a、γ_a、φ_a（$|\vartheta_a| \leqslant \pi/2$，$|\gamma_a \leqslant \pi|$，$|\varphi_a \leqslant \pi|$）确定；而 $Oxyz$ 的方向角由 α、β（$|\alpha| \leqslant \pi$，$|\beta| \leqslant \pi/2$）确定，在无风时，Ox_a 与 Ox_k 轴重合，$\varphi_a=\psi$，$\vartheta_a=\theta$。

可利用方向余弦矩阵实现从一个坐标轴系到另一个坐标轴系的变换。$A^{x_iy_iz_i\to x_jy_jz_j}$ 表示从坐标轴系 $Ox_iy_iz_i$ 到 $Ox_jy_jz_j$ 的变换矩阵，此时，$A^{x_iy_iz_i\to x_jy_jz_j} = (A^{x_jy_jz_j\to x_iy_iz_i})^{-1} = (A^{x_jy_jz_j\to x_iy_iz_i})^{\mathrm{T}}$。

对于上述坐标体系的变换矩阵可以用下面方法来表述：

$$A^{x_gy_gz_g\to xyz}(\vartheta,\ \gamma,\ \varphi) = \begin{bmatrix} \cos\varphi\cos\vartheta & \sin\vartheta & -\sin\varphi\cos\vartheta \\ \sin\varphi\sin\gamma - \cos\varphi\sin\vartheta\cos\gamma & \cos\vartheta\cos\gamma & \cos\varphi\sin\gamma + \sin\varphi\sin\vartheta\cos\gamma \\ \sin\varphi\cos\gamma + \cos\varphi\sin\gamma\sin\vartheta & -\cos\vartheta\sin\gamma & \cos\varphi\cos\gamma - \sin\varphi\sin\vartheta\sin\gamma \end{bmatrix}$$

$$(6\text{-}2)$$

$$A^{x_gy_gz_g\to x_ay_az_a}(\vartheta_a,\ \gamma_a,\ \varphi_a) =$$
$$\begin{bmatrix} \cos\varphi_a\cos\vartheta_a & \sin\vartheta_a & -\sin\varphi_a\cos\vartheta_a \\ \sin\varphi_a\sin\gamma_a - \cos\varphi_a\sin\vartheta_a\cos\gamma_a & \cos\vartheta_a\cos\gamma_a & \cos\varphi_a\sin\gamma_a + \sin\varphi_a\sin\vartheta_a\cos\gamma_a \\ \sin\varphi_a\cos\gamma_a + \cos\varphi_a\sin\gamma_a\sin\vartheta_a & -\cos\vartheta_a\sin\gamma_a & \cos\varphi_a\cos\gamma_a - \sin\varphi_a\sin\vartheta_a\sin\gamma_a \end{bmatrix}$$

$$(6\text{-}3)$$

$$A^{xyz\to x_ay_az_a}(\alpha,\ \beta) = \begin{bmatrix} \cos\alpha\cos\beta & -\sin\alpha\cos\beta & \sin\beta \\ \sin\alpha & \cos\alpha & 0 \\ -\cos\alpha\sin\beta & \sin\beta\sin\alpha & \cos\beta \end{bmatrix} \tag{6-4}$$

$$A^{x_gy_gz_g\to x_ky_kz_k}(\psi,\ \theta) = \begin{bmatrix} \cos\psi\cos\theta & \sin\theta & -\sin\psi\cos\theta \\ -\cos\psi\sin\theta & \cos\theta & \sin\psi\sin\theta \\ \sin\psi & 0 & \cos\psi \end{bmatrix} \tag{6-5}$$

（3）parameters：用来表示性能描述主参数列表，通过本体库来存储性能参数。

（4）parts_library：用来表示模型中所涉及的通用零部件库，通过零部件本体库来描述产品中所有零部件概念模型及其特征关系。

（5）simulation_model：用来建立全性能仿真模型，高超声速飞行器性能样机就是通过其气动力、外形结构、推进、控制、性能/弹道、气动热/热和冷却等数学模型，把高超声速飞行器的飞行仿真系统建立起来的（Keshmiri and Mirmirani, 2004）。主要包括气动力系统模型、外形结构系统模型、推进系统模型、控制系统模型、性能/弹道模型、气动热/热模型和冷却系统模型（张红梅，2011）。可以通过牛顿第二定律来表示高超声速飞行器的动力学方程：

$$\bar{F} = \frac{\mathrm{d}}{\mathrm{d}t}(m\bar{V})\mid_E \tag{6-6}$$

$$\bar{M} = \frac{\mathrm{d}\bar{H}}{\mathrm{d}t}\mid_E \tag{6-7}$$

其中，$\bar{F}$ 表示作用于飞行器上的所有外力的矢量和；m 表示飞行器的质量；$\bar{V}$ 表示飞行器的速度矢量；$\bar{M}$ 表示作用于飞行器上的所有力矩的矢量和；$\bar{H}$ 表示所有的动量矩。

为了便于在本章进行性能样机多学科优化仿真，作者选择的模型以 NASA（National Aeronautics and Space Administration，国家航空航天局）提出的用于研究的高超声速概念飞机 Winged-cone 为基础，其通用的各性能计算公式如下（Bilimoria and Schmidt, 1995）：

$$\bar{V} = \frac{T\cos\alpha - D}{m} - g\sin g \tag{6-8}$$

$$\bar{g} = \frac{L + T\sin\alpha}{mV} - \frac{g\cos g}{V} \tag{6-9}$$

$$\bar{q} = M_y/I_y \tag{6-10}$$

$$\bar{a} = q - \bar{g} \tag{6-11}$$

$$\bar{h} = V\sin\gamma \tag{6-12}$$

其中，

$$L = \frac{1}{2}\rho V^2 s C_L, \quad D = \frac{1}{2}\rho V^2 s C_D, \quad M_y = \frac{1}{2}\rho V^2 s \bar{c}(C_M(\alpha) + C_M(\delta_e) + C_m(q))$$

$$\rho = 1.2266 e^{-h/7315.2}$$

$$g = 9.8\left(\frac{6356766}{6356766 + h}\right)^2, \quad C_L = 0.6203\alpha$$

$$C_D = 0.6450\alpha^2 + 0.0043378\alpha + 0.003772$$

$$C_M(\alpha) = -0.035\alpha^2 + 0.036617\alpha + 5.3261 \times 10^{-6}$$

$$C_M(\delta_e) = 0.0292(\delta_e - \alpha)$$

其中，γ 为弹道倾角；α 为攻角；ρ 为大气密度；M_y 为俯仰力矩；I_y 为俯仰角的转动惯量；C_D 为阻力系数；C_M 为升力系数。

高超声速飞行器中发动机动态模型如下（唐硕，2013）：

$$\bar{b} = k_1\bar{b} + k_2 b + k_3 b_{\text{com}} \tag{6-13}$$

$$C_T = \begin{cases} 0.02576\beta, & \beta < 1 \\ 0.0224 + 0.00336\beta, & \beta > 1 \end{cases} \tag{6-14}$$

$$T = \frac{1}{2}\rho V^2 s C_T \tag{6-15}$$

$$m = 136820(1 + \Delta m)(\text{kg}) \tag{6-16}$$

$$I_y = 9.49(1 + \Delta I) \times 10^6 (\mathrm{kg \cdot m^2}) \tag{6-17}$$

$$S = 334.73(1 + \Delta S)(\mathrm{m^2}) \tag{6-18}$$

$$\bar{c} = 24.38(1 + \Delta \bar{c})(\mathrm{m}) \tag{6-19}$$

$$\rho = 1.25(1 + \Delta \rho) \times 10^{-2}(\mathrm{kg/m^3}) \tag{6-20}$$

其中，$|\Delta m| \leqslant 0.03$，$|\Delta I| \leqslant 0.02$，$|\Delta S| \leqslant 0.03$，$|\Delta \bar{c}| \leqslant 0.02$，$|\Delta \rho| \leqslant 0.03$；控制参数为发动机节流阀值 β_{com} 和升降舵偏转角 δ_e；输入是飞行速度 V 和飞行高度 h。

（6）model_state：用来表示模型状态，表示当前模型所处于的具体状态，如修订、启用和停用等。

（7）model_format：用来表示模型的格式，如模型用何种格式来表达（包括 UML、本体描述和元模型等）。

（8）maturity：用来表示性能样机的技术成熟度。20 世纪 90 年代，美国 NASA 提出了技术成熟度（technology readiness level，TRL）的概念，技术成熟度是一种系统、客观的技术评价体系，根据不同的开发阶段或关键节点对某项特定技术的成熟度进行评估，可将技术成熟度划分为 9 级，如图 6-1 所示。

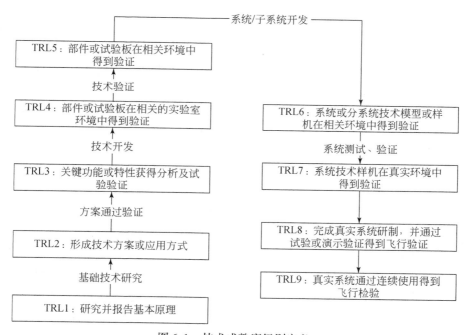

图 6-1　技术成熟度级别定义

通过对性能样机模型的构建，可以实现参数化的仿真模型，表明该产品的性能样机从此具备了原型多样化的能力。

根据上述定义，数字化性能样机建模具体流程如图 6-2 所示。

下面以大型复杂航天产品中的超声速飞航武器为例，分析超声速飞航武器数字化性能样机各子系统模型及性能参数。

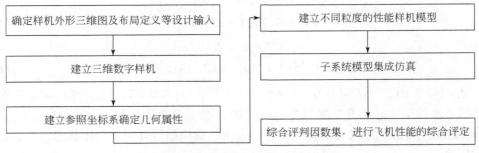

图 6-2　数字化性能样机建模过程

6.2　性能样机元模型仿真库的构建

6.2.1　性能样机系统模型结构分析

如前所述，高超声速飞行器的一体化设计涉及气动力、外形结构、推进、控制、性能/弹道、气动热/热和冷却等多个学科之间相互影响和耦合，是典型的复杂系统设计问题。它由众多的子系统构成，而各子系统又自成体系，将其作为一个父系统，又可以分成许多的子系统（黄一敏等，2004）。本书根据弹体和飞行任务的特点，对虚拟样机的层次结构进行了详细的划分。根据六度自由模型可以分解一个典型的超声速飞航武器系统数字性能样机模型，它主要由气动力系统模型、性能/弹道模型、控制系统模型、推进系统模型、气动热/热模型、冷却系统模型和外形结构系统模型构成，如图 6-3 所示。

在图 6-3 所示的系统模型中，各模型之间通过接口参数变量来实现交互与控制，例如，气动性能计算的输入参数是通过调用外形设计确定的机身、翼型等型面几何参数来实现的；气动力计算得到的气动力和力矩可作为推进系统性能计算推力的参数值。

下面详细分析图 6-3 所示的各子系统所包含的元模型及性能参数等。

（1）气动力系统模型可分为机尾动力学元模型、机身动力学元模型、机翼动力学元模型、质心动力学元模型、姿态动力学模型及力和力矩模型。力和力矩模型又可分为空气动力模型、重力元模型、推力模型及惯性力模型，其中，空气动力模型由阻力元模型、升力元模型及侧力元模型构成；推力模型由助推器推力元模型和超燃冲压发动机元模型构成。

（2）性能/弹道模型主要包括质量模型、燃料质量。质量模型由飞行器质量和助推段质量模型构成。

（3）控制系统模型主要由制导模型、姿控模型和组合导航模型构成。其中，姿控模型由末段姿控模型、助推段姿控模型和巡航段姿控模型构成；巡航段姿控模型由油门控制元模型和航迹点导引元模型组成；组合导航模型由 SINS 模型、GPS（global positioning system，全球定位系统）模型、SIMU 模型和卡尔曼滤波模型组成。

（4）推进系统模型主要由低速推进模型、发动机循环模型和高速推进模型构成。其

中，高速推进模型由进气道性能模型、尾喷管性能模型、超燃室性能模型和隔离段性能
模型构成。

（5）气动热/热模型主要由流道壁面传热模型和气动加热模型构成。其中，气动加热
模型包括机翼前缘区元模型和头部驻点区元模型。

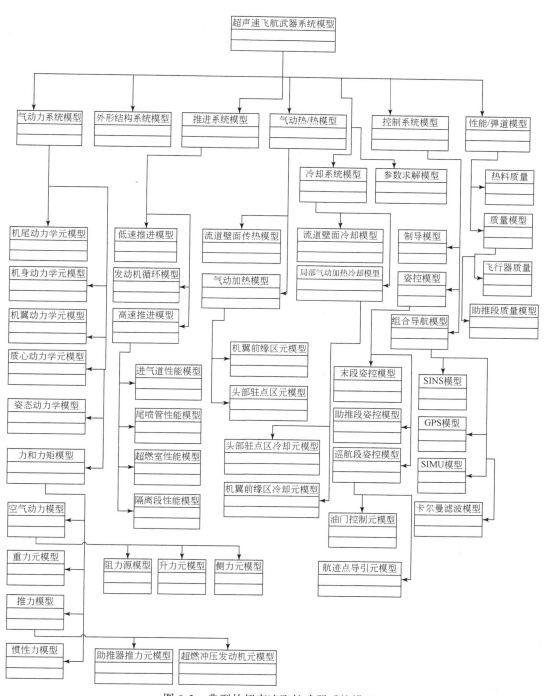

图 6-3　典型的超声速飞航武器系统模型

（6）冷却系统模型由流道壁面冷却模型、局部气动加热冷却模型构成。其中，局部气动加热冷却模型由头部驻点区冷却元模型和机翼前缘区冷却元模型构成。

（7）外形结构系统模型主要包括飞行器的面积、布局和容积等模型。表 6-1 为 Winged-cone 模型的几何参数（Bolender and Doman，2007）。

表 6-1　Winged-cone 模型几何参数

机翼	参考面积/m²	334.73
	展弦比	1.00
	翼展/m	18.29
	前缘后掠角/（°）	75.97
	平均气动弦长/m	24.28
	翼剖面	菱形
	翼型相对厚度/%	4.00
轴对称机身	圆柱长度/m	3.93
	最大圆柱半径/m	3.92
	半锥角/（°）	5.00
	理论长度/m	60.96
	尾部半角/（°）	9.00
	尾部长度/m	12.19
	前缘后掠角/（°）	70.00
	外露面积/m²	60.82
	理论面积/m²	116.02
	后缘后掠角/（°）	38.13
	翼剖面	菱形
	翼型相对厚度/%	4.00
方向舵	面积/m²	15.00
	翼展/m	6.95
升降舵	弦长/m	2.20
	面积/m²	8.57
鸭翼	前缘后掠角/（°）	16.00
	翼型	NACA65A006
	外露面积/m²	14.33
	翼展/m	3.12

6.2.2　性能样机六自由度仿真元模型的构建

作者在对所设计的飞行器性能样机系统元模型进行多学科优化设计与仿真时，需要各类元模型所包含的各类数学公式，所以需要对飞行器各类元模型中的数学函数公式进行分析，以便于在第 7 章进行多学科优化设计时使用。

一个典型的高超声速飞行器（mock-up of hypersonic vehicle，HVMU）六自由度元模型由 12 个状态向量构成，分别是

$$HVMU = [u, v, w, \varphi, \theta, \psi, p, q, r, x_g, y_g, h] \tag{6-21}$$

并且包含 $[\delta_T, \delta_e, \delta_a, \delta_r]$ 4 个控制输入变量。$u, v, w, \varphi, \theta, \psi, p, q, r, x_g, y_g, h$ 分别表示真空速、迎角、侧滑角、滚转角、俯仰角、偏航角、滚转角速率、俯仰角速率、偏航角速率、纵向位移、侧向位移和高度（吴森堂，2013）；$\delta_T, \delta_e, \delta_a, \delta_r$ 分别表示升降舵偏转、副翼偏转、方向舵偏转和发动机油门。

下面对这些变量的数学函数进行详细分析。飞行器的牵连运动选定地面坐标系为惯性坐标系，因此，基于机体坐标系建立的飞机运动方程要考虑牵连运动。

在机体坐标系中，式（6-6）中力的方程可以表示为

$$\frac{d\bar{V}}{dt} = l_v \frac{dV}{dt} + \bar{W} \times \bar{V} \tag{6-22}$$

$$\frac{dL}{dt} = l_L \frac{dL}{dt} + \Omega \times L \tag{6-23}$$

其中，l_v 表示沿 $\bar{V}$ 的单位向量；$\bar{W}$ 表示动坐标系对惯性系的总角速度向量；l_L 表示沿动量矩 L 的单位向量；$\times$ 表示叉乘，$\bar{W} \times \bar{V}$ 是牵连加速度；$\frac{dV}{dt}$ 和 $\frac{dH}{dt}$ 表示在动坐标系内的相对导数；$\frac{d\bar{V}}{dt}$ 和 $\frac{d\bar{H}}{dt}$ 表示在惯性坐标系内的绝对导数；$l_v \frac{dV}{dt}$ 为速度向量；$\bar{V}$ 是相对于动坐标系的变化率。而 I_v 的计算公式为

$$I_v \times \frac{dv}{dt} = i\bar{u} + j\bar{v} + k\bar{w} \tag{6-24}$$

牵连加速度 $\bar{W} \times \bar{V}$ 的计算公式为

$$\bar{W} \times \bar{V} = \begin{vmatrix} i & j & k \\ p & q & r \\ u & v & w \end{vmatrix} = i(wq - vr) + j(ur - wp) + k(vp - uq) \tag{6-25}$$

动量矩 L 的计算公式为

$$L = \int dL = \int \bar{r} \times (\bar{W} \times \bar{r}) dm = iL_x + jL_y + kL_z \tag{6-26}$$

其中，向径 $\bar{r} = ix + jy + kz$，角速度向量 $\bar{W} = ip + jq + kr$，则由式（6-25）和式（6-26）可得角运动运动学模型。

在飞行器飞行运动学模型中，通过体轴系与地轴系的关系，找出体轴系下角速度、位移量与地轴系下角速度、位移量的关系。其中，角位置运动学方程式给出 p、q、r 与 $\bar{\theta}$、$\bar{\varphi}$、$\bar{\psi}$ 的关系，角运动运动学模型如图 6-4 所示。

由图 6-4 可知，$\bar{\psi}$ 为沿 oz_g 轴的向量，向下为正；$\bar{\theta}$ 在水平面内且与 ox 轴在水平面上的投影相垂直，向右为正；$\bar{\varphi}$ 为沿 ox 轴的向量，向前为正；p、q、r 为飞机绕机体三轴的角速度。

$$L = i \int [(y^2 + z^2)p - xyq - xzr] dm$$

$$+ j \int \left[(z^2 + x^2)q - yzr - xyp \right] \mathrm{d}m$$

$$+ k \int \left[(x^2 + y^2)r - xzp - yzq \right] \mathrm{d}m$$

$$= i \int (I_x p - I_{xy} q - I_{xz} r) \mathrm{d}m$$

$$+ j \int (I_y q - I_{yz} r - I_{xy} p) \mathrm{d}m$$

$$+ k \int (I_z r - I_{xz} p - I_{yz} q) \mathrm{d}m \qquad (6\text{-}27)$$

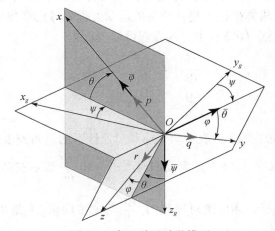

图 6-4　角运动运动学模型

当 $\varphi \neq 0$、$\theta \neq 0$ 时，没有一个角速度分量是水平或垂直的。把 $\bar{\psi}$、$\bar{\theta}$、$\bar{\varphi}$ 向机体三轴投影，只有 p 包含 $\bar{\varphi}$ 的全部，p、q、r 都包含 $\bar{\psi}$、$\bar{\theta}$ 的投影分量。为简单起见，先令 $\bar{\varphi} = 0$，求 $\bar{\psi}$、$\bar{\theta}$ 与 p、q、r 的关系。再将 $\bar{\varphi}$ 加上可得

$$\begin{bmatrix} p \\ q \\ r \end{bmatrix} = \begin{bmatrix} 1 & 0 & 0 \\ 0 & \cos\varphi & \sin\varphi \\ 0 & -\sin\varphi & \cos\varphi \end{bmatrix} \begin{bmatrix} \cos\theta & 0 & -\sin\theta \\ 0 & 1 & 0 \\ \sin\theta & 0 & \cos\theta \end{bmatrix} \begin{bmatrix} 0 \\ \bar{\theta} \\ \bar{\psi} \end{bmatrix} + \begin{bmatrix} \bar{\varphi} \\ 0 \\ 0 \end{bmatrix} \qquad (6\text{-}28)$$

角位置运动学方程式可表示为

$$\begin{cases} \bar{\theta} = q\cos\varphi - r\sin\varphi \\ \bar{\varphi} = p + (r\cos\varphi + q\sin\varphi)\tan\theta \\ \bar{\psi} = \dfrac{1}{\cos\theta}(r\cos\varphi + q\sin\varphi) \end{cases} \qquad (6\text{-}29)$$

力矩的平衡方程式可表示为

$$\begin{cases} L = \bar{p}I_x - \bar{r}I_{xz} + qr(I_z - I_r) - pqI_{xz} \\ M = \bar{q}I_r + pr(I_x - I_z) + (p^2 - r^2)I_{xz} \\ N = \bar{r}I_z - \bar{p}I_{xz} + pq(I_r - I_x) + prI_{xz} \end{cases} \qquad (6\text{-}30)$$

整理式（6-30）可以得到以下力矩方程组：

$$\begin{cases} p = (c_1 r + c_2 p)q + c_3 L + c_4 N \\ q = c_5 pr - c_6(p^2 - r^2) + c_7 M \\ r = (c_8 p - c_2 r)q + c_4 L + c_9 N \end{cases}$$

(6-31)

通过以上公式分析，可以进一步得到力平衡计算公式为

$$\bar{F} = m \cdot \frac{\mathrm{d}\bar{V}}{\mathrm{d}t} \rightarrow \begin{cases} F_x \overset{\mathrm{def}}{=} X = (\dot{u} + wq - vr)m \\ F_y \overset{\mathrm{def}}{=} Y = (\dot{v} + ur - wp)m \\ F_z \overset{\mathrm{def}}{=} Z = (\dot{w} + vp - up)m \end{cases}$$

(6-32)

其中，

$$F_x = T + L\sin\alpha - Y\cos\alpha\sin\beta - D\cos\alpha\cos\beta$$

$$F_y = Y\cos\beta - D\sin\beta$$

$$F_z = -L\cos\alpha - Y\sin\alpha\sin\beta - D\sin\alpha\cos\beta$$

$$\dot{u} = vr - wq - g\sin\theta + \frac{F_x}{m}$$

$$\dot{v} = -ur + wp + g\cos\theta\sin\varphi + \frac{F_y}{m}$$

$$\dot{w} = uq - vp + g\cos\theta\cos\varphi + \frac{F_z}{m}$$

飞行速度 V 与机体坐标轴上的分量 u、v、w 的关系可表示为

$$\begin{bmatrix} u \\ v \\ w \end{bmatrix}_{\mathrm{body}} = S_{\alpha\beta}^{\mathrm{T}} \begin{bmatrix} V \\ 0 \\ 0 \end{bmatrix}_{\mathrm{wind}} = \begin{bmatrix} V\cos\alpha \\ V\sin\beta \\ V\sin\alpha\cos\beta \end{bmatrix}$$

(6-33)

则纵向位移、侧向位移和高度的计算公式为

$$\frac{\mathrm{d}x_g}{\mathrm{d}t} = u\cos\psi\cos\theta + v(\cos\psi\sin\theta\sin\varphi - \sin\psi\cos\varphi) + w(\cos\varphi\sin\theta\cos\psi + \sin\psi\sin\varphi)$$

$$\frac{\mathrm{d}y_g}{\mathrm{d}t} = u\sin\psi\cos\theta + v(\sin\psi\sin\theta\sin\varphi + \cos\psi\cos\varphi) + w(-\sin\varphi\cos\psi + \cos\varphi\sin\psi\sin\theta)$$

$$\frac{\mathrm{d}H}{\mathrm{d}t} = u\sin\theta - v\cos\theta\sin\varphi - w\cos\theta\cos\varphi$$

(6-34)

高超声速飞行器的六自由度模型的各变量的数学计算公式，构成了高超声速飞行器仿真过程中所需要的 12 个变量函数计算公式，其所形成的六自由度仿真模型如图 6-5 所示。

6.2.3　性能样机气动力系统参数计算仿真模型

高超声速飞行器气动力系统模型的主要气动参数包括（郭晓峰，2011；IEEE Std 1516，2010）：升力系数 C_L、阻力系数 C_D、侧力系数 C_Y、俯仰力矩系数 C_m、滚转力矩系

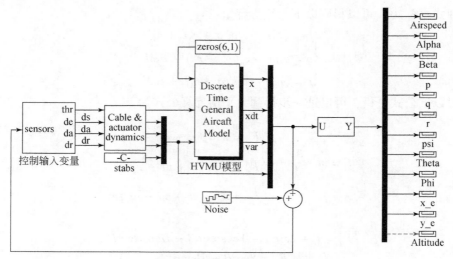

图 6-5　HVMU 六自由度仿真模型

数 C_l、偏航力矩系数 C_n、速度 V、气动力和气动力矩。在获得这些参数值后，就可以依据这些参数值计算在不同飞行条件下的升力 L、侧力 Y、阻力 D、滚转力矩 $\bar{L}$、俯仰力矩 M 及偏航力矩 N，这些是性能样机建模与多目标优化时所需的重要参数值。

高超声速飞行器的气动力 R_Σ 包含升力 L、阻力 D 和侧力 Y，R_Σ 沿气流坐标轴系各轴的分量表示为 X_A、Y_A 和 Z_A，通常用 D 和 L 分别表示阻力和升力，于是有 $D=-X$，$L=-Z$。机翼升力与机翼面积、动压成正比（Kim et al.，2006）。升力 L、阻力 D、侧力 Y、滚转力矩 $\bar{L}$、俯仰力矩 M 及偏航力矩 N 的表达式为（Patil et al.，2005）

$$L = C_L QS \tag{6-35}$$

$$D = C_D QS \tag{6-36}$$

$$Y = C_Y QS \tag{6-37}$$

$$\bar{L} = C_l QS \tag{6-38}$$

$$M = C_m QS - X_{cg}(-D\sin a - L\cos a) \tag{6-39}$$

$$N = C_n QS + X_{cg} Y \tag{6-40}$$

阻力 D 系数（C_D）、侧力 Y 系数（C_Y）、升力 L 系数（C_L）、滚转力矩 $\bar{L}$ 系数（C_l）、俯仰力矩 M 系数（C_m）和偏航力矩 N 系数（C_n）的气动力系统分别为

$$C_L = C_{L0} + C_{L\alpha}\alpha + C_{L\delta_e}\delta_e \tag{6-41}$$

$$C_D = C_D\alpha + C_{D\delta_e}\delta_e + C_{D\delta\alpha}\delta\alpha + C_{D\delta_r}\delta_r \tag{6-42}$$

$$C_Y = C_{Ya} + C_{Yde}de + C_{Yd\alpha}d\alpha + C_{Ydy}d\gamma \tag{6-43}$$

$$C_l = C_{lp}\beta + C_{lde}de + C_{ld\alpha}d\alpha + C_{ldr}dr + C_{lp}\left(\frac{pb}{2V}\right) + C_{l_r}\left(\frac{rb}{2V}\right) \tag{6-44}$$

$$C_m = C_{ma} + C_{mde}de + C_{md\alpha}d\alpha + C_{mdr}dr + C_{mdc}dc + C_{m_q}\left(\frac{qc}{2V}\right) \tag{6-45}$$

$$C_n = C_{n\beta}\beta + C_{nde}de + C_{nda}da + C_{ndr}dr + C_{n_p}\left(\frac{pb}{2V}\right) + C_{n_r}\left(\frac{rb}{2V}\right) \tag{6-46}$$

式（6-41）~式（6-46）中，其中，C_{L0} 为机翼升力系数；C_{La} 为机身的升力系数；$C_{L\delta_e}$ 为平尾升力系数；$C_D\alpha$ 为静安定力矩系数；$C_{D\delta_e}$ 为 δ_e 引起的阻尼力距；$C_{D\delta\alpha}\delta\alpha$ 为 $\delta\alpha$ 引起的阻尼力距；$C_{D\delta_r}$ 为 δ_r 引起的下洗时差阻尼力矩；δ_r 为方向舵；C_{Ya} 为方向舵侧力系；$C_{Yde}de$ 为横滚静稳定性导数；$C_{Yda}da$ 为滚转操纵导数；$C_{Yd\gamma}d\gamma$ 为操纵交叉导数；$C_{l\rho}\beta$ 为横滚静安定力矩系数；$C_{lde}de$ 为横滚引起的滚转阻尼力距；$C_{lda}d\alpha$ 滚转引起的滚转阻尼力距；$C_{ldr}dr$ 为操纵交叉引起的滚转阻尼力距；$C_{lp}\left(\dfrac{pb}{2V}\right)$ 为滚转操纵引起的下洗时差阻尼力矩；$C_{lr}\left(\dfrac{rb}{2V}\right)$ 为交叉动引起的下洗时差阻尼力矩；C_{ma} 为静安定力矩系数；$C_{mde}de$ 为横滚引起的阻尼力距，$C_{md\alpha}d\alpha$ 为滚转引起的阻尼力距，$C_{mdc}dc$ 为操纵交叉引起的阻尼力距，$C_{mq}\left(\dfrac{qc}{2V}\right)$ 为下洗时差阻尼力矩；航向静稳定性导数；$C_{n\beta}\beta$ 为航向操纵导数；$C_{nde}de$ 为副翼操纵交叉导数；$C_{nda}da$ 为交叉动导数；$C_{ndr}dr$ 为航向阻尼导数；$C_{np}\left(\dfrac{pb}{2V}\right)$ 为航向操纵引起的下洗时差阻尼力矩；$C_{nr}\left(\dfrac{rb}{2V}\right)$ 为航向操纵交叉动引起的下洗时差阻尼力矩；α 为飞行迎角；δ_e 为全动平尾的偏转角度；X_{cg} 为气动焦点与重心之间的距离，可由惯性模型中的参数输出得到；$Q=\dfrac{1}{2}\rho V^2$，ρ 为空气密度，V 为空速；S 为机翼参考面积；p 为滚转角速度；r 为偏航角速度；b 为翼展长；c 为平均气动弦长；β 为侧滑角。

6.2.4　性能样机推进系统参数计算仿真模型

高超声速飞行器推进系统模型主要包括气流参数、机体参数、发动机参数、燃料流量变化率、燃料流量、推力、冷却流量、壁面压力、温度、冷却流量需求等。其中，温度模型可由气动热模型参数输出得到，机体参数模型可由外形结构系统模型的参数输出得到，冷却流量模型可由冷却系统模型的参数输出得到。

高超声速飞行器前体下壁面作为推进系统的压缩段，主要作用是通过对来流的压缩给进气道提供均匀气流，根据一维斜激波公式求得进气道入口参数（Zhan，2007）。

$$\begin{cases} Ma_{in} = Ma_{in}(Ma_\infty,\ \delta_i,\ \gamma) \\ P_{in} = P_{in}(Ma_\infty,\ \delta_i,\ \gamma,\ P_\infty) \\ T_{in} = T_{in}(Ma_\infty,\ \delta_i,\ \gamma,\ T_\infty) \end{cases} \tag{6-47}$$

其中，δ 为前体压缩角；Ma_{in} 为进气道入口马赫数；P_{in} 为静压隔离段入口；T_{in} 为燃烧室内总温；Ma_∞、T_∞、P_∞ 分别为来流马赫数、静温和静压；γ 为比热比。推力的计算公式为

$$T = QC_T \tag{6-48}$$

其中，$Q=\dfrac{1}{2}\rho V^2$，ρ 为空气密度；V 为空速；推力系数 C_T 是比冲和燃油流速的函数，如图 6-6 所示（甘健侯和姜跃，2011）。

6.2.5　性能样机控制系统参数计算仿真模型

基础的飞行器控制系统包括阻尼器、增稳系统、控制增稳系统和自动导航系统等。

飞行器执行任务的要求很高，使得飞行速度和高度的变化范围不断扩大，如图 6-7 所示，飞行器的性能也急剧变坏。为了改善飞行器的角运动性能，在飞行器安装阻尼器和增稳系统等飞行控制系统。

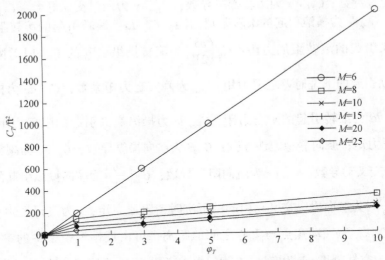

图 6-6 不同马赫数条件下的推力系数变化曲线

图中 M 为马赫数

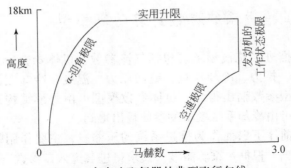

图 6-7 高声速飞行器的典型飞行包线

1. 阻尼器

由自动控制理论可知，为了改善飞行器角运动的阻尼特性，直接引入姿态角的变化率，形成反馈回路就可以调节飞行器角运动的阻尼比，从而改善飞行器的运动品质，飞行器的阻尼器可根据姿态在三个机体轴的角运动，分为俯仰阻尼器、滚动阻尼器和偏航阻尼器。典型的飞行器-俯仰阻尼器系统结构如图 6-8 所示（原菊梅，2011a）。

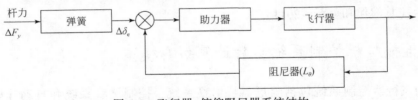

图 6-8 飞行器-俯仰阻尼器系统结构

阻尼比的计算方法为

$$\xi_{sp} = -\frac{Z_a + V(M_q + Ma)}{2\sqrt{V(M_qZ_a - MaV)}} \approx -\frac{M_q}{2\sqrt{-Ma}} \quad (6\text{-}49)$$

其中，M_q 为俯仰阻尼力矩；V 为飞行速度；Z_a 为力矩；Ma 为马赫数。

2. 增稳系统

现代飞行器在大迎角状态下飞行，而纵向静稳定性导数 $C_{ma} = \dfrac{\partial C_m}{\partial \alpha}$ 又随着仰角（α）的增大而变大，甚至变为正值，使飞行器的纵向静稳定性变差。

纵向力矩系数 C_m 是仰角和马赫数的函数 $C_m = C_m(\alpha, Ma)$，则纵向力矩系统的变化梯度为（张彦忠等，2007）：

$$\mathrm{d}C_m = \frac{\partial C_m}{\partial Ma}\mathrm{d}Ma + \frac{\partial C_m}{\partial a}\mathrm{d}a \quad (6\text{-}50)$$

其中，右端第一项反映了马赫数对纵向力矩系数 C_m 变化梯度的影响；第二项反映了仰角的影响；偏导数 $C_{ma} = \dfrac{\partial C_m}{\partial a}$ 表示在飞行器速度不变情况下，仰角变化引起的俯仰力矩变化而决定的静稳定性。

图 6-9 就是 Winged-cone 飞行器性能样机横向控制系统仿真模型，增加了增稳系统后，其仰角变化趋于稳定性状态，如图 6-10 所示。

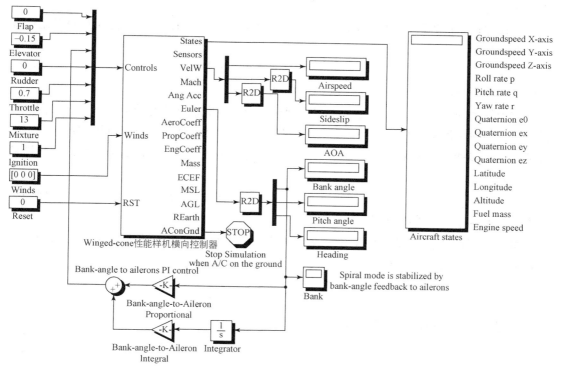

图 6-9 Winged-cone 飞行器性能样机横向控制系统仿真模型

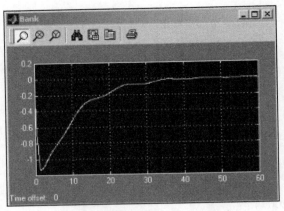

图 6-10　仰角变化趋于稳定性状态

6.2.6　性能样机气动热参数计算仿真模型

当飞行器在大气层内以较低高度高速飞行时，将会产生气动热。目前采用工程计算与数值模拟相结合的方法求解飞行器在不同飞行状态下的气动热环境以及超声速燃烧室高温燃气对流传热严重区域的壁面受热问题，飞行器气动热参数计算模型主要有气动加热和壁面温度计算。

气动加热是边界层内的流体运动产生的对流传热，在工程上气流热量方程采用牛顿公式进行分析：

$$q_a = aTVT = aT(T_{aw} - T_w) \tag{6-51}$$

其中，aT 为热交换系数；T_{aw} 为绝热壁温；T_w 为壁温。

对于气动加热计算，通过求解热流量平衡方程，可得到飞行器表面任一点的温度。目前常采用参考温度法把边界层内变化的空气特性参数用参考温度下不变的参数来代替。参考温度有多种，作者采用埃克特参考温度 T^* 进行计算，计算公式为（汤新民和钟诗胜，2007）

$$T^* = T_e + 0.5(T_w - T_e) + 0.22(T_r - T_e) \tag{6-52}$$

其中，T_e 表示边界层外缘温度。

参考温度得到后，可以求得参考温度下的气流参数。参考温度下的黏性系数（μ^*）计算公式为（Etemadi et al.，2000）

$$\mu^* = 1.498 \times 10^{-6} \frac{T^{*3/2}}{T^* + 122} \tag{6-53}$$

参考温度下的密度计算公式为

$$\frac{\rho^*}{\rho_e} = \frac{T_e}{T^*} \tag{6-54}$$

飞行器的零攻角驻点热流可以采用实际飞行条件下高温气体简化 Lees 驻点热流公式来计算（Chilukuri and Dash，2004）：

$$q_{ws}\sqrt{R_N} = 2.373 \times 10^{-7} \left(\frac{\gamma_0 - 1}{\gamma_0}\right)^{0.25} \left(\frac{\gamma + 1}{\gamma - 1}\right)^{0.25} \rho_0^{0.5} v_0^3 \tag{6-55}$$

其中，q_{ws} 为驻点热流密度（kW/m^2）；R_N 为驻点曲率半径（m）；ρ_0 为来流密度（kg/m^3）；v_0 为来流速度（m/s）；$\gamma_0 = 1.4$；$\gamma = 1.2$。

6.2.7　性能样机弹道与控制参数计算仿真模型

高超声速飞行器性能/弹道模型主要包括质量模型、燃料质量模型等（Lee and Dash，2003）。质量模型由飞行器质量模型和助推段质量模型构成。将高超声速飞行器看作可控质点，考虑飞行器在垂直平面内的运动，则高超声速飞行器的运动方程组如下（Zhang and Xue，2014）：

$$\begin{cases} m\dfrac{dV}{dt} = T\cos\alpha - D - mg\sin\theta \\[2mm] mV\dfrac{d\theta}{dt} = T\sin\alpha + L - mg\cos\theta \\[2mm] \dfrac{dx}{dt} = V\cos\theta \\[2mm] \dfrac{dy}{dt} = V\sin\theta \\[2mm] \dfrac{dm}{dt} = -m_f \\[2mm] \theta = \vartheta + \alpha \end{cases} \tag{6-56}$$

其中，V 是飞行器飞行速度；α 是攻角；T 是发动机推力，$T = I_{sp} \cdot m_f$，m_f 是燃料消耗率；m 是飞行器质量；θ 是弹道倾角；ϑ 是飞行器俯仰角；L 是升力，$L = C_y q S_{ref}$，C_y 是升力系数，S_{ref} 为可参考面积；D 是阻力，$D = C_x q S_{ref}$，C_x 为阻力系数，动压 $q = \rho V^2 / 2$；x 是水平距离；y 是高度；g 为重力加速度。

对于飞行器的控制，目前主要采用非线性控制方法，非线性动态逆是设计飞行器控制技术的一种新方法，将飞行器的非线性飞行模型表示为

$$\begin{cases} \bar{x} = f(x) + g(x)u \\ y = h(x) \end{cases} \tag{6-57}$$

其中，x 为水平距离矩阵，$x = [x_1, x_2, \cdots, x_n]^T$；$y$ 为高度矩阵，$y = [y_1, y_2, \cdots, y_n]^T$；$u$ 为线性加速度矩阵，$u = [u_1, u_2, \cdots, u_n]^T$。

以上论述了性能样机系统模型与仿真方法，有关实施建模设计与仿真优化的研究，将在第 7 章应用 Matlab 建模方法对上述部分模型公式进行仿真。

6.3　性能样机仿真模型库数据集成管理方法

前面论述了性能样机各学科仿真元模型的构建方法，根据协同仿真的层次结构，将性能样机的模型库组成划分为顶层系统级仿真模型、领域主模型和元模型，如图 6-11 所示。性能样机的协同仿真数据中心将为基于数字样机的设计技术、工艺技术、制造技术、

仿真技术等研究工作的开展提供强有力的保证，该项工作的开展是一项系统工程，需要综合考虑性能样机研制各个环节的需求与约束。保证以性能样机为数据源头，以产品结构为数据组织方式，实现对型号产品数据的有效整合，构建产品制造数据中心，从而基于制造数据中心实现产品在设计、工艺、制造、质量过程数据上的源头统一、集中发布、集成共享，改善企业的"数据环境"。

6.3.1　性能样机协同仿真模型库的层次框架

在如图 6-11 所示的性能样机层次化结构中，性能样机的仿真模型库是在现有的 3D CAD 系统、PDM 系统、CAPP 系统、ERP 系统、MES、质量系统、各种仿真软件的基础上，建立制造数据中心框架结构，以性能样机为数据源头，以产品结构为数据组织方式，统一数据的采集、审核、共享、发布机制，实现产品研制过程中的元模型仿真数据的集中管理。

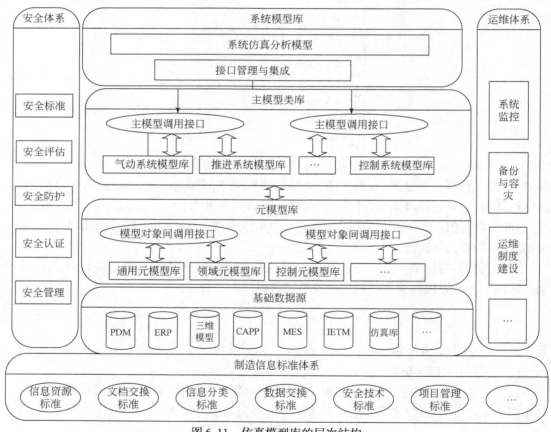

图 6-11　仿真模型库的层次结构

性能样机仿真模型库的层次结构包括四个既相互独立又相互联系的层次，依次是基础数据源、元模型库服务、领域主模型库服务和系统模型库服务。

6.3.2　性能样机协同仿真数据集成

性能样机协同仿真数据中心的集成不同于以前两两系统集成模式,基于协同仿真数据中心的系统集成不但要保证系统之间数据流转的通畅,还要整合各个业务系统数据,以内在的逻辑结构来组织、约束、挖掘各类数据,使得每个系统都和整个企业集成,而不是和某个系统集成。

以前系统集成以业务流程的角度进行集成,是一对一的集成,集成成本高,无法实现集中管控。基于协同仿真数据中心的系统集成是立足于产品的角度实现各业务的集成。通过建立统一的集成接口和要求,各业务系统之间实现一对多的集成,集成成本低,可对数据进行集中管控。性能样机协同仿真综合集成方式如图 6-12 所示。

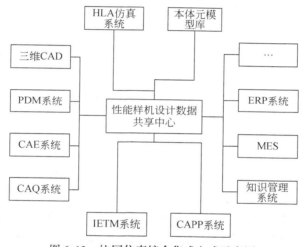

图 6-12　协同仿真综合集成方式示意图

CAE 为计算机辅助工程(computer aided engineering);CAQ 为计算机辅助质量(computer aided quality)

在基于协同仿真数据中心的系统集成模式中,主要实现以下几方面功能。

(1) 数据统一编码管理。编码是一个基础的服务型应用,企业要建立自己的编码管控中心,形成编码管控机制,所有相关业务系统对数据编码唯一识别,实现型号研制过程中数据的合法认证。

(2) 产品数据集中管理。总体思路是实现基于性能样机结构的产品设计、工艺、制造、质量等数据的统一管理,完成不同业务阶段数据过程管理,以此来实现不同信息系统的集成。

(3) 数据交换平台建设。性能样机研制过程中产生的数据在物理上是分布式存储的。数据分布在不同的数据库、不同的表结构中,采用原始的数据关联方式对数据进行存取,存在效率低下、差错率低等问题。采用数据交换平台,能够对交换数据进行缓存,保证交换数据不会丢失;同时能够以图形界面、拖拽方式对交换数据进行选取,提高效率;对交换数据以服务的形式发布,保证交换数据的重复利用;对交换数据进行权限控制,防止数据信息泄露。作者所设计的协同仿真数据交换平台架构如图 6-13 所示。

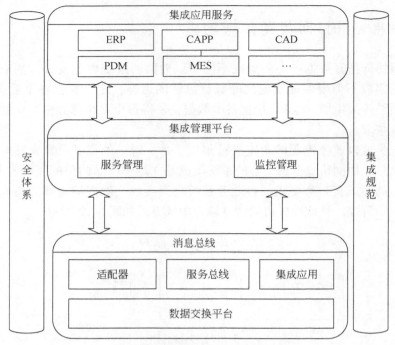

图 6-13　协同仿真数据交换平台架构图

6.3.3　性能样机协同仿真全生命周期数据共享技术

性能样机协同仿真的数据中心以服务器、网络、存储系统、备份系统为基础支撑环境，通过统一的集成框架，集成设计、分析、试验、生产、综合保障等数字化平台，形成型号设计、分析、生产、试验、综合保障的集成环境。各部、厂、所的工程应用环境与分院数据中心的信息交互均通过各单位的集成框架与数据中心互联，通过统一的集成框架，将各单位的设计、分析、试验、制造、生产、综合保障等过程产生的关键数据集成到各自的数据中心中，并在各自数据中心中以产品结构树的形式组织管理。性能样机协同仿真多级数据中心集成平台架构如图 6-14 所示。

作者所研究的基于云服务的产品全生命周期协同仿真技术主要以大型复杂航天产品性能样机为对象，深入开展了性能样机全生命周期的数据管理、基于云服务的系统集成、数字化研制流程以及面向全生命周期的云知识服务等技术的研究，结合航天信息化环境建设，构建集航天设计、制造、生产和管理为一体的上下游协同工作环境，实现面向大型复杂航天产品数字样机的综合集成应用。

面向性能样机协同仿真全生命周期协同应用需要设计全生命周期的数据分类技术、在线协同结构设计模型状态管理技术、多级管控模式下的产品结构管理应用技术、面向设计/分析/工艺/制造/综合保障等多环节应用的数据传递与控制技术等，结合航天信息化环境建设项目，基于院和部、厂、所的两级数据中心，完善航天产品数据管理环境，支撑航天产品系统产品全生命周期管理和数字样机协同应用。

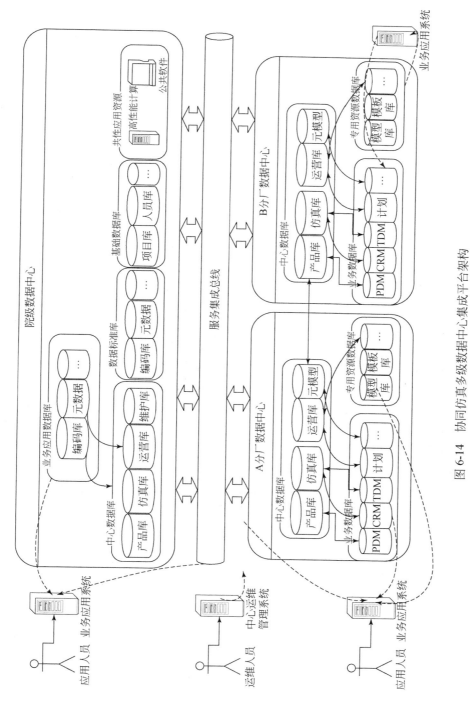

图 6-14　协同仿真多级数据中心集成平台架构

CRM为客户关系管理(customer relationship management)；TDM为试验数据管理(test data management)

院级产品数据中心主要通过公共数据总线技术，实现基于产品结构树的对设计数据、分析数据、试验数据、制造数据、综合保障数据的综合管理，如图 6-15 所示，型号产品树是集成的关键。

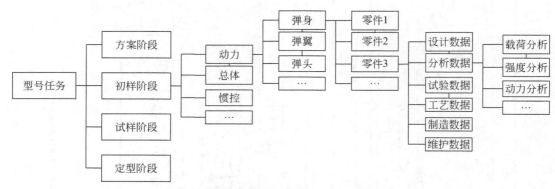

图 6-15　基于产品树的全生命周期数据集成

性能样机系统产品树是依据型号产品工作分解结构建立的树型框架，该产品树框架通过集成接口传递到设计数据管理、分析数据管理、试验数据管理、制造数据管理、综合保障数据管理等系统，作为这些系统组织数据的基础框架，并建立与院级产品数据中心产品树之间的关联。各系统应用过程产生的结果数据和需要共享的数据将自动汇总到产品数据中心，过程数据通过关联对各数据管理系统进行索引。

基于云服务的产品全生命周期协同仿真技术以航天产品系统性能样机为对象，开展产品全生命周期数据管理，分析基于云服务的系统集成、数字化研制流程以及面向全生命周期的云知识；构建集航天设计、制造、生产和管理为一体的上下游协同工作环境，实现面向性能样机的综合集成应用。具体包括以下内容。

1）全生命周期的数据分类技术

根据航天产品系统特点，将航天产品性能样机系统全生命周期的数据从应用领域、应用场景、传递方式等方面进行分类和总结。选择可行的分类准则（如基于应用领域、应用场景、存储方式、传递方式等），提出产品数据的分类方法，对产品数据进行分类和总结。

2）全生命周期的数据组织模型技术

基于数据分类，研究各类数据的存储格式、规模、关联、事务特征、备份、恢复方式等，形成数据存储模型、关联模型、事务模型等数据模型设计方案。大型复杂航天产品的全生命周期是一个多厂、所联合的复杂过程，包括设计、试验、工艺、制造、装配、维护等多个过程，因此，为了保证每一过程产品数据的完整性，需要将产品数据按照生命周期的不同过程来组织。针对产品生命周期的不同过程，将该过程中产品相关的数据文档封装为数据对象，以产品对象为核心建立产品结构树组织模型，实现对产品数据的组织。

3）多级管控模式下的产品数据分布式存储技术

根据航天产品系统是在院级统一管控下的多单位参与协同研制的特点，设计型号产品数据物理上分布于多单位、逻辑上在院级数据中心集中的技术路线。大型复杂航天产品由多单位协作完成，完整的产品数据被存储在不同单位的厂、所级数据中心中。因此，产品数据存储应保证物理上的分布性、逻辑上的一致性和数据存储的冗余性。

4）基于统一数据源的产品数据传递与控制技术

基于统一数据源的产品数据传递与控制技术包括在统一产品树的产品信息模型下，产品数据在型号全生命周期上下游间的安全传递与交换技术。

通过研究支撑大型复杂航天产品从预研、方案设计、详细设计、工艺设计、数控编程、生产加工、装配联调到售后维护生命周期的数据交换技术和数据集成技术等，实现EBOM-PBOM-MBOM 的数据一致性管理。

基于性能样机的设计与综合保障协同应用通过分析性能样机与物理样机的协同应用需求，研究基于电子标识的履历管理、履历信息集成、编码转换与集成、物理产品射频识别等技术，实现基于统一编码规范的数字样机与物理样机信息协同与集成、基于性能样机的履历信息集成等功能。以服务器、RFID 器、电子标签等为基础支撑环境，构建基于电子标识的履历管理应用验证环境，集成环境下建立的伺服系统性能样机示意图如图 6-16 所示。

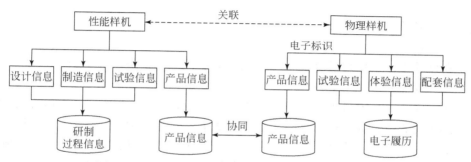

图 6-16　集成环境下建立的伺服系统性能样机示意图

第7章 性能样机协同建模与仿真优化

随着新一代航天产品系统对精度和抗恶劣环境要求的提高，必须通过建立面向系统级的数字化性能样机，研究航天产品系统在复杂环境下的各项功能和受控特性，实现航天产品系统的功能仿真与方案优化。本章在第 5 章和第 6 章研究的性能样机模型的基础上，利用混合软计算等算法对性能样机进行多学科领域模型的多目标优化，从而实现 UMSLO 模型的 O 子模型。

7.1 性能样机多学科协同优化建模

7.1.1 多学科耦合系统

多学科设计优化是复杂系统设计和优化的方法论，复杂系统通常由若干个子系统组成（王振国，2006），对于其中任意一个学科，可以进行计算分析和优化设计，建立相应的数学模型。因此，必须从系统的角度出发，通过分析组成复杂航天产品的各子系统或子学科间的内在关系，进行复杂航天产品方案设计。利用 MDO 设计方法，可以实现对复杂航天产品性能样机全生命周期制造各阶段所涉及的需求分析、多学科耦合参数设计、状态方程、多目标约束、建模与仿真进行全方位的管理（Tappeta，1997）。例如，图 7-1 就是一个包含三个不同学科的复杂系统多学科优化的系统原型。

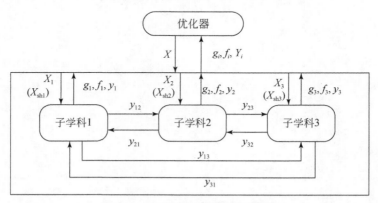

图 7-1 多学科优化系统原型案例

图 7-1 中系统优化变量包括全局设计变量 X 和各学科的局部设计变量 X_i，g_i 是学科 i 的约束函数，f_i 是学科 i 的目标函数，Y_i 是学科 i 的输出函数。

7.1.2　多学科协同优化算法

在复杂产品多学科优化算法中，由 Kroo 提出的协同优化（collaborative optimization，CO）算法可用来解决复杂产品多学科耦合多目标优化问题（Eckart，1999）。CO 算法把多学科优化问题分解为若干个学科级优化问题和一个系统级优化问题，使系统目标函数最优，并且权衡其他学科的约束条件，使各个学科的约束都能得到满足。

协同优化算法可将一个分布式的多学科并行优化系统进行系统级的分解与耦合，各学科领域的专家可以根据本学科的优化问题进行独立的分析与决策，而受其他学科问题的影响，各学科之间的相互耦合和影响协调由顶层系统设计进行调控（冯佰威，2011）。图 7-2 就是一个典型的多学科协同优化算法架构（魏锋涛等，2013）。

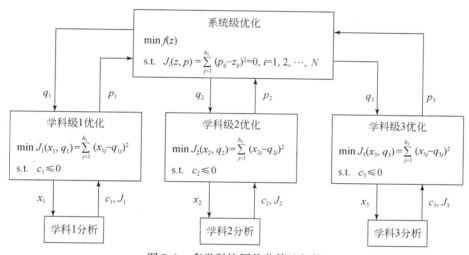

图 7-2　多学科协同优化算法架构

协同优化解决的多学科多级优化问题，主要包括系统级优化问题和学科级优化问题。协同优化系统级优化问题主要解决满足多学科在系统级别一致性约束的前提下使系统级目标函数最优化，描述方法如下（Khansary and Sani，2014）：

$$\min f(z)$$
$$\text{s.t. } J_i(z, p) = \sum_{j=1}^{h_i} (p_{ij} - z_{ij})^2 = 0, \quad i = 1, 2, \cdots, N \tag{7-1}$$

其学科优化问题描述如下：

$$\min J_i(x_i, q_i) = \sum_{j=1}^{h_i} (x_{ij} - q_{ij})^2 \tag{7-2}$$
$$\text{s.t. } c_i \leq 0$$

系统级优化与学科级优化的信息传递关系为

$$p_{ij} = x_{ij}$$
$$q_{ij} = z_{ij} \tag{7-3}$$

其中，$f(z)$ 为系统级目标函数；z 为系统级设计变量；z_{ij} 为学科 i 的第 j 个系统级设计变量；J 为系统级约束；p 为各学科优化设计变量最优解；p_{ij} 表示由第 i 个学科级传递到第 j 个设计变量的最优解；q 为学科级优化目标变量，即学科级分配下来的系统级设计变量；x 为学科级优化设计变量；c_i 为学科级优化约束。

7.1.3 性能样机 MDO 协同建模

在航天产品性能样机的多学科优化模型设计中，主要包括设计变量 X、目标函数 F 和约束条件 G 三个要素。其中 X 为待评价的设计内容，F 和 G 为评价准则。在系统级优化模型中，各优化设计变量是系统独立的可变参数，需要进行变量统一化处理。在 MDO 问题的设计变量中，各学科变量的 X_i 由 $X_1 \cup X_2 \cup \cdots \cup X_n$ 构成，这样可以消除共享变量 X_s。

航天产品性能样机的一体化设计由气动力、外形结构、推进、控制、性能/弹道、气动热/热和冷却等多个相互耦合学科构成，在系统的设计过程中，需要分解各子系统之间的参数耦合关系，以便使设计出的系统得到整体性能最优（寇鹏和牛威，2010）。作者在大型复杂航天产品一体化设计中多学科分析、耦合关系和总体性能分析与优化的基础上，设计实例参考 Winged-cone 高超声速概念飞行器，构造了航天产品性能样机一体化设计方案。方案设计阶段主要考虑外形结构分析、气动力分析、推进系统分析、控制系统分析、性能/弹道分析和环境分析六个学科的多学科优化设计问题，在总体设计过程中，各学科的分析与优化模型如表 7-1 所示。

表 7-1 构建了性能样机多学科优化与分析模型和输入/输出接口参数列表，可实现各学科之间的参数耦合，建立的性能样机多学科协同优化设计框架如图 7-3 所示。

表 7-1 航天产品性能样机多学科优化模型

学科	优化模型		分析模型		
	三要素	参数描述	计算方法	输入接口	输出接口
外形结构	X_1	机/尾翼型号	应用三维 CAD 模型来计算总体尺寸参数；应用 Nastran 等工具实现结构分析与优化	机翼参数	布局和容积模型
		参考面积/m^2		轴对称机身	
		展弦比		方向舵	
		翼展/m		升降舵	
		前缘后掠角/（°）		鸭翼	
		平均气动弦长/m			
		翼剖面			
		翼型相对厚度/%			
	G_1	参考面积>260m^2			
		翼展>12m			
		前缘后掠角>10°			
		平均气动弦长>16m			
	F_1	最大效用体积 U			

学科	优化模型		分析模型		
	三要素	参数描述	计算方法	输入接口	输出接口
气动力	X_2	升力	工程估算方法和经验修正理论，计算流体动力学，有限差分法和有限体积法，牛顿内伏流理论的工程计算方法	外形结构参数	机身动力学模型
		阻力		发动机参数	机翼动力学模型
		力矩		马赫数范围	机尾动力学模型
		俯仰角力矩导数		攻角范围	
		弹道倾角		高度范围	
		攻角			
	G_2	攻角 α 为 $-6°\sim10°$，			
		俯仰舵偏角为 $-20°\sim20°$			
		有效容积限制			
	F_2	升力系数			
		阻力系数			
		俯仰力矩系数			
推进系统	X_3	气流参数	一维斜激波计算、超声速燃烧室一维计算、二维 N-S 方程计算，一维欧拉方程、二维欧拉方程分析	外形参数	低速推进模型
		机体参数		飞行条件	发动机循环模型
		发动机参数		飞行速度	超燃室性能模型
		燃料流量变化率		飞行高度	隔离段性能模型
		燃料流量		燃料流量参数	尾喷性能模型
		推力			
		冷却流量			
		飞行条件			
		壁面压力			
		温度			
	G_3	燃料流量限制			
		飞行条件限制			
		进气道满足启动条件			
	F_3	最大化净推力/比冲			
控制系统	X_4	俯仰力矩导数	负载扭矩计算方法、负载转动惯量计算方法	外形参数	制导模型
		弹道倾角		飞行高度	姿控模型
		升力		飞行速度	组合导航模型
		阻力		升力系数	
		攻角		阻力系数	
		燃料流量			
		飞行条件			
	G_4	飞行条件限制			
		燃料流量变化率			
	F_4	最小弹道倾角变化率			

续表

学科	优化模型		分析模型		
	三要素	参数描述	计算方法	输入接口	输出接口
性能/弹道	X_5	热载荷	采用纵向平面运动方程，爬升段采用俯仰角程控制、燃料流量控制	升力	平均速度
		热约束		阻力	燃料质量
		飞行条件		力矩	航程
		弹道倾角变化率		推力	
		燃料流量		飞行高度	
				飞行速度	
	G_5	平均速度>5 马赫			
		高度>30km			
	F_5	最小化燃料需求量			
环境	X_6	热流密度	基于化学平衡常数法，建立气动加热率计算模型	外形参数	驻点区冷却质量
		受热面积		冷却部件形状	气动加热模型
		冷却流量需求		飞行条件	流道壁面传热模型
		壁面压力		高度历程	
		温度			
	G_6	满足内部温度要求			
		飞行条件限制			
	F_6	最小化冷却流量需求			

7.2　性能样机多学科协同优化算法

7.2.1　多目标优化

多目标优化问题（multiobjective optimization problem，MOP）针对不同的性能目标之间的冲突而提出寻找满足约束条件和所有目标函数的一组决策变量及相应各目标函数值的集合（Pareto 最优解），并将其提供给决策者。由决策者根据偏好或效用函数确定可接受的各目标函数值及相应的决策状态（赵欣等，2009；王亚利和王宇平，2007）。

多目标优化过程描述如下：设 MOP 包含一个 n 维优化目标函数向量集 $f(x) = (f_1(x)，\cdots，f_n(x))$，其中 $f_1(x)(i=1，2，\cdots，n)$ 是标量函数，$f(x) \in Y \subset R^n$；一个 m 维决策向量集 $x = (x_1，x_2，\cdots，x_m)$，$x \in X \subset R^m$；一个 p 维约束函数向量集 $g(x) = (g_1(x)，\cdots，g_p(x))$，其中，$g_1(x)(i=1，2，\cdots，p)$ 是标量函数。函数 $f: X \rightarrow Y$ 将设计向量 $x = (x_1，x_2，\cdots，x_m)$ 映射到目标函数空间 Y 的目标向量 $y = (y_1，y_2，\cdots，y_n)$，$y \in Y$，$y_i = f_i(x)$。MOP 描述为如下数学模型：

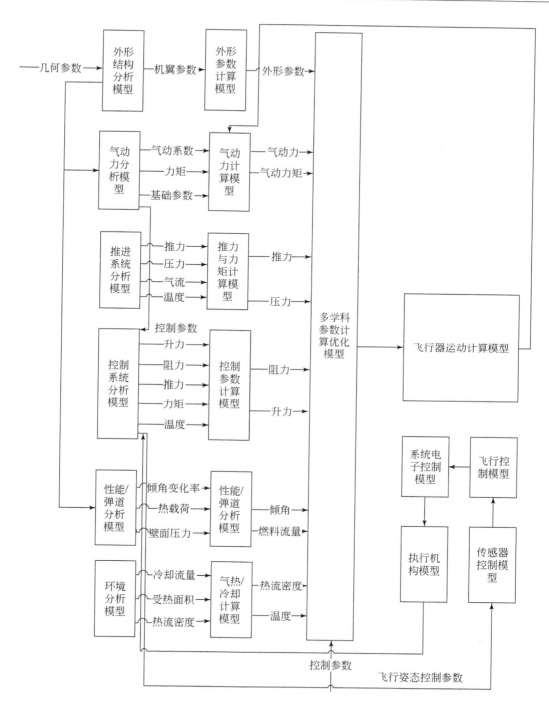

图 7-3　性能样机多学科协同优化设计框架

$$
\begin{cases}
\text{Maximize } y = f(x) = (f_1(x), \cdots, f_n(x))^{\mathrm{T}} \\
\text{s. t. } g_i(x) \leqslant 0, \ i = 1, 2, \cdots, p \\
h_j(x) = 0, \ j = 1, 2, \cdots, q
\end{cases}
\tag{7-4}
$$

其中，$g_i(x) \leqslant 0$ 为不等式约束条件，$x = (x_1, x_2, \cdots, x_m) \in X$，$X \subseteq R^m$；$y = (y_1, y_2, \cdots, y_m) \in Y$，$Y \subset R^n$。

对于多目标优化问题通常需要解决多个目标的寻优问题，一般不存在唯一的全局最优解，只能解出 Pareto 非劣解，即非劣最优解集（原菊梅，2011b；史连艳和杨树兴，2007）。

Pareto 最优解在多目标优化中是一个重要的概念（Rahi，2011）。在式（7-4）的基础上，作者给出以下几个重要的定义。

定义 7.1（Pareto 占优）。设 X_A 为向量 $a = (a_1, a_2, \cdots, a_k)$ 的一个可行解，X_B 为向量 $b = (b_1, b_2, \cdots, b_k)$ 的一个可行解，如果 X_A 优于 X_B，即 X_A 是 Pareto 占优的，当且仅当 $\forall i = 1, 2, \cdots, k, f_i(X_A) \leqslant f_i(X_B) \wedge \exists j = 1, 2, \cdots, k, f_j(X_A) < f_j(X_B)$，记作 $X_A < X_B$，称为 X_A 支配 X_B，若 X_A 的解没有被其他解所支配，则 X_A 称为非支配解，也称为 Pareto 解（郑晓鸣等，2007）。

定义 7.2（Pareto 最优解）。对于给定的多目标问题 $f(x)$，Pareto 最优解（或非支配解）定义为：设 Z_f 为多目标问题的可行解集合，Z^* 为其中的一个解，$Z^* \in Z_f$，如果 $\neg \exists x \in Z_f : x > Z^*$，则 Z^* 为 Pareto 最优解。

定义 7.3（Pareto 最优解集）。对于给定的多目标问题 $f(x)$，Pareto 最优解集 Z_f 定义为

$$
Z_f = \langle X \in R^n \mid \exists X^* \in R^n, X \neq X^* \text{ 使得} f(X) < F(X^*) \rangle
$$

定义 7.4（Pareto 前端）。所有 Pareto 非支配解的集合称为 Pareto 前端，记为

$$
P_f = \{ F(x) = (f_1(x), f_2(x), \cdots, f_n(x)) \mid x \in Z_f \}
$$

坐落在 Pareto 前端中的所有解皆不受 Pareto 前端之外的解所支配，因此这些非支配解较其他解而言拥有最少的目标冲突，可提供决策者一个较佳的选择空间（张超等，2011）。在某个非支配解的基础上改进任何目标函数的同时，必然会削弱至少一个其他的目标函数。

7.2.2 多目标优化遗传算法

遗传算法（genetic algorithm，GA）主要通过仿效生物界中的遗传演化规则而形成一种全局寻优算法（贾宗星，2009）。GA 把所要优化的问题参数编码为染色体，再利用迭代的方式进行选择、交叉以及变异运算来交换染色体种群中的信息，产生新的种群，后生代种群比前代更加适应环境，最终形成符合优化目标的染色体（Kennedy and Eberhart，1995）。

在 GA 中，通常用数组或矩阵数据结构来表示染色体，数组中每个值可表示一个基因数据值，由基因组成的串就是基因个体（individuals），一组基因个体组成了群体（population），群体中的个体数量称为群体规模（population size），而每个个体对环境的适应程度称为适应度（fitness）（Coello and Lechuga，2002）。

遗传算法基本步骤如下。

（1）编码：在对 GA 进行优化搜索之前先要将所要求解问题的解空间数据表示成遗传空间的基因数组，这些数据组成了不同的基因个体数据。

（2）群体的初始化：通过应用随机的方式产生 N 个初始化数组结构数据，称为群体，数组中每个元素代表一个个体。GA 以所产生的群体作为初始点开始进化。

（3）适应度评估：不同的求解问题有着不同的适应度计算函数，适应度表明个体或解的优劣性。

（4）选择：选择的目的是从当前种群中选择适应度高的个体，过滤掉适应度低的个体。所选择的优良个体有机会作为下一代繁殖子孙的父代。

（5）交叉：交叉是 GA 中最核心的遗传操作过程，将选择再生个体依照交叉概率 ρ_c 随机进行两两配对交叉操作，从而产生新一代个体。

（6）变异：通过对群体中的个体按变异概率 ρ_m 改变个体的数值，从而产生一个新的个体，一般变异概率 ρ_m 较大，算法能得到更优的解。

GA 可以用数学模型表示为

$$GA = (C,\ E,\ P,\ N,\ \Phi,\ \Gamma,\ \Psi,\ T) \tag{7-5}$$

其中，C 表示个体编码方式；E 表示个体适应度计算数学函数；P 表示初始化群体；N 表示群体的大小；Φ 表示选择算子；Γ 表示交叉算子；Ψ 表示变异算子；T 表示算法终止条件。

GA 的基本流程图如图 7-4 所示。

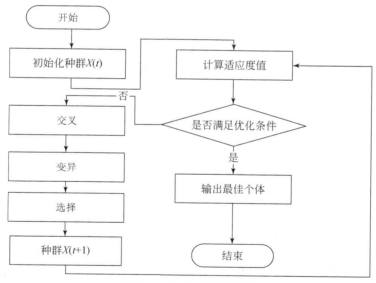

图 7-4　GA 的基本流程图

7.2.3　粒子群算法

对于多目标优化问题，国内外学者进行了大量的相关研究，提出了多种处理方法。

在实际中存在很多多目标优化问题，如何解决这些多目标优化问题就显得十分重要。

在求解多目标优化问题上，粒子群算法相对于其他优化算法具有搜索效率高、算法设计简单和通用性能好等特点，与其他优化算法融合性较好，易于形成混合计算模型（潘峰等，2014；Coello and Lechuga，2002）。所以，对多目标粒子群算法的研究及改进对于解决多目标优化问题有着重要的意义。

美国电气工程师 Eberhart 和社会心理学家 Kennedy 于 1995 年受人工生命研究结果的启发提出粒子群优化（particle swarm optimization，PSO）算法，用于模拟鸟群觅食过程中的迁徙和群集行为（Zheng et al.，1999）。该算法能以较大概率找到所要求解问题的全局最优解，且具有较高的计算效率。

在 PSO 系统中每个备选解称为一个粒子，多个粒子共存、合作、寻优，每个粒子根据其自身经验在问题空间中向更好的位置飞行，搜索最优解（李宁，2005）。粒子飞行示意如图 7-5 所示。

PSO 算法数学表示如下。其优化问题模型为：$\min f(x)$。

设 $f(x)$ 的搜索空间为 D 维，总粒子数为 N，第 $i(i = 1，2，\cdots，N)$ 个粒子位置表示为 $X_i = (X_{i1}，X_{i2}，\cdots，X_{ij}，\cdots，X_{iD})$，第 i 个粒子的飞行速度为 $V_i = (V_{i1}，V_{i2}，\cdots，V_{ij}，\cdots，V_{iD})$，第 i 个粒子飞行历史中的最优位置为 pbest，则 $P_i = (P_{i1}，P_{i2}，\cdots，P_{ij}，\cdots，P_{iD})$，而在这个群体中，至少有一个粒子是最优的，记为 gbest，则 $P_{\text{gbest}i} = (P_{\text{gbest}1}，P_{\text{gbest}2}，\cdots，P_{\text{gbest}D})$ 为当前群体搜索到的全局历史最优位置。$\text{fitness}_i = f(x_i)$ 代表第 $\text{fitness}_i = f(x_i)$ 个粒子的适应度值。

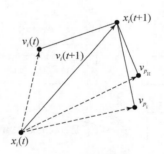

图 7-5　粒子飞行示意图

每个粒子的位置更新公式为

$$v_{ij}(t + 1) = \omega v_{ij}(t) + c_1 r_1(p_{ij} - x_{ij}(t)) + c_2 r_2(P_{\text{gbest}j} - x_{ij}(t)) \tag{7-6}$$
$$x_{ij}(t + 1) = x_{ij}(t) + v_{ij}(t + 1)$$

其中，t 表示迭代次数；$i = 1，2，\cdots，N$；$j = 1，2，\cdots，D$；c_1、$c_2 > 0$ 表示个体学习因子和社会学习因子；r_1 和 r_2 为两个取值范围在 [0，1] 的独立随机因子；ω 表示惯性权重，用来权衡局部最优能力和全局最优能力。为了平衡全局搜索能力和局部搜索能力，其值应随算法进化而线性减少（Li，2014；熊伟丽和徐保国，2006），ω 的定义为

$$\omega = \omega_{\min} + (\text{iter}_{\max} - \text{iter}) \times (\omega_{\max} - \omega_{\min})/\text{iter}_{\max} \tag{7-7}$$

其中，$\omega_{\min}$、$\omega_{\max}$ 分别为最大、最小权重因子；iter 为当前迭代次数；$\text{iter}_{\max}$ 为总的迭代次数。

粒子群算法的流程如图 7-6 所示，算法的代码描述如代码 7-1 所示。

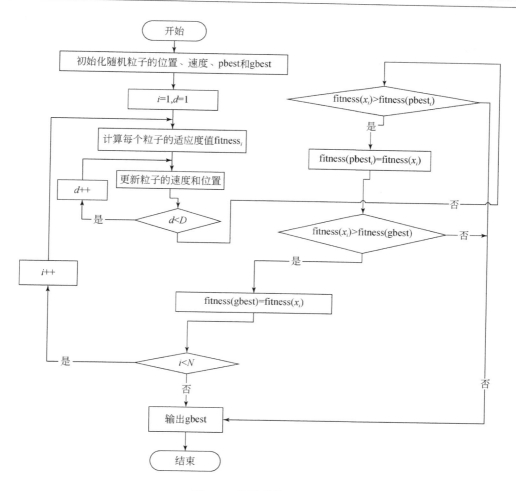

图 7-6　粒子群算法的流程

/**代码 7-1　基本粒子群算法代码**/

（1）随机初始化粒子群的位置和速度。

（2）计算每个粒子的适应度值 $fitness_i = f(x_i)$，相应地初始化 $pbest_i = fitness_i$，$gbest = min(fitness_1, fitness_2, \cdots, fitness_N)$，$i = 1, 2, \cdots, N$。

（3）对于每个粒子，将其适应度值与 $pbest$ 相比较，如果其最优，则将其作为当前最好位置，并更新 $gbest$ 和 $pbest$。

（4）将每个粒子的适应度值与 $pbest$ 的适应度值进行比较。若较好，则将其作为 $gbest$。

（5）迭代更新粒子的速度和位置。

（6）如果迭代次数未完或未找到满意的适应度值，则继续计算每个粒子的适应度值。

（7）输出 $gbest$。

7.2.4　基于 PSO-GA 的多目标优化混合软计算模型

通过上述分析可以看出粒子群算法有记忆性，而遗传算法会随着群体的不断变异而改变原有群体中的个体数值。虽然粒子群对多目标的适应度值计算和优化具有较高的计算效率，但在后期的迭代过程中会陷入局部最优，不利于求解多目标优化的全局最优解。而遗传算法由于采用了交叉和变异操作，消除了迭代过程适应度解的不适应因素，不易陷入局部最优，能够达到全局最优。

伴随着各种技术的不断替换更新、各类算法研究的不断深入，国内外学者对多目标优化算法的研究主要可归纳为对算法的基础理论分析、算法的改进和新算法的设计。针对 PSO 算法和 GA 各自的特点，作者在粒子群算法中引入遗传算法的交叉和变异算子及种群分割策略，将两种算法混合解决多目标优化问题，提出了多目标粒子群遗传混合优化算法（multi-objective particle swarm optimization-genetic algorithm，MOPSOGA）。

MOPSOGA 流程如图 7-7 所示，描述如代码 7-2 所示。

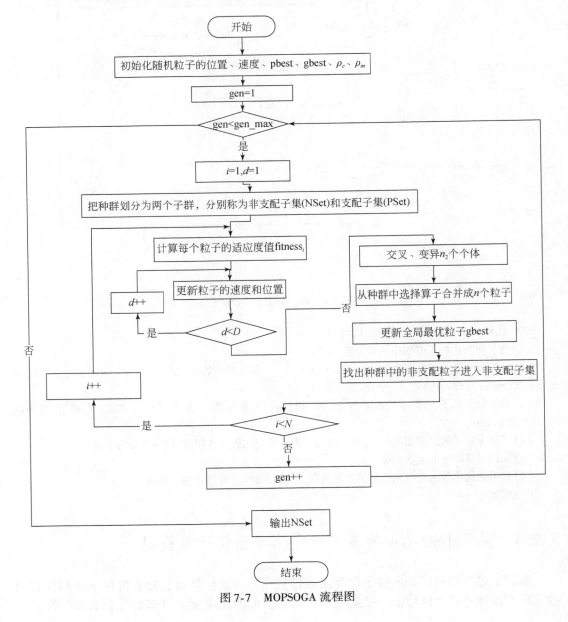

图 7-7　MOPSOGA 流程图

/**代码 7-2　MOPSOGA 代码**/

(1)初始化粒子群 p_list,种群大小为 n,把种群划分为两个子群,分别称为非支配子集(NSet)和支配子集(PSet),其中 NSet 和 PSet 的子群大小分别为 n_1、n_2,且满足 $n_1 + n_2 = n$。显然,$\forall x_i \in$ PSet,$\exists x_j \in$ NSet,使得 x_i 支配 x_j。

然后初始化交叉概率 ρ_c、变异概率 ρ_m、最大进化代数 K、c_1、c_2、r_1、r_2、ω。

```
for(i=1;i<N;i++)
    随机产生初始位置 p_list[i];
    粒子 i 的速度 v[i]=0;
    初始化粒子 i 的个体极值 pbest[i];
    初始化粒子 i 的全局极值 gbest[i];
end for
```

(2)计算种群的 fitness(x)函数值。

(3)对 NSet 内的每个粒子进行速度和位置更新。

速度更新:$v[i] = \omega \times v[i] + c_1 \times rand_1(pbest[i] - p\_list[i] + c_2 \times rand_2(gbest[i] - p\_list[i]))$

位置更新:$p\_list[i] = p\_list[i] + v[i]$

(4)(交叉)从 p_list 中按赌轮选择算子选出 n_2 个个体,以概率 ρ_c 两两进行交叉操作,得到种群 p_list_1。

(5)(变异)再从 p_list_1 中按赌轮选择算子选出 n_2 个个体,以概率 ρ_m 依次给出的变异算子对个体进行变异,得到新的种群 p_list_2。

(6)(选择)从种群 $p\_list_1 \cup p\_list_2$ 中用精英选择算子选出 n 个个体组成下一代种群 p_list,同时更新全局最优粒子 gbest。

(7)求 NSet,找出种群中的非支配粒子进入非支配子集,对 PSet 子集中的每个粒子与 NSet 子集中的每个粒子逐一进行比较,并记 PSet 子集中的粒子为 $x_1, x_2, \cdots, x_{n2}$,NSet 子集中的粒子为 $x_1, x_2, \cdots, x_{n1}$。

求 NSet 算法描述代码如下。

```
int tag=0;
for(i=1;i<n₁;i++)
  for(j=1;j<n₂;j++)
    if(p_list[i]<p_list[j])
      temp=p_list[j]
      p_list[i]=p_list[i]
      p_list[j]=temp
      tag=1;
    end if
  end for
if(tag==1)
  p_list[i]和所有的 p_list[j]比较过后,不存在 j,使得 p_list[i]=p_list[j]成立,则 p_list[i]
  也可能是一个非支配解,因此把 p_list[i]也加入 NSet 子集。
end for
```

7.2.5　MOPSOGA 性能测试及分析

为了验证带交叉因子的改进粒子群优化算法的优化效果,下面通过两个经典的测试函数对本算法进行测试，同时将 MOPSOGA 与 PSO 算法、GA、多目标遗传算法（NASAⅡ）（Deb et al.，2002）、基本多目标粒子群（CMOPSO）算法（张利彪等，2004）和基于拥挤距离排序的粒子群（CDMOPSO）算法（李中凯等，2008）进行比较。待优化的多目标问题表述如下：

$$\text{Minimize} f_1(x_1,\ x_2) = x_1^4 - 5x_1^2 + x_1 x_2 + x_2^4 - x_1^2 x_2^2$$

$$\text{Minimize} f_2(x_1,\ x_2) = x_2^4 - x_1^2 x_2^2 + x_1^4 + x_1 x_2$$

$$\text{subject to} \begin{cases} -5 \leqslant x_1 \leqslant 5 \\ -5 \leqslant x_2 \leqslant 5 \end{cases}$$

$$(7\text{-}8)$$

取种群 $N=50$，维数 $D=6$，权重 $\omega=0.9$，交叉概率 $\rho_c=0.7$，变异概率 $\rho_m=0.01$，最大进化代数 $K=3000$，$c_1=c_2=2$，适应度函数取目标函数和处理后的约束处理函数。

试验环境为：Intel Core（TM）i5-3337U 1.8GHz，8GB 内存，Windows 8.1 操作系统。

测试的多目标问题的计算结果如图 7-8 所示。

从图 7-8 中可以看出，作者提出的 MOPSOGA 能够有效地逼近测试问题的 Pareto 最优前沿，且解的散布较均匀。MOPSOGA 求得的 Pareto 前端与真实 Pareto 前端的平均距离要远好于 PSO 算法、NASA Ⅱ、CMOPSO 算法和 CDMOPSO 算法求得的结果。并且，MOPSOGA 的非支配解的分布性也要比 PSO 算法、NASA Ⅱ、CMOPSO 算法和 CDMOPSO 算法得到的非支配解的分布性好。

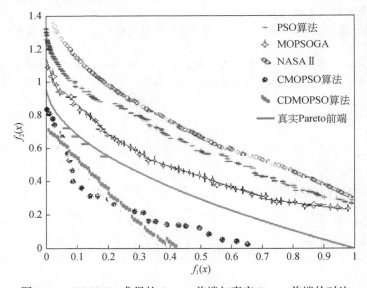

图 7-8　MOPSOGA 求得的 Pareto 前端与真实 Pareto 前端的对比

7.3　性能样机气动推进一体化多目标优化设计

7.3.1　多目标模型设计

高超声速飞行器气动推进一体化设计以通过推进系统的后体喷管产生的推力，包括轴向推力、法向推升力，以及俯仰力矩来计算气动推进不同攻角的升力和阻力等。后体喷管性能采用二维 N-S 流场计算获得，由一维燃烧室流动计算提供后体喷管的入口条件，而燃烧室由前体进气道的一维流动分析给出其入口条件，计算流程如图 7-9 所示。

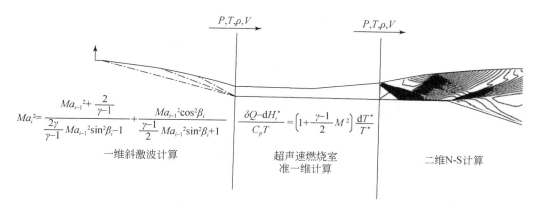

图 7-9　推进系统流动通道计算流程

P：压强；T：热力学温度；ρ：密度；V：流速；Ma：马赫数；C_p：定压比热；δ：定容比热容；
H^*：比焓；$\sin\beta$：马赫波；γ：比热比；M：速度系数；T^*：温度系数；Q：比容

对高超声速飞行器在 $Ma = 6$，高度 $h = 30\text{km}$ 的巡航状态进行气动推进一体化的性能计算，飞行器参考面积 $S = 334.72\text{m}^2$，其中气动计算针对攻角 $-6° \sim 10°$、俯仰舵偏角 $-20° \sim 20°$，推进计算针对攻角 $-6° \sim 10°$，现要求在攻角 $-6° \sim 10°$、舵偏角 $-20° \sim 20°$ 内，选择某一组值，使得升力系数 C_L 和俯仰力矩系数 C_M 的值最大，而阻力系数 C_D 的值最小。

7.3.2　多目标优化模型设计

根据设计模型，选择升力系数 C_L、阻力系数 C_D、俯仰力矩系数 C_M 为目标函数，攻角 α 和舵偏角 δ_m 为设计优化变量。高超声速飞行器气动推进力系统多目标优化问题为

$$
\begin{aligned}
&\text{Maximize}\{C_L, C_M\} \\
&\text{Minimize}\{C_D\} \\
&\text{subject to } \alpha, \delta_m \\
&\text{where} -6 \leq \alpha \leq 10 \\
&\quad -20 \leq \delta_m \leq 20
\end{aligned}
\tag{7-9}
$$

作者对高超声速飞行器采用如图 7-10 所示的气动与推进动力划分方式，气动系统负责整个飞行器外表面的气动力计算，推进系统负责燃烧室及后体喷管的计算。由 6.2.3 节提出的高超声速飞行器气动力系统参数计算模型可知，高超声速飞行器的气动力 R_Σ 包含升力 L、阻力 D、侧力 Y、滚转力矩 $\bar{L}$、俯仰力矩 M，作者采用 Winged-cone 高超声速概念飞机，其各系数计算公式为（钱学森，1954）

$$
C_L = 0.6203\alpha, \quad C_D = 0.6203\alpha^2 + 0.0043378\alpha + 0.003772, \quad C_M = 0.0292(\delta_m - \alpha)
$$

$$
\tag{7-10}
$$

采用攻角 α 和舵偏角 δ_m 作为设计优化变量数值模拟的值，采用 MOPSOGA 完成高超声速飞行器气动推进动力系统性能的多目标优化，整个多目标优化设计流程如图 7-11 所示。程序分为一维优化设计和二维优化设计两级，均采用 7.2 节设计的基于 MOPSOGA 的多目标优化遗传算法对高超声速飞行器气动推进动力系统进行多目标优化设计。

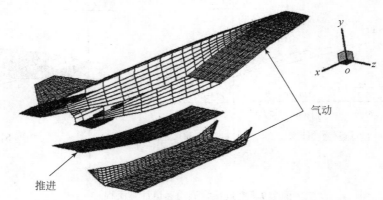

图 7-10　气动与推进动力分解模型

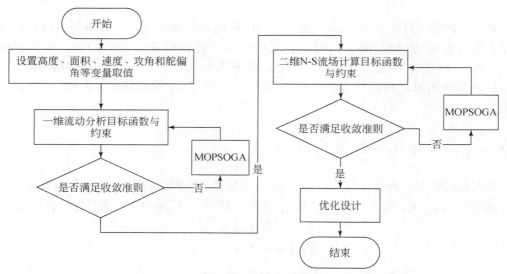

图 7-11　高超声速飞行器气动推进一体化多目标优化设计流程图

7.3.3　多目标优化结果分析

作者探讨的高超声速飞行器气动推进一体化优化设计为 2 变量多目标优化设计问题，其中气动计算针对攻角 α 范围 $-6° \sim 10°$、俯仰舵偏角 δ_m 范围 $-20° \sim 20°$，共计 50 个状态进行了外流气动力的计算；推进计算针对攻角 α 范围 $-6° \sim 10°$，变量的变化范围及基准值如表 7-2 所示。

表 7-2　设计变量及描述

类别	设计变量	描述	基准值	变化范围
气动系统	α	攻角	5°	−6°~10°
	δ_m	舵偏角	10°	−20°~20°
推进系统	α	攻角	5°	−6°~10°

MOPSOGA 优化过程的种群 $N=50$，维数 $D=4$，权重 $\omega=0.8$，交叉概率 $\rho_c=0.7$，变异概率 $\rho_m=0.01$，最大进化代数 $K=20$，$c_1=c_2=0.8$。粒子适应度函数的计算采用公式 (7-7)，每个个体的适应度值有三个，即升力系数 C_L、阻力系数 C_D 和俯仰力矩系数 C_M，同时个体必须满足攻角 α 和舵偏角 δ_m 及约束。在 MOPSOGA 优化过程中，从随机初始化的群体中选择非劣解，而非劣解的集合随着迭代次数的不断推进而发生更新和变化，形成最终的 Pareto 非劣解集。当其他粒子的 C_L、C_D 和 C_M 均不优于群体中的某个粒子时，把该粒子添加到非劣解集中，并作为当前群体的最优化粒子。

采用 MOPSOGA 计算的气动一体化多目标性能计算结果如表 7-3 所示。

表 7-3　气动一体化多目标性能计算结果

序号	$\alpha/(°)$	$\delta_m/(°)$	C_L	C_D	C_M
1	−6	−20	−3.7218	22.3085	−0.4088
2	−5.8	−19.2	−3.5977	20.8455	−0.3913
3	−5.6	−18.4	−3.4737	19.4321	−0.3738
4	−5.4	−17.6	−3.3496	18.0683	−0.3562
5	−5.2	−16.8	−3.2256	16.7541	−0.3387
6	−5	−16	−3.1015	15.4896	−0.3212
7	−4.8	−15.2	−2.9774	14.2747	−0.3037
8	−4.6	−14.4	−2.8534	13.1094	−0.2862
9	−4.4	−13.6	−2.7293	11.9937	−0.2686
10	−4.2	−12.8	−2.6053	10.9276	−0.2511
11	−4	−12	−2.4812	9.9112	−0.2336
12	−3.8	−11.2	−2.3571	8.9444	−0.2161
13	−3.6	−10.4	−2.2331	8.0272	−0.1986
14	−3.4	−9.6	−2.109	7.1597	−0.1810
15	−3.2	−8.8	−1.985	6.3418	−0.1635
16	−3	−8	−1.8609	5.5735	−0.1460
17	−2.8	−7.2	−1.7368	4.8548	−0.1285
18	−2.6	−6.4	−1.6128	4.1857	−0.1110
19	−2.4	−5.6	−1.4887	3.5663	−0.0934
20	−2.2	−4.8	−1.3647	2.9965	−0.0759
21	−2	−4	−1.2406	2.4763	−0.0584
22	−1.8	−3.2	−1.1165	2.0057	−0.0409
23	−1.6	−2.4	−0.9925	1.5848	−0.0234

序号	$\alpha/(°)$	$\delta_m/(°)$	C_L	C_D	C_M
24	−1.4	−1.6	−0.8684	1.2135	−0.0058
25	−1.2	−0.8	−0.7444	0.8918	0.0117
26	−1	0	−0.6203	0.6197	0.0292
27	−0.8	0.8	−0.4962	0.3973	0.0467
28	−0.6	1.6	−0.3722	0.2245	0.0642
29	−0.4	2.4	−0.2481	0.1013	0.0818
30	−0.2	3.2	−0.1241	0.0277	0.0993
31	0	4	0	0.0038	0.1168
32	0.2	4.8	0.1241	0.0295	0.1343
33	0.4	5.6	0.2481	0.1048	0.1518
34	0.6	6.4	0.3722	0.2297	0.1694
35	0.8	7.2	0.4962	0.4042	0.1869
36	1	8	0.6203	0.6284	0.2044
37	1.2	8.8	0.7444	0.9022	0.2219
38	1.4	9.6	0.8684	1.2256	0.2394
39	1.6	10.4	0.9925	1.5987	0.2570
40	1.8	11.2	1.1165	2.0214	0.2745
41	2	12	1.2406	2.4936	0.2920
42	2.2	12.8	1.3647	3.0156	0.3095
43	2.4	13.6	1.4887	3.5871	0.3270
44	2.6	14.4	1.6128	4.2083	0.3446
45	2.8	15.2	1.7368	4.8791	0.3621
46	3	16	1.8609	5.5995	0.3796
47	3.2	16.8	1.985	6.3695	0.3971
48	3.4	17.6	2.109	7.1892	0.4146
49	3.6	18.4	2.2331	8.0585	0.4322
50	3.8	19.2	2.3571	8.9774	0.4497

采用 MOPSOGA 对气动一体化多目标性能计算数据进行多目标性能优化计算，得到的 Pareto 优化解结果如表 7-4 所示。MOPSOGA 求得的 Pareto 优化解与设计候选解的对比如图 7-12 所示。

表 7-4　气动一体化多目标性能计算 Pareto 优化解结果

序号	$\alpha/(°)$	$\delta_m/(°)$	C_L	C_D	C_M
1	1.4	9.6	0.8684	1.2256	0.2394
2	2	12	1.2406	2.4936	0.292
3	0.6	6.4	0.3722	0.2297	0.1694
4	0.6	6.4	0.3722	0.2297	0.1694

续表

序号	$\alpha/(°)$	$\delta_m/(°)$	C_L	C_D	C_M
5	0	4	0	0.0038	0.1168
6	2.8	15.2	1.7368	4.8791	0.3621
7	3.2	16.8	1.985	6.3695	0.3971
8	1	8	0.6203	0.6284	0.2044
9	1.2	8.8	0.7444	0.9022	0.2219
10	1.6	10.4	0.9925	1.5987	0.257
11	1.8	11.2	1.1165	2.0214	0.2745
12	2	12	1.2406	2.4936	0.292
13	3.4	17.6	2.109	7.1892	0.4146
14	3.6	18.4	2.2331	8.0585	0.4322
15	0.2	4.8	0.1241	0.0295	0.1343
16	0.4	5.6	0.2481	0.1048	0.1518
17	0.8	7.2	0.4962	0.4042	0.1869
18	1.4	9.6	0.8684	1.2256	0.2394
19	2.2	12.8	1.3647	3.0156	0.3095
20	2.4	13.6	1.4887	3.5871	0.327

　　由图 7-12 可知,算法搜索到的非劣解构成了 Pareto 面,算法搜索取得了很好的效果。在攻角 α 变化的条件下,升力系数 C_L、阻力系数 C_D 和俯仰力矩系数 C_M 的值均有所提高,攻角对升力系数与阻力系数的影响如图 7-13 所示,升力系数的增加由后体喷管推力产生的法向力分量所致,阻力系数的增加由后体喷管在有燃气通过时黏性阻力大于无燃气通气状态的黏性阻力所致,图 7-14 进一步显示了攻角 α 和舵偏角 δ_m 对俯仰力矩系数 C_M 的影响。

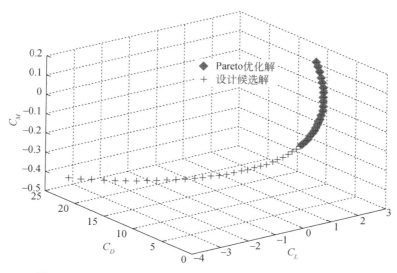

图 7-12　MOPSOGA 求得的 Pareto 优化解与设计候选解的对比

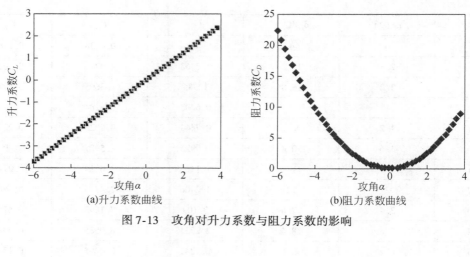

(a)升力系数曲线　　　　　(b)阻力系数曲线

图 7-13　攻角对升力系数与阻力系数的影响

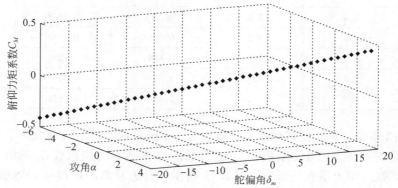

图 7-14　攻角 α 和舵偏角 δ_m 对俯仰力矩系数 C_M 的影响

7.4　性能样机外形气动一体化多目标优化设计

7.4.1　多目标模型设计

　　高超声速飞行器外形的显著特点是机身与推进系统的一体化，机身与推进系统的流动通道构型的设计是密不可分的，二者合而为一，是相互利用、相互作用的关系。在高超声速飞行器的研制设计过程中，必须进行机身与推进的一体化设计，并开展气动、动力、结构、控制等多学科的分析与总体设计优化。这就要求在研究过程中各学科以一个共同的外形对象开展分析，特别是在多学科设计优化的过程中，需要一个参数化的飞行器几何模型，在设计寻优中，随着设计参数的改变，生成新的飞行器外形，为各分学科分析提供一个统一的几何模型。在第 5 章论述了 Winged-cone 高超声速概念飞行器标准外形参数模型，表6-1列出了该模型的几何参数，本节所实现的外形参数优化设计以表6-1所示的外形设计参数作为参考值。

作者以欧洲航天局为其载人天地往返运输系统计划中宇航员输送舱（CTV）所提出的气动构形模型为基础，以 Winged-cone 高超声速概念飞行器翼身组合体为例，取马赫数 $Ma = 6$，高度为 $H = 30\mathrm{km}$，迎角 α 为 $6°$；将机身长度 L 取为参考长度，设计参数为：参考面积 S、翼展 WS、前缘后掠角 χ 和平均气动弦长，使得飞行器具有较高的升阻比 K 和最大效用体积 U。

7.4.2　多目标优化模型设计

根据设计模型，选择升阻比 K 和最大效用体积 U 为目标函数，$(x)_D = [S, \mathrm{WS}, \chi, B]$ 为设计优化变量。高超声速飞行器外形气动系统多目标优化问题为

$$\text{Maximize}\{f_1 = K = C_L/C_D,\ f_2 = U\}$$
$$\text{subject to}(x)_D = [S, \mathrm{WS}, \chi, B, T] \tag{7-11}$$
$$\text{where } Ma = 6,\ H = 30\mathrm{km},\ \alpha = 6°,\ L = 60.96\mathrm{m}$$

其中，$K = C_L/C_D$，C_L 为升力系数，C_D 为阻力系数；$U = 6\sqrt{\pi}V/S^{3/2}$，V 为体积，S 为参考面积。采用 MOPSOGA 完成高超声速飞行器飞行器外形气动系统性能的多目标优化，整个多目标优化设计流程如图 7-15 所示，采用 7.2 节设计的基于 MOPSOGA 的多目标优化遗传算法对高超声速飞行器外形气动系统进行多目标优化设计。

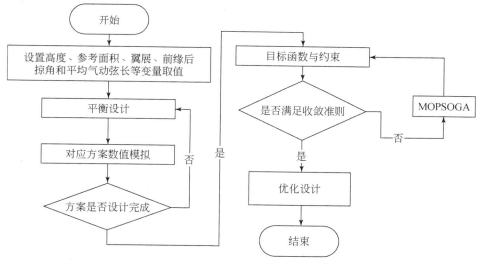

图 7-15　高超声速飞行器气动推进一体化多目标优化设计流程图

7.4.3　多目标优化结果分析

作者探讨的高超声速飞行器外形气动一体化优化设计为 4 变量多目标优化设计问题，其中马赫数 $Ma = 6$，高度为 $H = 30\mathrm{km}$，迎角 α 为 $6°$，变量的变化范围及基准值如表 7-5 所示。

根据上述优化模型可以看出，一般细长的飞行器具有较高的升阻比，而钝体的飞行

器具有最大效用体积，因此上述优化问题的两个设计目标是冲突的。

表 7-5　设计变量及描述

设计变量	描述	基准值	变化范围
S/m^2	参考面积	334.73	260 ~ 360
WS/m	翼展	18.29	12 ~ 30
$\chi/(°)$	前缘后掠角	1	0.1 ~ 2
B/m	平均气动弦长	24.28	15 ~ 35

　　MOPSOGA 优化过程的种群 $N=50$，维数 $D=4$，权重 $\omega=0.8$，交叉概率 $\rho_c=0.7$，变异概率 $\rho_m=0.01$，最大进化代数 $K=20$，$c_1=c_2=0.8$。粒子适应度函数采用公式（7-7）和 $U=6\sqrt{\pi}V/S^{3/2}$ 混合而成，每个个体的适应度值为升阻比 K 和最大效用体积 U，同时个体必须满足 $(x)_D=[S, WS, \chi, B]$ 的约束。在 MOPSOGA 优化过程中，当其他粒子的 K，U 均优于某个粒子时，把该粒子添加到非劣解集中，采用 MOPSOGA 计算的外形气动一体化多目标性能计算结果如图 7-16 所示，每个最优解如表 7-6 所示。

　　在图 7-16 中，优化点 A 代表飞行器最大效用体积 U 最小，为 83.4794m³，但机身机翼升阻比 K 大，有 39.2345；优化点 B 代表机身机翼升阻比 K 最小，为 14.3932，但最大效用体积 U 最大，达到 964.9882m³；优化点 C 权衡了升阻比和最大效用体积特性，升阻比和最大效用体积均适中。设计人员可从 Pareto 最优解集中，获得权衡了升阻比和最大效用体积特性的设计方案。

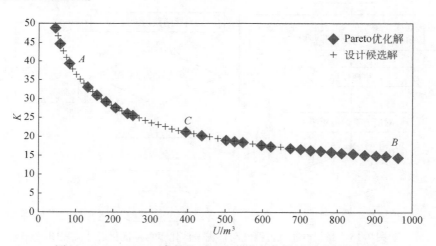

图 7-16　MOPSOGA 求得的 Pareto 优化解与设计候选解的对比

表 7-6　Pareto 最优解集

参考面积/m²	翼展/m	前缘后掠角/(°)	平均气动弦长/m	体积/m³	升阻比
230	26	55	15.8	45.2328	48.7999
233	28	57	16.2	700.9581	16.5349
235	34	58	16.6	728.1437	16.266

续表

参考面积/m²	翼展/m	前缘后掠角/(°)	平均气动弦长/m	体积/m³	升阻比
236	36	60	17	755.868	16.0056
238	40	61	17.4	784.1308	15.7535
239	42	62	17.8	812.9316	15.5092
242	46	64	18.2	842.2701	15.2724
243	50	65	18.6	872.1456	15.0427
245	54	66	19	902.5576	14.8198
246	60	67	19.4	933.5053	14.6034
250	62	68	19.8	964.9882	14.3932
251	64	69	20.2	83.4794	39.2345
252	68	70	20.6	181.9249	28.9995
253	70	71	21	133.3033	32.803
255	74	72	21.4	254.0636	25.3281
256	78	73	21.8	437.4763	20.2103
258	80	74	22.2	549.1653	18.3557
259	82	75	22.6	156.6205	30.7842
260	84	76	23	396.5529	21.0615
261	88	77	23.4	502.8778	19.0552
262	90	78	23.8	525.7525	18.6989
263	92	79	24.2	597.6066	17.7058
264	94	81	24.6	622.6357	17.3978
265	96	82	25	674.3115	16.8129
266	100	84	25.4	59.1896	44.4643
267	102	85	25.8	209.2459	27.4102
268	104	90	26.6	238.609	25.9861

7.5　性能样机协同仿真系统可靠性指标分配优化

当前有关复杂系统的仿真注重各子系统间的参数传递与功能集成,而往往忽视了复杂系统仿真可靠性的研究。1954 年钱学森同志在其著作《工程控制论》中指出"使用不太可靠的元器件也可以组成一个可靠的系统"(钱学森,1954),首次阐明应用系统工程的方法和技术来提高复杂系统的可靠性问题。

7.5.1　复杂系统可靠性指标分配理论

复杂系统分布式仿真可靠性指通过在建模设计阶段所构建的系统可靠性任务指标体系应用一定的算法分配给各子系统,在综合仿真阶段对组成系统的子系统进行可靠性分析与评价。复杂系统的可靠性指标设置对整个系统的设计与生产起着重要的作用,可靠性指标设置过低会使整个系统的可靠性降低，但容易实现；如果可靠性指标设置过高，会增加产品的开发成本并且实现难度较大（Moore and Chapman，1999）。所以需要应用系统工程的相关理论与方法将可靠性分配给组成系统的各子系统，保证整个系统的可靠性要求得到满足。

针对上述需求分析，国内外学者根据可靠性指标分配因素提出了众分配方法，如层次分析法、动态规划法、故障树分析法和拉格朗日乘数法等。但是，对于复杂系统可靠指标的分配需要在系统工程方法的指导下，综合考虑系统中各组成单元之间的可靠度及各种资源、费用、体积、重量等因素的可靠性优化分配问题（Zhang and Xue，2015）。近年来，国内外学者利用神经网络、蚁群算法、混合遗传算法、禁忌搜索、模拟退火算法、人工免疫算法等智能算法求解可靠性优化分配取得了一定的效果，但对于复杂系统的可靠性优化分配其收敛速度较慢。作者提出了基于 MOPSOGA 的性能样机 HLA 仿真系统可靠性指标分配方法。

7.5.2　分布式协同仿真系统可靠性指标分配方法

一个复杂系统的可靠性指标的求解问题可以表述为（原菊梅，2011b）：

$$f(R_1, R_2, \cdots, R_n) \geqslant R_s \tag{7-12}$$

其中，R_s 为可靠性指标；R_1，R_2，$\cdots$，R_n 为分配给第 1，2，$\cdots$，n 个子系统的指标；$f(x)$ 为各子系统和可靠性之间的函数关系。

可靠性分配的关键是确定相应的分配模型，对于串联型系统，可靠性分配原则是按等分方法，例如，对于一个由 n 个串联单元组成的系统，若设系统的可靠性指标为 R_s，则分配给每个子系统的可靠性指标为

$$R_i = \sqrt[n]{R_s} \tag{7-13}$$

对于具有相同元素的并联系统，其可靠性指标为

$$R_i = 1 - \sqrt[n]{1 - R_s} \tag{7-14}$$

如前所述，复杂系统可靠性指标的分配需要综合考虑系统中各组成单元之间的可靠度及各种资源、成本和重量等因素。拉格朗日模型是一个融合了成本和可靠性的成熟模型，其前提条件是假定组件的不可靠度 F_i 的对数与成本 w_i 构建一个比例函数（k_i），其表示方法为

$$k_i = \frac{\dfrac{w^*}{\ln F_i}}{\displaystyle\sum_{i=1}^{n} \dfrac{w_i}{\ln F_i}} \tag{7-15}$$

其中，w^* 为成本最优值。

一般应用一个三参数指数成本函数来表示成本函数模型，表示方法为

$$c_i(R_i: f_i, R_{i,\min}, R_{i,\max}) = e^{(1-f)\frac{R_i - R_{i,\min}}{R_{i,\max} - R_i}} \tag{7-16}$$

其中，f_i 是提高子系统可靠性的可靠度，取值范围为 $[0, 1]$，取值越大，说明提高子系统可靠性的可行性越大；R_i 为第 i 个子系统的可靠度，取值范围为 $[R_{i,\min}, R_{i,\max}]$；$R_{i,\min}$ 表示子系统在工作一段时间后第 i 个子系统失效分布的最小可靠度；$R_{i,\max}$ 是当前第 i 个子

系统能达到的最大可靠度。

7.5.3　基于 MOPSOGA 的性能样机系统可靠性分配多目标优化

大型复杂航天产品的一体化 HLA 仿真涉及气动力、外形结构、推进、控制、性能/弹道、气动热等多个子系统，设定各个子系统之间相互独立，各个子系统仅有失效和正常两种状态，系统总成本是各个子系统成本之和，对于由六个子系统组成的混联性能样机系统，计算在不同的可行度和最大可靠度条件下的系统组件最优分配值。设所有子系统最初可靠度均为 0.92，要求系统可靠度 R_s 达到 0.96，并且成本最小，这是一个典型的多目标优化问题。

根据设计模型，选择成本 c_i 和最大可靠度 R_i 为目标函数，各个提高子系统可靠性的可靠度 $R_{i,\min}$、$R_{i,\max}$ 和成本 f_i 组成的分配条件为设计优化变量。复杂系统可靠性指标分配多目标优化问题为

$$
\begin{aligned}
&\max\{f(R_1,\ R_2,\ \cdots,\ R_n) \geqslant R_s\}\\
&\min\{c_i(R_i: f_i,\ R_{i,\ \min},\ R_{i,\ \max})\}\\
&\text{subject to } f_i,\ c_i,\ R_{i,\ \min},\ R_{i,\ \max}\\
&\text{where } R_s \geqslant 0.96,\ f_i = [0,\ 1]
\end{aligned}
\tag{7-17}
$$

采用 MOPSOGA 完成性能样机可靠性系统性能的多目标优化设计。由气动力、外形结构、推进、控制、性能/弹道、气动热等多个子系统组成的性能样机模型如图 7-17 所示。

经推导系统的可靠度为

$$
R_s = 1 - \{R_1[(1 - R_2)(1 - R_3)]R_4[(1 - R_5)(1 - R_6)]\}
\tag{7-18}
$$

总本成为

$$
c = \sum_{i=1}^{6} c_i
\tag{7-19}
$$

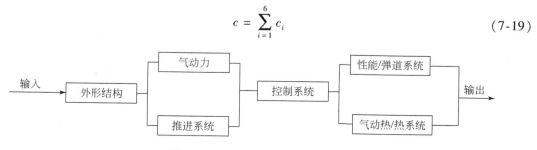

图 7-17　性能样机模型可靠性模型

MOPSOGA 优化过程的种群 $N=50$，维数 $D=4$，权重 $\omega=0.8$，交叉概率 $\rho_c=0.7$，变异概率 $\rho_m=0.01$，最大进化代数 $K=20$，$c_1=c_2=0.8$；$f_1=0.62$，$f_2=0.22$，$f_3=0.51$，$f_4=0.92$，$f_5=0.72$，$f_6=0.32$；$R_{\max}=0.99$，$R_{\min}=0.2$。粒子适应度值采用公式（5-13）和公式（5-15）来进行计算，在 R_s 为 0.96 的条件下，每个个体的适应度值为成本 c_i 和最大可靠性分配值 R_i。在 MOPSOGA 优化过程中，当其他粒子的 c_i、R_s 均优于某个粒子时，把该粒子添加到非劣解集中，采用 MOPSOGA 计算的性能样机多目标性能计算结果如图 7-18 所示，每个最优解如表 7-7 所示。

由图 7-18 可知，算法搜索到的非劣解构成了 Pareto 面，算法搜索取得了很好的效果，

如果要提高各个子系统的可靠度，设计成本也相应提高。

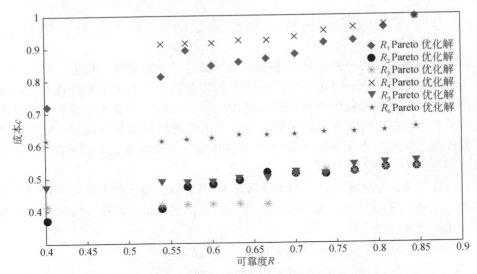

图 7-18　MOPSOGA 求得的可靠性指标分配与成本关系

表 7-7　可靠性指标分配 Pareto 最优解集

c_i	R_1	R_2	R_3	R_4	R_5	R_6
0.4021	0.7223	0.3734	0.4123	0.8934	0.4721	0.6132
0.5403	0.8132	0.4070	0.4152	0.9119	0.4871	0.6123
0.5704	0.8932	0.4747	0.4181	0.9132	0.4887	0.6157
0.6015	0.8453	0.4821	0.4188	0.9143	0.4898	0.6213
0.6337	0.8567	0.4934	0.4191	0.9211	0.4986	0.6289
0.6669	0.8656	0.5152	0.4194	0.9214	0.4990	0.6301
0.7010	0.8798	0.5121	0.5121	0.9316	0.5198	0.6312
0.7361	0.9153	0.5131	0.5201	0.9516	0.5132	0.6365
0.7720	0.9211	0.5186	0.5211	0.9612	0.5381	0.6388
0.8087	0.9613	0.5298	0.5312	0.9689	0.5434	0.6401
0.8460	0.9932	0.5324	0.5319	0.9919	0.5490	0.6510

7.6　性能样机验证总体方案及多学科优化

　　鉴于 Winged-cone 高超声速概念飞行器具有较详细的整机参数、气动参数和飞行试验数据，作者将其作为多学科设计优化的算例，验证 7.5 节介绍的多目标协同优化算法的有效性和可行性。

7.6.1　基于代理模型的多目标协同优化系统

　　根据多目标协同优化算法框架和优化计算流程，针对高超声速飞行器性能样机总体多学科设计优化模型，可以将其分解为一个系统级优化问题和四个学科级优化问题。

系统级优化问题的数学表述如下：

$$\text{Minimize：} F(Z) = F = -\left\{ k_1 \frac{F_1^*}{z_0} + k_2 \frac{F_2^*}{V_{\max}} + k_3 \frac{F_3^*}{P} + k_4 \frac{F_4^*}{d_p} \right\} \tag{7-20}$$

$$X_s = \{S, \ \text{WS}, \ B, \ T, \ \chi\}, \quad Y^0 = \{C_L, \ C_D, \ C_M, \ \alpha, \ \delta_m\}$$

其中，F_i^* 为各学科级优化返回的目标最优值；X_s 为系统级共享设计变量；Y^0 为学科间耦合设计变量。

学科级优化问题表述如下。

（1）飞行性能。

$$\text{Maximize：} Z_1 = z_1 - R \cdot \sum_{j=1}^{6} \left\{ \max(0, \ K_j) \right\}^2 \tag{7-21}$$

$$z_1 = a_{\max} \qquad\qquad\qquad X_1 = \{\text{无}\}$$

$$K_1 = V_{\max}^0 - V_{\max} \geq 0 \qquad K_2 = V_{y\max}^0 - V_{y\max} \geq 0$$

$$K_3 = H_D^0 - H_D \geq 0 \qquad K_4 = T_{\max}^0 - T_{\max} \geq 0$$

$$K_5 = L_{\max}^0 - L_{\max} \geq 0 \qquad K_6 = P_w^0 - P_w \geq 0$$

其中，$V_{\max}$ 为最大飞行速度；$V_{\max}^0$ 为修正前的最大飞行速度；$V_{y\max}$ 为最大爬升速度；$V_{y\max}^0$ 为修正前的最大爬升速度；H_D 为最大飞行高度；H_D^0 为修正前的最大飞行高度；$T_{\max}$ 为最大航时；$T_{\max}^0$ 为修正前的最大航时；$L_{\max}$ 为最大航程；$L_{\max}^0$ 为修正前的最大航程；P_w 为有效载荷；P_w^0 为修正前的有效载荷；z_1 为飞行性能学科的优化目标（最大加速度）；R 为罚因子；K_j 为飞行性能学科的局部设计约束；X_1 为飞行性能学科的局部设计变量。因为本学科无局部设计变量，因此本学科级只进行分析计算，不进行优化。

（2）操纵性能。

$$\text{Minimize：} Z_2 = R \cdot \sum_{m=1}^{3} \left\{ \max(0, \ K_m) \right\}^2 \tag{7-22}$$

$$K_1 = S_{v_0}^0 - S_{v_0} \geq 0 \qquad K_2 = S_v^0 - S_v \geq 0$$

$$K_3 = S_H^0 - S_H \leq 0 \qquad X_2 = \{\text{无}\}$$

其中，$S_{v_0}^0$ 为修正前，高速飞行时的速度静稳定性系数；S_{v_0} 为高速飞行时的速度静稳定性系数；S_v^0 为修正前，中低速飞行时的速度静稳定性系数；S_v 为中低速飞行时的速度静稳定性系数；S_H^0 为修正前的纵向运动阻尼；S_H 为纵向运动阻尼；R 为罚因子；K_m 为操纵性能学科的局部设计约束；X_2 为操纵性能学科的局部设计变量。因为本学科无局部设计变量，因此本学科级只进行分析计算，不进行优化。

（3）机动性能。

$$\text{Minimize：} Z_3 = z_3 + R \cdot \sum_{n=1}^{3} \left\{ \max(0, \ K_n) \right\}^2 \tag{7-23}$$

$$K_1 = \theta_{\max}^0 - \theta_{\max} \geq 0 \qquad K_2 = T_p^0 - T_p \leq 0$$

$$K_3 = n_{\max} - n_{\max}^0 \geq 0 \qquad X_3 = \{A_w\}, \ z_3 = l_p$$

其中，$\theta_{\max}^0$ 为修正前的最大转弯角速率；$\theta_{\max}$ 为最大转弯角速率；T_p^0 为修正前的 180° 等高度减速转弯时间；T_p 为 180° 等高度减速转弯时间；$n_{\max}$ 为最大转弯过载；$n_{\max}^0$ 为修正前的最大转弯过载；A_w 为短翼面积；l_p 为 180°等高度减速转弯的贯入距离；z_3 为机动性能学科的优化目标（贯入距离）；R 为罚因子；K_n 为机动性能学科的局部设计约束；X_3 为机动性能学科的局部设计变量。

（4）气动性能。

$$\text{Minimize}: Z_4 = z_4 + R \cdot J_4 + R \cdot \sum_{i=1}^{3} \{\max(0, K_i)\}^2 \qquad (7\text{-}24)$$

$$K_1 = \text{Cd}_{\max x}^0 - \text{Cd}_{\max x} \leqslant 0$$

$$K_2 = \text{Cd}_{\max}^0 - \text{Cd}_{\max} \leqslant 0$$

$$K_3 = L/D^0 - L/D \geqslant 0$$

$$X_4 = \{A_1, A_2, A_3, P_{F_1}, P_{F_2}\}, \quad J_4 = |P_x - P_x^0|^2 z_4 = P$$

其中，A_1、A_2、A_3 为翼型参数；P_{F_1}、P_{F_2} 为翼型分隔点；P_x 为悬停功率；P_x^0 为修正前的悬停功率；P 为起飞功率；L/D^0 为修正前的升阻比；L/D 为升阻比；$\text{Cd}_{\max}^0$ 为修正前的机翼剖面最大阻力系数；$\text{Cd}_{\max}$ 为机翼剖面最大阻力系数；$\text{Cd}_{\max x}^0$ 为修正前的悬停机翼剖面最大阻力系数；$\text{Cd}_{\max x}$ 为悬停机翼剖面最大阻力系数；J_4 为气动性能学科的一致性约束；K_i 为气动性能学科的局部设计约束；R 为罚因子；z_4 为气动性能学科的优化目标（比冲）；X_4 为气动性能学科局部设计变量。

根据以上对某高超声速飞行器多学科优化模型的 MOCO 表述，可总结出其优化流程，如图 7-19 所示。

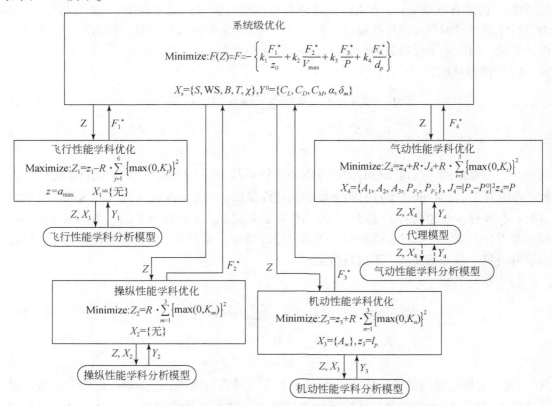

图 7-19 某飞行器性能样机多学科模型的 MOCO 优化流程

7.6.2　优化结果与算法性能对比分析

本节利用 Winged-cone 高超声速概念飞行器来验证上面提出的 MOCO 算法的可行性和有效性，并与 CO 算法进行对比分析。

表 7-8 为某飞行器性能样机的各学科局部设计变量优化值（注：翼型 1 表示 SC1095翼型；翼型 2 表示 SC1095R8 翼型；翼型 3 表示 SC1095A4 翼型）。

表 7-8　某飞行器性能样机局部设计变量优化值

学科	设计变量名称	变量名	设计范围	某飞行器	CO	MOCO	单位
机动性能	A_w	短翼面积	$0 \sim 2.0$	0.7	0.63	0.72	m^2
气动性能	A_1	翼型 1	$\{1, 2\}$	1	2	1	—
	A_2	翼型 2	$\{1, 2\}$	2	2	2	—
	A_3	翼型 3	$\{1, 2\}$	1	1	2	—
	P_{F_1}	翼型分隔点 1	$0.1 \sim 0.8$	0.486	0.451	0.512	
	P_{F_2}	翼型分隔点 2	$P_{F_1} \sim 0.9$	0.725	0.731	0.729	

表 7-9 为某飞行器性能样机的各学科约束值；图 7-20 为两种优化算法的约束值对比图。

表 7-9　某飞行器性能样机的各学科约束值

学科	设计变量名称	变量名	设计范围	某飞行器	CO	MOCO	单位
飞行性能	V_{max}	最大飞行速度	$\geqslant 5$	6.18	6.57	6.24	Ma
	V_{ymax}	最大爬升速度	$\geqslant 4.5$	5.32	5.75	5.48	Ma
	H_D	最大飞行高度	$\geqslant 30$	38	46	41	km
	T_{max}	最大航时	$\geqslant 0.2$	1.5	1.8	1.6	h
	L_{max}	最大航程	$\geqslant 1000$	1200	1408	1311	km
	P_w	有效载荷	$\geqslant 1$	1.2	1.9	1.3	t
操纵性能	S_{v0}	大于 6 马赫时的速度静稳定系数	>0.009	0.011	0.035	0.027	—
	S_v	$5 \sim 6$ 马赫时的速度静稳定性系数	>0.01	0.04	0.09	0.05	—
	S_H	纵向运动阻尼	<-2.3	-1.633	-1.695	-1.702	—
机动性能	θ_{max}	最大转弯角速率	>25	27.2	26.4	27.5	rad/s
	T_p	180° 等高度减速转弯时间	<13	12.7	11.1	12.5	s
	n_{max}	最大转弯过载	>1.5	2.357	1.956	1.982	t

续表

学科	设计变量名称	变量名	设计范围	某飞行器	CO	MOCO	单位
气动性能	P_x	悬停功率	<200000	189350	185672	187889	kW
	L/D	升阻比	<50	14.8198	25.7903	13.2588	—
	Cd_{max}	机翼剖面最大阻力系数	<0.03	0.0145	0.0156	0.0142	—
	$Cd_{max\,x}$	悬停机翼剖面最大阻力系数	<0.05	0.0476	0.0451	0.0509	—

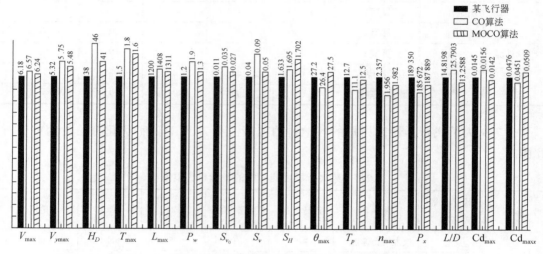

图 7-20　某航天器性能样机多学科性能的约束优化值对比

表 7-10 为某飞行器性能样机的各学科优化目标值；图 7-21 为两种不同算法的优化结果对比图；图 7-22 为两种不同算法的最优个体目标函数进化历程对比图。

表 7-10　某飞行器性能样机的各学科优化目标值

学科	设计变量名称	变量名	某飞行器	CO 算法	MOCO 算法
整机性能	$F(Z)$	优化总目标	1	1.09268	1.08992
飞行性能	a_{max}	最大加速度	$6.23g$	$7.156g$	$6.978g$
机动性能	l_p	180°等高度减速转弯贯入距离/km	1.597	1.105	1.112
气动性能	P	比冲/s	3623	3751	3823

从以上的优化结果可以看出以下结论。

（1）通过总体参数的多学科设计优化，某飞行器的性能样机相对原型机性能提高了 7% 左右，尤其机动性能提升较明显。

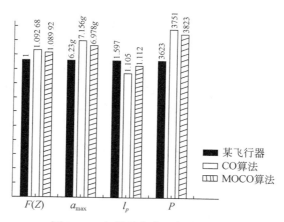

图 7-21　各学科优化目标值对比图

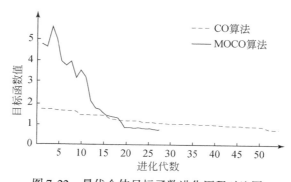

图 7-22　最优个体目标函数进化历程对比图

（2）对比 CO 算法和 MOCO 算法的优化结果，两者均可以找到基本相同的优化方案。

（3）通过比对耦合设计变量的全局输入值和学科输出值，MOCO 算法提出的用罚函数法来处理学科间一致性约束的方法能够取得预期效果。

（4）从优化历程可看出，MOCO 算法由于采用了一致性约束函数，目标函数的起始值一般较大，但后期表现出比 CO 算法更好的收敛性。

因此，本章基于代理模型的多目标协同优化算法，解决某飞行器性能样机总体多学科的设计优化模型是可行且可靠的。

7.6.3　性能样机的可信度分析

在改进某飞行器性能样机总体多学科的设计优化模型后，还有一个关键问题亟待解决，即性能样机的可信度问题。由于对仿真系统可信度评估的研究成果较多，作者不再将此作为研究重点，而是重点考虑缺陷环节对仿真系统可信度的影响。同时，这也是性能样机仿真系统集成验证的关键一环。

　　由于性能样机仿真系统的优化改进存在时间及资金的限制，不可能对仿真系统的所有缺陷环节都一一进行改进。那么，首先就要对那些可信度较低的缺陷环节优先进行改进；其次，在改进某些缺陷环节时，可能会对仿真系统的其他环节造成影响，所以如何界定各耦合环节的影响程度大小等，都是作者接下来需要研究的问题。因此，本节以某飞行器性能样机的多学科参数模型及优化结果为基础，结合 Sobol 法与正交设计法，提出某飞行器性能样机的可信度缺陷环节分析方法，具体步骤如下。

　　(1) 将性能样机系统的要素集 $M = \{m_1, m_2, \cdots, m_n\}$ 划分为两个子集：缺陷集 $M_1 = \{m_i \in M \mid 0 \leqslant v(m_i) < \delta\}$ 与可信集 $M_2 = \{m_i \in M \mid \delta \leqslant v(m_i) \leqslant 1\}$。其中，$\delta$ 表示仿真可信度的可接受水平，工程实践中常取 $\delta = 0.6$。

　　(2) 确定缺陷集的缺陷等级。

　　缺陷环节之所以会对仿真系统造成负面影响，是因为它的可信度达不到可接受水平，从而拉低了仿真系统的整体可信度。因此，可依据将缺陷环节提升为可信环节时，性能样机系统整体可信度的变化幅度来确定缺陷环节的缺陷等级。下面以缺陷环节 $m_k \in M_1$ 为例，说明缺陷等级的确定过程。

　　①构造集合 $M^T = \{m_i \in X \cup C \mid 0 \leqslant v(m_i) \leqslant \delta, \; m_i \notin {}^\circ m_k, \; m_i \neq m_k\}$，并根据 M^T 选取合适的二水平正交表 $L_a(2^c)$，满足 $c \geqslant n^k$，$n^k = \mathrm{card}(M^T)$，$\mathrm{card}(*)$ 表示集合的元素个数。

　　②从正交表 $L_a(2^c)$ 内任意选取 n_k 列，并基于此构造一张扩展表：

$$L_{2a}^T(2^{n_k+1}) = \begin{cases} (1)\, L_{a\times 1}(2^{n_k}) \\ (2)\, L_{a\times 1}(2^{n_k}) \end{cases} \tag{7-25}$$

　　该扩展表具备以下特征：在任意一列中，不同类型数字的个数相等；在任意两列中，将同一行的两个数字看成有序数对时，每种数对的个数相等；在第 i 行与第 $i+a$ 行中，除第一列两个数字不相等之外，其他列的两个数字均相等，$i = 1, 2, \cdots, a$。这些特征使得扩展表中的第一个变量相比原始正交表来说，具有更优良的均匀性与正交性。

　　③将 m_i、m_k 的两个水平值分别选定为 $v(m_i)$ 与 δ、$v(m_k)$ 与 δ，$m_i \in M^T$，进而通过变异扩展表 $L_{2a}^T(2^{n_k+1})$ 得到 $2a$ 个试验方案。其中，重点观察的缺陷环节 m_k 被安排在扩展表的第一列。

　　④调用性能样机的多学科集成验证模型，分别计算出与不同方案相对应的仿真系统可信度：$v_1(S)$，$v_2(S)$，$\cdots$，$v_{2a}(S)$。

　　⑤在第 i 与第 $i+a$ 个方案中，除 m_k 外，其他环节的水平值均相同。因此，$|v_{i+a}(S) - v_i(S)|$ 准确地反映了提升缺陷环节 m_k 时仿真系统可信度的变化情况。作者采用正态隶属云来确定缺陷环节 m_k 对不同缺陷等级的隶属度，表7-11为各个缺陷等级所对应的正态隶属云参数。根据 $|v_{i+a}(S) - v_i(S)|$，可计算得到一个三维隶属度向量 $Q_i = (q_{i1}, q_{i2}, q_{i3})$，$q_{ij} \geqslant 0$，$i = 1, 2, \cdots, a$，$j = 1, 2, 3$。

表 7-11　不同正态隶属云的参数

缺陷等级	期望	熵	超熵
轻微缺陷环节	0.015	0.005	0.0005
中等缺陷环节	0.030	0.005	0.0005
严重缺陷环节	0.045	0.005	0.0005

⑥计算平均隶属度向量：

$$\bar{Q} = \left[\sum_{i=1}^{a} q_{i1}/a, \quad \sum_{i=1}^{a} q_{i2}/a, \quad \sum_{i=1}^{a} q_{i3}/a, \quad \sum_{i=1}^{a} q_{i4}/a \right] \tag{7-26}$$

然后依据最大隶属度原则即可确定缺陷环节 m_k 的缺陷等级。

7.6.4　性能样机的可信度实例验证

下面以某高超声速飞行器性能样机的推进系统模型、弹道模型、气动热模型以及飞行特性及信息交互的缺陷环节分析为例来验证该方法的有效性。此处不对可信度的评估过程进行详细介绍，而是直接给出某高超声速飞行器性能样机仿真验证系统的形式化参数图及可信度结果，如图 7-23 及表 7-12 所示。

接下来，利用前面所提到的方法来鉴定该性能样机的缺陷环节，具体步骤如下。

首先，确定缺陷集 M_1 与可信集 M_2，取 $\delta = 0.6$，则

$M_1 = \{ b_1, b_4, x_3, x_6, x_7, x_{14}, x_{15}, x_{18}, x_{19}, x_{22}, x_{25}, x_{26} \}$

$M_2 = \{ e_1, e_2, e_3, e_4, b_2, b_3, h_1, x_1, x_2, x_4, x_5, x_8, x_9, x_{10}, x_{11},$
　　　　$x_{12}, x_{13}, x_{16}, x_{17}, x_{20}, x_{21}, x_{23}, x_{24}, x_{27}, x_{28}, x_{29} \}$

其次，确定其中的任意缺陷环节 x_3 的缺陷等级。

选取二水平正交表 $L_{14}(2^{13})$，并基于此构造一张扩展表 $L_{28}^T(2^{11})$，进而通过变异该扩展表得到 28 组试验方案，如表 7-13 所示。

调用某飞行器性能样机的多学科集成验证模型，分别计算出与每组方案相对应的仿真系统的可信度：

$v_1(m_1) = 0.614$，$v_2(m_1) = 0.623$，$v_3(m_1) = 0.725$，$v_4(m_1) = 0.714$，$v_5(m_1) = 0.689$，
$v_6(m_1) = 0.654$，$v_7(m_1) = 0.718$，$v_8(m_1) = 0.723$，$v_9(m_1) = 0.665$，$v_{10}(m_1) = 0.609$，
$v_{11}(m_1) = 0.728$，$v_{12}(m_1) = 0.782$，$v_{13}(m_1) = 0.656$，$v_{14}(m_1) = 0.607$，$v_{15}(m_1) = 0.815$，
$v_{16}(m_1) = 0.649$，$v_{17}(m_1) = 0.637$，$v_{18}(m_1) = 0.628$，$v_{19}(m_1) = 0.653$，$v_{20}(m_1) = 0.734$，
$v_{21}(m_1) = 0.815$，$v_{22}(m_1) = 0.087$，$v_{23}(m_1) = 0.694$，$v_{24}(m_1) = 0.728$，$v_{25}(m_1) = 0.834$，
$v_{26}(m_1) = 0.719$，$v_{27}(m_1) = 0.697$，$v_{28}(m_1) = 0.720$

计算出 x_3 的平均隶属度向量 $\bar{M} = [0.458, 0.692, 0.297]$，依据最大隶属度原则可判定 x_3 为中等缺陷环节。同理，可以确定 x_6、x_7、x_{14}、x_{15}、x_{18}、x_{19}、x_{22}、x_{25}、x_{26} 的缺陷等级。

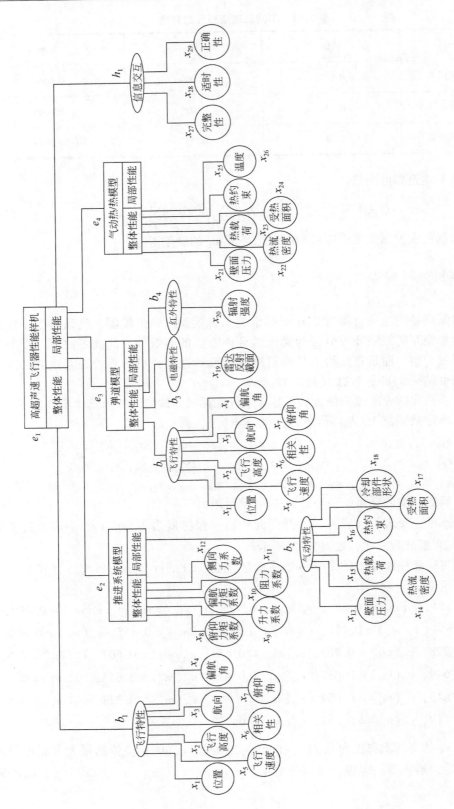

图7-23 某飞行器性能样机的可信度形式化评估模型参数图

表7-12　某飞行器性能样机的可信度结果

要素	可信度	要素	可信度	要素	可信度
e_1	0.814	x_5	0.806	x_{18}	0.547
e_2	0.727	x_6	0.577	x_{19}	0.591
e_3	0.695	x_7	0.423	x_{20}	0.637
e_4	0.945	x_8	0.867	x_{21}	0.905
b_1	0.579	x_9	0.742	x_{22}	0.562
b_2	0.672	x_{10}	0.806	x_{23}	0.789
b_3	0.892	x_{11}	0.699	x_{24}	0.895
b_4	0.417	x_{12}	0.753	x_{25}	0.341
h_1	0.884	x_{13}	0.723	x_{26}	0.562
x_1	0.749	x_{14}	0.510	x_{27}	0.754
x_2	0.738	x_{15}	0.548	x_{28}	0.772
x_3	0.593	x_{16}	0.731	x_{29}	0.614
x_4	0.876	x_{17}	0.616		

表7-13　28组试验方案集

试验序号	x_3	x_6	x_7	x_{14}	x_{15}	x_{18}	x_{19}	x_{22}	x_{25}	x_{26}
1	0.593	0.577	0.423	0.510	0.548	0.547	0.591	0.562	0.341	0.562
2	0.600	0.577	0.423	0.510	0.548	0.547	0.591	0.562	0.341	0.562
3	0.593	0.577	0.423	0.510	0.548	0.547	0.591	0.562	0.341	0.562
4	0.600	0.600	0.600	0.510	0.548	0.547	0.591	0.562	0.341	0.562
5	0.593	0.600	0.600	0.510	0.548	0.547	0.591	0.562	0.341	0.562
6	0.600	0.600	0.600	0.510	0.548	0.547	0.591	0.562	0.341	0.562
7	0.593	0.577	0.423	0.510	0.548	0.547	0.591	0.562	0.341	0.562
8	0.600	0.577	0.423	0.600	0.600	0.547	0.591	0.562	0.341	0.562
9	0.593	0.577	0.423	0.600	0.600	0.547	0.591	0.562	0.341	0.562
10	0.600	0.600	0.600	0.600	0.600	0.600	0.600	0.562	0.341	0.562
11	0.593	0.600	0.600	0.600	0.600	0.600	0.600	0.562	0.341	0.562
12	0.600	0.600	0.600	0.600	0.600	0.600	0.600	0.600	0.341	0.562
13	0.593	0.577	0.423	0.600	0.600	0.600	0.600	0.600	0.600	0.562
14	0.600	0.577	0.423	0.600	0.600	0.600	0.600	0.600	0.600	0.600
15	0.593	0.577	0.423	0.510	0.548	0.600	0.600	0.600	0.600	0.600
16	0.600	0.600	0.600	0.510	0.548	0.600	0.600	0.600	0.600	0.600
17	0.593	0.600	0.600	0.510	0.548	0.600	0.600	0.600	0.600	0.600
18	0.600	0.600	0.600	0.510	0.548	0.600	0.600	0.600	0.600	0.600
19	0.593	0.577	0.423	0.510	0.548	0.547	0.591	0.600	0.600	0.600

试验序号	要素									
	x_3	x_6	x_7	x_{14}	x_{15}	x_{18}	x_{19}	x_{22}	x_{25}	x_{26}
20	0.600	0.577	0.423	0.510	0.548	0.547	0.591	0.600	0.600	0.600
21	0.593	0.577	0.423	0.510	0.548	0.547	0.591	0.600	0.600	0.600
22	0.600	0.600	0.600	0.600	0.600	0.547	0.591	0.600	0.600	0.600
23	0.593	0.600	0.600	0.600	0.600	0.547	0.591	0.562	0.600	0.600
24	0.600	0.600	0.600	0.600	0.600	0.547	0.591	0.562	0.600	0.600
25	0.593	0.577	0.423	0.600	0.600	0.547	0.591	0.562	0.341	0.600
26	0.600	0.577	0.423	0.600	0.600	0.547	0.591	0.562	0.341	0.600
27	0.593	0.577	0.423	0.600	0.600	0.547	0.591	0.562	0.341	0.562
28	0.600	0.600	0.600	0.600	0.600	0.600	0.600	0.562	0.341	0.562

综上所述，在性能样机的综合集成验证工作中，首先，应尽一切力量提升缺陷等级最高环节的可信度；其次，按照缺陷等级由高到低的顺序改进各缺陷部分的可信度。因此，利用本节所提方法能够准确、快速地计算某飞行器性能样机系统的可信度，进而可准确把握需要改进的薄弱环节，以此保障性能样机系统的精确运行。

第三篇

性能样机验证平台篇

第8章 性能样机仿真验证框架

为了解决仿真验证模型重用和仿真验证成员并行化的问题，本章首先在分析性能样机验证与优化要求的基础上，设计一种基于组件的并行联邦成员框架，以充分利用多核处理器的并行计算能力，提高联邦成员的运行速度。其次，以复杂航天产品性能样机的仿真验证为背景，以高超声速飞行器性能样机为例，通过试验研究并行成员框架引入的额外开销，并比较并行成员和普通成员的运行性能。

8.1 联邦成员并行开发策略

高层体系结构是分布式仿真领域的一个软件构架标准，由 HLA 规则、对象模型规范和 RTI 接口规范 3 部分组成。RTI 接口服务可以分为 6 类：联邦管理、声明管理、对象管理、时间管理、数据分发管理和所有权管理，如图 8-1 所示。

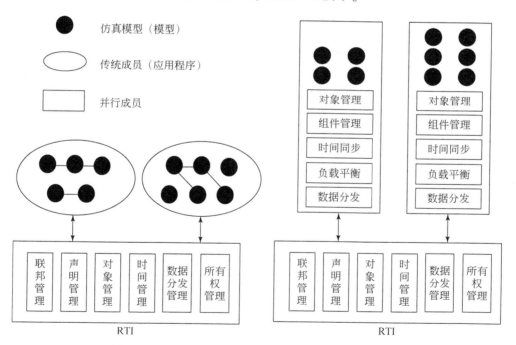

图 8-1 基于传统成员和并行成员的 HLA 仿真系统结构

一般的联邦成员计算过程是：首先接收交互和属性更新，然后进行模型计算并更新属性和发送交互，最后请求时间推进。不断循环这个过程，直至仿真结束。在模型解算过程中，联邦成员内部仿真实体的计算函数是依次串行执行的，这是联邦成员不能充分利用多核处理器计算能力的根本原因。因此，为了提高联邦成员的运行速度，可对联邦成员进行组件化改造，采用基于组件的方式实现成员并行化。这不仅要求仿真组件具有一般组件的特点，而且需要提供一个组件管理框架来解决组件之间的数据分发管理、时间管理服务、组件组合、对象管理策略、负载平衡等问题。一般联邦成员的并行化主要涉及时间同步、数据分发和事件规划等问题，而基于组件的联邦成员开发则还需考虑组件管理、仿真实体管理和组件组合等问题。为了限制讨论范围，作者只关注面向 HLA 仿真系统的并行化组件改造方法。

如图 8-2 所示，多核集群环境下性能样机仿真验证成员的并行组件框架可分为 3 部分：仿真组件模型（simulation component model，SCM）、组件的多核并行仿真器（parallel multicore emulator for component，PMEC）和 RTI 适配器（RTI adapter）。

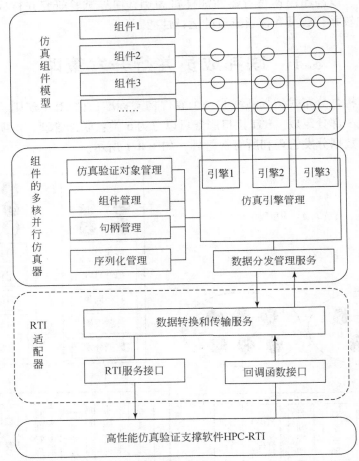

图 8-2　多核集群环境下性能样机仿真验证成员的并行组件框架

其中，仿真组件模型特指实现了 SCM 标准接口的用户模型，SCM 标准接口包括管理接口和运行支持接口，管理接口由并行组件框架调用，以便管理仿真组件，运行支撑接口供仿真引擎调用，主要处理仿真模型发送和接收的事件。同时，每个仿真组件可以包含多个仿真实体，用每个仿真组件对应的横线上的圆表示，例如，图 8-2 中所示的性能样机仿真组件模型包括 3 个仿真组件，组件 1 包括四个仿真实体，仿真组件 2 包括三个仿真实体。

　　PMEC 是并行组件框架的核心模块。它通过组件管理服务、对象管理服务调用 SCM 的管理接口实现组件的加载、卸载、实例创建与删除、内存管理等功能。它的数据分发管理服务负责仿真实体之间的消息过滤和传递，并提供高效的消息传输功能。同时，数据分发管理服务还负责与 RTI 适配器协调工作，将需要传递给其他成员的消息发送给 RTI 适配器，以及接收来自其他成员属性更新和交互的数据。PMEC 的引擎管理服务负责仿真引擎（线程）的创建与删除，以及引擎之间的时间同步功能等。每个仿真引擎可以包含多个仿真实体，图 8-2 中有三个仿真引擎，而不同的仿真引擎加载的实例是并行执行的。

　　RTI 适配器的主要功能包括调用 RTI 服务的接口 RTIAmb、回调函数的接口 FedAmb 以及数据转换传输等服务。一方面，RTI 适配器实现了联邦成员调用 RTI 服务的接口；另一方面，数据转换和传输服务负责将管理框架发送的消息转换为属性更新或交互，并通过 RTIAmb 发送给 HPC-RTI，同时将接收到的属性更新和交互转换为消息发给 PMEC 的数据分发管理服务，再由数据分发管理服务将消息发送给仿真实体。

8.2　仿真组件模型

　　为了与联邦成员的开发方法保持一致，以便重用已有的联邦成员资源，仿真组件的设计采用了 HLA 的一些术语和概念，如更新属性值、发送交互等。根据联邦成员并行化和组件化的要求，为了支持仿真模型的动态组合和重用，仿真组件模型的设计必须满足如下要求。

　　（1）仿真组件被动，由仿真引擎通过调度离散事件的方式驱动运行。

　　（2）仿真组件间通过事件完成交互。

　　（3）为了达到动态组合的目的，模型可在不更改组件代码的情形下就完成模型的组合。

　　（4）为了提高重用性和提供灵活的开发模式，组件可以是基于 RTI 的，也可以是非基于 RTI 的。

　　（5）组件间的数据需求采用类似 HLA 中声明管理的方法进行描述。

8.2.1　仿真组件模型的定义

　　作者将仿真组件模型（SCM）定义如下：

　　SCM ＝ （Mport，Attri，BaseModel，UserModel，ObjectBaseClass，InteractionBaseClass）
其中，Mport、Attri、BaseModel、UserModel、ObjectBaseClass 和 InteractionBaseClass 分别表示 SCM 的管理接口、属性、模型基类、用户模型、对象基类和交互基类，仿真组件模型（SCM）如图 8-3 所示。

　　Mport 为组件使用者提供了管理组件功能，包括获取组件的属性，创建、删除仿真实体；同时，也包括查询仿真实体、保持和恢复组件状态等功能。Mport 是一组标准的函数，它在每个仿真组件中都是相同的。组件属性 Attri 包含组件的名称、唯一标识和仿真实体集合：一方面，Attri 方便了对组件标识、查询和管理；另一方面，Attri 为仿真实体之间进行消息过滤提供了额外信息。

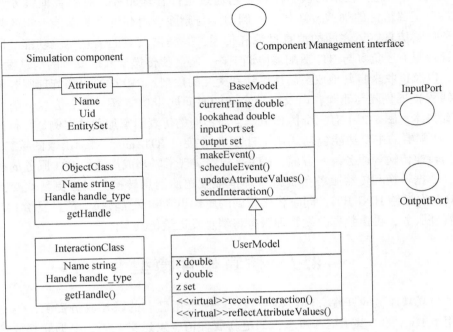

图 8-3　仿真组件模型（SCM）

8.2.2　模型基类

为了重用已有的联邦成员代码，并将代码移植给仿真组件，组件模型要尽可能减少或避免修改用户的代码。作者采用基于模型基类的方法来简化模型移植过程。每个仿真组件包含一个模型基类（BaseModel），它是所有用户模型的根类，并为用户模型提供仿真逻辑时间管理、事件规划与执行、数据发送与接收等功能。为了与联邦成员的开发方式尽可能地保持一致，BaseModel 提供了和 HLA 的对象管理服务类似的函数接口，如 updateAtrributeValues、sendInteraction 函数，以及 discoverObjectInstance、receiveInteraction、reflectAttributeValues 等回调函数。BaseModel 的回调函数是纯虚函数，而用户模型必须实现这些函数。

8.3　多核并行组件仿真器的管理服务

为了保证仿真验证系统功能的正确实现且具有良好的运行性能，运行支撑环境必须具备一些关键的功能，如并行时间同步管理功能、高效的数据分发机制及动态负载平衡等。在前面构建多核环境下性能样机仿真验证组件框架的前提下，本节将设计并实现 PMEC 的相关管理服务功能。

PMEC 的主要功能是实现联邦成员内部仿真实体计算的并行化，为仿真实体提供线程级的并行计算能力。为了使不同引擎内的仿真实体能够并行计算，需要将实体之间的数据访问和函数调用封装成事件，由仿真引擎负责传递事件。为此，PMEC 需要提供对象管理服务、组件管理服务、数据分发管理服务、引擎管理服务及其他的辅助服务等。

因此，作者设计了如图 8-4 所示的 PMEC 中各服务之间的交互过程流图。步骤 1 表示 PMEC 的使用者请求创建一个仿真实体；步骤 2 ~ 5 表示 PMEC 通过对象管理服务处理这个请求，对象管理服务调用组件管理服务加载仿真组件，组件管理服务将仿真组件的句柄返回给对象管理服务；步骤 6、7 表示对象管理服务调用仿真组件的管理接口创建仿真实体，仿真组件将该实例指针返回给对象管理服务；步骤 8、9 表示对象管理服务通过调用数据分发管理服务处理仿真实体之间的数据过滤和传递关系来完成仿真实体的创建；步骤 10 ~ 16 表示引擎管理服务处理运行控制的请求，如开始、暂停、继续、停止、多次仿真等。收到开始仿真命令后，引擎管理服务从对象管理服务获得所有仿真实体的集合，并根据仿真实体的数量和机器的配置动态创建仿真引擎，并给每个引擎分配实体。引擎管理服务开始仿真后还可以接收其他运行控制请求，直至仿真结束并返回运行状态，具体交互过程如图 8-4 所示。

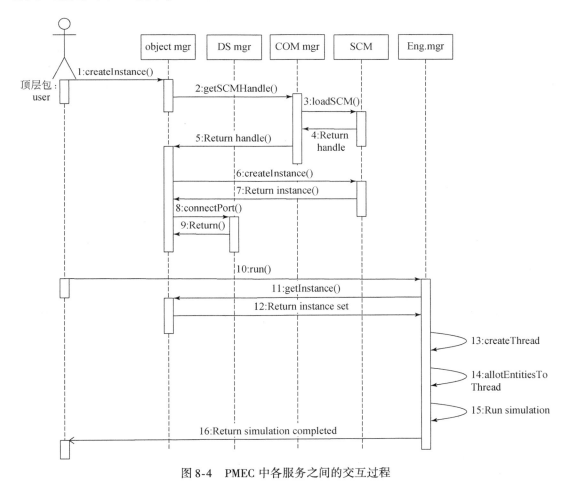

图 8-4　PMEC 中各服务之间的交互过程

8.3.1　仿真引擎管理服务实现

多核平台的仿真引擎采用线程来实现，每个仿真引擎也称为逻辑进程。PMEC 的逻辑进程通过 3 个数据结构实现高效的事件排序和调度功能，这 3 个数据结构是 Event、Scheduled event list 和 Inputed event list。

（1）Event = {time, ID, port, value, executor, sender, eventType} 是事件数据结构。其中，time、ID、executor、sender 和 eventType 分别表示仿真验证发生的时间、标识、执行者、发送者和事件的类型。每个事件都有一个 port 属性和 value 属性，port 是 BaseModel 的数据输出端口，它的名字和要传递的对象类或交互类的名字必须相同；端口分为输入端口 inputport 和输出端口 outputport，其中输入端口表示仿真验证模型订购的数据类型，输出端口表示组件公布的数据类型。

（2）Scheduled event list 是逻辑进程中实体规划的事件列表，它采用了 Splay trees 数据结构，这是目前公认最快的通用事件管理数据结构。

（3）Inputed event list 是接收其他逻辑进程发送的事件列表。这个事件列表通过采用无锁队列数据结构解决多线程并发访问的问题。当逻辑进程可以进行时间推进以后，它从 Scheduled event list 和 Inputed event list 中取出安全事件进行重新排序，并按时间戳顺序处理事件，保证仿真验证结果的正确性。除了规划执行仿真验证事件，PMEC 的逻辑进程还支持撤销已经调度的事件。

PMEC 目前实现了自适应时间管理机制，而且作者所提算法能够根据性能样机仿真验证模型的变化动态调整系统的乐观程度，具有良好的适应性，并能获得较高的执行效率。

8.3.2　对象管理服务实现

对象管理服务主要处理对象实例的登记、修改、删除及交互的发送、接收。HLA 接口规范中定义的联盟管理服务共有 19 个函数，其中有 9 个是 RTI 需要向盟员提供的服务（表 8-1），有 10 个为 RTI 发起的对盟员的回调函数。

表 8-1　HPC-RTI 支持的对象管理服务接口

服务类型	函数名称	函数说明
主调服务	reserveObjectInstanceName	保留对象实例名称
	registerObjectInstance	登记对象实例
	updateAttributeValues	更新属性值
	sendInteraction	发送交互
	deleteObjectInstance	删除对象实例
	localDeleteObjectInstance	本地删除对象实例
	changeAttributeTransportationType	改变属性传输类型
	changeInteractionTransportationType	改变交互传输类型
	requestAttributeValueUpdate	请求属性值更新

对象管理服务通过调用性能样机仿真组件模型的管理接口，实现创建对象实例的功能。

创建仿真实体时的内存分配发生在仿真组件内部，对象管理服务只是获得仿真实体的指针。在得到仿真实体后，对象管理服务会调用数据分发管理服务构造仿真实体与其他仿真实体之间的数据端口的连接关系，以确保仿真实体之间能够正确传递事件。因此，高性能仿真验证支撑软件 HPC-RTI 必须支持所有的对象管理服务接口。这里以 registerObjectInstance 和带时间戳的 updateAttributeValues 为例，介绍 HPC-RTI 中对象管理服务接口的实现流程。

1）registerObjectInstance 实现流程

盟员通过调用 registerObjectInstance 实现其在某个公布的类上登记对象的实例，RTI 就会为其生成一个全联盟唯一的实例句柄。该句柄在对象实例生存周期内不再改变。如果是不带名字的登记，则 RTI 为其生成一个全联盟唯一的实例名。HPC-RTI 中的生成规则为：HLA object+对象句柄，HPC-RTI 收到此调用请求时，首先创建新对象实例加入全局对象列表；其次设置属性所有权，将对象句柄加入该类上的对象集；最后将对象句柄加入盟员的更新对象列表，判断其他盟员是否能发现该对象实例，如果能发现，则向发现盟员回调函数 discoverObjectInstance，具体实现流程如图 8-5 所示。

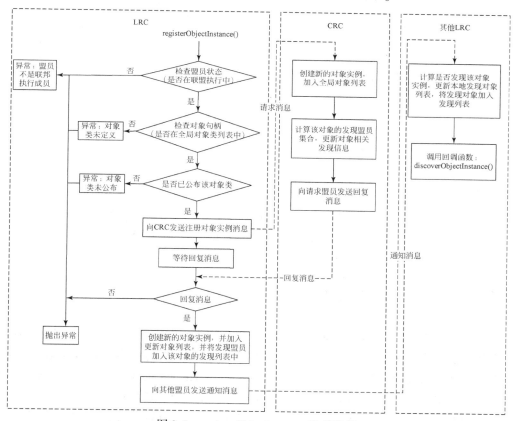

图 8-5　registerObjectInstance 实现流程

2）带时间戳的 updateAttributeValues 实现流程

盟员调用带时间戳的 updateAttributeValues，此时向联盟提供某个时刻对象实例的属性值，盟员只能提供它拥有所有权的属性值。一次属性值更新可能被反射到多个订购盟员，对某个盟员而言也可能收到多个属性值更新的反射，这是由于一次属性值更新可能包含多个属性的更新，而这些属性可能有不同的 Order 类型和 Transportation 类型。属性值更新通过 reflectAttributeValues 回调函数向盟员反射，具体的实现流程如图 8-6 所示。

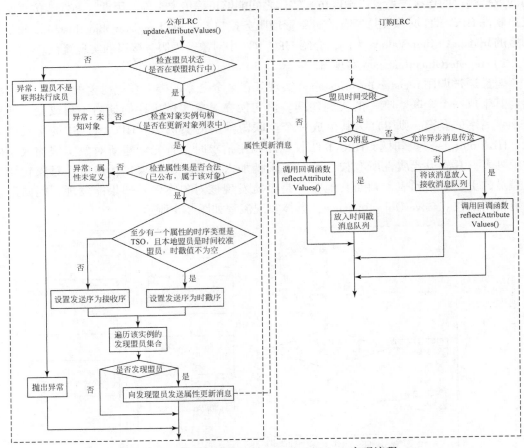

图 8-6 带时间戳的 updateAttributeValues 实现流程

8.3.3 数据分发管理服务实现

为了有效减少网络中无用信息的传输，并提高网络带宽利用率，HLA 分别在类层次上和实例层次上定义了数据过滤的机制。类层次上的过滤机制由声明管理实现，而在实例层次上的数据过滤则由数据分发管理（data distribution management，DDM）服务实现，其贯穿于整个 RTI 的数据管理服务中，而且 DDM 是 RTI 内部通信的基础。已有很多学者研究了此问题，例如，王生原等（2005）研究了 HLA 数据分发管理的不同实现算法，汤新民和钟诗胜（2007）及 Etemadi 等（2000）提出了基于路径空间层次划分的数据分发管理算法以及层次化组播地址分配策略，Chilukuri 和 Dash（2004）研究了基于兴趣层次的相位过滤算法。

从本质上说，HLA 的声明管理和数据分发管理都是起到数据过滤和减少不必要的数据传输的作用。一般来说，性能样机的仿真验证实体在数量上要比联邦成员大得多，因而 PMEC 要实现仿真实体之间的事件传递，就需要更高效的数据分发管理服务。

HLA 接口规范中定义的数据分发管理服务共有 13 个函数，其中主调服务接口 9 个，回调服务接口 4 个，如表 8-2 所示。HPC-RTI 实现了 DDM 的所有服务接口。作者以 sub-scribeObjectClassAttributesWithRegions 服务接口的实现为例，介绍 HPC-RTI 中 DDM 相关服务接口的实现流程，如图 8-7 所示。

表 8-2　HPC-RTI 支持的数据分发管理服务接口

服务类型	函数名称	函数说明
主调服务	createRegion	创建区域
	commitRegionModification	更改区域
	deleteRegion	删除区域
	registerObjectInstanceWithRegion	登记区域相关对象实例
	subscribeObjectClassAttributesWithRegions	带区域集订购对象类属性
	unsubscribeObjectClassAttributesWithRegions	取消带区域集订购对象类属性
	subscribeInteractionClassWithRegions	带区域集订购交互类
	unsubscribeInteractionClassWithRegions	取消带区域集订购交互类
	sendInteractionWithRegions	带区域集发送交互

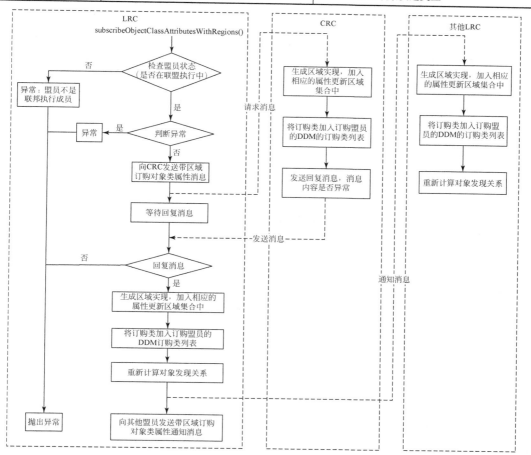

图 8-7　subscribeObjectClassAttributesWithRegions 的实现流程

盟员调用 subscribeObjectClassAttributesWithRegions 函数，表明其有接收某对象实例属性值的意图。首先，在 HPC-RTI 收到此调用后，生成区域实现，加入相应的属性订购区域集合中；其次，HPC-RTI 将订购类加入订购盟员的 DDM 订购类列表；最后，在该订购类列表中处理已经发现的对象和新发现的对象。

在性能样机的仿真验证过程中，HPC-RTI 的服务器节点能够与各个联邦成员进行数据交换。当一个联邦成员更新或者订购区域信息时，它便向服务器节点发出相应的命令，服务器节点会根据区域的匹配结果进行组播传输。通过公布区域和订购区域是否重叠来确定仿真数据的供求关系，然后根据区域的匹配算法决定仿真数据的流向，最后通过组播方式将仿真数据发送出去，完成仿真验证数据的分发管理服务。

8.4　多核集群环境下 RTI 适配器的消息处理方式

虽然仅使用 PMEC 就能支持仿真组件在多核平台上进行并行仿真，但是为了能够与其他的联邦成员组成联邦，并行组件框架还需要与高性能仿真验证支撑软件 HPC-RTI 进行交互，而这部分功能即由 RTI 适配器来完成。

首先，RTI 适配器通过 RTI 服务接口调用 RTI 服务，并通过回调函数接口实现 RTI 的回调函数与 HPC-RTI 进行交互；其次，RTI 适配器通过 DTTS（distributed transmission terminal system，分布式传输终端系统）模块负责和 PMEC 进行交互，RTI 适配器的结构如图 8-2 所示。RTI 适配器主要实现公布订购声明、注册对象实例、更新属性、发送交互、反射属性、接收交互和时间同步等功能。

由于 RTI 适配器需要管理的服务类型较多，因此要处理的消息类型也很多。目前的 RTI 通常采用单线程消息处理方法，消息处理效率较低。因此，作者提出一种基于消息缓冲队列的多线程流水处理方法，主要解决在高性能计算环境中盟员间的消息处理效率问题。

8.4.1　传统的消息处理流程

传统的 RTI 消息处理流程分为两个阶段，如图 8-8 所示。

（1）接收解包阶段：接收来自通信链路的原始数据，并对数据进行解包，进而组成一个新的通用消息类 TCPMessage，其结构代码如 8-1 所示。

```
/**代码8-1　TCPMessage类**/
class TCPMessage
{
    MessageType msgType; // the type of the message
    string msgBody;        //消息体
int msgLength;           // message length
}
```

（2）分类处理阶段：主要任务是根据 TCPMessage 的类型，解析 TCPMessage 的消息体，并分类进行处理。

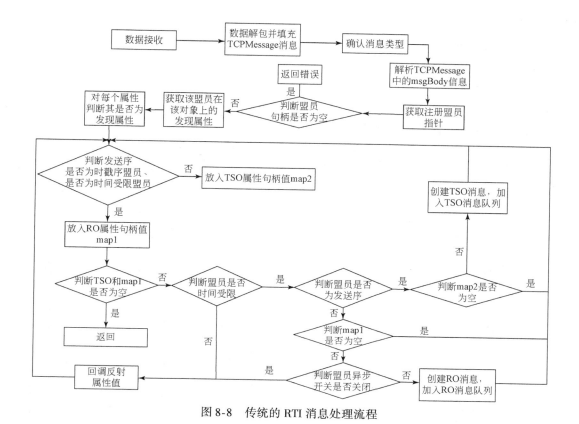

图 8-8　传统的 RTI 消息处理流程

　　这样单线程的消息处理方式虽能保证消息处理的正确顺序，但数据的接收时间较长、消息处理效率低，而且消息接收的吞吐率较小。因此，作者设计了一种基于消息缓冲队列的多线程流水处理方法，以便将其应用在高性能计算环境中，提升 RTI 的消息处理效率。

8.4.2　设置消息缓冲池的多线程消息处理

　　采用消息缓冲池最大的优势就是可将两个消息处理阶段分别放入两个线程中，并行执行消息处理。具体实现过程为：首先，RTI 接收原始数据，对数据进行解包，填充 TCPMessage 结构，并产生一个 TCPMessage 消息；其次，把 TCPMessage 消息放入消息缓冲池中。这样，消息接收解包线程就完成了一个消息的接收和解包，从而可以接收下一个消息。

　　分类处理线程主要检查消息队列中是否有未处理的消息。若有，则取出 TCPMessage 消息，然后根据消息类型进行相应处理，具体处理流程如图 8-9 所示。

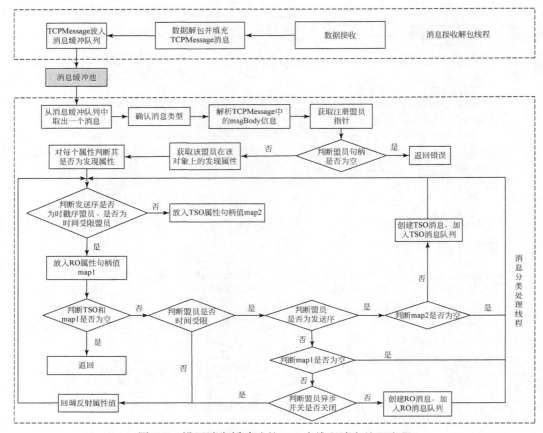

图 8-9　设置消息缓冲池的 RTI 多线程消息处理流程

8.4.3　两种消息处理方法的对比

假设消息处理的总时间为 T，定义为一条消息从接收到处理完毕所用的时间。因此，可把消息处理过程分为两个阶段：消息接收解包时间 $T_{解}$ 和消息分类处理的时间 $T_{处}$。假设消息入池和出池的时间总和为 T_{pool}。那么，若采用传统的单线程消息处理方法，一条消息的处理时间可表示为

$$T_{传} = T_{解} + T_{处} \tag{8-1}$$

若采用设置消息缓冲池的多线程消息处理办法，一条消息处理的时间可表示为

$$T_{改} = T_{解} + T_{处} + T_{pool} \tag{8-2}$$

从式（8-1）及式（8-2）明显可以看出 $T_{改} > T_{传}$，即采用设置消息缓冲池的多线程消息处理办法花费时间更多。这是因为仅仅就一条消息而言，接收解包阶段和分类处理阶段无法并行执行，而只有当消息较多时才可能提高消息处理效率。

下面分析消息总数>1 条时连续处理的总时间。首先做以下假设。

（1）消息接收解包阶段和消息分类处理阶段完全并行运行。

（2）消息入池和出池时间相同，设为 t。

（3）传统的单线程消息处理方法，消息处理时间为：$T_{老} = \sum\limits_{i=1}^{n} (T_{解i} + T_{处i})$。

情形一：$T_{解} = T_{处}$，此时的消息处理总时间为

$$T_{新} = T_{处} + (n+1)t + nT_{解} \tag{8-3}$$

进而可知：

$$T_{老} - T_{新} = (n-1)T_{处} - (n+1)t \tag{8-4}$$

情形二：$T_{解} < T_{处}$，此时的消息处理总时间为

$$T'_{新} = T_{解} + (n+1)t + nT_{处} \tag{8-5}$$

进而可知：

$$T_{老} - T'_{新} = (n-1)T_{解} - (n+1)t \tag{8-6}$$

可得性能提升指数为

$$\frac{T_{老} - T_{新}}{T_{老}} = \frac{(n-1)T_{min} - (n+1)t}{n(T_{解} + T_{处})} \tag{8-7}$$

式中，

$$T_{min} = \min\{T_{解}, T_{处}\} \tag{8-8}$$

当要处理的消息较多时：

$$\frac{T_{老} - T_{新}}{T_{老}} = \lim_{n \to \infty} \frac{(n-1)T_{min} - (n+1)t}{n(T_{解} + T_{处})} = \frac{T_{min} - t}{T_{解} + T_{处}} \tag{8-9}$$

设置消息缓冲池的 RTI 多线程消息处理流程如图 8-10 所示。

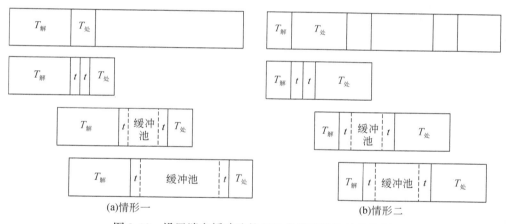

(a)情形一　　　　　　　　　　　　　　(b)情形二

图 8-10　设置消息缓冲池的 RTI 多线程消息处理流程

因此，采用设置消息缓冲池的多线程消息处理办法相对于传统的消息处理方式，有以下三种可能情况。

（1）消息处理效率下降。当 $T_{min} < t$ 时，从式（8-9）知，性能提升指数为负，即性能下降。

（2）消息处理效率不变。即 $T_{min} = t$，性能没有提升。

（3）消息处理效率提高。当 $T_{min} > t$ 时，性能提升指数为正，即性能提升。

因此，要充分发挥消息缓冲池的多线程消息处理办法优势，需满足以下条件。

（1）消息接收相对较慢，发送较快。这就保证了消息缓冲池不为空，消息能够连续处理。

（2）消息分类处理阶段所用时间要远大于消息接收解包，或者消息分类处理时间减去消息接收解包时间要大于消息入列和出列时间。

（3）仿真程序运行在多核机器上，消息处理的两个阶段线程要能够并行运行。

结合性能样机的大规模 HLA 仿真验证应用特点可知，在大规模 HLA 的仿真运行过程中，以上三个条件是非常容易满足的。第一，随着盟员数和仿真实体数不断增多，实体之间的交互更加频繁，消息数量呈指数增长，在 RTI 网络通信中发送时间往往比接收时间长；第二，仿真运行过程主要是时间推进、发送属性更新或交互数据，这三类消息的处理时间都相对较长；第三，高性能计算平台和现代 PC 一般都是多核机器，可以真正支持多线程并行运行。

综上所述，基于性能样机仿真验证的大规模 HLA 仿真完全具备这三个条件。所以，采用基于消息缓冲池的多线程消息处理方法可提高消息处理效率。下面将通过试验测试这一结论。

8.4.4　测试结果及分析

1. 试验过程及环境

本试验围绕某高超声速飞行器性能样机的推进系统联盟 H 在仿真验证中的消息处理展开。试验基本描述如下：联盟 H 由 11 个盟员（$H_0 \sim H_{10}$）组成，分别为气体参数、机体参数、发动机参数、燃料流量变化率、燃料流量、推力、飞行环境、冷却流量、壁面压力、温度、冷却流量。

（1）试验过程：首先，11 个盟员公布交互类 Q，盟员 H_0 订购交互类 Q；其次，剩余的 10 个盟员连续发送交互 10 万次，盟员 H_0 接收交互。记录接收处理 100 万次交互所需的墙钟时间 t，多次试验计算平均值 T。

（2）试验环境：四台多核 PC，节点 1 配置为 Intel 四核 Q8400 处理器，2.66GHz，3.5GB RAM；节点 2～节点 4 的配置为 Intel 双核 E7500 处理器，2.93GHz，3.25GB RAM。PC 之间通过 100MB 以太网互连。

本试验通过发送不同数量的交互数据，来比较不同消息处理方式的处理效率，试验结果如表 8-3 所示。

表 8-3　两种不同消息处理方式的效率对比

数据大小/B	接收处理时间 T/s		
	单线程	双线程	性能提升/%
2	71.4869	58.4594	18.2236
4	79.7895	68.3585	14.3264
8	82.1298	78.5122	4.4047
16	85.9252	76.2685	11.2385
32	88.3848	79.5964	9.9433
64	129.985	115.489	11.1521

续表

数据大小/B	接收处理时间 T/s		
	单线程	双线程	性能提升/%
128	138.156	129.456	6.2972
256	170.159	151.498	10.9668
512	196.489	180.126	8.3277
1024	316.654	283.146	10.5819
2048	679.85	597.526	12.1091
4096	1398.54	1193.146	14.6863

2. 试验结果及分析

从图 8-11 可以看出：随着交互数据量的增多，消息接收处理时间也增大。在消息交互频繁的大型复杂航天产品性能样机的 HLA 仿真中，采用基于消息缓冲池的多线程消息处理方法可明显提高消息处理效率，并较单线程方式效率提高至少 8%。而且随着仿真规模的增大，消息处理效率提升也更显著，采用缓冲池的消息处理方法效果也会更加明显。

除了数据转换和传输功能，RTI 适配器还需要协调高性能仿真验证支撑软件 HPC-RTI 的任务调度服务、负载平衡服务以及时间管理服务。此部分内容将在接下来的第 9、10 章中详细介绍。

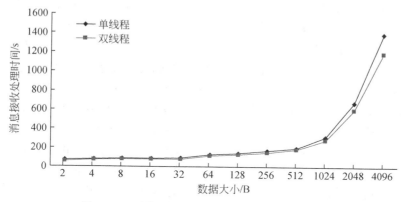

图 8-11　两种不同消息处理方式的效率对比图

第9章 性能样机仿真验证任务调度机制

第8章通过并行联邦成员框架为性能样机的仿真验证构建了一个多核的并行执行环境，并确保了并行成员能与RTI正确交互。本章将在第8章基础上，深入研究HPC-RTI的通信机制、联邦成员数据交互方法、仿真验证任务优化调度及负载平衡方法，以提高在高性能计算环境下性能样机仿真验证系统的实时性能和通信性能。

9.1 高性能仿真验证支撑软件 HPC-RTI 的系统结构

9.1.1 运行支撑环境要求

大规模复杂航天产品性能样机的仿真验证系统需要高端计算能力、高效通信能力和高实时性能力。特别是对某些飞行器的控制系统、空气动力学仿真系统等对实时能力和吞吐能力要求较高的系统需要微秒级的实时性，而在传统的以太网计算环境下很难实现实时性等的要求。近年来随着多核计算、反射内存等技术飞速发展，基于共享内存（shared memory，SHM）的高性能RTI通信机制正成为一个研究热点。

运行支撑环境RTI是基于HLA仿真系统运行的核心部件。近年来，基于SHM的高性能RTI技术已有一批专家学者在研究。例如，Adelantado等在一款开源的RTI软件——CERTI基础上，增加了共享内存通信优化策略；Fujimoto等针对对称多核处理器（symmetric multi-processor，SMP）环境，为FDK增加了共享内存通信包及相应的时间管理算法；国防科技大学姚益平等针对多核集群环境研究了共享内存、Infiniband、多线程改进以及局域网间的自适应通信机制等一系列问题，并研发了ShmRTI软件；VT MAK公司针对特定网络环境研发了支持共享内存通信包的MAK-RTI软件。

综上所述，目前对高性能仿真验证支撑环境的研究主要集中在通信机制优化等方面，而围绕多核和反射内存网计算环境展开的研究较少，这正是作者研究的突破口。

9.1.2 仿真验证系统结构

结合多核计算和反射内存计算环境的特点，作者在Adelantado等研发的SHM-CERTI的基础上，研究并设计了HPC-RTI的软件系统结构。通过设置共享内存区，优化SHM-CERTI中CRC过于集中处理数据而造成性能样机仿真验证系统负载失衡的问题。

设计思路如下：首先，采用并行思想均衡负载，尽可能将CRC的集中处理工作分散到各LRC上；其次，优化设计共享内存区，用于RTI大使调用和联邦大使回调的数据传递通信服务；最后，为联邦管理服务、时间管理服务和数据交互服务优化设计共享内存区，并为接下来要研究的仿真验证任务调度和时间管理并行优化等提供理论基础。

基于以上思路设计的 HPC-RTI 系统结构如图 9-1 所示。

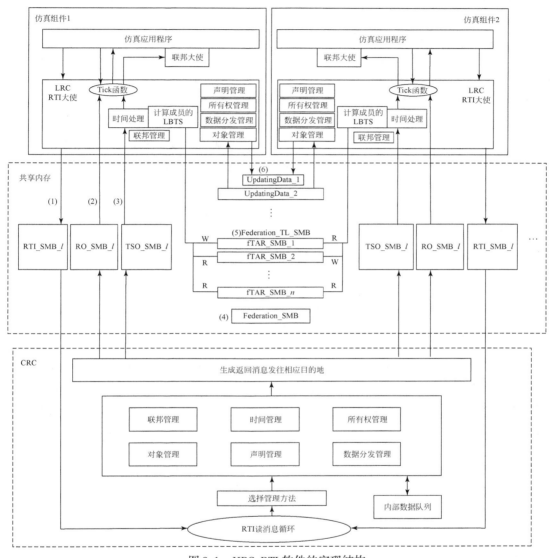

图 9-1　HPC-RTI 软件的实现结构

LBTS 为下限时间戳（lower bound time stamp）

HPC-RTI 是基于共享内存、具有高实时性和高通信能力的 HLA 仿真系统运行支撑中间件。它由三大部分组成：核心 RTI 组件（CRC）、本地 RTI 组件（LRC）和共享内存区（SMB）。

CRC 作为 HPC-RTI 的中心服务器，在实现 HLA 六大核心服务时，CRC 的集中处理工作被尽可能减少。它主要负责联邦管理、对象管理中的全局名及全局标识管理、所有权管理以及时间管理中的联邦成员时间类型设置等工作。

LRC 是 HPC-RTI 的局部服务器，以动态链接库的形式提供给联邦成员，其尽可能多地分担了 HLA 六大核心服务的处理工作。主要负责时间管理中联邦成员的 LBTS 计算、仿真时间更新、RO 队列消息处理、TSO 队列消息排序、消息处理、数据更新交互及数据分发管理等功能。当性能样机的仿真验证系统运行时，联邦成员的应用程序和 LRC 一起形成一个联邦成员进程。

进行优化设计后的共享内存区（SMB）是 HPC-RTI 实现的重要基础，也是作者研究的一大特色，它在 CRC 和各 LRC 之间建立了高速、高吞吐量的全连通通信拓扑结构。

9.1.3　仿真验证系统运行机制

第一，在 RTI 大使函数调用和联邦大使回调消息通信方面，SHM-CERTI 中的 libRTI 模块在处理大量服务工作的同时还要维护 RO 和 TSO 两类消息队列，因而通信开销较大。针对此问题，HPC-RTI 设置了三类 SMB，将分置于各联邦成员上的 RO、TSO 消息队列移到其中，以加快通信速度。

（1）RTI 大使向 CRC 发送消息，所用共享内存名为"RTI_SMB_i"，其中 $i=1$，2，$\cdots$，$n-1$，n。

（2）CRC 向 RTI 大使发送不带时间戳的消息队列"RO_SMB_i"，其中 $i=1$，2，$\cdots$，$n-1$，n。

（3）CRC 向 RTI 大使发送带时间戳的消息队列"TSO_SMB_i"，其中 $i=1$，2，$\cdots$，$n-1$，n。

第二，HPC-RTI 为各 LRC 设置核心服务（联邦管理服务、时间管理服务、数据交互服务等）处理的专用共享内存区，用于实现并行优化时间管理机制和数据交互机制。

（1）设置仿真联邦共享内存队列 Federation_SMB。主要用于联邦管理服务和时间管理服务中的联邦成员时间管理策略类型设置，并维护性能样机仿真验证联邦中所有组件的相关信息。

（2）设置仿真验证联邦时间推进请求信息共享内存队列 Federation_TL_SMB。主要用于计算时间管理服务中并行联邦成员的 LBTS，以便优化时间管理服务。同时，CRC 在 Federation_TL_SMB 中为每个时间控制型仿真组件分配一个时间推进请求信息队列 fTAR_SMB_i，其主要存储该仿真组件当前的请求推进时间 $T_i+\text{Lookahead}_i$。在仿真推进过程中，受此仿真组件控制的联邦成员及 CRC 将从此 fTAR_SMB_i 队列中读取最新的请求推进时间。

（3）设置共享内存区 UpdatingData_SMB_i，主要用于对象管理服务中联邦成员对象实例属性/交互实例参数的数据交互，以及数据分发管理中订购成员的并行数据过滤。

基于上述软件实现结构，下面将研究 HPC-RTI 的仿真任务调度算法、负载平衡方法以及数据交互优化方法。

（1）信息采集系统。信息采集系统包括 RFID 电子标签（tag）、阅读器（reader）以及数据交换和管理系统软件，主要完成产品的识别和电子产品码（electronic product code，EPC）的采集和处理。存储有 EPC 的电子标签在经过读写感应区域时，产品的 EPC 会自动被探测器捕获，从而实现自动化 EPC 信息采集，然后把所采集到的信息由连接探测器的服务器来处理，处理器安装有信息采集处理软件，该软件对采集到的信息做进一步的处理，如数据的解析、过滤、完整性检查等，将这些处理过的数据保存到相应的数据库中，以供上层应用管理软件使用。

（2）产品命名服务器（object name service，ONS）。ONS 主要实现的功能是在各个信息采集点与实体描述语言（physical markup language，PML）信息服务器之间建立关联，实现从物品电子标签 EPC 到产品 PML 描述信息之间的映射。

（3）PML 信息服务器。PML 信息服务器中的数据定义规则由用户创建并维护，用户根据事先规定的规则对物品进行编码，并利用 XML 对物品信息进行详细描述。在物联网中，PML 服务器主要以通用的模式提供对物品原始信息的规则定义，以便于其他服务器访问。

（4）业务管理系统。业务管理系统通过获取信息采集软件得到的 EPC 信息，并通过 ONS 找到物品的 PML 信息服务器，从而可以以 Web 的形式向 Internet 用户提供信息查询、跟踪等功能，用户也可以通过手机或无线 PDA（personal digital assistant，掌上电脑）实时了解物品的状态。

9.2　基于 HPC-RTI 的任务调度算法

传统的仿真任务调度问题主要考虑节点间的通信代价，而在多核集群环境中，由于其具有层次结构特征，而且多核节点内冲突代价随着 CPU 核心的增多有明显增大的趋势。因此，本节在 HPC-RTI 的支持与框架约束下，研究考虑多核集群层次结构特征和节点内冲突代价的任务调度算法，并研究如何在多核集群环境中建立性能样机仿真验证任务分配问题的求解模型。

（1）从系统角度看，多核集群环境的资源利用率是首要考虑的指标。资源利用率越高，说明系统的吞吐能力越大，资源共享的效果也越好。

（2）从样机验证用户的角度看，仿真验证任务的平均响应时间越短越好。

因此，鉴于多核集群体系结构的应用需求，如何缩短节点间的通信延迟并提高吞吐量是多核集群环境下性能样机仿真任务调度的核心问题。对于单核处理器集群的任务调度研究已经非常成熟，但基于多核集群系统的任务调度算法研究还相对较少。

因此，在通信开销较大的情况下，作者采用基于复制的任务调度算法来解决 HPC-RTI 的数据交互和负载平衡问题。

9.2.1　任务调度模型

作者用四元组表示并行程序，$G = (T, E, R, W)$。

（1）T 是顶点任务的集合 $\{T_i\}$，T_i 为顶点对应的任务号。

（2）E 是有向边的集合 $\{E_{ij}\}$。E_{ij} 表示任务 T_i 和 T_j 之间的边，$E_{ij} \in E$ 表示只有任务 T_i 执行完后，任务 T_j 才可以执行，并称 T_i 为 T_j 的前驱节点，T_j 为 T_i 的后继节点。

（3）R 是顶点任务的计算时间的集合 $\{R(T_i)\}$，$R(T_i)$ 是顶点的一个附加信息，表示任务 T_i 的执行时间。

（4）W 是任务之间通信开销的集合 $\{W(E_{ij})\}$。$W(E_{ij})$ 是边的另一个附加信息。它表示任务 T_i 与任务 T_j 之间的通信开销。

（5） pred（T_i）＝｛T_j｜$E_{ji}\in E$｝，succ（T_i）＝｛T_j｜$E_{ij}\in E$｝，其中｜pred（T_i）｜、｜succ（T_i）｜分别表示 T_i 前驱、后继任务的数目。

若｜pred（T_i）｜＝0，则 T_i 为起始任务，用 T_s 表示；若｜pred（T_i）｜≥2，则 T_i 为 Join 节点；若｜succ（T_i）｜＝0，则 T_i 为终止任务，用 T_e 表示；若｜succ（T_i）｜≥2，则 T_i 为 Fork 节点。Fork-Join 结构是一个针对并行处理的基本模型结构，大部分的任务图都能简化为 Join 和 Fork 结构的结合体。

由于一组有序任务可以表示为一个 DAG 图，因此图中的每一个节点都对应有序任务组中的一个仿真验证任务。作者把 DAG 图中的顶点称作仿真验证任务或任务节点，首先进行进程分配，再进行线程分配。因此，作者作如下约定。

（1）仿真验证任务以非抢占方式执行，即有优先关系约束的两个仿真验证任务只有前驱任务完成且生成的数据传输到后继任务所在计算资源后，后继任务才能开始执行。

（2）仿真任务传输时间仅与两任务间的传输量有关。若两个仿真验证任务在同一计算资源上执行，则传输延迟为 0；否则为一个常数。

（3）分配到同一计算资源上的仿真任务，其执行时间不能重叠，即在同一个计算资源上的某一时刻点只能有一个仿真任务被运行。

（4）在 DAG 图中只有一个起始节点、一个终止节点。如果有多个起始节点或多个终止节点，则增加一个虚拟的起始节点或一个虚拟的终止节点，使虚拟节点执行开销为 0，并建立多个起始节点或多个终止节点与虚拟节点之间的通信边，使其通信开销为 0。

图 9-2 表示加上虚拟节点 T_0 和 T_9 之后的 DAG 图。由于虚拟节点的计算开销及同其他任务之间的通信开销都被定义为 0。因此，作者给具有多个起始节点或多个终止节点的 DAG 图加上虚拟节点只是为了简化操作，对原 DAG 图调度长度无任何影响。

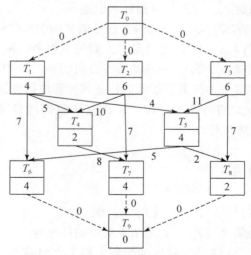

图 9-2　有两个虚拟节点的 DAG 图实例

9.2.2　任务调度算法

用 SL 表示多核集群系统的调度长度：

$$SL = \max \{SL (P_i)\}, \quad i = 1, 2, \cdots, m \tag{9-1}$$

其中，m 为分配一组给定有序任务所需的处理器节点数目；$SL (P_i)$ 为分配到处理器 P_i 上的所有任务的最早可能完成时间，即

$$SL (P_i) = \max \{SL (C_{ik})\}, \quad k = 1, 2, \cdots, n \tag{9-2}$$

式中，n 为处理器 P_i 中的处理核数目；$SL (C_{ik})$ 为分配到处理器 P_i 的处理核 C_k 上的所有任务序列最早可能完成时间之和，即

$$SL(C_{ik}) = \sum_{T_j \in C_{ik}} R(T_j) \tag{9-3}$$

通过分析式（9-1）~式（9-3）可知以下结论。

（1）调度长度与仿真任务的最早可能结束时间密切相关。

（2）仿真任务的最早可能结束时间和任务所在的处理节点、其父任务位置及父任务的完成时间有关。

一般来讲，多核集群包含两级处理节点。因此，对多核集群系统性能样机仿真任务调度算法须进行两级优化：进程序列到处理器节点的优化，以及线程序列到处理核节点的优化。同时，每个任务执行时间是确定的，所以在两级优化的过程中以最小化节点间通信为主要目的。这样就把多核集群系统性能样机仿真任务调度长度的优化问题转化为对分配在集群中各个处理节点上仿真任务序列的优化问题。

当两个任务被分配到不同处理节点时，它们之间的通信延迟是较大的。而当它们被分配到同一个处理节点时，它们之间的通信延迟是非常小的，甚至可以被忽略。基于任务复制的调度算法就是通过此原理减少通信开销的。

具体算法由两步操作构成，而且在每一步操作中都有两个策略被不断使用，下面先介绍这两个策略。

1. 分簇策略

分簇策略的基本思想如下。

（1）通过划分 v 到某个前驱任务的簇，提前该任务的最早开始时间，使得"当前仿真验证任务 v 具有最早的开始时间 S_v"。

（2）放宽前驱任务入簇条件，加入该任务使得当前簇的最早开始时间 S_v 提前就可入簇。

（3）在分簇的同时可进行任务复制。

在 DAG 结构图中全部的任务节点按照任务深度依次分簇。任务深度由式（9-4）决定：

$$\text{level}(T_i) = \begin{cases} 0, & T_i = T_s \\ \max_{T_j \in \text{pred}(T_i)} \{\text{level}(T_j)\} + 1, & \text{其他} \end{cases} \tag{9-4}$$

当任务深度相同时，以序号小者优先。由式（9-4）知：前驱任务节点的深度值必然小于后继任务节点的深度值，确保了前驱任务先调度，后继任务后调度，起始任务最先调度，终止任务最后调度。因而满足了 DAG 图中任务间的调度优先顺序。

2. 调度策略

作者采取如下选择调度策略使每个节点任务形成新簇。

（1）仿真任务开始之前，DAG 图中的每个任务节点都被看作一个簇。

（2）对于当前簇 C_v，若只有一个关键前驱任务 u，其对应簇为 C_u，则直接将 C_v 合并到 C_u 中形成新簇：$C_v' = C_v \cup C_u$。

（3）对于一个含有多个前驱簇（前驱节点所在簇）的当前任务 v，首先合并 v 到它的关键前驱簇 C_u 中（关键前驱簇是造成 S_v 不能再滞后的关键前驱任务所在簇）形成一个新 C_v 簇；然后依次检测 v 的其余前驱簇，如果某个前驱簇加入新簇 C_v 后，能提前当前任务 v 的开始时间，则合并该前驱簇到新簇 C_v 中；在两个簇的合并过程中，如果两个簇都是含有多个任务的簇，则应首先去除冗余任务，然后按照任务间的优先调度顺序排列。

图 9-3 显示了（3）中 C_v 簇的演化过程。在当前格局中，C_v 是当前任务 v 所在簇，C_u 是 v 的关键前驱簇；在新格局中，C_v 即合并处理完 C_v 的所有前驱任务后所得的关于 v 的新簇。

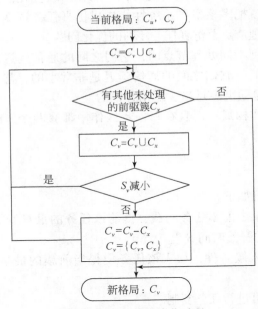

图 9-3 簇的格局演化过程

接下来，以图 9-4 为例对性能样机的每个仿真验证任务节点生成新簇。

初始时每个任务为一簇，分别为 C_0，C_1，C_2，$\cdots$，C_9。C_1 与它的前驱簇 C_0 生成新簇 (T_0, T_1)，然后 C_2，C_3，C_4，C_5 分别与 C_0 生成新簇，在分簇的同时共复制 T_0 4 次。C_6 只有一个前驱簇 (T_0, T_1)，所以 C_6 合并到其前驱簇中生成新簇 (T_0, T_1, T_6)。

C_7 有三个前驱簇，首先合并 C_7 到它的关键前驱簇 (T_0, T_1) 中，生成新簇 $C_7 = (T_0, T_1, T_7)$；然后分别检测它的其余两个前驱簇，当将簇 (T_0, T_2) 加到新簇 (T_0, T_1, T_7) 时，可以把 T_7 的开始时间由 12 提前到 10，合并生成 $C_7 = (T_0, T_1, T_2, T_7)$，在合并的过程中去除了一个冗余任务 T_0；由于最后一个前驱簇 (T_0, T_3) 的加入不会提

前 T_7 的开始时间，所以不加入 C_7 仍维持原簇。因此，T_7 有两个相关簇 $C_7 = \{ (T_0, T_1, T_2, T_7), (T_0, T_3) \}$。

同理，T_8 产生两个相关簇 $C_8 = \{ (T_0, T_3, T_4, T_8), (T_0, T_2) \}$，$T_9$ 产生五个相关簇 $C_9 = \{ (T_0, T_1, T_2, T_6, T_7, T_9), (T_0, T_3, T_4, T_8), (T_0, T_3), (T_0, T_5), (T_0, T_2) \}$。因为 T_9 是终止节点，所以这五个簇的集合就是该分簇策略的最后结果。

观察这五个簇，可以发现 (T_0, T_3) 中的两个仿真验证任务在簇 (T_0, T_3, T_4, T_8) 中已经出现过，同时 (T_0, T_2) 这两个任务在簇 $(T_0, T_1, T_2, T_6, T_7, T_9)$ 中也存在。因此，(T_0, T_3) 和 (T_0, T_2) 是两个冗余簇，去掉它们不会影响整体任务的调度长度。

除此之外，为了节约计算资源需将冗余簇删除。具体可通过以下步骤实现：首先，在结束节点 T_9 的所有相关簇中统计只调度过一次的任务；其次，依次删除不包含这些任务的簇。若删除该冗余簇后整体仿真验证任务调度长度不变，那么就可以删除，否则就不得删除。

因此，通过删除冗余任务得到了三个最终簇的集合 $\{ (T_0, T_1, T_2, T_6, T_7, T_9), (T_0, T_3, T_4, T_8), (T_0, T_5) \}$。

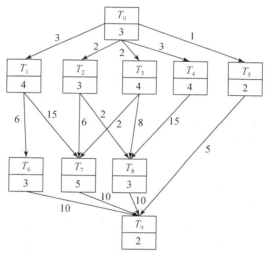

图 9-4　DAG 图实例

综上所述，在任务分簇的过程中把一个任务节点和它的关键前驱任务节点调度到同一个簇中，可以最大限度地缩小通信开销，保证当前任务具有最早起始执行时刻，进而使关键路径的调度长度最小化。

9.2.3　算法总体描述

多核集群具备共享存储体系结构的特点，并支持任务级的节点间粗粒度并行和节点内的细粒度循环并行。因此，基于 HPC-RTI 的任务调度算法分两步进行：第一步，完成进程到处理器节点的分配；第二步，完成线程到处理器核心的分配。

（1）进程到处理器节点的分配。首先，根据进程 DAG 图，构建进程调度簇集合；其次，调整调度簇集合，去掉其中的冗余簇；最后，把调度簇集合中的每个调度簇（进程组）分配给各处理器节点。

（2）线程到处理器核心的分配。首先，把每个处理器节点的进程簇构成的部分进程 DAG 图展开为线程 DAG 图，所以线程 DAG 图只是完整 DAG 图的一部分；其次，在线程 DAG 图基础上为每个处理器构建线程调度簇集合；最后，删除线程调度簇集合中的冗余簇；最后，把线程调度簇集合中的每个调度簇（线程簇）分配给各处理器核心。

因此，第一，通过步骤（1）和（2）将相互通信频繁的进程冗余分配给同一处理器节点，就避免了进程间过多的通信开销；第二，该算法保证了同一进程包含的所有线程都被分配给同一处理器节点，避免了频繁切换仿真验证进程带来的开销；第三，算法通过分配冗余的线程给各处理器核心节点减少了线程间的通信开销。多核集群任务调度的过程是首先把进程分配给处理器节点，然后把进程中的线程分配给各个处理器核心节点。调度的目标是在兼顾负载平衡的基础上，使并行程序总体调度长度最短。

9.3　试验对比与算法性能分析

9.3.1　调度性能试验测试

试验采用随机图作为任务调度测试的输入集，并通过比较仿真验证任务最晚完成时间来衡量调度算法的优劣。由于分簇策略是本算法的一个关键环节，所以作者首先测试对比关键路径快速复制（critical path fast duplication，CPFD）算法、PPA（proximal point algorithm，邻近点算法）与作者提出的分簇策略算法的调度性能。因此，首先有必要对 CPFD 算法和 PPA 做简要介绍。

CPFD 算法采用试探性策略，将被调度任务分配到父任务所在处理器和一个空处理器上，并计算相应的最早开始时间，最终将该任务分配到可以获得最早开始时间的处理器上。CPFD 算法在调度当前任务时，递归地寻找其重要父（very important parent，VIP）任务。最后将 VIP 任务复制到当前处理器上，使当前任务获得最早开始时间，以此缩短调度长度。

PPA 提出了以"当前仿真任务的直接后继任务具有最早起始执行时刻"为目标选择处理器的方法来缩短整个仿真任务系统的执行时间；同时，根据分配到各处理器上的任务负载及任务之间的前驱、后继关系，将满足条件的簇进行合并处理，以达到所需处理器数目尽可能少的目的。

接下来，分别用这三种算法对图 9-4 进行任务调度，结果分别如图 9-5 ~ 图 9-7 所示。p_i（$i=1$，2，…）为处理节点编号，圆角方框表示一个性能样机仿真验证任务，方框中的左方内容为任务编号，右方数字为任务计算开销。

通过对比可以看出，作者提出的分簇策略的调度结果同 PPA 的调度长度一样，但是作者提出的分簇策略使用的处理节点是最少的；同时 CPFD 算法尽管有较短的任务调度长度，但是占用了较多处理节点。由此可见，作者提出的分簇策略不仅优化了调度长度，而且明显减少了处理节点的利用。

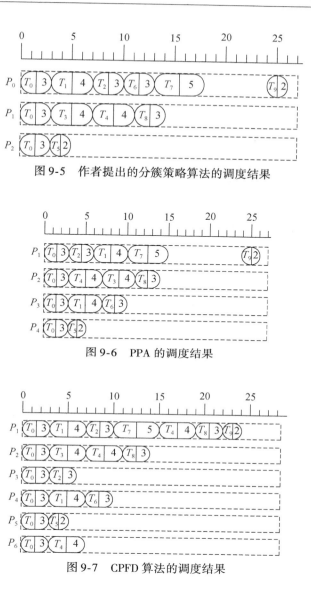

图 9-5 作者提出的分簇策略算法的调度结果

图 9-6 PPA 的调度结果

图 9-7 CPFD 算法的调度结果

9.3.2 算法性能试验测试

（1）对线程个数 $N_{thread} < 32$ 的 DAG 任务关系图，使用穷举查找法求得最优解，然后与作者提出的算法求的解进行比较。

（2）对线程个数 $N_{thread} > 32$ 的任务关系图，比较遗传算法与作者提出的算法的标准化调度长度（normalized schedule length，NSL）。

利用 Simics 模拟器为测试环境，在模拟的环境下测试作者所提算法、穷举查找法和遗传算法这三个算法的性能。使用 1200 个随机生成的 DAG 图对算法进行评价分析。任务关系图中的线程个数为 16～1024，它们属于 16～64 个进程；线程间边的权值在 0～50 随机取值；进程间边的权值在 20～30 取值。在处理器个数为 8～32，并且处理核的个数为

4～36的多种硬件平台上进行任务分配。因为在作者所提分簇策略中重点考虑的是减小通信开销，所以，分簇策略主要面向通信密集型任务调度。

误差比率是根据分配给不同处理节点的任务之间边的权值之和计算的，计算公式为

$$误差比率 = \frac{作者所提算法解\sum W(E_{ij}) - 穷举查找法最优解\sum W(E_{ij})}{穷举查找法最优解\sum W(E_{ij})} \times 100\%$$

图9-8、图9-9分别显示了作者所提算法的最优解比率和误差比率。

由图9-8所示，随着线程个数的增加，作者所提算法最优解比率总体呈缓慢下降趋势；由图9-9所示，误差比率始终控制在4.5%以下，这表示作者所提算法能够找到近优解。

分别采用作者所提算法和遗传算法对以上随机任务图进行调度，图9-10是作者所提算法与遗传算法的NSL对比图。可以看出，随着线程个数的增加，作者所提算法和遗传算法的NSL在一定范围内波动，但是作者所提算法的NSL一直大于遗传算法，这说明作者所提算法的最终仿真验证任务完成时间较短。同时，当任务数较少时，作者所提算法性能与遗传算法相差不大，但随着任务数的增加，两者的值相差越来越大，作者所提算法的优势更加显著。因此，作者所提算法适合在任务数量较大的多核集群系统中使用，可产生更好的性能。

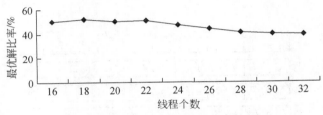

图9-8　作者所提算法的最优解比率

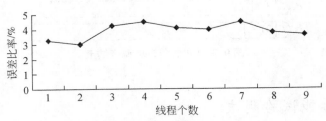

图9-9　作者所提算法的误差比率

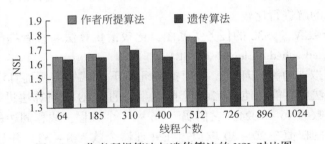

图9-10　作者所提算法与遗传算法的NSL对比图

9.3.3　通信开销试验测试

通信计算比率（CCR）是 DAG 中任务通信量与资源上处理开销的比值。若 CCR 较小，则为资源处理密集型应用；反之，为任务通信密集型应用。

因此，作者需重新设定测试环境：线程个数为 200 个，处理器节点的数量为 16 个，每个处理器中处理核的个数为 4 个。分别测试 CCR 的值在 0.5 ~ 15 变化时，作者所提调度算法、CPFD 算法及遗传算法的调度性能。

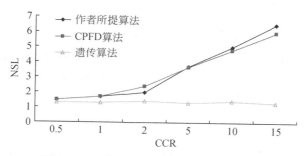

图 9-11　改变 CCR 对 3 种算法性能的影响

基于复制的任务调度算法主要通过任务的复制来减少通信开销，所以它的调度性能受通信开销的影响较大。从图 9-11 中可明显发现这个特点。CCR 在 0.5 ~ 15 的增长过程中，遗传算法的性能波动不大且基本没有提高。但作者所提算法和 CPFD 算法的提高幅度很大，当 CCR 的值在 0.5 ~ 5 变化时，CPFD 算法优于作者所提算法，当 CCR>5 时，作者所提算法因为放宽了允许复制的条件，所以表现出优于 CPFD 算法的性能。

通过三组对比试验，作者所提算法在减少任务调度长度的同时，减少了处理节点的使用数量，并随着 CCR 值的增大，作者所提算法较其他算法表现出更好的调度性能。

9.4　基于多核处理器的动态负载平衡模型

从前面分析可知，多核集群环境在处理大型复杂航天产品性能样机仿真验证时有着天然优势。但这些处理核心的利用率如何？是否能保证样机仿真验证任务被均匀地分配到每一个处理核心上等难题，仍然需要进行深入研究。否则，在同一处理器内部的同一时间，一些核心在运行，另一些核心处于空闲，而处理器的实际效率是由任务较重的处理核心决定的，从而造成性能瓶颈，使多核处理器的优势无法得到发挥，这就是负载平衡问题。其是一个组合优化难题，更是一个 NP（non-deterministic polynomial，非确定性多项式）完全问题。

负载平衡有静态平衡和动态平衡两种方式。由于模型负载的不平衡和性能样机仿真验证运行的动态性，静态负载平衡不能满足高性能仿真要求，需要动态负载平衡方法。

作者与 Akkaya 等（2014）提到的动态负载平衡方法在原理上类似，PMEC 的动态负载平衡也同样要解决检测不平衡状态和负载迁移的问题，但是具体的方法有不同之处。因为 PMEC 的所有逻辑进程都运行在同一个物理进程空间内部，所以只能通过检测不同逻辑进程占用 CPU 时间的方式来获取逻辑进程的负载数据。因此，为了更加精确地进行负载平衡，除了要获取逻辑进程占用 CPU 时间，作者还要检测每个仿真实体处理仿真事件所需的 CPU 时间；同时，在 PMEC 中，所有仿真实体和逻辑进程都处于同一进程空间，适合采用集中式的负载平衡调度方法。

9.4.1 性能样机的多核集群仿真验证系统性能监测

动态负载平衡的目的是减少性能样机仿真验证系统的运行时间和通信响应时间，以提高系统运行性能。因此，运行时间的变化是评估动态负载平衡方法是否有效的一个重要指标。对于同一个仿真任务，若没有采用负载平衡的运行时间 T，采用动态负载平衡后的运行时间 T'，那么系统性能的变化定义为

$$\alpha = \frac{T-T'}{T} \tag{9-5}$$

若 $\alpha>0$，则称为性能提升；反之，则称为性能下降。为了便于讨论，假设性能样机的并行联邦成员有 n 个逻辑进程并保持不变，一共执行 m 次循环，完成仿真。

对基于保守时间同步的并行离散事件仿真来说，逻辑进程不断地循环执行处理仿真事件和请求时间推进两个步骤，直至仿真结束。假设逻辑进程完成一个循环需要的物理时间为 T_{ij}，i 为逻辑进程编号，j 为仿真循环编号。由于采用保守时间同步方法，所以完成一次仿真循环的物理时间由最慢的逻辑进程决定：

$$T = \sum_{j=1}^{m} \max_{i=1, 2, \cdots, n} \left(T_{ij} \right) \tag{9-6}$$

若采用动态负载平衡，假设完成仿真共进行了 f 次迁移，监测性能数据以及每次迁移消耗的时间为 T_k，则有

$$T' = \sum_{j=1}^{m} \max_{i=1, 2, \cdots, n} \left(T_{ij} \right) + \sum_{k}^{f} T_k \tag{9-7}$$

其中，T_{ij} 为处理仿真事件所需时间 p_{ij} 和请求时间推进所需时间 q_{ij} 之和；q_{ij} 为逻辑进程 i 开始请求时间推进到被允许推进的时间间隔。

除了要记录 p_{ij}、q_{ij} 和 T_k，性能样机的多核集群仿真验证系统性能监测还要获取仿真实体 s 在每次仿真循环中处理仿真事件消耗的 CPU 时间，并计算平均 CPU 时间消耗 t_{sj}。其中，t_{sj} 是仿真实体 s 每次消耗 CPU 的总时间除以仿真循环的次数。

9.4.2 基于实体迁移的动态负载平衡策略

增加动态负载平衡功能要求逻辑进程在每个仿真循环记录 p_{ij} 和 q_{ij}。同时，每个仿真实体在处理事件时要记录处理事件的时间。在仿真循环进入时间同步阶段，由仿真引擎管理服务为仿真实体计算 t_{sj}。仿真实体被保存在一个按 t_{sj} 增序排列的实体列表 tep_list 中。

排在 tep_list 前面的仿真实体称为低耗时实体，排在后面的仿真实体称为高耗时实体。每个逻辑进程都有一个 tep_list 记录它的负载仿真实体。

类似地，仿真引擎管理服务也将逻辑进程记录在一个按 p_{ij} 增序排列的逻辑进程列表 lp_tep_list 中，排在前面的称为低负载逻辑进程，排在后面的称为高负载逻辑进程。lp_tep_list 记录的数据在每个仿真循环都会更新。为了使逻辑进程的负载尽可能平衡，作者提出了基于仿真实体迁移的 min-max-exchange 负载平衡算法，如代码 9-1 所示。

```
/**代码 9-1   min-max-exchange 负载平衡算法**/
Min-Max-Exchange balancing algorithm.
Input: lp_tep_list.
do
  low_lp getNextUnderloadedLP(lp_tep_list)
  high_lp  getNextOverloadedLP(lp_tep_list)
  load_dif  high_lp-low_lp
  If(load_dif>Min)
    do
      low_entity getNextLowTimeConsumer(low_lp)
      high_entity getNextHighTimeConsumer(high_lp)
      Load_dif=load_dif-(high_enity-low_entity)
      if (load_dif>0)
        exchangeEntityforLP(low_entity, high_entity)
      end if
    while (load dif>0)
  end if
while (high_lp-low_lp>Min)
```

具体实现过程如下。

首先，该算法从队列 lp_tep_list 两端分别获取最低和最高负载逻辑进程，并计算它们的负载差值。若差值大于设定的阈值 Min，则交换它们的仿真实体进行负载平衡；其次，低负载逻辑进程的最低耗时实体 low_entity 和高负载逻辑进程的最高耗时实体 high_entity 比较，若它们的耗时差值小于两个逻辑进程的负载差值，则进行实体迁移；最后，在实体迁移后更新逻辑进程的负载差值，若差值大于 0，则继续交换剩下的仿真实体，直到负载差值不大于 0；接着，算法对下一对逻辑进程进行负载平衡，直到遍历完所有逻辑进程，平衡负载的工作才可以宣告结束。

此算法首先对最小负载和最多负载逻辑进程进行负载平衡，并且首先交换耗时最少和最多的实体，因此称为 min-max-exchange 负载平衡算法。要注意的是：在负载平衡过程中需要迁移性能样机的仿真验证实体，此时模型不能处理事件，所以负载平衡算法必须足够简单和有效，时间开销要尽可能得小。若算法太耗，则会抵消负载平衡的效果；同时阈值 Min 的设置也很关键，若 Min 太小，则会导致频繁的负载迁移；若太大，又不能有效地触发负载平衡。

9.5　性能样机仿真验证任务的性能对比

为了评估第 8 章提出的性能样机仿真验证成员并行组件框架以及本章的动态负载平衡算法性能，本节设计了一系列试验来验证其实际运行效果。

试验设定如下。

（1）性能样机仿真实体数量控制在 640～10240，每个仿真实体的负载大小随机，且在最大和最小负载之间服从均匀分布，同时控制最小负载和最大负载相差 50 倍左右。

（2）每个联邦成员都是时间控制且受限成员；普通联邦成员采用时间步进推进方式，步长为 1；并行联邦成员按照事件方式请求时间推进，无固定步长；两者的时间前瞻量都设为 1，每次试验的仿真时间为 0～5000s；联邦成员之间相互发送和接收仿真实体的属性值。

试验环境：8 台多核 PC，节点 1～4 配置为 Intel 四核 Q8400 处理器，2.66GHz，3.5GB RAM；节点 5～8 配置为 Intel 双核 E7500 处理器，2.93GHz，3.25GB RAM；PC 之间通过 100MB 以太网互连；操作系统为 Windows XP，编译环境是 Visual Studio 2008。

9.5.1　并行联邦成员和普通联邦成员性能对比

1. 试验方式

（1）对相同数量的仿真实体分别用并行联邦成员和普通联邦成员进行仿真，然后通过比较系统运行时间的长短，来甄别并行联邦成员和普通联邦成员的性能差异。

（2）对于普通联邦成员，通过增减联邦成员数量的方式，测试其能否提高样机仿真验证系统的性能；对于并行联邦成员，通过增减逻辑进程数量的方式，测试其对样机仿真验证系统的影响。

2. 试验流程

（1）为了便于比较，对于相同数量的仿真实体，作者分别用 8 个、16 个、32 个、64 个普通成员构成的联邦进行测试。在每次测试中，仿真实体被平均分配到每一个联邦成员中，同时，每个计算节点的联邦成员个数也是相同的。

（2）对于并行联邦成员，每个节点只部署一个联邦成员，在仿真初始化时（此时设定无动态负载平衡）将仿真实体平均分配到每个逻辑进程中。为了便于比较，分别测试并行联邦成员的逻辑进程为 1、2、4、8 的情况下，并行联邦成员对系统性能的影响。

（3）HPC-RTI 的同步功能可使多个联邦成员充分利用多核处理器的计算能力从而减少计算开销，但同时也会增加联邦成员间的通信开销。通过本试验也可证实此论断。

仿真实体数量差异下的样机仿真验证运行时间对比如图 9-12 所示。

由图 9-12 可得如下结论。

（1）无论是普通联邦成员还是并行联邦成员，仿真运行时间都随仿真规模的增大而

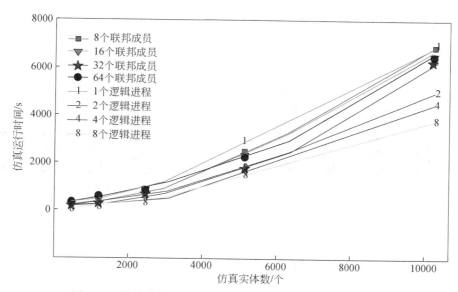

图 9-12　仿真实体数量差异下的样机仿真验证运行时间对比

增大。

（2）从 4 条不同数量的联邦成员曲线可以看出，在仿真实体数量相同时，增加联邦成员不能有效减少整个仿真系统的运行时间。这主要是因为虽然增加联邦成员可以减少样机仿真验证的运行时间，但同时联邦成员间的通信和请求时间推进开销也相应地增大了。

（3）从 4 条不同数量的逻辑进程曲线可以看出，对于相同数量的仿真实体，仿真运行时间随并行联邦成员的逻辑进程增多而减少。也说明增加逻辑进程可以并行处理更多仿真事件，使得仿真模型运算的并行度增加。

（4）只有一个逻辑进程的并行联邦成员和普通联邦成员性能相差不大，证明作者构建的性能样机仿真验证成员并行组件框架额外开销很小。

（5）当仿真规模较大时，拥有 8 个逻辑进程的并行联邦成员能够提升仿真验证系统性能 40% 左右；拥有 4 个逻辑进程能够提升 30% 左右；拥有 2 个逻辑进程能够提升 20% 左右；而当仿真规模较小时，并行联邦成员在缩短仿真验证时间方面能力有限。

图 9-13 为当 8 个、16 个、32 个、64 个联邦成员运行 640 个仿真实体时，仿真运行时间（由仿真实体运行时间及同步和通信时间两部分构成）的对比图。由此可见：随着联邦成员数量增加，仿真实体运行时间在减少，但通信和请求时间推进开销却明显增加，最终的仿真时间反而变化不大。这也就回答了造成图 9-12 中结论（2）的原因。

图 9-14 为拥有 8 个并行联邦成员的性能样机仿真联邦在运行 640 个仿真实体时，不同逻辑进程数量的运行时间对比图（运行时间是 8 个成员的平均值）。由此可见：①随着逻辑进程数量增加，系统运行时间逐渐减少；②逻辑进程数量的改变对联邦成员之间的同步和通信开销影响不大；③仿真实体的运行时间随着逻辑进程的增加而显著减少，从而使性能样机仿真验证的运行时间减少，这也就回答了造成图 9-12 中结论（5）的原因。

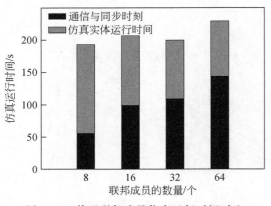

图9-13 普通联邦成员仿真运行时间对比 　　　图9-14 并行联邦成员仿真运行时间对比

9.5.2 增加动态负载平衡后并行联邦成员的性能对比

试验流程如下。

（1）在仿真初始化时，保证仿真实体被平均分配给每个逻辑进程。

（2）仿真开始后，利用负载平衡算法监测逻辑进程的负载差异，若负载差异>阈值 Min（作者设置为9），则在逻辑进程迁移实体间进行负载平衡。

（3）分别对比拥有4个和8个逻辑进程的并行联邦成员，在运行不同数量仿真实体时的仿真运行时间。

由图9-15可知：①当性能样机仿真验证实体数量较少时，此时逻辑进程负载差异小于阈值 Min，无需启动负载平衡，所以，有无负载平衡功能的并行联邦成员运行时间都相差不大；②随着性能样机仿真验证实体数量的增多，逻辑进程的负载差异超过阈值 Min，此时负载平衡次数增多，有负载平衡功能的并行联邦成员运行时间比无负载平衡功能的

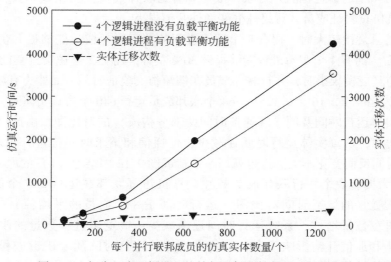

图9-15 拥有4个逻辑进程的并行联邦成员负载平衡效果图

并行联邦成员运行时间明显减少，且发生负载平衡次数为 0 ~ 250 次。

图 9-16 所示结果与图 9-15 类似，但出现负载平衡为 300 次左右。综合两张图的结果来看：有负载平衡功能的并行联邦成员比无负载平衡功能的并行联邦成员仿真运行时间缩短 15% 左右。

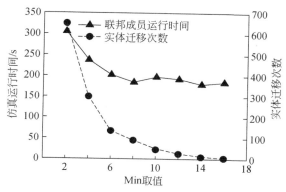

图 9-16　1280 个仿真实体的负载平衡分析

综合前两项试验结果可得：当仿真实体较多时，包含 8 个逻辑进程且有负载平衡功能的并行联邦成员能使性能样机的仿真验证时间缩短 40% 左右。

9.5.3　设置不同动态负载平衡阈值的性能对比

试验流程如下。

（1）分别对 1280 个、2560 个、5120 个、10240 个不同数量的仿真实体进行试验，并记录相应的仿真运行时间，每个并行联邦成员都有 8 个逻辑进程。

（2）设置 0 ~ 18 等几个典型的 Min 值，并观察相应的仿真运行时间，确定最优 Min 值。

（3）分析 Min 值与仿真运行时间以及迁移次数的关系。

由图 9-17 可知：①当 Min 值在 2 ~ 9 逐渐增大时，性能样机的仿真验证时间逐步缩短，当 Min 值大于 9 后仿真时间逐步保持稳定；②实体迁移次数随着 Min 的增大而逐步减少，当 Min 值大于 16 后实体迁移次数几乎为 0，这说明当 Min 值大于 16 后，负载平衡算法已不能检测出逻辑进程的负载不平衡状态。

从图 9-18 ~ 图 9-20 可得出类似结论，同时当 Min 值靠近 9 时，仿真运行时间达到最小值，这也是在作者 9.5.2 节试验流程（2）中将 Min 取值为 9 的原因。

综上所述：①当 Min 值小于 9 时，负载迁移波动较大，使得性能样机的仿真验证时间可能比没有负载平衡功能时的时间还要长；②当 Min 值过大时，又无法有效监测负载状态；③每个性能样机至少都有 1 个 Min 的最优值，其与具体仿真验证的模型相关，而且这个值通过试验获得；④由图 9-18 ~ 图 9-20 可知，通过少量有代表性的试验就能得到近似最优 Min 值。因为对于仿真实体数量众多的样机系统来说，获取最优 Min 值非常耗时，所以，这对于大规模的复杂仿真系统来说非常有意义。

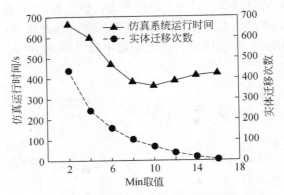

图 9-17   2560 个仿真实体的负载平衡分析

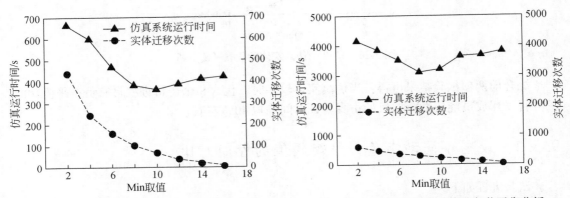

图 9-18   5120 个仿真实体的负载平衡分析   图 9-19   10240 个仿真实体的负载平衡分析

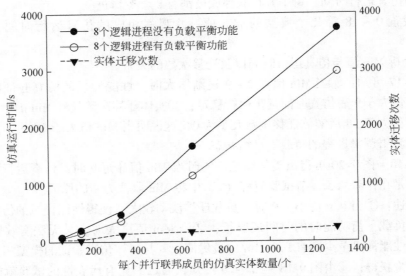

图 9-20   拥有 8 个逻辑进程的并行联邦成员负载平衡效果图

第 10 章　性能样机仿真验证时间管理机制

时间管理是仿真验证中的核心概念，也是在多核集群环境下提升性能样机仿真验证效率的核心内容之一。它的主要目的是控制各联盟成员在仿真时间轴上的快速、准确推进，保证 HPC-RTI 能在适当的时间以适当的方式和顺序将消息准确地发送给相应的联盟成员。因此，本章在第 8 章介绍仿真引擎管理服务的基础上，首先，详细实现一种能够自动调整时间推进策略的方法，其主要根据性能样机在仿真验证运行过程中的模型特性变化来动态调整时间同步机制；其次，针对仿真验证系统可能出现的死锁问题，提出基于时间戳增量期望的前瞻量动态调整算法，对其中的关键性能参数展开定量研究，并进行性能仿真试验；最后，实现 HPC-RTI 的时间管理服务。

10.1　时间管理机制概述

时间管理机制是决定性能样机仿真验证正确性和可重复性的关键技术，直接影响着样机仿真验证系统的整体性能。因此，对时间管理技术进行深入研究具有极其重要的意义。

目前，解决多核集群上的仿真时钟同步问题主要通过两种方式：保守机制和乐观机制。例如，在第 3 章中提到的最早的保守时间同步算法是 Chandy 和 Misra（1979）提出的"空消息"算法，其主要是通过前瞻量来确定可以安全处理的仿真事件。但是，前瞻量极其依赖模型的具体属性，若对某些仿真验证系统的特点和属性不能准确把握，就很难确定其前瞻量的取值；即便可以较准确地判断前瞻量，保守机制的死锁问题也常影响着仿真验证模型的并行处理过程。

乐观机制采取更为积极的方法允许各个仿真节点处理事件。当检测到发生因果关系错误时，通过回退方法来重新运行仿真验证系统，以此纠正违反因果关系而产生的错误结果。TW 机制就是最著名的乐观机制范例，其最大的优点是有效避免了保守机制的死锁问题，而且支持仿真验证模型的并行处理过程。但是，TW 机制也存在致命的弱点，即在某些情况下过分乐观将导致仿真验证效率低下，并产生巨大的内存管理开销。

因此，第一，无论是保守机制还是乐观机制，都需要有与其相适应的仿真验证模型搭配使用；第二，时间同步机制与样机模型及仿真验证系统的体系结构密切相关；第三，对作者所研究的性能样机来说，各参数特性在仿真验证的运行过程中随时间动态变化，具有一定的随机性和不可预测性。因此，时间同步策略也应随着模型特性的变化自主调整运行参数以获得最佳性能。只有深刻理解这些内容，才能在具体的仿真验证应用中选择最恰当的同步机制，以及有针对性地设置算法参数。

近年来，自适应策略逐渐引起学术界重视，它能够根据模型的具体特性监控仿真系统的运行状态，从而选择一个最优平衡点在保守机制与乐观机制之间进行综合评估，以此来动态调整时间同步控制参数。

10.2 自适应时间同步策略

10.2.1 自适应策略同步算法的特点

Reynolds 于 1988 年首次提出时间管理机制的自适应思想，他指出即便是针对同一个仿真系统的自适应算法，由于着眼点不同，所选择监控的状态信息和控制参数不同，也会出现各种不同的自适应算法（Reynolds，1988）。这些算法各自具有其合理性，在某些方面确实能有效优化仿真的性能，甚至很难说哪种策略一定比其他策略好。任何算法都是在某些前提条件下显示出其优越性的。

许多自适应算法能够在保守与乐观两个极端中连续调整过渡。例如，在移动时间窗（moving time windows，MTW）算法中，如果设置的时间窗口过窄，那么 MTW 算法就接近于保守的有限滞后算法；反之，如果设置的时间窗口无限大，那么 MTW 算法就等同于 TW 算法。同理，调整最佳到最差（best to worst，BTW）适应度算法中的参数 N，同样可使这些算法走向某种极端，退化为某种保守算法或乐观算法。因此，当这些参数往往设置在保守与乐观两种机制之间时，才有可能获得最佳的仿真验证性能，如图 10-1 所示。

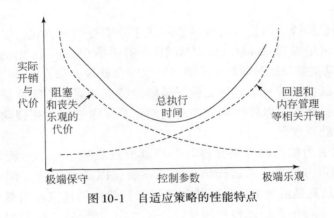

图 10-1　自适应策略的性能特点

10.2.2 自适应时间同步算法的提出

TW 算法和最小时间桶（minimum time buckets，MTB）算法在支持一般用途的并行离散事件仿真应用上具有各自的局限性：一方面，TW 算法很可能出现多级回退现象，以这种方式处理事件和发送消息存在巨大风险；另一方面，MTB 算法处理事件和发送消息过于谨慎，而且仿真时间同步频繁导致执行效率较低。为了解决以上两种算法固有的缺陷，笔者将两者的优势结合起来，形成一种可控风险算法——自适应时间同步（adaptive time warp，ATW）算法。

ATW 算法认为：越是靠近全局虚拟时间（global virtual time，GVT）的仿真验证事件，发生回退的概率就越小。因此，假设从 GVT 时刻开始到处理完 N_{risk} 个事件为止，在此时间内采用 TW 机制处理事件，而在此之后的所有事件改用 MTB 算法进行相对保守处理。这样既对乐观机制实现了有效控制，又避免了过分保守处理仿真事件而出现的效率低下现象。

10.2.3　算法描述

1）TW 算法阶段

仿真开始运行时，各 LP 均采用 TW 机制处理仿真验证事件，同时冒险地发送新消息，此时若仿真验证事件需要回退，则必须通过反消息的发送来取消这些冒险发出的新消息。

2）MTB 算法阶段

当处理的仿真验证事件达到上限值 N_{risk} 时，所有 LP 停止 TW 机制，开始采用 MTB 机制继续处理事件。

3）GVT 阶段

进入 GVT 阶段后，仿真验证系统清空网络中的暂态消息并计算 GVT 值。

4）提交阶段

安全发送所有时间戳不大于 GVT 的仿真验证事件所生成的消息，随后进入仿真验证事件提交阶段。

拥有三个 LP 的 ATW 算法推进示意图如图 10-2 所示。

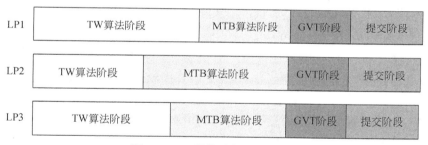

图 10-2　四段推进的 ATW 算法

此外，要使中断的仿真验证事件进入 GVT 更新阶段，则 LP 必须满足以下任意条件。

（1）系统预先设定时间间隔 T，当仿真运行 T 时刻后，启动 GVT 计算。

（2）每个 LP 乐观处理的仿真验证事件数量均达到 N_{risk}，启动 GVT 计算。

（3）所有的 LP 均越过最小事件限时，启动 GVT 计算。

（4）LP 中不再有仿真验证事件需要处理时，启动 GVT 计算。

10.2.4　参数 N_{risk} 的讨论

参数 N_{risk} 指可乐观处理的最大仿真验证事件数量。在此处设置 N_{risk} 主要有以下几点考虑。

（1）在 TW 机制下处理 N_{risk} 个事件，可有效避免 MTB 算法处理仿真验证事件过少的问题，保证每个推进周期可至少处理 N_{risk} 个事件。

（2）若 N_{risk} 设置为零，则 ATW 算法退化为 MTB 算法。那么通过在 TW 机制中限制冒险发送消息的数量，就能够有效遏制反消息的剧增以及可能发生的多级回退现象。

除此之外，仿真验证处理的节点越多，回退的可能性就越大。因此，在多核集群环境中，N_{risk} 的取值要尽量小，以便降低发生多级回退的概率。

10.3 自适应时间同步算法的实现

通过 10.2 节的讨论，作者提出了一种 ATW 算法，其核心是根据 TW 阶段仿真验证系统回退的次数来自主调整 N_{risk} 取值，使得性能样机的仿真验证系统既能维持较高的事件提交率，又不会产生过多的反消息及回退现象。下面作者就如何调整 N_{risk} 参数进行介绍。

10.3.1 参数 N_{risk} 设置

参数 N_{risk} 设置是指：在仿真推进过程中，通过仿真状态的历史和当前信息提前预测并调整 N_{risk} 取值，从而提升性能样机的仿真验证性能。为便于分析，首先定义下列变量和表达式：

AdvanceCyc（i）——仿真验证的第 i 个推进周期；

$N_{\text{risk}}^{(i)}$——所有 LP 在 AdvanceCyc（i）中实际采用的 N_{risk} 值；

$N_{\text{rollback}}^{(i)}$——所有 LP 在 AdvanceCyc（$i$）中发生的回退总次数；

$N_{\text{process}}^{(i)}$——所有 LP 在 AdvanceCyc（i）中处理的事件总数量；

α——$N_{\text{risk}}^{(i+1)}$ 受上一个推进周期 AdvanceCyc（i）中状态信息影响的比例控制因子，$0<\alpha<1$；

β——$N_{\text{risk}}^{(i+1)}$ 受以往历史状态信息影响的比例控制因子，$\beta=1-\alpha$；

$N_{\text{forecast}}^{(i)}$——所有 LP 在 AdvanceCyc（$i$）运行结束时，通过相关信息函数计算得到的在 AdvanceCyc（i）中理论上适宜处理的事件总数量。

一方面，为了降低回退次数以及推进周期中回退发生的频率，当所有 LP 在 AdvanceCyc（i）中的回退次数过多时，理论上应该减少所有 LP 在 AdvanceCyc（i）中处理事件的总数量 $N_{\text{forecast}}^{(i)}$；换句话说，$N_{\text{forecast}}^{(i)}$ 与该推进周期内的回退次数 $N_{\text{rollback}}^{(i)}$ 呈减函数关系，即 $N_{\text{rollback}}^{(i)}$ 越大，则 $N_{\text{forecast}}^{(i)}$ 越小；另一方面，当所有 LP 在 AdvanceCyc（i）中处理的事件总数量较多时，它所产生的回退总次数也相应较多是可以接受的。因此，$N_{\text{forecast}}^{(i)}$ 应该与 $\dfrac{N_{\text{process}}^{(i)}}{N_{\text{rollback}}^{(i)}}$ 呈增函数关系，即 $\dfrac{N_{\text{process}}^{(i)}}{N_{\text{rollback}}^{(i)}}$ 越大，则 $N_{\text{forecast}}^{(i)}$ 相应越大。

在 10.2 节作者提到了自适应时间同步算法的特点，即针对同一仿真验证系统，自适应时间同步算法所选择的状态消息和控制参数可以不同，但必须能够在一定程度上调控算法。因此，作者假设 $N_{\text{forecast}}^{(i)}$ 与 $N_{\text{process}}^{(i)}$ 和 $N_{\text{rollback}}^{(i)}$ 之间存在如下关系：

$$N_{\text{forecast}}^{(i)} = f\left(N_{\text{rollback}}^{(i)},\ N_{\text{process}}^{(i)}\right) = C \times \frac{N_{\text{process}}^{(i)}}{N_{\text{rollback}}^{(i)}} \tag{10-1}$$

其中，C 为与具体仿真应用相关的常数，当 $N_{\text{rollback}}^{(i)}=0$ 时，$N_{\text{forecast}}^{(i)}$ 取上限值 2000。

作者用如下策略来动态调整 $N_{\text{risk}}^{(i)}$：

$$N_{\text{risk}}^{(i+1)} = \alpha \times N_{\text{forecast}}^{(i)} + \beta \times N_{\text{risk}}^{(i)} \tag{10-2}$$

其中，α（$0<\alpha<1$）为第（$i+1$）个推进周期 AdvanceCyc（$i+1$）中 $N_{\text{risk}}^{(i+1)}$ 受邻近的上一个推进周期 AdvanceCyc（i）中状态信息影响所占比重；$N_{\text{risk}}^{(i)}$ 为所有 LP 在 AdvanceCyc（i）中实际的 N_{risk} 值，它是由第 i 个推进周期之前所有 LP 的历史状态信息所确定的；β 为 AdvanceCyc（$i+1$）中 $N_{\text{risk}}^{(i+1)}$ 受以往历史状态信息影响所占的比重。

同时，可依据具体仿真验证系统调整 α 或 β 大小，从而调整当前状态信息与历史状态信息在 N_{risk} 设置中所占的比例。例如，对于事件生成不均匀、波动很大的仿真验证系统，应减小 α 增大 β；对于事件生成较均衡、事件流较平稳的仿真系统，则应增大 α 减小 β。

10.3.2　参数 N_{risk} 分析

由式（10-1）和式（10-2）可推导成如下形式：

$$\begin{aligned}
N_{\text{risk}}^{(i+1)} &= \alpha \times N_{\text{forecast}}^{(i)} + \beta \times N_{\text{risk}}^{(i)} \\
&= \alpha \times N_{\text{forecast}}^{(i)} + \beta \times \left(\alpha \times N_{\text{risk}}^{(i-1)} + \beta \times N_{\text{risk}}^{(i-1)}\right) \\
&= \alpha \times N_{\text{forecast}}^{(i)} + \alpha\beta \times N_{\text{forecast}}^{(i-1)} + \beta^2 \left(\alpha \times N_{\text{forecast}}^{(i-2)} + \beta \times N_{\text{risk}}^{(i-2)}\right) \\
&= \alpha \times N_{\text{forecast}}^{(i)} + \alpha\left(\beta \times N_{\text{forecast}}^{(i-1)} + \beta^2 \times N_{\text{forecast}}^{(i-2)} + \cdots + \beta^R \times N_{\text{forecast}}^{(i-k)} + \beta^{k+1} \times N_{\text{risk}}^{(i-k)}\right)
\end{aligned} \tag{10-3}$$

其中，$N_{\text{risk}}^{(i-k)}$ 为所有 LP 在 AdvanceCyc（$i-k$）推进周期中的 N_{risk}。

则当 $k=i-1$ 时，式（10-3）转化为

$$\begin{aligned}
N_{\text{risk}}^{(i+1)} &= \alpha \times N_{\text{forecast}}^{(i)} + \alpha\left(\beta \times N_{\text{forecast}}^{(i-1)} + \beta^2 \times N_{\text{forecast}}^{(i-2)} + \cdots + \beta^{i-1} \times N_{\text{forecast}}^{(1)}\right) + \beta^i \times N_{\text{risk}}^{(1)} \\
&= \alpha \times N_{\text{forecast}}^{(i)} + \alpha \times \left(\sum_{k=1}^{i-1} \beta^{i-k} \times N_{\text{forecast}}^{(k)}\right) + \beta^i \times N_{\text{risk}}^{(1)}
\end{aligned} \tag{10-4}$$

为了说明算法的实际意义，将式（10-4）的右边分解为三部分。

（1）令 Current $= \alpha \times N_{\text{forecast}}^{(i)}$，表示所有 LP 在 AdvanceCyc（$i$）中回退等状态信息对 $N_{\text{risk}}^{(i+1)}$ 的影响。

（2）Past $= \alpha \times \left(\sum_{k=1}^{i-1} \beta^{i-k} \times N_{\text{forecast}}^{(k)}\right)$，表示所有 LP 从仿真推进第一个周期开始，直到第 i 个推进周期，每个推进周期中的回退等状态信息对 $N_{\text{risk}}^{(i+1)}$ 的影响。

（3）Initial $= \beta^i \times N_{\text{risk}}^{(1)}$，表示所有 LP 在最初的推进周期 AdvanceCyc（1）中回退等状态信息对 $N_{\text{risk}}^{(i+1)}$ 的影响。

为了便于理解，式（10-4）简化成如下形式：

$$N_{\text{risk}}^{(i+1)} = \text{Current} + \text{Past} + \text{Initial} \tag{10-5}$$

当 $\alpha=0$，$\beta=1$ 时，$N_{\text{risk}}^{(i+1)} = N_{\text{risk}}^{(1)} = N$，则 N_{risk} 为一个固定不变的常数，ATW 算法退化为 HTW 算法。

当 $\alpha=1$，$\beta=0$ 时，$N_{\text{risk}}^{(i+1)}=N_{\text{forecast}}^{(i)}=C\times\dfrac{N_{\text{process}}^{(i)}}{N_{\text{rollback}}^{(i)}}$，则 $N_{\text{risk}}^{(i+1)}$ 虽然仍旧随着仿真验证系统运行的状态信息进行调整，但只与邻近的上一个推进周期的状态信息相关，与之前更早的历史状态无关。

当 $0<\alpha$，$\beta<1$ 时，由式（10-4）可知：随着仿真的不断向前推进，越早的历史信息对 $N_{\text{risk}}^{(i+1)}$ 影响就越小，越靠近当前仿真推进周期的系统状态信息对下一个推进周期的 $N_{\text{risk}}^{(i+1)}$ 影响就越大。

10.3.3　试验对比分析一

为了分析 ATW 算法的性能，作者采用 PHOLD 模型作为试验分析的仿真应用。因为作者研究的性能样机仿真验证属于并行离散事件仿真的一个典型应用，而 PHOLD 是并行离散事件仿真中的经典测试模型，且广泛用于并行仿真引擎和并行仿真内核的性能测试，所以，此处采用 PHOLD 模型是行得通的。

在 PHOLD 模型中，假设有 N_{LP} 个逻辑进程分别映射到 N_{LP} 个处理器上，仿真初始化时产生 n 个仿真对象且平均分布到每个逻辑进程中，每个仿真对象产生 m 个初始事件，共有 $N=mn$ 个初始仿真事件，事件发送的目标在 n 个仿真对象中随机选择。

仿真运行开始后，当一个仿真对象收到一个事件后，就向随机选择的目标仿真对象调度一个新的将来事件。新事件的时间戳增量是一个 $[t_1,\ t_2]$ 的随机值，t_1 为前瞻量。试验中 PHOLD 模型采用一个均匀分布的随机数生成器（uniform random number generator, URNG）选择下一个事件将要发送的目标仿真对象，同时采用另一个 URNG 确定新生成事件的时间戳增量。因为 PHOLD 模型是粒度可调模型，因而可通过修改对应参数，实现对仿真对象数量及事件粒度的调整，从而使测试更为灵活全面，具有更广泛的代表性，测试结果也具有更高的参考价值和指导意义。

试验设定如下：PHOLD 模型中的目标逻辑进程 LP 在所有 N_{LP} 个逻辑进程中随机选取，时间戳的增量在 $0.01\sim1\mathrm{s}$ 上满足均匀分布，保守算法的前瞻量为 $0.01\mathrm{s}$，仿真事件总数为 10000 个，仿真对象个数分别取 $n=8$、64、512，初始事件总数 $N=1024$；ATW 算法中的参数 $\alpha=\dfrac{1}{2}$，$C=20$。当处理器个数取 1、2、4、8 时，ATW 算法、MTB 算法和 TW 算法的试验结果如图 10-3 所示。

从图 10-3 中可以看出如下结论。

（1）当只有一个逻辑进程 LP 时，ATW 算法的性能与 TW 接近，比 MTB 算法要差。这是由于单进程仿真中不存在回退，根据 N_{risk} 的计算方法，此时 ATW 算法相当于 TW 算法。

（2）当仿真 LP 数大于 1 时，ATW 算法的性能接近于 TW 算法和 MTB 算法中较好的一个。说明算法能够根据仿真模型的变化动态调整系统的乐观程度，从而验证了 ATW 算法中设置 N_{risk} 的有效性。

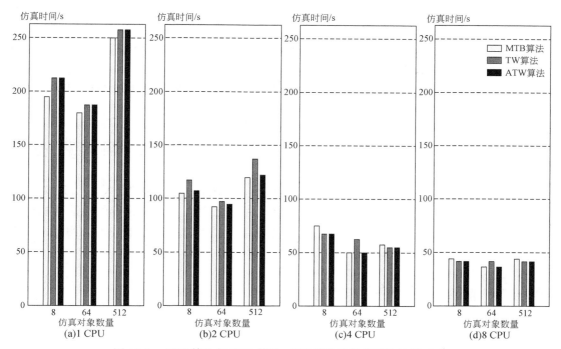

图 10-3　ATW 算法与 MTB 算法、TW 算法的性能对比结果（1）

10.3.4　试验对比分析二

对 PHOLD 模型做如下修改：每个仿真事件的处理时间随时间动态变化；每个 LP 处理完 500 个事件后改变一次处理仿真事件所需的必要时间；每个 LP 的调整相互独立。仿真对象个数恒定取 10，初始事件数 $N=1000$，处理器个数分别取 1、2、4、8，试验结果如图 10-4 所示。

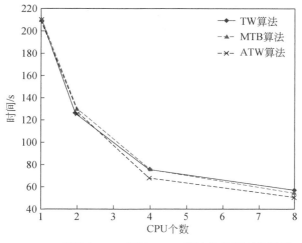

图 10-4　ATW 算法与 MTB 算法、TW 算法的性能对比结果（2）

由图 10-4 可知：ATW 算法的性能在某些应用中优于 TW 算法和 MTB 算法。这是因为修改后的 PHOLD 模型中，各个 LP 独立调整自己处理事件所需的必要时间，所以事件生成的速度不再像 10.3.3 节中是均匀的，回退的概率也随着时间推进随机变化。在这种情形下，TW 算法和 MTB 算法都难以获得最优性能，而 ATW 算法可以自主根据仿真运行时的回退次数等状态信息及时调整 N_{risk}，从而尽可能降低回退发生概率，获得相对更佳的性能。

10.4　基于时间戳增量期望的前瞻量动态调整算法

高性能并行计算时间管理涉及三方面内容：时间同步机制、最大可用逻辑时间（GALT）的计算及时间管理服务应用。在上面介绍中已对基于多核集群的性能样机仿真验证自适应时间同步机制进行了说明，下面将详细介绍 GALT 计算中的核心问题——前瞻量。

10.4.1　前瞻量的产生及定义

GALT 关系到仿真验证过程能否顺利推进。而前瞻量对 GALT 的计算起到了关键作用，因此也可以说，前瞻量是影响性能样机仿真验证系统性能的关键因素。

在 HLA 规范中，没有给出前瞻量的具体定义和描述。规范中提到"仿真系统中各联邦成员的前瞻量，由各联邦成员根据自身特点而确定"。不过 Fujimoto（1987）在文献中给出了针对前瞻量大小设置的五点建议，可将其作为本节研究的基础。

（1）可将联邦成员对外来事件的回应时间设置为前瞻量。例如，性能样机仿真验证系统对于操作命令的反应时间是 200ms，也就意味着 200ms 内不会有新的事件发生。因此，可设置前瞻量为 200ms。

（2）联邦成员发出一个可影响另一个联邦成员的事件，前瞻量可设置为该事件在网络中的传输时间。

（3）当无法确定仿真验证事件的发生时间时，前瞻量可设置为该事件可能发生的时间范围。例如，某仿真事件的产生时间为 T，但可能在未来 100ms 内的任意时刻发送，故此时前瞻量应设置为 100ms。

（4）基于步长推进的联邦成员通常将前瞻量设置为时间步长，并按照固定的时间步长向前推进。联邦成员无法调度当前步长内的事件，只可调控下一步长或者更久之后的事件，此时的前瞻量设置为时间步长。

（5）事件的非抢占性。一个联邦成员按照自身的业务模型计算并推进，在接下来的 T 时间内不影响其他成员，同时也不被其他成员影响，则此时可将前瞻量设置为 T。

因此，前瞻量的作用在于提高仿真系统的并行性以及避免死锁的发生。在引入前瞻量之前，联邦成员因为相互间请求推进逻辑时间的限制，仿真系统经常会出现死锁。而联邦成员利用前瞻量将产生的事件消息时间戳提前告知其他成员，其他成员根据这一对未来的承诺，则可合理安排自身的时间推进，这样就加快了仿真系统的运行。同时，联邦成员相互间的约束情况也通过前瞻量的大小得以反映：当前瞻量较小时，仿真系统的同步性较高；当前瞻量较大时，仿真系统的并行度较高。

10.4.2　动态调整算法分析

根据 Fujimoto（1987）在文献中对前瞻量的描述："前瞻量与仿真成员自身属性密切相关，RTI 无法自动对其进行修改"，若在仿真运行阶段，前瞻量被人为地设置为一个定值，并在整个仿真过程中维持定值不变，这样的做法对基于多核集群的性能样机仿真验证系统运行没有实际意义。因为性能样机在仿真验证过程中，仿真成员的时间戳增量是不断变化的。例如，当联邦成员需要对仿真数据进行较复杂计算时，此时的时间戳增量便会增大，相应的前瞻量也应该适当调整放大。若此时仿真验证过程仍保持相同的前瞻量，则无法实时应对仿真验证的变化情况。

因此，作者提出一种基于时间戳增量期望的前瞻量动态调整算法，算法中明确给出在何种情况下调整前瞻量、前瞻量大小如何确定及如何调整前瞻量三个主要问题及步骤。下面对算法进行详细说明。

1. 算法涉及的相关基本概念

为更好地理解算法过程，在进行算法设计前，作者首先定义一些相关概念。

定义 10.1　时间段 T_i：按一定的时间间隔将整个性能样机的仿真验证时间根据运行情况分成若干时间段（T_1，T_2，$\cdots$，T_n），在计算联邦成员仿真验证事件的时间戳增量时，便按照时间段 T_i 的划分计算。时间分段的主要目的是尽可能地减小当消息时间戳变化较大对前瞻量计算的影响。

定义 10.2　时间分组 TG_i：按照预先设定的间隔 k，将划分好的时间段（T_1，T_2，$\cdots$，T_n）每隔 k 个时间段划分为一个时间分组 TG，$TG = kT$。在计算前瞻量调整比例因子时，按照时间分组 TG 计算各 TG 内的比例因子，实现比例因子随仿真状态的动态调整。需要注意的是该分组需从第二个时间段 T_2 开始划分，T_1 中的 EITS 值作为计算前瞻量调整比例因子的基准值使用。图 10-5 展示了时间段与时间分组的分配情况。

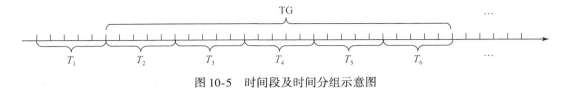

图 10-5　时间段及时间分组示意图

定义 10.3　EITS（expectation increment of time stamp）：联邦成员仿真验证事件消息时间戳增量期望值。其代表了联邦成员 i 在时间段 T_i 中所发生事件的时间戳增量期望值，记为 EITS（i，T_i），该期望值能够反映仿真验证事件时间戳增量变化的平均水平。在后面计算联邦成员的前瞻量时，该值是重要参数。

在分析 GALT 过程中，可见前瞻量大小对其计算有重要作用。根据两者之间的关系，可以得出以下两点结论。

（1）若时间调控型联邦成员的时间戳增量变化值远远大于前瞻量设定值，则与该调控成员相关联的时间受控型联邦成员在接收到该事件时，需要对 GALT 进行多次计算才能处理该事件。

（2）若时间调控型联邦成员的时间戳增量小于其前瞻量设置值，则会出现逻辑错误。此时需要重新调整前瞻量，以保证联邦运行的逻辑正确性。

根据以上两点结论并结合上面所提算法，对前瞻量的设定值提出以下定义。

定义 10.4 前瞻量调整大小：联邦成员 i 在每个仿真时间段 T_i 的前瞻量为前一时间段的事件时间戳增量期望值，记为 lookahead$_i$ = EITS（i，T_i），该值即前瞻量调整大小（根据算法，前两个时间段 T_1、T_2 的前瞻量为初始设定值）。这样联邦成员的前瞻量便会根据仿真运行状况进行动态调整，提高了前瞻量对仿真运行过程的适应度。

定义 10.5 仿真推进单位时长（unit of advanced time，UAT）：仿真时间轴上的最小时间单位。其代表的物理时间大小由仿真系统时间推进需求、RTI 平台版本等因素决定。

定义 10.6 有效逻辑时间（effective logical time，ELT）：时间调控型联邦成员允许 TSO 消息发送的最小时间戳，ELT$_i$ = T_i+lookahead$_i$。ELT 是联邦成员向其他成员做出的对未来的承诺，是保证成员彼此协调的重要指标。

定义 10.7 前瞻量调整比例因子 p：联邦成员在时间分组中的首个时间段中的 EITS 值与整个仿真时间的首个时间段 T_1 中的 EITS 值的比值。在本算法中，利用 p 判断在何种情况下需要调整前瞻量。该比例因子会随着不同的时间分组进行动态调整。

2. 前瞻量动态调整设计思路

如本节开始所述，针对动态调整前瞻量问题，本算法有三个关键点：判断调整前瞻量的边界；若需调整前瞻量，应如何设置其大小；采取何种方式做出调整。

针对上述三个关键点，整个算法实质分为两部分：第一部分是根据联邦成员在某个时间区间产生事件的时间戳增量变化情况，确定前瞻量调整比例因子，并根据该比例因子确定是否需要对前瞻量进行调整；第二部分是若确定需要调整前瞻量，那么根据本算法对前瞻量的定义及高性能并行仿真对前瞻量的要求，该如何合理调整前瞻量。具体算法思想如下。

联邦运行前，将联邦成员 i 的前瞻量初始值设置为 ε_i，并根据性能样机仿真验证运行需求将仿真时间划分为时间段（T_1，T_2，…，T_n）。从时间段 T_2 开始再将时间段依照固定的间隔分成时间分组（TG$_1$，TG$_2$，…，TG$_n$）。联邦运行开始后，根据联邦成员在首个时间段 T_1 中所产生事件的情况，计算联邦成员 i 在首个时间段 T_1 中产生事件的时间戳增量期望值，记为 EITS（i，T_1），将该期望值作为之后计算前瞻量调整比例因子的基准值。T_1 时间段运行完毕后进入 T_2 时间段时，算法进入先前分配好的时间分组进行再计算。

由于每个时间分组算法的计算过程均相同，故以第一时间分组为例，即以 T_2 时间段起始的时间分组为例，进行算法思想描述，记录联邦成员 i 在 T_2 时间段中所产生全部事件的时间戳增量。在该时间段运行结束后，计算出在 T_2 时间段中产生事件的时间戳增量期望值 EITS（i，T_2），得到该期望值后，将该值与 EITS（i，T_1）相比，得到的结果即 T_2 所在时间分组的前瞻量调整比例因子 p。比例因子 p 的计算公式为

$$p = \text{EITS}（i，T_2）/\text{EITS}（i，T_1） \tag{10-6}$$

其中，EITS（i，T_2）为联邦成员 i 在 T_2 中仿真验证事件的时间戳增量期望值；EITS（i，

T_1）为联邦成员 i 在 T_1 中仿真验证事件的时间戳增量期望值。

确定该分组内的前瞻量调整比例因子 p 后，同理记录下联邦成员 i 在之后时间段运行过程中所产生仿真事件的时间戳增量，并在时间段结束后，计算出在该时间段中仿真验证事件的时间戳增量期望值 EITS（i, T_i）。

接下来，根据之前确定的该时间分组的前瞻量调整比例因子 p 及相应判断条件，分析是否需要对前瞻量进行调整。若需调整前瞻量，则调整后的前瞻量计算公式如下：

$$\text{lookahead}_i = \begin{cases} \text{EITS（}i\text{, }T_i\text{）} \\ \varepsilon_i \\ \text{EITS（}i\text{, }T_i\text{）} \end{cases} \tag{10-7}$$

其中，EITS（i, T_i）为联邦成员 i 在随后时间段中的仿真事件时间戳增量期望值；ε_i 为前瞻量的初始值。

当 EITS（i, T_i）<EITS（i, T_1）/p 时，前瞻量减小。

当 EITS（i, T_1）/p<EITS（i, T_i）<EITS（i, T_1）×p，前瞻量保持不变。

当 EITS（i, T_1）>EITS（i, T_1）×p 时，前瞻量增大。

在确定了是否需要调整前瞻量之后，就能根据多核集群仿真规则对前瞻量进行相应调整。根据有效逻辑时间（ELT）的计算公式，若前瞻量做出调整，ELT 也会发生相应变化。根据时间管理规则，仿真系统进行逻辑时间推进时，ELT 一定是递增的。

因此，根据 ELT 计算公式可知以下结论。

（1）当前瞻量增大时，ELT 也增大，RTI 会立即同意该请求，前瞻量立即调整。

（2）当前瞻量减小时，由于前瞻量调整可能会导致 ELT 值减小，这会引起其他成员收到"过时"消息，违反多核集群仿真及 HLA 逻辑规则，前瞻量不会立即减小，而是当前瞻量减小时，RTI 会逐渐减小前瞻量，直至联邦成员的 ELT 不小于更新之前的计算值。

10.4.3　算法实现流程及代码描述

算法的整体实现流程如图 10-6 所示。

算法输入为前瞻量初始值 ε_i，在前两个时间段 T_1 和 T_2 中，成员前瞻量为初始值。算法输出为调整之后的前瞻量 L^*。算法代码如代码 10-1 所示。

```
/**代码10-1　前瞻量动态调整算法**/
Lookahead dynamic adjustment algorithm
Input:εi
Output:L*
EITS(i,T1)// Compute EITS in T1
for m=2 to num of Time Slot by k do
{
  // k is the num of Time Slot in the Time Group
  EITS(i,Tm)// Compute EITS in Tm
  p=EITS(i,Tm)/EITS(i,T1)//Compute the adjusted scale factor of lookahead
for n=m+1 to m+k-1   do
```

```
    EITS(i,T_n)//Compute EITS in T_n
  If EITS(i,T_n)<EITS(i,T_1)/p
    then // Decrease the lookahead
       L* =EITS(i,T_n)
       bpending=true
  while
    L=L* do
    if Current time+L* >ELT
    then
       L<L*
       bpending=false
  else if then
    L=L-UAT
       Current time=Current time+UAT
    end if
       else if EITS(i,T_n)>EITS(i,T_1)* p
       then //Increase the lookahead
          L>L*
    else if EITS(i,T_1)/p<EITS(i,T_i)<EITS(i,T_1)* p
    then
          L=L*
  end if
  }
```

10.4.4　前瞻量动态调整过程分析

根据代码 10-1 展示的联邦推进实例，接下来详细分析本算法中前瞻量的具体调整过程。

如图 10-7 所示，共有三个联邦成员 A、B、C，其中成员 A 与成员 B 均为既时间受控又时间调控类型成员，成员 C 为时间受控类型成员。三者的当前逻辑时间分别为 $t_A=4$，$t_B=7$，$t_C=5$；其前瞻量分别为 $L_A=6$，$L_B=5$，$L_C=3$。根据有效逻辑时间（ELT）的定义，可以计算出成员各自的 ELT 分别为 $ELT_A=t_A+L_A=10$，$ELT_B=t_B+L_B=12$，$ELT_C=t_C+L_C=8$。

根据多核集群及 HLA 时间管理服务策略，时间调控型联邦成员发出的 TSO 消息会影响时间受控型联邦成员的 GALT。接下来，将计算联邦成员的 GALT 值。

联邦成员 A 与 B 分别为既时间调控又时间受控类型成员，故其各自的 GALT 等于对方的输出时间即 $t+L$，则 GALT (A) = OUTPUT (B) = $t_B+L_B=12$，GALT (B) = OUTPUT (A) = $t_A+L_A=10$。如图可知，成员 A 的请求推进逻辑时间为 GALT (A) >10 符合推进条件，允许推进；而成员 B 的请求推进逻辑时间为 GALT (B) <12，违反了时间推进规则被挂起，成员 C 为时间受控类型成员，故其 GALT 等于成员 A 与成员 B 输出时间的最小值，即 GALT (C) = min $\{$OUTPUT (A)，OUTPUT $(B)\}$ = min $\{10$，$12\}$ = 10；而成员 C 的请求推进逻辑时间为 GALT (C) >8，符合条件，允许推进。

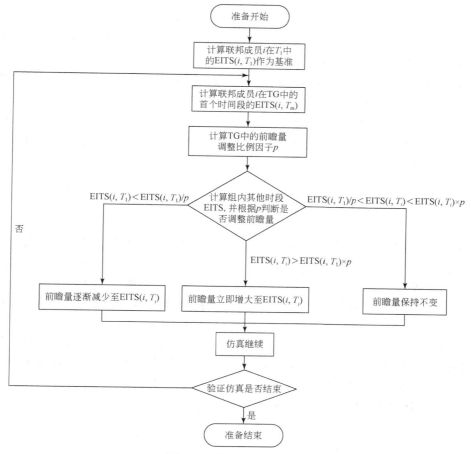

图 10-6　算法实现流程图

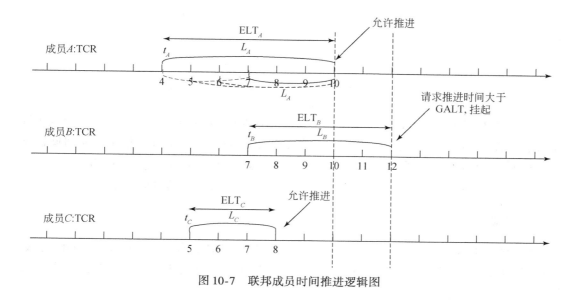

图 10-7　联邦成员时间推进逻辑图

假设此时成员 A 经过计算需要动态调整其前瞻量，令调整后的前瞻量为3，即 $L'_A=3$，成员 A 在前瞻量调整之前 $\text{ELT}_A=10$，调整之后为 $\text{ELT}'_A=7<\text{ELT}_A$。根据上面对有效逻辑时间的分析，联邦成员的有效逻辑时间必须是非减的，而 $\text{ELT}'_A<\text{ELT}_A$。故 RTI 不会立即更新其前瞻量，而是逐次递减至更新值。

如图 10-7 所示，成员 A 按照推进时间轴的最小时间单位向前推进，并将原前瞻量逐渐减小。例如，当推进至6时，$\text{ELT}'_A=10=\text{ELT}$，虽符合 ELT 非减原则，但前瞻量仍未调整到期望值，故继续向前推进；当推进至7时，$\text{ELT}'_A=10=\text{ELT}$，此时既满足有效逻辑时间非减的原则，同时前瞻量也调整至期望值3。故 RTI 将成员 A 的前瞻量调整至3，成员 A 按照此前瞻量继续推进，前瞻量调整完毕。

10.4.5 实例验证

本节将利用某航天产品性能样机的仿真验证过程，测试基于时间戳增量期望的前瞻量动态调整算法的实用性和有效性。本试验采用 HPC-RTI 作为仿真运行支撑平台。仿真系统设计四个联邦成员，分别为：控制系统成员、推进系统成员、气动系统成员及大气环境系统成员。仿真试验所运行的主机配置为：Intel 四核 Q8400 处理器，2.66GHz，3.5GB RAM，Windows XP 操作系统。

如图 10-8 所示，推进系统成员通过与控制系统成员的交互，获取对方控制信号，并通过反馈信号判断目标是否可接收；当确定目标可接收后，将控制信号发送至气动系统成员，气动系统成员通过接收信号来适应多变的大气环境系统。将试验中的四个联邦成员分别运行在两台装有 HPC-RTI 仿真验证平台的主机上。

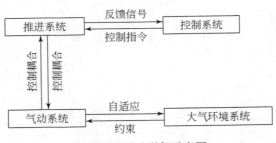

图 10-8 测试联邦示意图

本试验共分两部分：第一部分，通过对联邦成员设置不同的前瞻量，以此测试不同前瞻量对仿真验证系统运行的影响；第二部分，通过对联邦成员程序添加基于时间戳增量期望的前瞻量动态调整算法（dynamic adjustive lookahead algorithm based on the expectation of time stamp increment，DALA），测试其对性能样机仿真验证运行的影响。

1. 试验第一部分

推进系统成员实时接收控制系统的指令，并将反馈信号返回给控制系统成员。将控制系统成员的前瞻量设置为不同值，对联邦运行时间进行对比测试，试验数据如表 10-1 所示。

表 10-1　不同前瞻量的联邦运行时间 （单位：s）

仿真处理的事件数	200	400	800	1600
前瞻量 0.025	216.3	448.4	811.8	1631.5
前瞻量 0.1	134.7	277.1	582.4	1189.7
前瞻量 0.4	72.9	151.3	340.2	709.7

根据试验数据可以看出，当前瞻量较小时，仿真运行时间相对较长；当前瞻量适当增大后，仿真运行时间反而有所减少。其原因是前瞻量较小时，HPC-RTI 需要更多的时间来计算联邦成员的 GALT，以此来满足联邦推进的要求，从而导致仿真验证时间增加。上述试验证明，合理地设置联邦成员前瞻量对于性能样机的仿真验证有重要影响。

2. 试验第二部分

在仿真验证过程中，推进系统成员在起始阶段向控制系统成员发送反馈信号，当控制系统成员未收到信号时，推进系统成员会以相对较长的时间间隔发送反馈信号；当发现反馈信号时，推进系统成员会根据自身计算模型的运算需求，适当加快对控制系统成员的反馈请求，缩短发送反馈信息的时间间隔。在信息发送过程中，推进系统前瞻量会随着控制系统是否接收到反馈信号而改变。为了更大限度地发挥算法的有效性，作者在仿真验证过程中，设计控制信号多次往返于推进系统与控制系统之间。将 DALA 嵌入推进系统成员仿真验证程序中，测试其在使用算法与未使用算法时，仿真验证运行时间的变化。（初始设置：$L_{控制}=0.1$，$L_{推进}=0.2$，$L_{气动}=0.2$，$L_{大气}=0.2$。）

从表 10-2 及图 10-9 可以看出，采用 DALA 之后，仿真验证时间明显减少，仿真验证过程更加流畅，这说明算法能够提高仿真验证系统的性能。

表 10-2　DALA 对仿真系统运行时间的影响

仿真处理的事件数	92	178	352	646
采用 DALA 前系统运行时间/s	73.7	121.4	249.3	489.6
采用 DALA 后系统运行时间/s	41.5	67.6	147.7	305.2

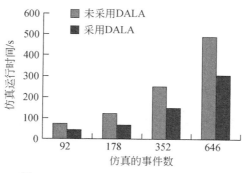

图 10-9　DALA 对系统运行时间的影响

分析试验数据可以得出，DALA 使联邦成员能够根据仿真运行状态及时调整前瞻量，从而大大缩减前瞻量与事件时间戳增量对比太大造成的 GALT 计算花费，缩短了仿真验证时间，从而使仿真验证更加流畅。

在试验对比中发现，对于时间戳增量随仿真验证过程规律性发生变化的联邦程序，DALA 对仿真验证性能的提高有较为显著的作用，但如果时间戳增量在仿真过程中无明显变化，表现出较为平稳的特征时，DALA 对于系统性能的提高作用不大。

DALA 能够使联邦成员程序与仿真运行过程很好地结合，最大限度地提高仿真系统的性能，同时算法的实现独立于联邦程序提高了算法的可重用性。

10.5 时间管理服务的具体实现流程

介绍完毕性能样机仿真验证时间管理的前两大核心内容：时间同步机制及最大可用逻辑时间（GALT）的计算后，关于性能样机时间管理的最后一个核心问题即时间管理服务如何实现的问题。时间管理服务的主要目的是控制各联盟成员在仿真验证时间轴上的推进，保证 RTI 能在适当的时间以适当的方式和顺序将消息正确地发送给相应的联盟成员。基于此，作者设计了 HPC-RTI 中的时间管理服务实现模型，如图 10-10 所示。

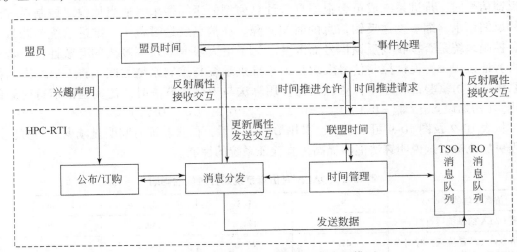

图 10-10 HPC-RTI 时间管理服务实现模型

HLA 接口规范中定义的时间管理服务共有 23 个函数，其中有 19 个是 RTI 需要向盟员提供的服务，4 个是 RTI 对盟员的回调函数。RTI 的时间管理服务主要有时间管理策略的设置、盟员逻辑时间推进请求和其他辅助服务等。作者设计的 HPC-RTI 目前所能实现的时间管理接口函数如表 10-3 所示。

表 10-3 HPC-RTI 支持的时间管理服务接口

服务类型	函数名称	函数说明
主调服务	enableTimeRegulation	设置时间校准
	enableTimeConstrained	设置时间受限
	disableTimeRegulation	取消时间校准
	disableTimeConstrained	取消时间受限

续表

服务类型	函数名称	函数说明
主调服务	timeAdvanceRequest	时间推进请求
	timeAdvanceRequestAvailable	可用时间推进请求
	nextMessageRequest	下一消息请求
	nextMessageRequestAvailable	可用下一消息请求
	flushQueueRequest	清空队列请求
	enableAsynchronousDelivery	打开消息异步发送
	disabeAsynchronousDelivery	关闭消息异步发送
	queryGALT	查询 GALT
	queryLogicalTime	查询当前逻辑时间
	modifyLookahead	修改 lookahead 请求
	queryLookahead	查询 lookahead
	retract	消息回退请求
	changeInteractionOrderType	改变交互顺序类型

基于 HPC-RTI 实现的主要时间管理服务如下。

1）时间管理策略设置

通过设置时间管理策略，每个盟员就选择了在联盟执行中与其他盟员的时间协调方式，其中校准盟员能够影响其他盟员（尤其是受限盟员）的时间前进，而受限盟员的逻辑时间前进就会受制于其他盟员（尤其是当其为校准时）的逻辑时间前进。下面以 enableTimeRegulation 服务接口实现为例，介绍 HPC-RTI 中的时间管理策略实现流程，如图 10-11 所示。

盟员调用 enableTimeRegulation 函数设置时间校准，HPC-RTI 通过计算设置该盟员的逻辑时间，以保证这个加入盟员校准后能够为所有的约束盟员发送不过时 TSO 消息。若该盟员已经是约束的，则该函数相当于隐式调用了 TARA。在请求得到允许后，HPC-RTI 会向盟员发起回调 timeRegulationEnabled，表明盟员已确定时间校准策略生效。盟员调用 disableTimeRegulation 函数取消时间校准，则该请求会马上得到 HPC-RTI 的允许，随后该盟员只能发送 RO 事件。

2）逻辑时间推进服务

在联盟执行过程中，每个使用时间管理的盟员都有自己的逻辑时间值。盟员的逻辑时间最初被设置为 HLA 时间轴上的初始时间，而且盟员的逻辑时间只能向前推进。因此，盟员只可以请求推进到一个大于或等于它的当前逻辑时间的时间点，而且盟员只有调用下列服务中的一种才能推进它的逻辑时间：①时间推进请求（time advance request，TAR）；②可用时间推进请求（time advance request available，TARA）；③下一消息请求（next message request，NMR）；④下一可用消息请求（next message request available，NMRA）；⑤清空队列请求（FQR）。

图 10-12 就是 HPC-RTI 调用 TAR 时间推进方式的实现流程。盟员调用 TAR 服务请求逻辑时间，推进到新的时间点并且 HPC-RTI 会向该盟员释放消息。HPC-RTI 通过 timeAd-

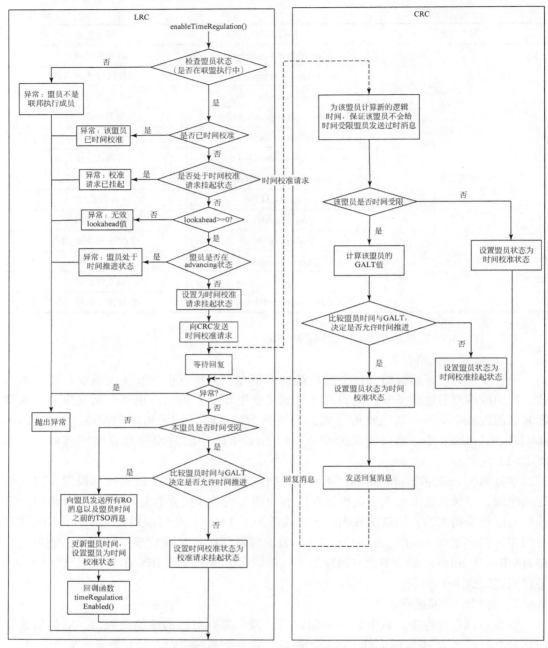

图 10-11　enableTimeRegulation 实现流程

vanceGrant 函数回调来完成时间推进请求调用过程，并且表明盟员可以推进它的逻辑时间到请求时间，此时该盟员未来也不会接收到小于或者等于这个准许时间的 TSO 消息。对于约束盟员，请求前进的逻辑时间若小于其 GALT，表明它不用等待其他盟员的时间前进请求。在 HPC-RTI 的时间推进服务中，各种推进方式的实现流程类似。

3）其他服务

HPC-RTI 还实现了如前瞻值修改及类型改变等服务接口，此处不再赘述。

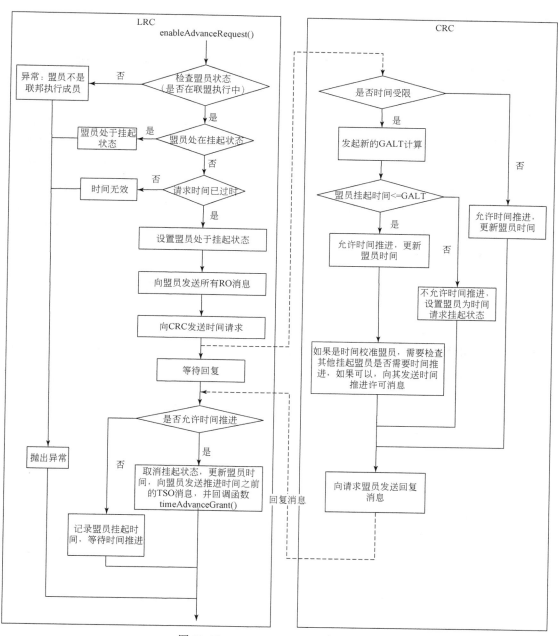

图 10-12　timeAdvanceGrant 实现流程

第11章　性能样机协同建模与仿真架构

作为当今信息时代最主要、最重要的资源，信息不分时域、空域，无处不在。信息交换和共享，不断改变着人们的生产方式和生活方式。利用先进的信息技术，实现大型复杂航天产品全生命周期信息化，以提高企业生存和发展能力。复杂航天产品统一建模与仿真过程是一项涉及面广且极为复杂的系统工程，研究对象不只是系统、计算机网络设备，更多的是企业的管理体制和运行机制，以及应用信息系统的人。本章主要利用信息系统分析和云计算等技术来实现全生命周期复杂航天产品统一建模与仿真云集成平台，从而实现UMSLO 模型的 U 子模型。

11.1　航天产品设计单位组织机构

复杂航天产品生产单位的组织架构一般是集团公司、院（基地）、厂（所）三级的管理体制模式，如图 11-1 所示，每级单位的管理职能是分层次推进的。在航天集团的信息化

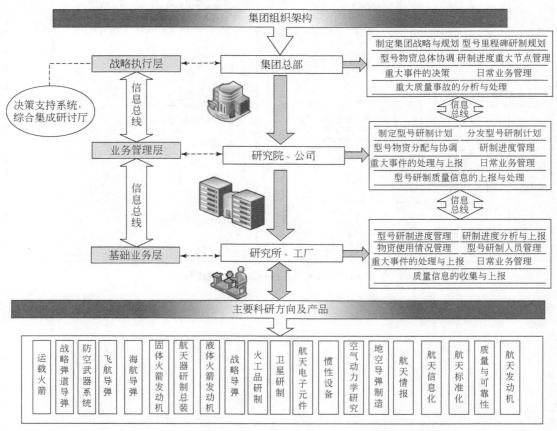

图 11-1　航天产品生产组织机构

规划中，主要的规划目标通过协同工作环境、产品数字化研制、管理数字化三项工程来落实（吕鸣剑和孟东升，2009）。这样，就需要将各工程项目中的信息化项目建设与集团三级管理的模式相匹配，通过采用统一的云平台架构，解决各级机构信息化分散建设和集成性差的问题，这样才能保证在加强各层级单位的控制力的同时，各层级单位可以开展自主性建设。

11.2　性能样机协同建模与仿真平台基础框架

11.2.1　基于云计算的信息化管理发展架构

当前制造业发展的核心是全球化、集成化、协同化、智能化、敏捷化、网络化、绿色化（Bhuyan et al.，2015）。云制造业信息化的发展架构如图 11-2 所示。

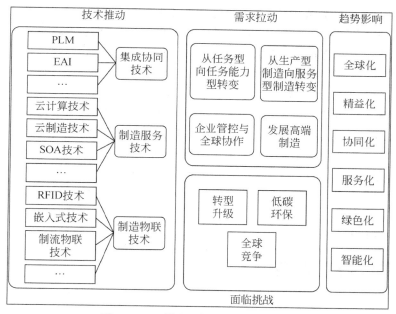

图 11-2　云制造业信息化的发展架构

PLM 为产品生命周期管理（product lifecycle management）；EAI 为企业应用集成（enterprise application integration）；
SOA 为面向服务的架构（service oriented architecture）

目前的云计算就是网络提交作业和操作计算资源的服务，云制造提供用户网上提交任务，以及交互、协同、全生命周期制造服务。例如，搞设计需要知道设计的资源和能力，多协同完成制造设计，协同制造资源。然后，一个型号项需要很长周期去设计和实现，所以设计生产管理实验室走的是设计生产加工跨阶段的制造之路。

11.2.2 云服务模式

云制造服务模式借鉴云计算的理念，利用云计算、物联网等新兴信息技术，将各类制造资源虚拟化和制造能力服务化，提供面向制造企业的主动（active）、敏捷（agile）、聚合（aggregative）、全方位（all-aspects）的制造资源和制造能力服务，实现制造资源广域互联和按需共享（Niu，2009）。

云制造服务模式的核心是构建整合制造企业所需的各种软硬件制造资源并提供4A服务的云制造服务平台（丁静等，2012）。制造企业向云制造服务平台提出产品设计、制造、试验、管理等产品全生命周期过程各类业务与资源服务请求（康瑞锋，2013）。云制造服务平台则在云制造资源中进行高效查找、智能匹配、推荐和执行服务。

在云计算所提供的 IaaS（infrastructure-as-a-service，基础设施即服务）、PaaS（platform-as-a-service，平台即服务）和SaaS（software-as-a-service，软件即服务）服务框架中，PaaS 层提供的执行环境有效衔接 SaaS 层和 IaaS 层，能够根据业务和应用的并发访问量动态调度 IaaS 的计算资源和存储资源，真正实现云计算三层的一个融合（李伯虎等，2009）。SOA 解决了企业数据集成、应用集成和流程集成等问题（刘强等，2014）。而云计算解决了企业业务系统和 IT（information technology，信息技术）硬件环境的解耦问题。云计算中 PaaS 层主要注重业务系统本身的开发环境，通过在 SOA 架构中引入云计算机可以实现 SOA 与云计算平台的耦合，实现 SOA 中的 ESB（enterprise service bus，企业服务总线）能力、流程引擎能力、规则引擎能力，这些能力可以演化为云计算中 PaaS 层平台的能力（孟秀丽，2006）。同时，云计算平台中的 IaaS 层能够给 SOA 平台提供 IT 硬件基础设施，这些基础设施可以直接使用云计算平台 IaaS 层的计算能力单元和存储能力单元。作者所设计的基于 SOA 与云计算的集成模型如图11-3 所示。

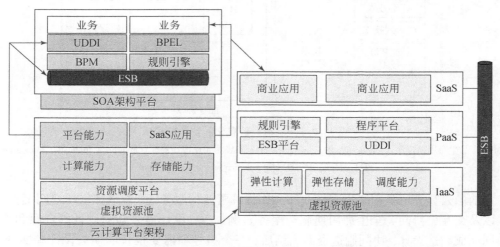

图 11-3　基于 SOA 与云计算的集成模型

UDDI 为统一描述、发现与集成（universal description, discovery and integration）；

BPEL 为业务过程执行语言（business process execution language）

云制造在云计算平台的基础上，结合 Web 服务和 SOA 架构实现企业信息化过程中的各类资源共享与综合集成（侯守明，2010）。云计算提供了可供 SOA 使用的远端云服务，而 SOA 提供了将云服务组合成满足复杂业务应用需求的方法（孟秀丽，2005）。应用 SOA 和云计算体系结构，作者提出了可构建如图 11-4 所示的面向云制造服务的平台架构。该架构体现了将 SOA 和云计算融合，并将传统计算资源延伸和拓展到云制造资源。

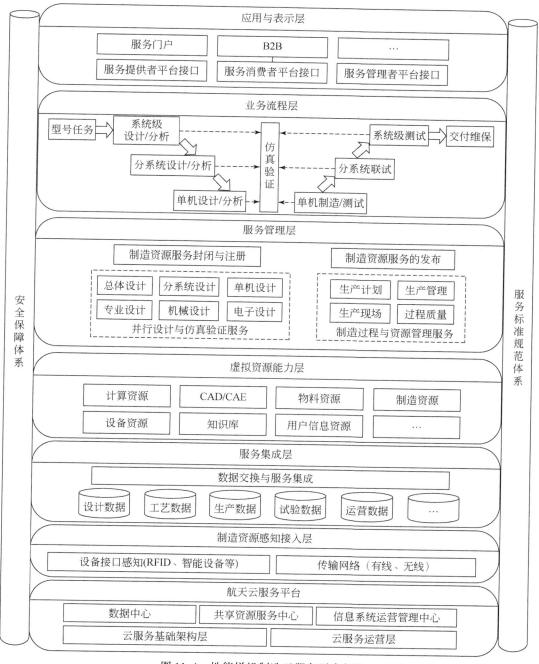

图 11-4　性能样机制造云服务平台架构

11.3 性能样机协同建模与仿真系统架构

11.3.1 性能样机协同建模与仿真平台架构

复杂航天产品性能样机是一种包含用户需求、系统组成、产品技术、制造过程、测试维护、项目管理和工作环境等一系列复杂因素在内的产品，涉及机械、气动、电子、制导控制等多个技术领域，机械系统、电气系统、控制系统等需要在统一的框架内研究。

作者以云服务体系架构为基础，在云服务中间件平台上，实现复杂航天产品性能样机在设计与管理过程中的信息共享与异地设计的协同设计目标。

云仿真平台是一种新型的网络化建模与仿真平台，是仿真网络的进一步发展（冯景华等，2004）。前面章节在介绍云计算的体系结构时，将云计算分为三层，分别为资源层、平台层和服务层。通过分析云计算的架构来分析云制造架构（杨军宏等，2007）。作者在云计算的多层服务框架的基础上，利用 SOA、ESB、Web 服务和相关信息化综合集成技术，提出了基于云服务的云仿真平台系统体系框架，如图 11-5 所示。

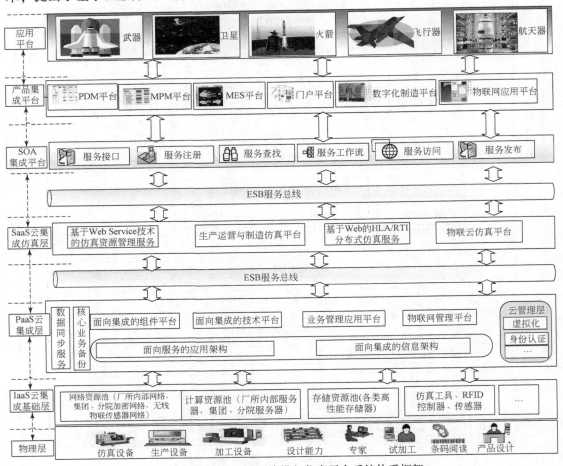

图 11-5 性能样机协同建模与仿真平台系统体系框架

第一层为物理层，包括所有与性能样机相关的硬件设备、通信设备、仿真环境、验证平台等基础设施。

第二层为 IaaS 云集成基础层，主要作用是对物理层的设备进行感知，包括网络资源池（厂所内部网络，集团、分院加密网络，无线物联传感器网络）、计算资源池（厂所内部服务器，集团、分院服务器）、存储资源池（各类高性能存储器）、软件资源池（相关标准规范、操作系统）、智能终端、RFID 控制器、传感器虚拟现实的映射、识别、传感、租用等形式的对物理层资源的感知和封装。

第三层为 PaaS 云集成层，主要实现云服务平台中各类资源池以及资源调度管理，包括面向集成的组件平台、面向集成的技术平台、业务管理应用平台、物联网管理平台等。

第四层为 SaaS 云集成仿真层，包括基于 Web Service 技术的仿真资源管理服务、生产运营与制造仿真平台、基于 Web 的 HLA/RTI 分布式仿真服务和物联云仿真平台等。

第五层为 SOA 集成平台，包括应用组件服务接口定义、注册服务、查找服务、服务调用和发布等。

第六层为产品集成平台，各学科领域用户在统一的云服务平台下，选择自己所需要的设计工具、管理系统和仿真平台等。

第七层为应用平台，对多学科领域的设计用户提供一个统一的服务平台，实现统一的建模与仿真平台和数据模型共享中心。

通过对云制造基础服务架构的分层研究，构建了各层之间的交互关系，实现了一个可以对外服务的云服务平台。在云服务平台中，对外提供的制造服务及资源都统一封装（张龙等，2008）。

在基于云服务的 HLA/RTI 仿真系统中，主要在 SOA 服务框架的统一管理下，通过 Web Service 技术实现服务化的 RTI 运行服务调用，以支持局域网和广域网上仿真应用系统的运行（张朝晖等，2011）。由于 HLA/RTI 技术需要解决各学科不同领域的系统仿真及异构和协同仿真问题，而 Web Service 平台是一套标准，它定义了应用程序如何在 Web 上实现互操作性（于珊珊等，2011）。在基于云服务的 HLA/RTI 分布交互仿真技术的实现中，通过在本地化的 RTI 组件接品注册远程访问 RTI 组件。其中，远程 RTI 组件部署在云服务器中，通过提供 Web Service 调用，实现在互联网中提供联邦间的仿真交互服务；本地化的 RTI 组件作为对联邦成员运行状态的跟踪器，记录联邦成员的运行状态，并且实现与远程 RTI 服务组件进行交互，实现框架如图 11-6 所示。

11.3.2　系统物理平台架构

作者通过云计算虚拟机的方式来模拟性能样机分布式协同主设计与仿真，在开发服务环境方面，利用 Seam3.1 及 WebSphere8.5 在 Redhat Linux 9.0 中完成相关任务服务的建立和发布。同时，利用 WebSphere 的集群功能对服务器资源进行虚拟化封装，利用 VMWare 虚拟化技术将 12 个计算节点上的 36 个 CPU 构建成一个资源池，并用 VMWare 来解决云计算资源调度，云服务端部署有 CAD、CAM、PLM、CAPP、SCM、PDM、DSS 和 CAT（computer aided translation，计算机辅助翻译）等这类共享数据资源，通过虚拟化映射，实现基于云架构的 SaaS 服务模式，实现私有云虚拟平台，该平台实现虚拟服务资源

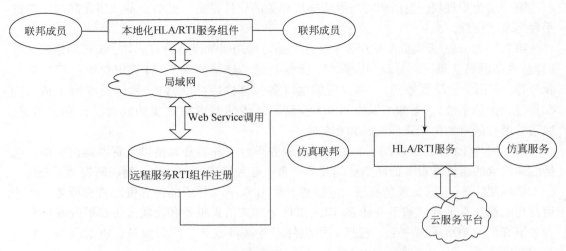

图 11-6　基于云服务的 HLA/RTI 仿真技术架构

池和虚拟存储资源池，每个服务执行任务可由一个虚拟机来完成，同时可以动态调用云平台资源池里的计算资源以完成设计任务，例如，云端用户可以进行气动力仿真、外形设计和服务组合管理等任务，系统的物理部署架构如图 11-7 所示。

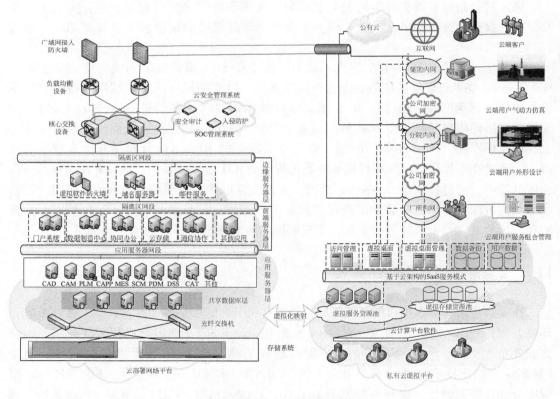

图 11-7　系统平台物理架构

SOC 为安全操作中心（security operation center）

11.3.3　系统集成开发环境

在构建面向云服务架构的开发环境时，作者采用开源的 Java EE（Java platform, enterprise edition）平台来构建云制造服务开发平台。Java EE 是 Sun 公司 2009 年 4 月 20 日推出的企业级应用程序版本（Zacharewicz，2009）。Java EE 包括 J2EE Web、EJB、Applet 和 Application Client 四种容器。

在集成开发工具选择方面，作者选择支持 Java EE 标准的 Eclipse 来实现原型系统开发，Eclipse 可以通过安装不同的插件实现多语言开发平台，如 C++ 和 Python 等开发工具。Eclipse IDE 提供了功能丰富的开发组件，程序员可以自主开发一些符合 Eclipse 规范的组件无缝集成到 Eclipse 平台中。在 Eclipse 中，所有组件的调用都是通过动态载入的（李伯虎等，2010）。当 Eclipse 启动后，并不会把所有组件都载入内存中，它应用了一种组件注入的方式来管理插件，只有当调用到某一个插件时才会把该插件调入内存。

作者以 Java EE 开发技术为基础，应用 SOA 系统集成技术和 SOAP（simple object access protocol）实现 HLA 仿真系统中不同学科领域仿真接口之间的数据传递与交换。然后应用 WSDL（web services description language，服务描述语言）实现仿真系统中服务组件的统一部署、描述、注册、发现和集成。在基于 Web Service 的分布式组件调用过程中，通过 UDDI 发布和发现其他 SOA 服务，UDDI 通过应用 SOAP 消息来实现服务注册（Tietje，2012）。采用 JBoss ESB 作为 ESB 的实现组件，该组件可以实现消息队列等功能，基于云服务的 ESB 的综合集成架构如图 11-8 所示。远程的客户端通过 JBoss Seam 提供的 EJB、JMS、Web Service 等远程调用机制实现远程服务（Ma，2012b）。

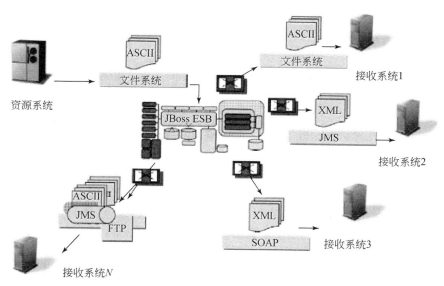

图 11-8　基于云服务的 ESB 的综合集成架构

在业务处理方面，选择 Hadoop 开源工具作为系统云服务端企业级大数据处理工具；系统表现层采用 GWT/SmartGwt/Ajax 开源框架实现；业务流程采用 jPBM 开源框架实现；

数据库端采用 EJB 实体 Bean 技术实现，数据库采用 MySQL，系统技术架构模型如图 11-9 所示。

以上所选用的插件工具都集成到 Eclipse 中进行管理和应用开发。首先应用 Eclipse 建立一个 Jave EE 项目，同时选择需要运行的 JDK 为 JDK 1.7 版本，需要 Web 容器支持 Servlet API 2.4 和 JSP API 2.0。创建好 Web 应用项目后，还需要设置 Web. xml、Seam. xml 配置文件。在设置云服务应用程序后，还需要设置 Hadoop 应用框架的 core- site. xml、hdfs- site. xml、mapred-site. xml 配置文件。

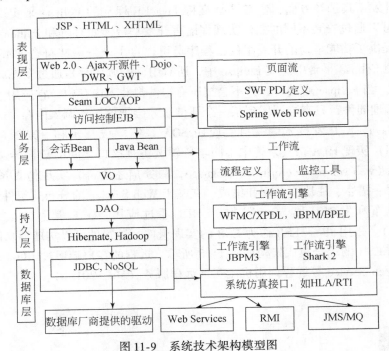

图 11-9　系统技术架构模型图

VO 为值对象（value object）；DAO 为数据访问对象（data access object）

11.4　性能样机协同建模与仿真系统的分析与设计

性能样机协同建模与仿真系统为用户提供了一个统一管理平台，作者采用面向对象技术和原型化的软件开发方法，对系统进行需求分析与设计。首先，应用 UML 建模技术对系统的业务逻辑分层次给出用例图。然后，对采用 UML 的时序图来描述系统的业务操作流程和信息流控制顺序。并应用 Power Design 对系统中涉及的主要数据库表进行建模。

11.4.1　系统整体功能用例图

根据用户对性能样机协同建模与仿真系统的功能需求，采用系统可行性分析、综合分析与概括，设计出系统的整体功能结构模型图。并通过 UML 建模技术来实现系统中各项功能用户用例，并将各项目功能模块的操作者与系统外的调用者进行描述。

　　航天产品性能样机模型是对航天器物理实体的概念化和结构化描述与定义，这些描述与定义涉及不同学科领域的数学模型、功能模型、结构模型和仿真模型，所以需要给出通用化的性能样机定义方法和模型，以便于能够适配其他机型。所以，性能样机协同建模与仿真管理系统主要功能模块包括建模任务管理、设计模型管理、产品数据管理、系统平台管理、建模流程管理、仿真参数管理、仿真模型管理、系统接口调用管理等。通过上述对设计要求的分析，采用 UML 中的用例图对性能样机协同建模与仿真系统的需求进行分析。系统整体功能用例图如图 11-10 所示。

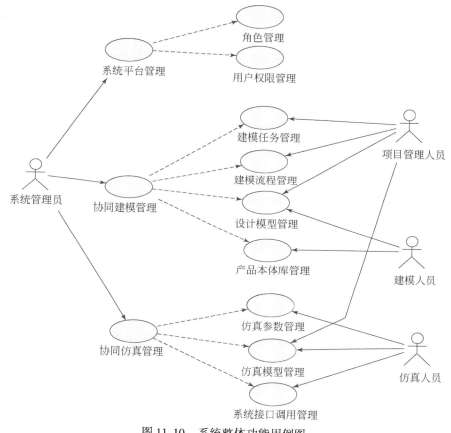

图 11-10　系统整体功能用例图

11.4.2　系统功能业务控制时序图

　　在性能样机协同建模与仿真系统中，可创建不同型号的性能样机产品模型。所以每个型号的性能样机都对应于一个项目，性能样机的建模项目由建模项目管理者进行创建和管理，主要完成性能样机产品概念模型结构、功能模型结构、仿真模型结构、产品特征属性的定义，并对各个功能分配不同的设计组和设计人员。项目管理人员根据性能样机的产品层次结构进行建模任务的分解，并通过项目管理功能模块进行建模任务的分配与进度控制。各建模人员根据项目管理人员分配的任务进行性能样机的概念模型建模、产品本体元模型的定义、产品模型库的构建。仿真人员根据建模人员形成的性能样机仿真模型和功能结构，对仿真参数进行设置，通过系统调用接口实现相关领域仿真软件的远程调用与协同仿真。系统管理员可以对系统管理平台进行管理，系统平台管理模块主要实现系统用户的管理、公司组织结构的注册、系统登录控制、各功能模块的注册与授权管理等。系统管理员通过系统管理平台，对系统中所有的功能模块进行注册，然后根据用户角色和权限来授权用户能访问的功能模块。对于系统中各功能模块需要配置的信息，如端口配置、Web Service 信息配置、工作流配置、登录时间配置，都通过平台管理模块进行注册和维护，这些信息都保存在数据库系统环境变量配置表中，在打开功能模块时，相应的模块从数据库系统环境变量配置表中读取相关信息。同时，对建模任务、角色、权限、用户及建模流程之间的分配与依赖关系进行管理。系统整体业务流程时序图如图 11-11 所示。

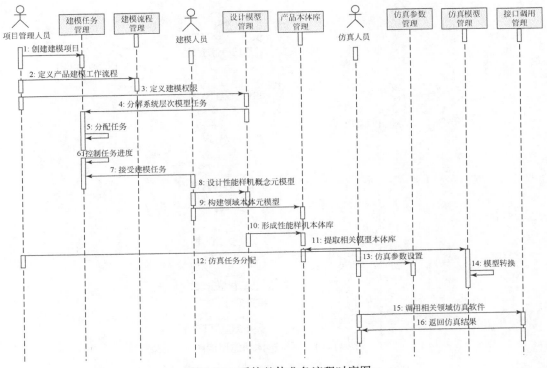

图 11-11　系统整体业务流程时序图

11.4.3　建模任务管理功能需求分析与设计

性能样机协同建模的任务管理功能模块主要用于完成性能样机建模项目创建、维护、建模任务分解、建模任务分配以及整个建模与仿真流程的控制等功能。建模项目任务管理（modeling project task management，MPTM）功能描述体系可描述为

$$MPTM = (MPCM, MPMM, MTRM, MTAM) \tag{11-1}$$

其中，

（1）MPCM：建模项目创建管理（modeling project created management）是根据用户任务需求来建立性能样机协同建模任务。建模项目的主要属性有：项目名称、项目号、项目设计单位、项目类别、项目状态、项目创建人、项目创建时间、项目完成时间、项目最后修改时间，项目包含任务、项目版本号、项目对应产品型号等信息。

（2）MPMM：建模项目维护管理（modeling project maintenance management）是对已构建的建模项目进行修改、更新等操作。

（3）MTRM：建模任务分解管理（modeling task resolved management）是根据几何样机系统层次结构模型，将复杂产品性能样机的建模分子系统进行划分，每个子系统又可划分为耦合度较小的建模子任务，例如，气动力子系统模型的建模又可分为机身动力学模型、机翼动力学模型、机尾动力学模型的建模等。任务的分解是随着建模进程的推进而不断迭代和演化的，每进行一个阶段的建模任务，可能会产生新的建模任务。作者采用任务树型结构来描述，总任务为最高层次，然后分解出若干子任务，子任务还可进一步分解。在任务树中，任务用 T_i 表示，i 是一个字符序列，反映任务的分解层次及从属关系，任务树中的整体任务表示为 T，则其子任务表示为 T_1，T_2，$\cdots$，T_n，而 T_i 的子任务可表示为 T_{i1}，T_{i2}，$\cdots$，T_{in}。建模任务的主要属性描述有：任务号、项目号、任务名称、任务执行的角色、任务状态、创建时间、创建人、开始执行时间、已经完成时间、实际完成时间、任务附件、附件名称、任务更新时间等信息。

（4）MTAM：建模任务分配管理（modeling task assigned management）。

协同建模是由不同学科领域的建模人员分别以不同的建模任务来完成某一建模目标，在时间上表现为多个任务的串行、并行和交叉耦合过程。所以，在建模任务分解后，就需要进行任务分配，确保将子任务在合适的时间分配给合适的协同建模小组人员。建模任务的分配及任务设计的能力需求与建模人员的能力有关，作者采用人员综合能力矩阵来描述任务能力分配因素。

设某一建模任务集为 $T=\{T_1,T_2,\cdots,T_n\}$，建模人员集合为 $\mathrm{Man}=\{E_1,E_2,\cdots,E_m\}$，任务的分配问题就是寻找从 T 到 Man 的映射，将合适的任务分配给合适的人员。人员分配因素可用人员分配综合矩阵表示：

$$[P]_{m\times n}=\begin{bmatrix} p_{11} & p_{12} & \cdots & p_{1n} \\ p_{21} & p_{22} & \cdots & p_{2n} \\ \vdots & \vdots & & \vdots \\ p_{m1} & p_{m2} & \cdots & p_{mn} \end{bmatrix} \tag{11-2}$$

$[P]_{m\times n}$ 用来定量描述建模人员对各个任务的胜任程度。其中，$0\leqslant p_{ij}\leqslant 1$，$p_{ij}=0$ 表示人员 i 不能胜任任务 j，不能将任务 j 分配给人员 i。$p_{ij}=1$ 表示人员 i 是任务 j 领域专家。p_{ij} 的值越大，人员能力越强。在给建模人员分配任务时，还要考虑建模人员之间的专业兴趣及他们之间的主观偏好的选择。通常通过设计人员之间的累计协作次数得出 p_{ij}，计算公式为

$$p_{ij}=\sum_{n=1}^{N_{ij}^c}\delta_{ij}(n)f_{ij}(n) \tag{11-3}$$

其中，N_{ij}^c 表示 E_i 和 E_j 间的累计协作次数；$f_{ij}(n)$ 表示 E_i 和 E_j 第 n 次协作时的熟悉度；

$\delta_{ij}(n)$ 表示 E_i 和 E_j 第 n 次协作时的熟悉度权重 $\sum\limits_{n=1}^{N_{ij}^c}\delta_{ij}(n)=1$。

性能样机协同建模项目任务功能用例图如图 11-12 所示，用例描述如表 11-1 所示。建模项目任务管理时序图如图 11-13 所示。

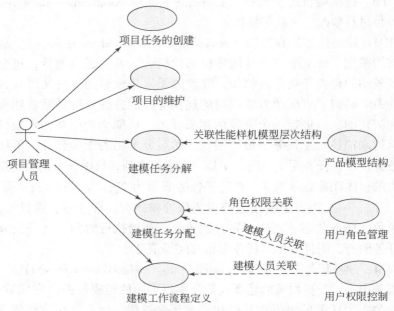

图 11-12　建模项目任务管理功能用例图

表 11-1　性能样机协同建模项目任务管理功能用例描述

用例名称	建模项目任务管理
参与者	项目管理人员
前置条件	登录系统
用例描述	项目管理人员进入建模项目管理页面，对项目进行管理
事件流	1. 项目管理人员登录系统 2. 进入项目任务管理页面 3. 选择项目管理模块 4. 新建或选择项目相关操作后并提交 5. 项目管理人员退出系统
异常事件流	用户输入数据非法或网络异常

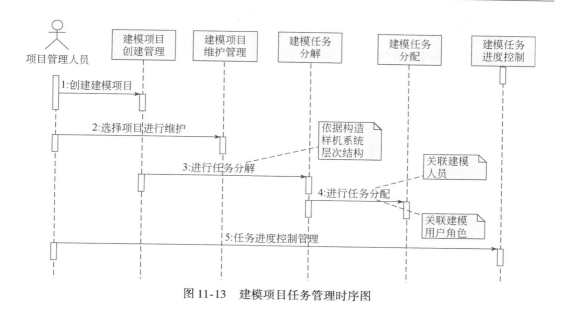

图 11-13　建模项目任务管理时序图

11.4.4　建模流程管理功能需求分析与设计

应用工作流使得性能样机的协同建模与仿真过程可以在一个分布式协同环境下工作，工作流主要解决如何按特定逻辑和规则解决不同学科领域建模者之间利用计算机实现预定规则的自动信息传递。建模工作流程管理（modeling workflow management，MWfM）功能描述体系可描述为

$$MWfM = （WfMM，WMM，WM） \tag{11-4}$$

其中，

（1）WfMM：工作流映射管理（workflow mapping management）是根据建模业务需求和过程规划而设计的工作流程，如第 4 章所定义的性能样机协同概念建模设计单元的对象 Petri 网元模型就是典型的概念建模工作流程。产品建模任务的划分是逐步展开的，不可能一开始就规划好所有的设计流程（范文慧和肖田元，2011）。工作流管理是协同建模工作中的重要组成部分，主要在任务分解与分配的基础上，按一定的规则和过程来执行这些建模任务。工作流映射管理是工作流实施的关键步骤，主要任务是明确现有的业务流程，然后构建工作流映射数据库。

（2）WMM：工作流建模管理（workflow modeling management）是应用相关的流程设计可视化工具构建线型业务过程模型，然后需要调用相关工作流引擎解释流程的定义、创建、执行和控制流程实例，如常用的工作流引擎 jBPM、ccflow 等。工作流的主要属性有：工作流编号、工作流名称、对应任务编号、业务数据表名称、流程状态、业务过程的执行期限。

（3）WM：工作流管理（workflow management）是系统实施以及跨部门、业务协同的综合集成，能确保工作流系统按事先定义好的工作流程进行。同时，还需要在运行环境中管理工作流过程，对工作流过程中的活动进行调度。工作流程管理主要涉及工作流模板定义、工作流设计、工作流版本控制、工作流引擎选择、编码实现等。

性能样机协同建模流程管理功能用例图如图 11-14 所示，用例描述如表 11-2 所示。建模流程管理时序图如图 11-15 所示。

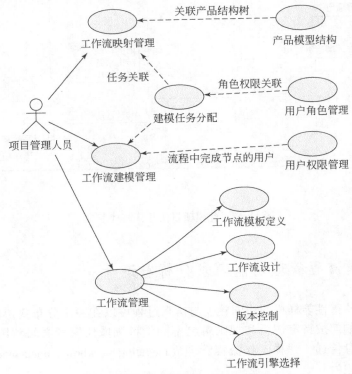

图 11-14　建模流程管理功能用例图

表 11-2　性能样机协同建模流程功能用例描述

用例名称	建模流程管理
参与者	项目管理人员
前置条件	登录系统
用例描述	项目管理人员进入建模流程管理页面，对建模流程进行管理
事件流	1. 项目管理人员登录系统 2. 进入建模流程管理页面 3. 选择建模流程管理模块 4. 创建流程映射规则、流程定义、流程库、流程引擎等 5. 项目管理人员退出系统
异常事件流	用户输入数据非法或网络异常

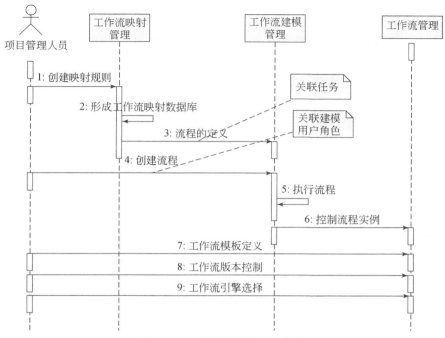

图 11-15　建模流程管理时序图

11.4.5　模型设计管理功能需求分析与设计

模型设计管理为建模人员提供一个统一的管理平台，各建模人员根据项目管理人员分配的任务对性能样机的概念模型进行建模、产品本体元模型的定义、产品模型库的构建。模型设计管理（model design management，MDM）功能描述体系可描述为

$$MDM = (SMM, CMM, FMM) \tag{11-5}$$

其中，

（1）SMM：结构建模管理（structure modeling management）是对产品的结构进行分解并形成产品的 BOM 目录树。产品结构是协同建模过程任务分解以及概念建模的基础，主要用来描述产品零部件之间的层次关系和相互调用接口关系。产品结构主要由顶层系统类、分系统类、子部件类、零件类和相关特征类描述。

（2）CMM：概念建模管理（concept modeling management）根据概念建模设计单元的对象 Petri 网元模型所设计的流程进行管理，概念建模主要对产品的相关概念、定义、特征等进行定义和分解。概念建模主要对性能样机产品的属性进行分类和组织，作者主要应用本体建模技术，对顶层系统、性能参数、零部件之间的关系进行建模。性能样机零部件描述属性有零件编号、零件关键字、零件名称、零件类别、零件序号、生产厂家、零件型号、零件性能参数、安装位置、所属系统、生产日期、计量单位、大小等。

（3）FMM：功能建模管理（function modeling management） 根据功能建模设计单元的对象 Petri 网元模型所设计的流程进行管理，概念建模设计过程中的基本元素是表达产品功能特性的重要方法，在概念建模中起着生成和传递设计信息的重要作用。功能建模主要实现对产品功能结构的定义，性能样机产品功能结构定义主要包括功能编号、功能名称、功能描述、功能类型、所属零部件号、功能行为、功能结构、使用材料等信息。

性能样机模型设计管理功能用例图如图 11-16 所示，用例描述如表 11-3 所示。模型设计管理时序图如图 11-17 所示。

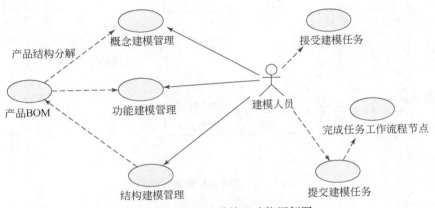

图 11-16　模型设计管理功能用例图

表 11-3　性能样机协同模型设计管理功能用例描述

用例名称	模型设计管理
参与者	建模人员
前置条件	登录系统
用例描述	建模人员进入模型设计管理页面，根据所分配的任务进行建模
事件流	1. 建模人员登录系统 2. 进入模型设计管理页面 3. 接受建模任务 4. 创建概念模型、功能模型、结构模型等 5. 提交任务，完成任务工作流节点并提交 6. 建模人员退出系统
异常事件流	用户输入数据非法或网络异常

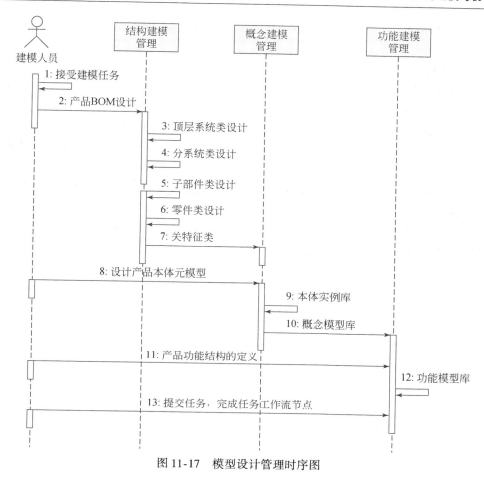

图 11-17　模型设计管理时序图

11.4.6　产品本体库管理功能需求分析与设计

产品本体库是协同建模与仿真管理系统的核心库，可以有效地管理异构环境下协同建模人员之间建模信息的共享和有效推理。零部件本体用来描述零部件的概念和属性，形成零部件本体词汇表；特征本体用来描述零部件的几何特征、功能特征、装配特征及技术参数特征等；需求及任务本体用来描述协同建模过程中的用户需求、任务分配、任务分解；性能参数本体和试验参数本体用来描述各子系统及所关联的零部件所有性能参数及仿真过程中涉及的元模型。产品本体库管理（product ontology management，POM）功能描述体系可描述为

$$POM = （RTOM，SPOM，FOM，PPOM，TOM） \tag{11-6}$$

其中，

（1）RTOM：需求及任务本体管理（requirement & task ontology management）是对协同建模过程中的用户需求、任务分配、任务分解进行本体记录与推理。

（2）SPOM：零部件本体管理（spare parts ontology management）是性能样机建模过程中存储元模型信息的重要库所，主要用来描述零部件的概念和属性，形成零部件本体词

汇表，主要有零部件概念信息表、零部件详细特征表、零部件装配关系表、零部件空间关系表等。

（3）FOM：特征本体管理（feature ontology management）用来管理零部件的几何特征、功能特征、装配特征及技术参数特征等信息。特征本体主要描述属性有特征 ID、特征名称、所属零件、特征加工次序、加工方法、定位关系、约束关系。

（4）PPOM：性能参数本体管理（performance parameter ontology management）是性能样机各子系统及所关联的零部件所有性能参数的本体描述。性能参数本体主要描述属性有参数编号、参数名称、参数类型、参数计算方法、产品的零件 ID。

（5）TOM：仿真本体管理（test ontology management）是对性能样机仿真过程中涉及的元模型进行管理。

性能样机产品本体库管理功能用例图如图 11-18 所示，用例描述如表 11-4 所示。产品本体库管理时序图如图 11-19 所示。

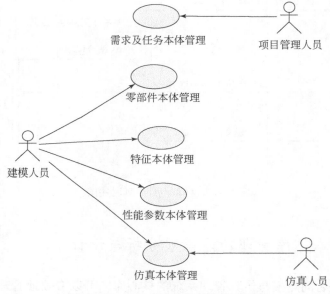

图 11-18　产品本体库管理功能用例图

表 11-4　性能样机产品本体库管理功能用例描述

用例名称	产品本体库管理
参与者	建模人员、项目管理人员、仿真人员
前置条件	登录系统
用例描述	用户口进入产品本体库管理页面，根据各自角色进行本体管理
事件流	1. 用户登录系统 2. 进入产品本体库管理页面 3. 生成各类本体元模型 4. 用户退出系统
异常事件流	用户输入数据非法或网络异常

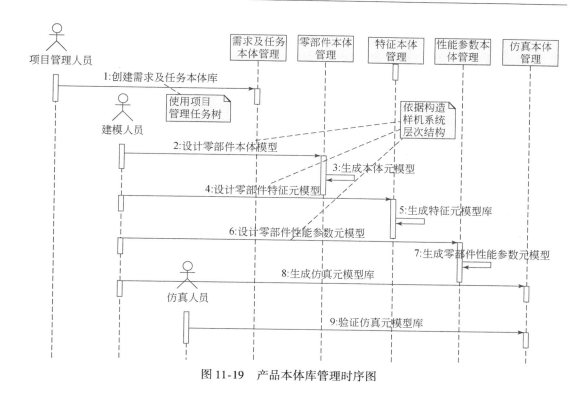

图 11-19 产品本体库管理时序图

11.4.7 协同仿真管理功能需求分析与设计

协同仿真管理是在第 4 章所设计的性能样机协同 HLA 仿真建模设计单元的对象 Petri 网元模型和多学科协同优化建模设计单元的对象 Petri 网元模型的基础上，把所构建的概念模型和功能模型转化为相应的仿真模型，在"需求"和"实现"之间架起一座沟通的桥梁。协同仿真管理主要包括本体元模型转换与集成管理、协同仿真对象模型管理、仿真联邦成员交互数据管理、联邦执行数据管理、联邦对象发布与订阅信息管理、性能样机元模型仿真库管理和多学科协同仿真优化模型管理等。协同仿真管理（collaborative simulation management，CSM）功能描述体系可描述为

$$CSM = （SPM，SMM，SIM）\tag{11-7}$$

其中，

（1）SPM：仿真参数管理（simulation parameter management）对仿真模型中所需要的参数进行管理并设置其相关初始值。其主要功能包含数据初始化、仿真模型库管理、输入/输出参数管理等。仿真参数主要描述属性有参数 ID、参数名称、参数类型、参数值、所属模型 ID、参数描述等。

（2）SMM：仿真模型管理（simulation model management）用于把概念模型和功能模型转化为相应的仿真模型。主要功能包括本体元模型转换与集成、协同仿真对象模型生成、仿真联邦成员交互数据生成、联邦执行数据生成、联邦对象发布与订阅信息生成和多学科协同仿真优化模型设置等。仿真模型主要描述属性有模型 ID、模型名称、模型类

别、模型设计平台、模型仿真工具、模型性能参数、模型调用方式、模型输出模式等。

（3）SIM：仿真接口管理（simulation interface management）用来管理分布式协同仿真环境下的 Web Services 服务资源的设置以及调用 ADAMS、Matlab/Simulink、HLA/RTI 接口等信息的设置。仿真接口主要描述属性有接口 ID、接口名称、接口类型、接口地址、接口调用方法、接口描述等。

协同仿真管理功能用例图如图 11-20 所示，用例描述如表 11-5 所示。协同仿真管理时序图如图 11-21 所示。

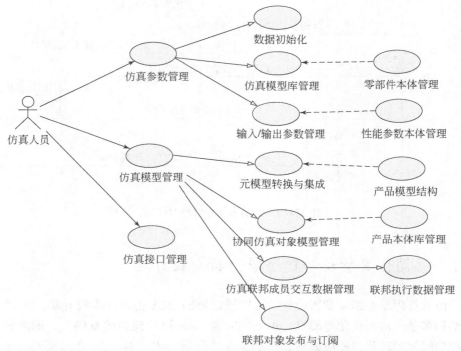

图 11-20　协同仿真管理功能用例图

表 11-5　性能样机协同仿真管理功能用例描述

用例名称	协同仿真管理
参与者	仿真人员
前置条件	登录系统
用例描述	仿真人员进入协同仿真管理页面，对仿真参数、仿真模型和仿真接口进行管理
事件流	1. 仿真人员登录系统 2. 进入协同仿真管理页面 3. 生成仿真参数数据项，初始化参数值 4. 仿真模型的转换、集成与生成 5. 仿真接口的定义，调用相关领域仿真工具进行仿真 6. 用户退出系统
异常事件流	用户输入数据非法或网络异常

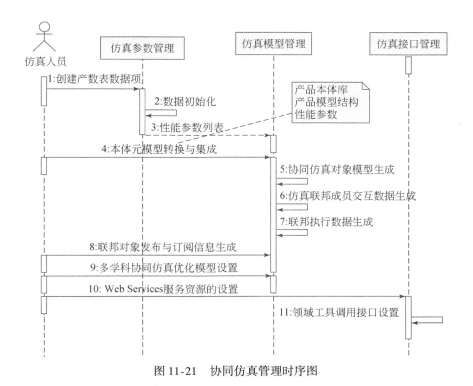

图 11-21　协同仿真管理时序图

11.4.8　协同建模系统平台管理功能需求分析与设计

系统平台管理主要对系统登录控制、各功能模块的注册与授权管理，根据用户角色和权限来授权用户能访问的功能模块，对建模任务、角色、权限、用户以及建模流程之间的分配与依赖关系进行管理。系统平台管理（system management，SM）功能描述体系可描述为

$$SM = (MM, RM, UM, ACM) \tag{11-8}$$

其中，

（1）MM：模块管理（module management）对系统中所有的程序功能模型进行统一注册管理，通过模块管理功能实现对各程序模型的注册、修改、访问权限设置等。模块管理的主要属性有模块 ID、模型名称、可执行程序路径、模块类别、模块描述、模块可访问角色、模块注册日期、注册人、最后更新时间等。

（2）RM：角色管理（role management）对系统中用户的角色进行管理，角色主要用来控制用户的访问权限以及建模任务分配过程中实现按角色和用户授权控制。角色管理的主要属性有：角色 ID、角色名称、角色描述等。

（3）UM：用户管理（user management）对系统中所有角色的用户进行注册与维护。用户管理的主要属性有：用户 ID、用户名、用户角色、用户口令、所属机构、所在设计组、学科领域等。

（4）ACM：访问控制管理（access control management）主要对建模任务与用户、建

模任务与角色、建模人员与角色、角色与权限之间的分配关系进行定义与管理。

系统平台管理功能用例图如图 11-22 所示，用例描述如表 11-6 所示。系统平台管理时序图如图 11-23 所示。

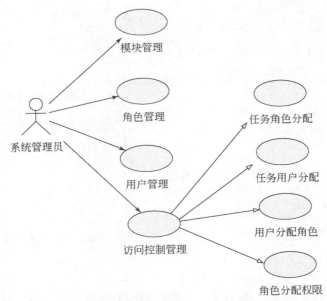

图 11-22　系统平台管理功能用例图

表 11-6　系统平台管理功能用例描述

用例名称	系统平台管理
参与者	系统管理员
前置条件	登录系统
用例描述	系统管理员进入系统平台管理页面，对注册用户、角色、模块三者之间的控制关系授权
事件流	1. 系统管理员登录系统 2. 进入系统平台管理页面 3. 注册程序模块，注册角色 4. 注册用户，设置用户角色，授权用户可访问的模块 5. 用户退出系统
异常事件流	用户输入数据非法或网络异常

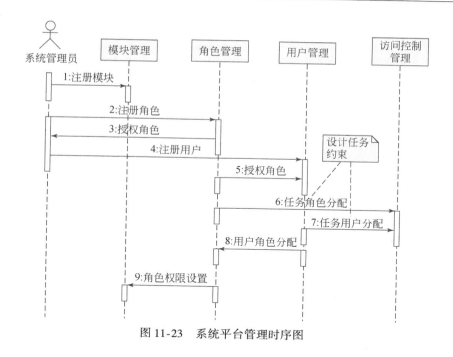

图 11-23　系统平台管理时序图

11.5　性能样机协同建模与仿真平台数据库建模与设计

在性能样机协同建模与仿真过程中，大量的模型数据、仿真信息、知识资源及管理信息都是以数据库的存储方式进行管理的。为了更好地管理各类数据资源，作者对协同建模与仿真系统中所涉及主要数据库表结构在概念和物理上分别进行了设计。为了能够比较真实地描述建模过程中的各类数据管理过程以及设计出通用的数据模型，首先采用概念数据模型（conceptual data model，CDM）来分析实体–关系（entity- relationship，E-R）（姚锡凡等，2012）。用 CDM 所描述的 E-R 模型并不依赖于具体的数据库管理系统。所以，采用 PowerDesigner 数据库建模工具设计了建模与仿真系统的 CDM，然后选择MySQL5 作为数据库管理系统生成系统的物理数据模型（physical data model，PDM）。

11.5.1　性能样机协同建模与仿真平台数据库概念模型设计

数据库概念结构设计是对现实世界的一种抽象。它是在需求分析的基础上，将现实世界的具体需求抽象为信息世界的结构。它主要包括三种抽象，分别是分类、聚集、概括。与此同时，它是现实世界的一个真实模型，易于理解。这使它成为整个数据库设计的关键，且关系到后续数据库的逻辑设计。在对性能样机协同建模与仿真系统数据建模分析的基础上，抽象出实体、实体的属性，以及实体之间的联系。CDM 有着严格的模型元素定义规则，其中的模型元素明确地描述了系统的静态、动态特性以及完整性约束条件等。性能样机协同建模与仿真系统中涉及建模项目、建模任务、工作流、设计人员、零部件、角色、仿真元模型等实体，其 CDM 如图 11-24 所示。

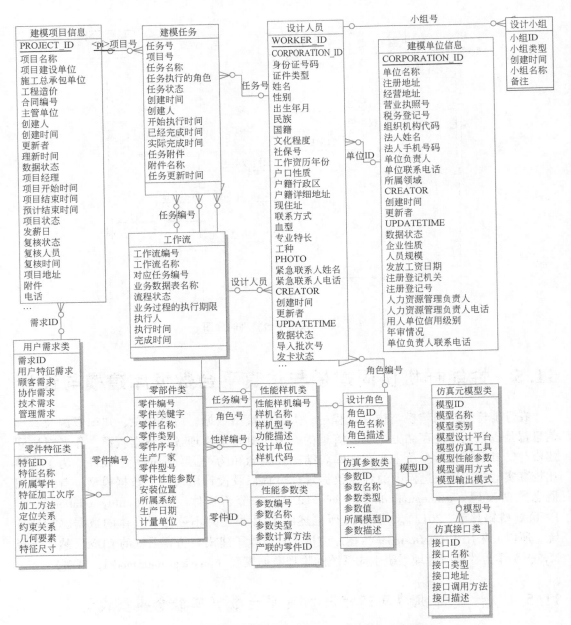

图 11-24 性能样机协同建模与仿真系统数据库概念模型

11.5.2 性能样机协同建模与仿真平台数据库物理模型设计

性能样机协同建模与仿真系统的概念数据模型描述了 E-R，是一种抽象的数据库管理模型。要建立与具体数据库管理系统相关联的表结构，还需要将 CDM 转化为 PDM。作者采用 PowerDesigner 工具先建立 CDM，然后利用 PowerDesigner 提供的 CDM 转化 PDM 工具，选择 MySQL5 作为数据库管理平台，实现物理数据库表结构的构建，生成后的 PDM

如图 11-25 所示。

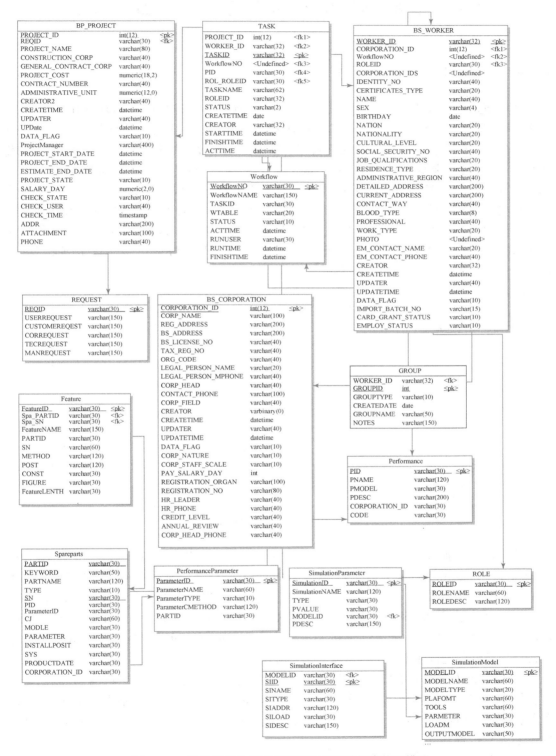

图 11-25　性能样机协同建模与仿真系统数据库物理模型

11.6 性能样机协同建模与仿真平台的实现

11.6.1 系统集成开发应用案例

如前所述，云制造以服务的方式提供按需资源服务，通过 SOA 技术标准和 Web 服务技术访问远程云端的服务资源。按需选择服务是云制造所要实现的重要功能，这些服务通过事先定义的业务流程进行封装、发布和注册，对外提供远程服务调用。在如前所述的复杂航天产品协同设计任务流程中，该产品由外形结构设计 T1、推进系统设计 T2、气动力系统设计 T3、控制系统设计 T4、弹道系统设计 T5、冷却系统设计 T6 六个系统级子任务组成，按协同设计任务，需要不同领域不同单位协同设计实现，分别在 6 台主机上实现。要实现该任务流程，需要将 6 台主机虚拟化，这里利用 VMWare 虚拟化技术将各个机器虚拟化，并用 Java 类表示，例如主机 1，利用 Eclipse 开发工具创建一个 RemoteServiceT1. java，如图 11-26 所示。

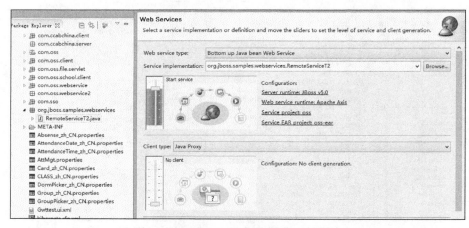

图 11-26 用 Eclipse 向导创建 Web 服务

然后在该类前加上注解@ WebService 就可以将其变为 Web 服务。然后依次创建 RemoteServiceT2. java、RemoteServiceT3. java、RemoteServiceT4. java、RemoteServiceT5. java 和 RemoteServiceT6. java 类。应用在 Eclipse 中安装的 jBPM 插件将服务化的 6 台主机（采用 WSDL 定义服务，六者分别用 RemoteServiceT1. wsdl、RemoteServiceT2. wsdl、RemoteServiceT3. wsdl、RemoteServiceT4. wsdl、RemoteServiceT5. wsdl 和 RemoteService T6. wsdl）按设计任务流程进行建模组装，形成的业务流程如图 11-27 所示。

其中，使用 receive 等待客户端通过发送消息调用业务流程，是整个 BPEL 流程的起点；使用 Invoke 调用其他 Web 服务，如 InvokeRemoteServiceT1 表示调用 RemoteServiceT1 服务；使用 Assign 进行赋值操作，如 AssignRemoteServiceT1 表示对 RemoteServiceT1 赋值；使用 terminate 终止整个流程。

通过上述对系统架构和关键技术的研究，结合某复杂航天产品的特点，开发了复杂

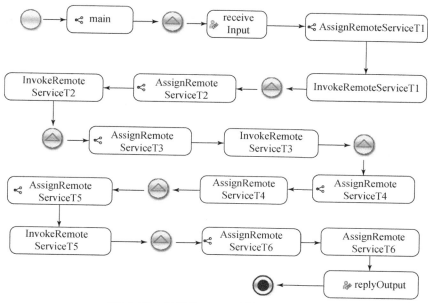

图 11-27　案例的 BPEL 示例业务流程图

航天产品云服务平台原型系统，系统实现了云服务管理、产品资源化管理、产品设计流程管理、仿真订阅与发布管理、系统管理等功能。

1. 平台总体架构

复杂航天产品设计与仿真云服务平台原型系统门户页面如图 11-28 所示。系统主要功能如下。

图 11-28　复杂航天产品设计与仿真云服务平台原型系统

1）用户管理

用户管理包括五种用户类型，分别是系统管理员、产品人员、系统仿真人员、子系统管理员和企业服务人员等，用户管理及权限设置页面如图 11-29 所示。

图 11-29　用户管理及权限设置页面

2）系统平台管理

系统平台管理模块主要实现系统用户的管理、公司组织结构的注册、系统登录控制、各功能模块的注册与授权管理等。系统管理员通过系统管理平台，对系统中所有的功能模块进行注册，然后根据用户角色和权限来授权用户能访问哪些功能模块。对于系统中各功能模块需要配置的信息，如设置端口配置、邮件地址信息配置、打印机名称配置、登录时间配置，都通过平台管理模块进行注册和维护，这些信息都保存在数据库系统环境变量配置表中，在打开功能模块时，相应的模块从数据库系统环境变量配置表中读取相关信息。

2. 产品元模型库管理

产品元模型库管理包括产品子系统资源管理、设计元模型管理、概念模型管理、仿真元模型管理、产品知识库管理和产品设计任务元模型管理等，图 11-30 就是一个复杂航天产品元模型管理子系统设计案例。

图 11-30　复杂航天产品元模型库管理

3. 云服务需求发布与订阅

根据第 4 章设计的基于 HLA 的数字性能样机分布式协同仿真模型和本章设计的云服务平台基础架构，将各学科的仿真接口（如 HLA/RTI）和产品设计标准发布到云平台服务务总线上并进行注册，各学科设计与仿真人员可以订阅相关服务进行本地化操作及在线协同设计与仿真，图 11-31 是 HLA/RTI 仿真接口服务的订阅。

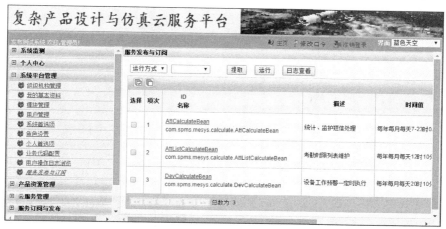

图 11-31　HLA/RTI 仿真接口服务的订阅

4. 综合集成化过程管理

综合集成化过程管理模块是系统的核心内容，通过把各种设计任务、计划、方法和人员结合在一起，项目成员能够在规定的时间、预算和质量目标范围内完成项目的各项工作，解决了很多跨部门工作，大大提高了管理效率。综合集成化过程管理界面如图 11-32 所示。

在综合集成化过程管理中，用流程来实现各任务间的协同工作。流程管理具有基于XML 格式的开放接口，可以很容易地和不同类型的其他系统紧密集成，并具有强大灵活的定制功能，可以适应不同的需求（Möller，2014）。作者所实现的原型系统流程模块的处理方式有自定义表单工作流、平台集成工作流和与第三方系统接口工作流三种流程形式，其中自定义表单工作流是基于 BPM 的，平台集成工作流是基于数据库的，与第三方系统接口工作流是基于第三方系统的，但不管是哪种工作流，都采用先进的工作流引擎和 XML 技术，图 11-33 就是一个流程模板库和流程定义界面。

在多任务协同项目管理过程中，需要对不同版本和时间进行控制管理，用户可制定多个备用计划版本，并可进行不同版本之间内容的复制，复制后根据具体应用情况修改相应的时间、行程等。计划制定后，单击"甘特图"链接可以查看"项目计划甘特图"等。

在上述项目分解和任务指派完成后，可以根据项目任务结构启动项目流程，能过所定义的业务流程把不同的任务分配给不同的设计人员来完成。如图 11-34 就是个人项目任务操作界面，可以看到"我要处理的任务"、"我分派过的任务"、"我处理并已分派的任务"及"我建立的任务"。单击相应的链接可查看项目任务详细信息。

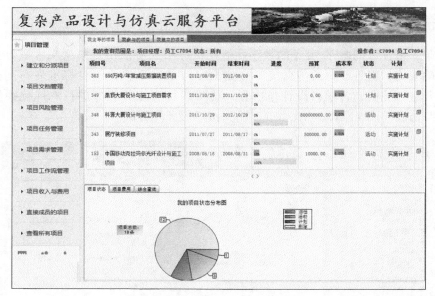

图 11-32　综合集成化过程管理

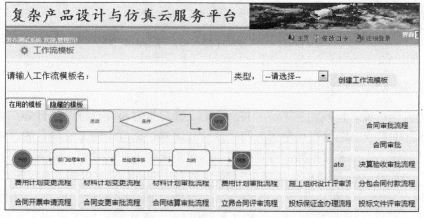

图 11-33　流程模板库和流程定义界面

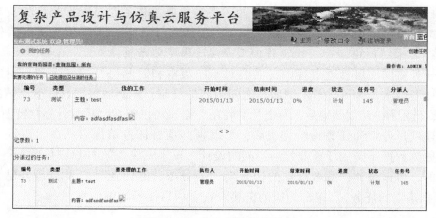

图 11-34　个人项目任务界面

11.6.2　性能样机综合集成建模与仿真

　　上述综合集成云服务平台为复杂航天产品性能样机一体化建模与仿真提供了统一的协同管理平台，不同领域的设计、建模与仿真软件集成工具需要集成到云服务平台中，统一实现数字化性能样机的建模、分析、仿真与优化技术开发过程。

　　高超声速飞行器数字性能样机一般划分为气动力系统模型设计、外形结构系统模型设计、推进系统模型设计、控制系统模型设计、性能/弹道模型设计、气动热/热模型设计和冷却系统模型设计。采用 ADAMS、Matlab/Simulink 等软件的仿真可用于预测机械系统的性能、运动范围、碰撞检测、峰值载荷以及计算有限元的输入载荷等。图 11-35 为面向高超声速飞行器数字性能样机的协同建模与仿真过程，具体的流程如下。

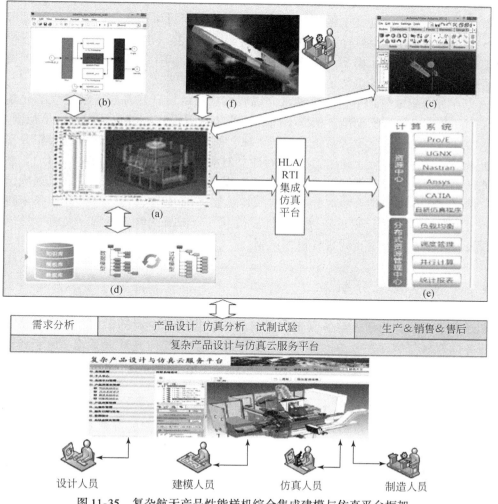

图 11-35　复杂航天产品性能样机综合集成建模与仿真平台框架
（a）数字性能样机模型；（b）性能样机气动力分析；（c）功能零部件的本体元模型集成环境；
（d）基于本体的多领域元模型库；（e）仿真与分析集成环境；（f）试制试验性能样机

以上介绍了云服务平台原型系统的几个典型应用案例，鉴于篇幅限制不再详细论述其他模块功能结构。

（1）通过综合集成云服务平台对所要构建的性能样机进行需求分析，在几何样机和功能样机的基础上，以多学科综合集成建模为基础实现数字化性能样机，定义的数字性能样机模型如图11-35（a）所示。该模型包含复杂航天产品数字性能样机气动力（图11-35（b））、外形结构、推进、控制、性能/弹道、气动热/热和冷却等功能零部件的本体元模型（图11-35（c））。然后根据各子模型系统按照学科领域划分建立不同的设计任务，把不同的子任务通过综合集成云服务管理平台分配给控制、机械、电子、软件等多学科领域的设计人员，实现一体化建模与仿真分析以及航天产品系统多学科一体化快速原型设计，建立用于系统级多学科领域一体化功能建模与仿真分析的模型库。

（2）通过综合集成云服务平台实现多部门不同学科人员统一建模与仿真，对于多学科领域不同概念模型在语义上的一致表达问题，可以通过本体来实现。可以通过可视化的Protégé工具来构建性能样机的本体元模型库（图11-35（d））。性能样机本体元模型库较好地解决了多学科产品模型的输出缺失和冗余信息的问题，可以显式地表达领域知识并促进不同领域间概念的语义一致。

（3）在综合集成管理平台的管理下完成所有项目的设计任务后，就建立了完整的复杂航天产品数字性能样机模型。根据不同的性能仿真需求（如外形结构、电子控制系统、气热、冷却、气动系统、推进系统、控制系统、弹道性能等），在综合集成云服务平台中将各子系统模型进行组装，通过HLA平台建立对应的仿真模型（图11-35（e））。然后按照性能样机模型指标体系和相关标准设置仿真模型的初始参数，对模型进行集成仿真与优化。然后把各子模型综合集成起来试制试验功能样机（图11-35（f）），如果未得到需求分析时所制定的要求，则重新进行设计、仿真、分析与试验的过程。当整体性能指标达到设计要求后，开始进行物理样机的试制。

11.6.3 应用效果分析

通过基于云服务的建模与仿真平台在航天科工集团某企业的实施，该企业形成了基于云服务的建模与仿真平台的一体化产品性能样机建模与仿真管理系统。由于航天科工集团各分公司分布于全国各地，且各下属公司信息系统总体上各自为政、分别实施，地域差异和管理理念不同，各家公司系统的业务功能模块存在差异，不能彼此共享、互通，总部与下属企业之间信息不畅；数据的分散存储导致集团无法对各公司的客户和业务数据进行深度挖掘与分析，无法实现集团化的业务推进和集团内部的资源调配，更无法构筑集团性的统一管理平台。基于云服务的建模与仿真平台系统以企业服务集成总线为核心，实现企业异构系统和多种类型服务的透明集成，并在云集成架构中融入SOA服务体系，作为建立云集成架构的一个解决途径，为集团各分公司建立了一套全新的全集团通用的信息系统，全面扭转之前在信息化建设上的被动局面。该集成平台封装了复杂的SOA技术细节，使基于SOA的应用系统的构建、运行和维护更简单、高效。通过统一建模与仿真平台技术，整个设计过程从设计、制造、测试、优化、性能评价到分析全程采用数字样机技术来实现，大幅度缩短了复杂产品建模与仿真周期，而且保证了最终产品一次性组装成功。与传统方式相比，采用数字样机设计技术后，某型号飞航武器的研发成本降低了40%，减少了81%的设计更改，制造周期缩短了30%，降低了产品设计成本，提高了企业产品创新开发能力和核心竞争力。

第 12 章　基于高性能并行计算技术的性能样机验证平台

为了支持高性能计算平台下面向 HLA 的性能样机仿真验证应用，充分发挥高性能计算平台的并行和高效通信优势，以进一步提高大规模 HLA 仿真验证系统的运行效率，设计并研发了符合 IEEE1516 标准，采用功能分布式体系结构的高性能验证并行仿真支撑软件 HPC-RTI，该软件基于 C++实现，由本地 RTI 部件（LRC）、中心 RTI 部件（CRC）及用户界面程序组成，实现了联盟管理服务、声明管理服务、对象管理服务、时间管理服务、数据分发管理服务及所有权管理服务等核心功能；另外，开发了基于底层支撑软件 HPC-RTI 的性能样机综合集成验证平台，并将其应用到某飞行器的性能验证过程中，结果表明该平台运行良好。

12.1　性能样机综合集成验证平台

12.1.1　功能需求

复杂航天产品性能样机是一个结构复杂、机电液混合的动态时变系统，系统与环境之间、各组成子系统之间、子系统内部各部件之间及各部件参数之间存在复杂的强耦合关系。在综合集成验证平台设计过程中需要协调以下关系：首先是系统与部件之间的关系，必须在总体性能匹配的基础上开展部件设计，忽视整体约束、片面强调部件特性往往会导致"1+1<2"的结果，甚至导致研制失败；其次是异地与协同之间的关系，样机的性能验证过程是一个复杂的系统工程，需要身处异地的多个研制团队共同参与，而这些团队必须在总体设计部的协调下同步开展工作。为此，作者对样机的性能验证平台提出以下功能需求。

1）开放性、灵活性、重用性和扩展性

首先，平台应能够适应型号研制的全寿命周期，适合多型号、多任务的性能仿真验证任务，并能在不编码或尽量少编码的情况下完成性能仿真系统的建设，以快速适应型号的性能验证需求；其次，平台应能提供一个清晰的、层次化的操作界面，使仿真、集成、试验和分析过程各自独立，又能相互提供支持，以更好地为型号性能仿真应用服务。

2）验证过程的控制和调试

性能验证过程应提供仿真验证任务的调度、过程控制、实时干预等功能；支持仿真流程规划和参数设置，同时支持性能仿真模型在线调试；能够实时观察和监测各性能状态及参数变化，以提升产品设计和性能验证效率。

3）高效数据通信

航天产品的综合性能仿真需要涉及大量数据，而且仿真模型间数据交互频繁。因此，验证平台应提供高效的数据通信机制，解决模型间的快速交互问题，避免因数据交互受阻影响仿真结果的正确性。

4）高性能的计算仿真

验证平台应能快速响应并处理数据。因此，在设计高性能仿真验证支撑软件 HPC-RTI 时，应充分考虑计算速度和仿真效率问题。同时，应能充分利用多 CPU 或多核 CPU 等硬件系统，并能支持并行计算，从而大幅提高仿真验证运行速度和运行效率。

5）多学科耦合分析

复杂航天产品的工作过程涉及多个不同的学科领域，相应的部件仿真模型也是基于不同学科背景的数学模型建立的。例如，高超声速飞行器本体的仿真模型主要是基于机械动力学机理建立的；气动组件的仿真模型主要是基于流体力学机理建立的；机电系统的仿真模型主要是基于液压传动及电磁学机理建立的；等等。因此，性能样机综合集成验证平台应可以利用模块间的仿真优先级和数据通道，实现上述部件仿真模型间的过程耦合，使研究人员在系统总体分析的基础上详细考察各部件的性能特性。

6）网络环境下的资源共享

为有效支持身处异地的多个研制团队间的协同设计，平台可以借助标准化的接口，将不同团队开发的、运行在异地的性能仿真模型互联形成分布式仿真网络，实现仿真资源的共享，从而使各个研制团队可以及时地对设计方案进行总体环境下的性能匹配分析。

12.1.2　开发环境

根据性能样机综合集成验证平台的功能需求，对平台的总体结构划分为四大模块：综合管理模块、样机验证模块、缺陷分析模块和结果输出模块。这些模块又由若干子模块组成，其中，综合管理模块包括验证对象管理模块、验证人员管理模块；样机验证模块包括验证指标体系确定模块与可信度确定模块；结果输出模块包括结果统计模块以及验证报告生成模块，总体结构如图 12-1 所示。

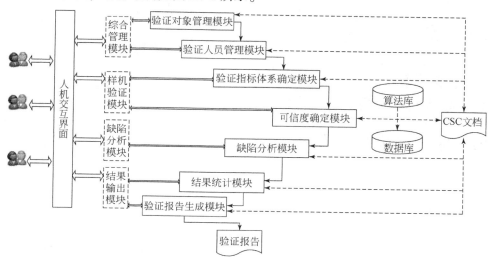

图 12-1　航天产品性能样机综合集成验证平台结构

CSC 为计算机安全控制（computer safe control）

12.2 高性能仿真验证支撑软件 HPC-RTI 的功能测试

在介绍性能样机的高性能综合集成验证平台之前，首先要测试性能样机的运行支撑软件 RTI 是否已经具备了对高性能计算平台的支撑能力。由于 RTI 是 HLA 仿真验证应用的核心支撑平台，RTI 对硬件的支持能力直接影响仿真的性能和效率。因此，要建立基于高性能并行计算技术的性能样机综合集成验证平台，就应首先测试前面设计的 RTI 相关服务是否已满足高性能计算平台的要求。

HLA 定义了六方面的管理服务接口规范，而 RTI 负责具体实现这六大管理服务功能，即联盟管理、声明管理、对象管理、时间管理、数据分发管理和所有权管理。因此，为了测试前面设计的 HPC-RTI 是否实现了 RTI 的管理服务功能，本节设计了以下测试用例对 HPC-RTI 的管理服务功能进行全面测试。

12.2.1 联盟管理服务测试

为了测试 HPC-RTI 的联盟管理服务功能，设计测试用例 ChatRoom、盟员应用程序 chat。通过测试创建联盟执行、销毁联盟执行、盟员加入、退出联盟等操作来测试 HPC-RTI 的联盟管理服务接口。

1. 测试用例

盟员应用程序 chat 首先创建联盟执行 ChatRoom，然后加入 ChatRoom，之后公布订购一个交互类，然后等待用户输入所要发送的消息并发送交互，同时接受其他盟员发送的消息，最后请求退出联盟执行，并销毁联盟执行。联盟 ChatRoom 里有四个盟员：userA、userB、userC、userD，如图 12-2 所示。

 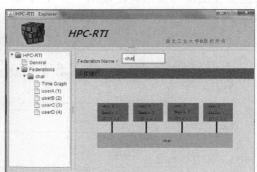

图 12-2 联盟管理服务测试结果

2. 测试结果及分析

图 12-3 显示了盟员加入和退出的详细信息。

从测试结果可以看出，盟员应用程序 chat 能够正确地创建、加入、退出联盟执行，测试结果说明 HPC-RTI 基本实现了 RTI 的联盟管理服务功能。

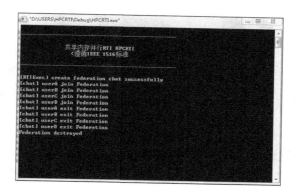

图 12-3　联盟管理服务 CRC 后台界面

12.2.2　声明管理和对象管理服务测试

由于在一般的盟员应用程序中都需要声明管理服务，因此在这里把声明管理和对象管理服务一起测试。

1. 测试用例

假设一个联盟包含两个盟员：气动力系统模型（ADM）与控制系统模型（FCM）。ADM 注册一个对象实例，包含七个属性：model（型号）、lift（升力）、resistance（阻力）、torque（力矩）、angleattack（攻角）、speed（速度）、position（位置）。然后通过单击更新该属性，FCM 订购 ADM 类的概念属性，并检测 FCM 是否能随着 ADM 性能的改变而发生改变，是否能够接收对象更新信息。

2. 测试结果及分析

注册 3 个 ADM 对象类实例：ADM1、ADM2、ADM3，连接 RTI 之后，通过调整飞行器的俯仰角及机翼设计参数，检查控制系统能否感知气动系统参数的变化并输出相应的升力及推力。测试结果图 12-4 显示 FCM 能够感知 ADM 的对象类实例，并且能够接收气动系统参数的更新信息，因而 HPC-RTI 实现了对象管理相关服务。

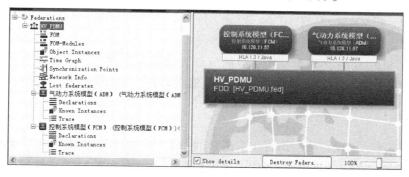

图 12-4　对象管理服务测试结果

12.2.3 时间管理服务测试

时间管理是 RTI 的一项重要功能，同时也是 RTI 中较为复杂的功能，其正确运行是仿真验证正确运行的前提。为了测试 HPC-RTI 的时间管理功能，设计如下测试用例。

1. 测试用例

设计联盟包含多个盟员，盟员应用程序为 time，注册 3 个对象实例，设置时间管理策略为受限且控制，然后更新对象实例，请求时间推进，测试 time 能否正确推进。在 HLA 中，时间推进方式主要有以下三种。

一是时间步进方式 TAR、TARA；二是事件推进方式 NMR、NMRA；三是乐观推进方式 FQR。作者主要测试 TAR 和 NMR 两种推进方式。

2. 测试结果及分析

此处设定测试 7 个 time 盟员的时间推进，如图 12-5 所示。

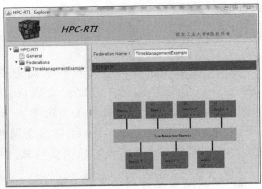

图 12-5　时间管理服务测试结果

图 12-6 显示了各盟员的时间推进情况。从上面的测试结果可以看出，time 盟员能够正确推进，说明 HPC-RTI 实现了时间管理的服务功能。

12.2.4 数据分发管理服务测试

在性能样机的 HLA 仿真验证中，数据分发管理服务能够过滤不必要的消息通信，从而提高仿真效率。为了测试 HPC-RTI 的 DDM 服务功能，设计如下测试用例。

1. 测试用例

如图 12-7 所示，设计联盟执行包含两个盟员 R1 和 R2，都创建一个二维区域。R1 代表区域订购气动力系统的属性，R2 代表区域注册气动力系统的对象实例。改变区域的匹配情况，检查 R2 能否随对象实例的改变而发生气动力性能的改变。如图 12-7 所示，区域

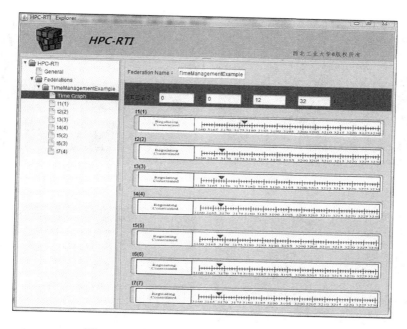

图 12-6　时间管理服务测试的 CRC 显示界面

匹配状态分两种情况：一是两个二维区域相交，按照服务接口规范，R2 发现对象实例，随之气动性能发生改变；二是两个二维区域不相交，R2 不能发现对象实例，气动性能未变。

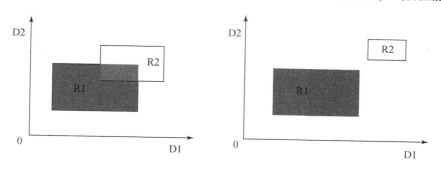

图 12-7　两种区域匹配状态

因此，分别根据两种情况测试对象实例发现结果，判断 DDM 能否正确计算。

2. 测试结果及分析

设计两种区域匹配情况，试验运行结果如图 12-8 和图 12-9 所示。

第一种情况：公布区域和订购区域相交，R2 发现了对象实例 ADM1，随之气动性能发生改变。

第二种情况：公布区域和订购区域不相交，R2 不能发现对象实例，气动性能未发生改变。

从上面的测试结果可以看出，HPC-RTI 实现了 HLA 中数据分发管理服务功能。

图 12-8　区域相交 DDM 测试结果

图 12-9　区域不相交 DDM 测试结果

12.2.5　所有权管理服务测试

在性能样机的 HLA 仿真验证中可以利用所有权管理服务实现盟员之间的负载平衡及盟员之间对象属性的转移，运行界面如图 12-10 所示。

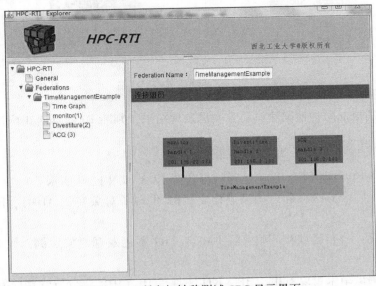

图 12-10　所有权转移测试 CRC 显示界面

为了测试 HPC-RTI 的所有权管理服务，设计如下测试用例。

1. 测试用例

设计联盟执行包括 3 个盟员：对象属性初始盟员 Divestiture、对象属性获取盟员 Acquisition 和对象属性、所有情况监视盟员 monitor。Divestiture 注册对象类 ADM 属性包括：model（型号）、lift（升力）、resistance（阻力）、torque（力矩）、angleattack（攻角）、speed（速度）、position（位置）及实例 ADM1，一段时间后，释放 ADM1 属性 angleattack 的所有权；Acquisition 公布订购 ADM1 所有属性，然后请求获取 ADM 属性 angleattack 的所有权；monitor 订购 ADM 的所有属性。根据 HLA 中所有权转移模式，分两种情况测试，测试过程和结果如图 12-11 和图 12-12 所示。

图 12-11　所有权转移"推"模式测试

图 12-12 所有权转移"拉"模式测试

2. 测试结果及分析

1）所有权转移"推"模式

启动 monitor 之后，运行 Acquisition，然后启动 Divestiture。Divestiture 注册对象实例 ADM1 之后，无条件放弃其属性 angleattack 的所有权。此时，没有盟员想要获取对象实例属性所有权，RTI 会向对象类 ADM 的订购盟员 monitor 和 Acquisition 发送 RequestAttribute-OwnershipAssumption，Acquisition 收到回调之后，发出 AttributeOwnershipAcquisition 请求获取 ADM1 的属性 angleattack 的所有权，此时 RTI 把 ADM1 的属性 angleattack 的所有权转移到 Acquisition，发生所有权转移。

2）所有权转移"拉"模式

先启动 monitor，接着运行 Divestiture，最后再启动 Acquisition。Acquisition 发现对象实例 ADM1 之后，向 RTI 发送 AttributeOwnershipAcquisition 请求，获取 ADM1 的属性 angleattack 的所有权；当 RTI 收到请求后，向 ADM1 的属性 angleattack 的拥有盟员 Divestiture 发送 RequestAttributeOwnershipRelease 通知消息，请求释放属性所有权；Divestiture 收到 RequestAttributeOwnershipRelease 之后，释放所有权，并向 RTI 通知 Acquisition 属性所有权转移成功，此时就代表 Acquisition 拥有了 ADM1 属性 angleattack 的所有权。

从上面所有权转移的两种模式测试结果可以看出，作者设计的 HPC-RTI 能够正确实现不同模式的所有权转移管理功能，并正确实现了 IEEE1516 规定的所有权转移接口服务功能。

12.3 高性能仿真验证支撑软件 HPC-RTI 的性能测试

国内目前应用较广泛的 RTI 版本主要有 3 种：国防科技大学开发的 KD-RTI、瑞典 Pitch 公司的 pRTI1516、美国国防部建模与仿真办公室开发的 RTI 1.3NG-V6。为了测试前面提出的 HPC-RTI 通信结构和关键技术的有效性，本节将其与应用较广泛的 pRTI1516 进行数据吞吐率、通信延迟和时间步进等综合性能的对比测试，验证其在高性能计算环境下相关体系和运行机制的正确性及高效性。

12.3.1　测试指标选取

为了对比 HPC-RTI 和 pRTI1516 的性能参数，选取数据吞吐率和通信延迟指标进行测试。

1）数据吞吐率

网络层的吞吐率就是物理链路的比特率减去各种传输技术带来的开销，即网络的有效带宽。这里的数据吞吐率指的是应用层的吞吐率，即单位时间内能够传递的 FOM 数据的上限，包括更新属性值和发送交互类。影响网络层吞吐率的主要因素有报文传输的开销、网络拥塞、瓶颈、节点或链路故障等。影响应用层吞吐率的最主要因素是 RTI 的内部实现机制，其他因素包括 FOM 数据的大小和更新频率、虚拟网络层的发送和接收缓存大小、传输方式的选择等。

2）通信延迟

虚拟通信层是构建在 TCP/IP 栈和共享内存底层通信基础上的通信服务，该层以下（包括物理层在内）产生的延迟定义为底层通信延迟。定义数据从一个应用程序发出到另一个应用程序收到所花的时间为端到端（end-to-end）延迟，即 RTI 下行延迟、上行延迟和底层通信延迟之和。由于网络是按数据包进行发送的，各数据包所经的路径和当时网络拥塞情况也各不相同，即使发送方以相同的时间间隔发送数据包，也不能保证数据包能在相同的延迟后到达对方，延迟抖动是常见的。而最终被作为性能指标的通信延迟是平均通信延迟，即数据从一个应用程序发出（如更新属性值），另一个应用程序收到回调（如反射属性值）后，立刻将原始数据发回，直到第一个程序收到了回复数据，将来回这两段时间取算术平均，选取大量的这种量值为样本，将其统计平均值作为测评通信性能的平均延迟。

12.3.2　数据吞吐率测试

1. 试验环境和试验设计

在 HLA 的仿真验证中，数据吞吐率通常采用两个盟员间属性更新/反射或交互发送/接收测试案例进行对比测试。为了测试 RTI 的吞吐率，设计了 sender-listener 试验。试验环境为两台多核 PC，第一台 PC 配置为 Intel 四核 E8400 处理器、3.00GHz、3.25GB RAM，第二台 PC 配置为 Intel 双核 E7500 处理器、2.93GHz、3.25GB RAM。两台 PC 之间通过 100MB 以太网互连。

由于联盟执行包含两个盟员，发送者盟员（sender）与接收者盟员（listener），sender 注册一个对象实例（包含一个属性），listener 订购 sender 公布的对象类属性并接收对象更新信息。sender 不断更新对象实例属性，记录完成 10 万次更新的时间 t，并计算每秒发送次数 n，以此测试 HPC-RTI 的数据吞吐率。

2. 测试结果分析

1）HPC-RTI 的节点内吞吐率与节点间吞吐率相差较大

从图 12-13、表 12-1 及表 12-2 可以看出：当数据量小时，仿真节点内的吞吐率约为节点间的 4 倍；随着数据量加大，差距整体呈增加趋势。

引起差距的主要原因是节点内共享内存通信延迟较小，而节点间网络通信延迟较大，而且在一定范围内共享内存通信延迟与数据量大小关系不明显，而网络通信与数据量关系相对明显。

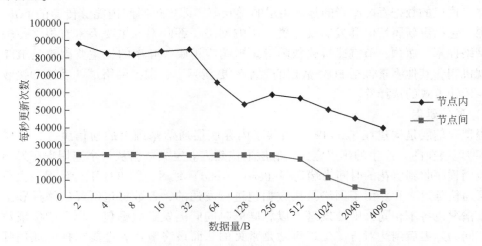

图 12-13　高性能仿真验证支撑软件 HPC-RTI 的吞吐率测试结果

表 12-1　HPC-RTI 与 pRTI1516 的节点内吞吐率测试结果

数据量/B	HPC-RTI		pRTI1516	
	总时间/s	次数	总时间/s	次数
2	1.13245	87234	5.35464	18675
4	1.20947	81967	5.33616	18740
8	1.24567	81075	5.31722	18807
16	1.20016	82758	5.34355	18714
32	1.17935	83789	5.33762	18735
64	1.51447	64795	5.27589	18954
128	1.83752	51983	5.32109	18793
256	1.69423	57658	5.42852	18421
512	1.75431	58596	5.5388	18055
1024	1.97258	51008	5.73542	17436
2048	2.19987	44907	6.64917	15040
4096	2.67431	39582	8.98088	11135

表 12-2 HPC-RTI 与 pRTI1516 的节点间吞吐率测试结果

数据量/B	HPC-RTI		pRTI1516	
	总时间/s	次数	总时间/s	次数
2	4.07729	24526	4.27354	23400
4	4.09958	24393	4.18221	23911
8	4.0662	24593	4.14171	24145
16	4.1313	24206	4.14941	24100
32	4.13429	24188	4.15361	24075
64	4.13795	24167	4.15973	24040
128	4.16485	24011	4.27104	23414
256	4.18452	23898	5.13392	19478
512	4.62883	21604	6.97416	14339
1024	8.94601	11178	17.268	5791
2048	17.609	5679	41.819	2391
4096	34.8469	2870	37.2121	2687

2）pRTI1516 的吞吐率变化反常

从图 12-14 可以看出：当数据量小于 256B 时，pRTI1516 节点间的吞吐率比节点内吞吐率大；而当数据量大于 256B 时，节点间的吞吐率比节点内的吞吐率小。

引起这种复杂变化的原因主要有两点：一是 pRTI1516 只支持网络通信，当节点内网络通信时，仿真进程受 CPU 的随机调度可能会降低通信效率，而当节点间网络通信时，两个进程分别在不同节点上，受 CPU 调度影响则不明显，这就引起了节点间的吞吐率比节点内大的反常现象；二是节点间的底层网络通信与仿真数据量关系密切，而节点内网络通信由于没有到达底层链路通信，仅仅是缓冲区的拷贝。因此，随着数据量增大，节点间的吞吐率变化十分显著。

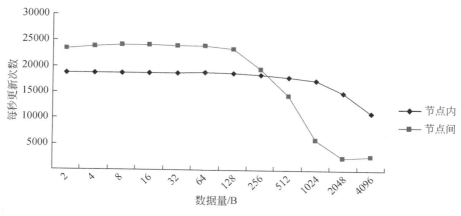

图 12-14 pRTI1516 的吞吐率测试结果

3）HPC-RTI 的节点内吞吐率约为 pRTI1516 的 5 倍

从图 12-15 可看出，HPC-RTI 的节点内吞吐率比 pRTI1516 大得多，这主要是由于 HPC-RTI 采用了共享内存通信机制。

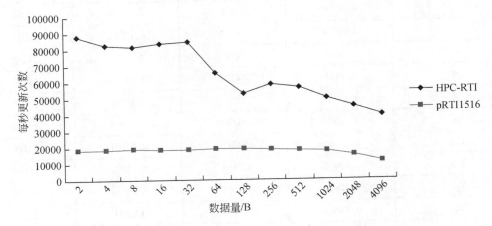

图 12-15　HPC-RTI 与 pRTI1516 的节点内吞吐率对比测试结果

4）HPC-RTI 和 pRTI1516 的节点间吞吐率相差不大

从图 12-16 中可以看出，HPC-RTI 与 pRTI1516 的节点间吞吐率相差不大。说明 HPC-RTI 的内部实现机制与 pRTI1516 相差不大。

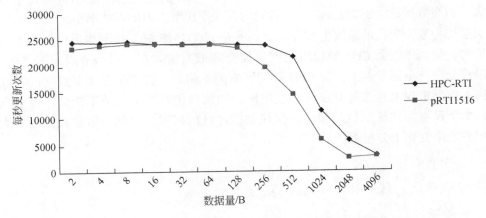

图 12-16　HPC-RTI 与 pRTI1516 的节点间吞吐率对比测试结果

12.3.3　通信延迟测试

1. 试验环境和试验设计

在 RTI 测试中，通常采用两个盟员之间的属性更新/反射或交互发送/接收来测试盟员之间的数据通信延迟。为了测试 HPC-RTI 的数据延迟大小，设计 A-B 测试试验。联盟包含

A、B 两个盟员，A 和 B 分别订购对方的对象类且各注册一个对象实例（包含一个属性）。

试验设计过程如下：A 首先更新对象实例 p，B 收到反射属性值回调后，更新对象实例 q，A 收到更新属性实例后再更新对象实例 p。如此反复，记录完成 10 万次更新的时间 t（单位：s），并计算单次端对端延迟 X（单位：μs）。

试验环境为两台多核 PC，第一台 PC 配置为 Intel 四核 E8400 处理器、3.00GHz、3.25GB RAM，第二台 PC 配置为 Intel 双核 E7500 处理器、2.93GHz、3.25GB RAM。两台 PC 之间通过 100MB 以太网互连。

2. 测试结果分析

1）HPC-RTI 与 pRTI1516 节点间的平均通信延迟均比节点内大

造成此结果的原因是由于节点间的底层通信延迟本身就比节点内大，如图 12-17 所示。测试结果如表 12-3 和表 12-4 所示。

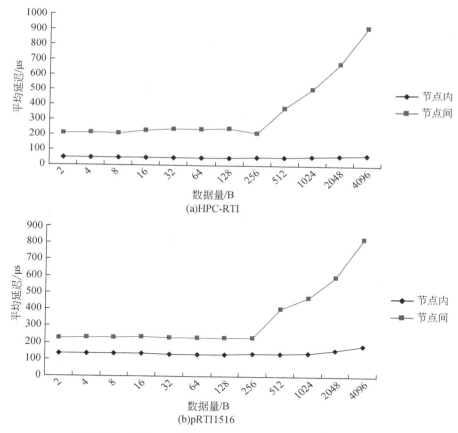

图 12-17　HPC-RTI 与 pRTI1516 的平均通信延迟测试结果

表 12-3　HPC-RTI 与 pRTI1516 的节点内 A-B 交互试验测试结果

数据量/B	HPC-RTI		pRTI1516	
	总时间/s	平均延迟/μs	总时间/s	平均延迟/μs
2	9.88255	49.41275	27.178	135.89

数据量/B	HPC-RTI		pRTI1516	
	总时间/s	平均延迟/μs	总时间/s	平均延迟/μs
4	9.93164	49.6582	27.358	136.79
8	9.9318	49.659	26.8061	134.0305
16	10.2781	51.3905	26.5636	132.818
32	10.3377	51.6885	26.5147	132.5735
64	10.3705	51.8525	26.0956	130.478
128	10.3923	51.9615	26.3397	131.6985
256	10.8619	54.3095	26.7023	133.5115
512	10.9672	54.836	27.2911	136.4555
1024	11.8041	59.0205	28.314	141.57
2048	12.5038	62.519	31.6273	158.1365
4096	14.1722	70.861	37.3488	186.744

表 12-4　HPC-RTI 与 pRTI1516 的节点间 A-B 交互试验测试结果

数据量/B	HPC-RTI		pRTI1516	
	总时间/s	平均延迟/μs	总时间/s	平均延迟/μs
2	42.3004	211.502	45.3395	226.6975
4	42.8675	214.3375	46.0015	230.0075
8	42.4414	212.207	46.314	231.57
16	46.4415	232.2075	46.3603	231.8015
32	48.3333	241.6665	46.3498	231.749
64	48.1888	240.944	46.2165	231.0825
128	48.627	243.135	46.2343	231.1715
256	43.4269	217.1345	46.1544	230.772
512	76.1368	380.684	80.6195	403.0975
1024	102.222	511.11	94.1169	470.5845
2048	136.229	681.145	120.079	600.395
4096	184.393	921.965	165.897	829.485

2）HPC-RTI 的节点内平均通信延迟比 pRTI1516 小

如图 12-18 所示，造成此现象的原因是 HPC-RTI 支持节点内共享内存通信，而共享内存通信的最主要优势就是通信延迟比网络通信延迟要小得多。

3）HPC-RTI 与 pRTI1516 的节点间通信延迟相差不大

如图 12-19 所示，造成此现象的原因是节点间的通信延迟主要受底层通信延迟影响较大，也间接说明了 HPC-RTI 的内部处理效率与 pRTI1516 相差不大。

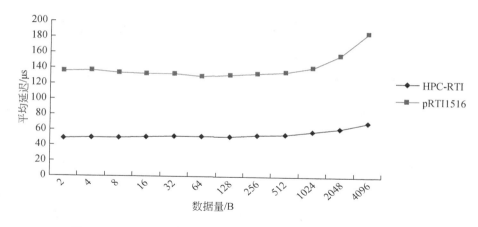

图 12-18　HPC-RTI 与 pRTI1516 的节点内通信延迟对比测试结果

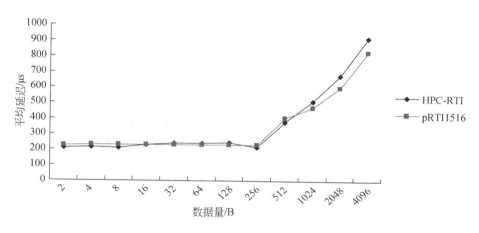

图 12-19　HPC-RTI 与 pRTI1516 的节点间通信延迟对比测试结果

12.3.4　时间步进综合性能测试

1. 试验环境与试验设计

为了测试高性能仿真验证支撑软件 HPC-RTI 的综合运行性能，本节设计了多盟员时间推进测试用例，如图 12-20 所示。

对该测试用例基本描述如下。

设仿真验证联盟 F 由 N 个盟员组成。第一步，各盟员加入联盟执行，F 随机在 X 个交互类与 Y 个对象类中分别选取 x 与 y 个进行公布订购，然后对公布的对象类进行对象实例注册，并设置每个盟员的时间管理策略为"时间校准且受限"；第二步，在仿真推进过程的每个时间步长内，每个盟员更新本盟员注册的对象实例并发送交互类的交互事件（数据大小服从 $[0, 2d]$ 的均匀分布）；第三步，调用 TAR 服务请求时间推进，所有盟员具有相同的前瞻值 1，且每次请求推进时间长度为 s；第四步，每个盟员在收到对象实

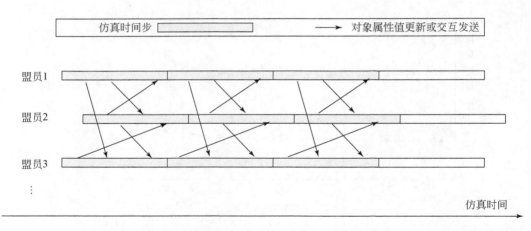

图 12-20 HPC-RTI 综合运行性能的测试过程

例更新或交互事件后，对事件进行处理，事件处理过程通过若干次"双精度浮点数乘法"，以表示不同的计算负载，每个事件的计算负载满足均值为 w 的均匀概率分布，即每个事件进行的双精度浮点运算次数在 $[1, 2w]$ 均匀分布，仿真在所有盟员推进仿真时间到 e 后停止；第五步，经过多次测试并计算平均墙钟时间 t，并以单次平均推进时间 Δt 代表 HPC-RTI 的时间步进综合性能。

试验环境为多核集群与 PC 组成的混合环境。高性能节点配置为双路四核 Quad Core Xeon 处理器、2.53 GHz、24 GB RAM；PC 配置为 Intel 双核 E7500 处理器、2.93 GHz、2 GB RAM；高性能节点之间在集群内部通过 IB 互连；同时，高性能计算机与 PC 采用千兆以太网互连。

2. 测试结果分析

测试的基本参数配置如表 12-5 所示。

表 12-5　HPC-RTI 与 pRTI1516 的时间步进综合性能测试参数配置

交互类	对象类	x	y	d	l	s	w	e
100 个	100 个	50 个	50 个	256	0.5	1.0	100	1000

在以上基本参数配置下，本书分别在三个不同的硬件环境下进行测试。

1）2 个高性能计算节点

从表 12-6 和图 12-21 可以看出：随着盟员数的增加，单次推进时间增大；当盟员数相同时，HPC-RTI 较 pRTI1516 的性能提升至少 27.2%（其中时间推进单位：ms，指一个时间步长推进所需的墙钟时间）。

表 12-6　基于 2 个高性能计算节点的时间推进测试结果

盟员数/个	pRTI1516/ms	HPC-RTI/ms	性能提升/%
5	43.8577	31.8958	27.3

续表

盟员数/个	pRTI1516/ms	HPC-RTI/ms	性能提升/%
10	167.173	109.239	34.7
15	372.09	262.494	29.5
20	698.648	446.982	36.0

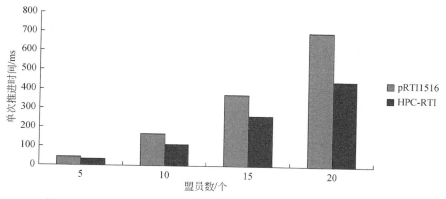

图 12-21　HPC-RTI 与 pRTI1516 的时间步进综合性能测试对比结果

2）5 个高性能计算节点

从表 12-7 和图 12-22 可以看出：把盟员部署到 5 个高性能计算节点时，HPC-RTI 较 pRTI1516 性能提升了 24% 以上。

表 12-7　基于 5 个高性能计算节点的时间推进测试结果

盟员数/个	pRTI1516/ms	HPC-RTI/ms	性能提升/%
5	53.0295	39.9825	24.6
10	246.679	176.706	28.4
15	619.162	404.684	34.6
20	1194.56	854.733	28.4

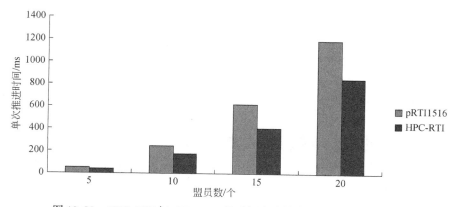

图 12-22　HPC-RTI 与 pRTI1516 的时间步进综合性能测试对比结果

同时，对比表 12-6 和表 12-7 发现：相同的盟员数，部署到 2 个高性能计算节点和 5 个高性能计算节点得出的结果不同。部署到 5 个高性能计算节点的时间步进综合性能比部署到 2 个高性能计算节点的性能稍差，但是相差不大。造成此现象的原因是：①节点内高效的共享内存通信方式提高了节点内盟员之间的通信效率；②多个盟员部署在同一节点时，相互之间有影响。因此，性能相差不是很大。

3）15 个高性能计算节点加 5 个 PC 节点

从表 12-8 和图 12-23 可以看出：在由 15 个高性能计算节点和 5 个 PC 节点组成的多核集群环境中，随着盟员数的增加，HPC-RTI 较 pRTI1516 的性能提升 30% 以上。这是由于在 IB/千兆网的混合通信环境中，HPC-RTI 可以运行在 IB 和共享内存上，而 pRTI1516 只能在千兆网上运行。

表 12-8　基于 15 个高性能计算节点和 5 个 PC 节点的时间推进测试结果

盟员数/个	pRTI1516/ms	HPC-RTI/ms	性能提升/%
25	1306. 589	896. 326	31. 4
50	6342. 488	3986. 423	37. 1
75	14022. 24	8146. 563	41. 9
100	74377. 48	41320. 68	44. 4

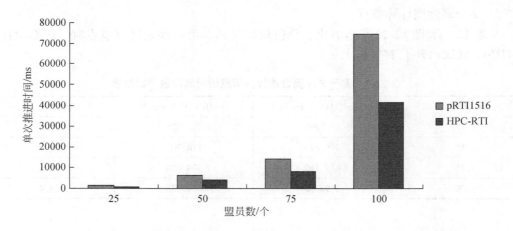

图 12-23　HPC-RTI 与 pRTI1516 的时间步进综合性能测试对比结果

综上所述，作者所设计的高性能仿真支撑软件 HPC-RTI 完全满足高性能计算平台的要求，可以有效支撑性能样机综合集成验证平台的平稳运行。接下来，作者将对验证平台的各个功能模块及相关参数进行详细设计。

12. 4　性能样机综合集成验证平台结构设计

复杂航天产品性能样机是一种包含用户需求、系统组成、产品技术、制造过程、测试维护、项目管理和工作环境等一系列复杂因素在内的产品，涉及机械、气动、电子、制导控制等多个技术领域，机械系统、电气系统、控制系统等需要在统一的框架内研究，航天产品性能样机综合集成验证平台框架如图 12-24 所示。

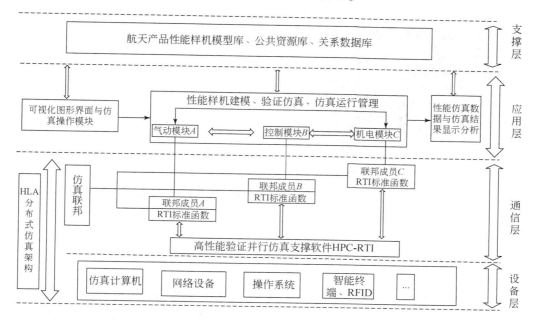

图 12-24　航天产品性能样机综合集成验证平台框架

作者以高性能仿真验证支撑环境为基础，在 HPC-RTI 中间件的支持保障下，主要实现复杂航天产品性能样机在设计与管理过程中的信息共享与异地协同验证任务。

12.5　性能样机综合集成验证平台功能实现

作者结合 Matlab 7.0 设计技术，在 Eclipse 的开发环境中，利用 Java 语言对航天产品性能样机综合集成验证平台中的四大功能模块进行实现，数据库采用 SQL Server 2008，该平台适用于主流的 Microsoft Windows XP/VISTA/7 等操作系统。下面首先介绍平台的主界面视图，然后按照平台的使用流程，依次介绍各个模块的设计与实现细节。

12.5.1　性能样机综合集成验证平台的主界面

验证平台的主界面可分为三大区域：菜单工具栏区、导航视图区和主功能视图区，如图 12-25 所示。

（1）菜单工具栏区：分为菜单栏与工具栏，两者的内容随主功能视图的改变而改变，提供针对当前功能视图的一系列快捷操作功能。

（2）导航视图区：包含五个功能区，分别为"综合管理"、"样机评估"、"缺陷分析"、"结果输出"及"操作向导"，单击功能区内任一功能按钮，即可切换工具右侧视图至相应的功能视图。

（3）主功能视图区：用以显示不同功能按钮对应的功能视图，用户可在不同的功能视图内进行各种允许的操作，该区域是性能样机综合集成验证平台的主操作区域。

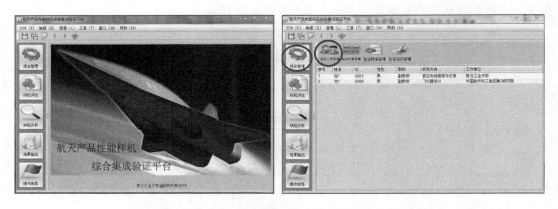

图 12-25　航天产品性能样机综合集成验证平台主界面

12.5.2　综合管理模块的设计与实现

综合管理模块由三个子模块组成，分别为验证对象管理模块、验证知识管理模块与验证数据管理模块，可以实现对验证对象的录入、删除、编辑、查看、存取等操作；性能样机相关知识的查阅与管理服务；性能样机的参考数据以及仿真数据的浏览与管理等服务。

验证对象管理模块界面由一个列表视图构成，设定了 7 个表头，分别为名称、创建日期、ID、描述、验证小组成员、是否已建立验证指标体系和备注，如图 12-26 所示。双击任一验证对象，系统会弹出验证对象信息编辑对话框。在此对话框内，用户不但可以设定验证对象的名称、ID、描述等基本信息，还可以从专家库中挑选若干位验证人员，组建验证小组，共同参与性能样机的验证工作。

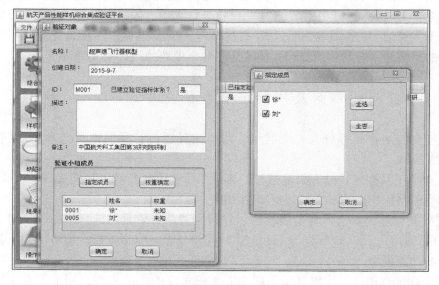

图 12-26　验证对象管理模块界面

　　验证知识管理模块主要方便验证人员查看性能样机验证时可能需要用到的相关知识，图 12-27 为其主界面。知识列表可对样机验证时需要的知识进行分类，根目录下包含不同知识类别根目录。单击节点目录，会在右侧的"知识明细"栏里显示所选知识的详细信息。

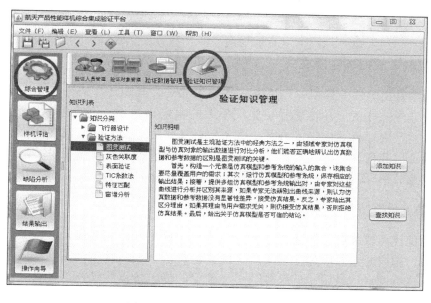

图 12-27　验证知识管理模块界面

　　验证数据管理模块主要提供仿真数据与参考数据的浏览与管理功能。用户可通过下拉列表选定相应的数据库，并选择想要查看的数据，样机各性能参数的验证数据在主功能视图区内显示，图 12-28 为选定仿真数据库中的偏航角数据详情。另外，还可通过单击相关按钮进行添加数据和导出数据操作。

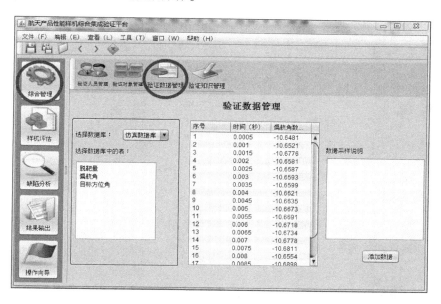

图 12-28　验证数据管理模块界面

12.5.3 验证模块的设计与实现

验证模块由两个子模块组成，分别是样机验证模型确定模块及可信度计算模块。本节将分别对这两个子模块的设计与实现情况进行介绍。

1. 样机验证模型确定模块

验证模型是指导性能样机可信度验证的逻辑表述，其表述形式可以是形式化的、半形式化的或非形式化的。在性能样机验证模型的确定模块中，用户可以通过界面操作，为任一验证对象确定合适的输入参数，主要包括实体元、交互元、属性元、变量元、相关元、门槛值、综合算法、度量算法、分解关系、依赖关系、描述关系、附生关系、配置关系、门槛关系等；输出参数为可信度。

2. 可信度计算模块

在可信度计算模块中，系统首先自动调用相应算法来分配变量元、相关元的度量优先级。然后，用户通过界面操作调用既定的度量算法，按照优先级高低顺序依次对变量元、相关元进行度量。最后，系统将利用已确定的样机仿真验证模型，自动计算出验证对象的整体可信度与局部可信度。

可信度计算模块同样采用图元化操作模式，它的界面包括主视图和固定工具栏，如图12-29所示。在主视图内，用户可以通过拖拉来改变各个输入参数的位置，并可查看输入参数的相关信息。各种功能按钮在固定工具栏内，主要实现的功能有可信度的计算、保存、读取；验证对象切换；验证人员切换；参数图缩放、重载、全屏化显示，以及操作撤销、恢复等。

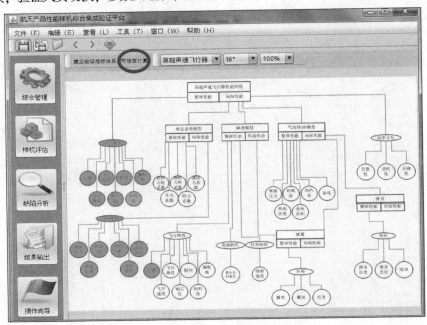

图 12-29 可信度计算模块界面

12.5.4　缺陷环节分析模块的设计与实现

在缺陷环节分析模块中，系统将以性能样机可信度的可接受水平为衡量标准，确定验证对象的缺陷环节及缺陷等级，并由第6章的研究成果计算出各个缺陷环节的耦合灵敏度等信息。

缺陷环节分析模块的界面包括主视图和固定工具栏，如图 12-30 所示。在主视图内，用户可以很方便地查看缺陷环节的分析结果。固定工具栏的功能有：分析结果读取、保存；验证对象切换，验证人员切换；参数图缩放、全屏化显示等。其次，双击缺陷环节，可以查看其缺陷等级、耦合环节名称以及耦合环节灵敏度等信息。

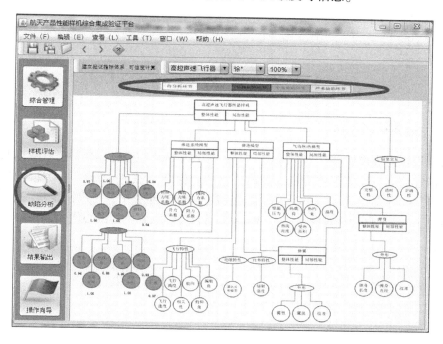

图 12-30　缺陷环节分析模块界面

12.5.5　验证结果输出模块的设计与实现

验证结果输出模块由两个子模块组成：验证结果统计模块及验证报告生成模块。本节将分别对这两个子模块的设计与实现情况进行介绍。

1. 验证结果统计模块

在验证结果统计模块中，用户可通过界面操作，查看任一对象的验证结果统计信息。该模块的界面主要由一个列表框构成，设定了 12 个表头，分别为专家姓名、验证对象可信度、变量活动完成率、综合活动完成率、实体元总数、交互元总数、属性元总数、变量元总数、相关元总数、轻微缺陷环节总数、中等缺陷环节总数、严重缺陷环节总数、其界面如图 12-31 所示。

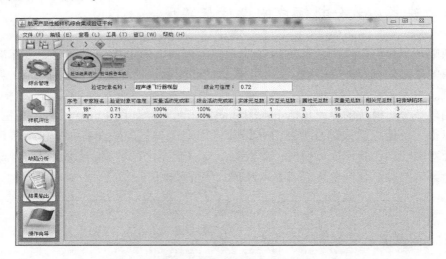

图 12-31　验证结果统计模块界面

2. 验证报告生成模块

在验证报告生成模块中，用户单击"验证报告生成"按钮，调出文件保存对话框，用户在此处指定验证报告的存放位置及名称，单击"保存"按钮，即可将验证对象、验证人员、验证结果的详细信息以 Word 形式输出，所生成文档存放于用户指定位置。作者采用 COM 技术调用 OLE 自动化对象来实现 Word 文档的自动生成，其核心代码如代码 12-1 所示。

```
/**代码12-1　CFileDialog fileDlg(FALSE,NULL,"评估结果报告.doc")**/
fileDlg.m_ofn.lpstrTitle="保存";
fileDlg.m_ofn.lpstrFilter="Word Files(* .doc)\0* .doc\0\0";
fileDlg.m_ofn.lpstrDefExt="doc";
CString s_name;
If (IDOK==fileDlg.DoModal())
{
    s_name=fileDlg.GetPathName();
    //启动 word 应用程序 -------------------------------------开始
    If (!app.CreateDispatch("Word.Application"))
    {
        AfxMessageBox("建立 Word 应用程序错误!");
        return;
    }
    //启动 word 应用程序 -------------------------------------结束
    docs=app.GetDocuments();
    //建立空白文档
    COleVariant vtOp((long)DISP_E_PARAMNOTFOUND,VT_ERROR);
    doc=docs.Add(vtOp,vtOp,vtOp,vtOp);
```

```
    //获取当前光标
    Selection Sel=app.GetSelection();
    //生成一个新的段落
    Sel.TypeParagraph();
......
    wordColumn.ReleaseDispatch();
    //调用 Quit 退出 WORD 应用程序
    app.Quit(vtOp,vtOp,vtOp);
    app.ReleaseDispatch();
    AfxMessageBox("报告已生成！");
}
```

系统所生成的验证报告包括封面、目录和正文，如图 12-32 所示。其中，正文又分为验证对象详情、验证人员概况、验证结果统计、验证结果四部分内容。

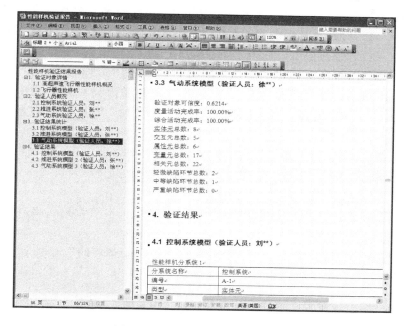

图 12-32　性能样机验证报告界面

12.6　性能样机验证实例

本节以某高超声速飞行器性能样机的验证过程为例，测试基于高性能并行计算技术的性能样机综合集成验证平台各项功能。

12.6.1　性能样机概述

高超声速飞行器一般是指飞行速度超过 5 倍声速的航天器、飞行武器、飞机之类的有翼或无翼飞行器，图 12-33 就是X-51A高超声速飞行器飞行效果图。

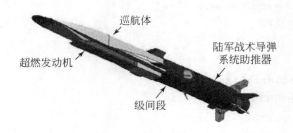

图 12-33　X-51A 高超声速飞行器飞行效果图

　　高超声速飞行器性能样机是一个庞大、复杂的精密系统，它由众多的子系统构成。对其进行验证涉及外形、推进、气动力、气动热、冷却、控制和弹道等多个相互耦合学科，需要顶层设计、逐步分解、综合集成的系统思想进行验证。根据高超声速飞行器性能样机的全寿命周期，可将其验证问题划分为 7 个子系统的模型验证问题，分别是气动力系统模型验证、外形结构系统模型验证、推进系统模型验证、控制系统模型验证、性能/弹道模型验证、气动热/热模型设计和冷却系统模型验证。

　　因此，根据上述对性能样机的验证需求分析，作者所选择的验证实例以第 6 章所介绍的某高超声速飞行器性能样机模型为基础，高性能仿真验证环境由 100MB 以太网连接的 7 台多核 PC 组成，PC 节点配置为 Intel 四核 E8400 处理器、3.00GHz、3.25GB RAM。

12.6.2　某高超声速飞行器性能样机的验证过程

　　结合 12.5 节论述的性能样机综合集成验证平台系统，本节对某高超声速飞行器的性能样机进行验证与可信度分析。

　　第一，在性能样机综合集成验证平台系统的"综合管理模块"中建立某高超声速飞行器性能样机的基本信息，具体内容如表 12-9 所示。

表 12-9　某高超声速飞行器性能样机的基本信息

名称	ID	描述	创建日期	备注
某高超声速飞行器性能样机	A1	测试飞行器各系统性能参数	20160324	××研究院

　　第二，组建验证人员小组。本次验证邀请了 8 位人员参与评估，并在性能样机综合集成验证平台系统"综合管理模块"中的"验证人员管理"栏目为他们分别建立个人档案，包含验证人员的姓名、性别、职称、研究方向、工作单位等信息。

　　第三，验证小组对某高超声速飞行器性能样机的结构与功能进行分析，并在性能样机综合集成验证平台系统的"验证模块"中进行样机的性能仿真及确定样机可信度等工作，如图 12-34 所示。

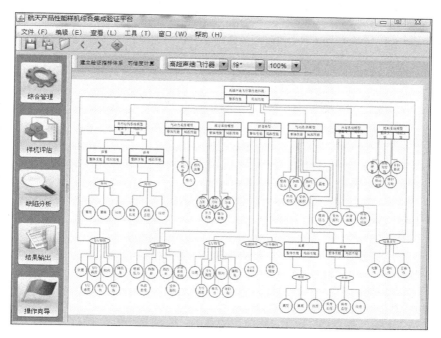

图 12-34 某高超声速飞行器性能样机的验证参数图

第四，将性能样机综合集成验证平台系统切换至可信度计算模块。该模块将引导验证人员按照优先级高低依次对各验证参数进行度量。双击数据库中的任一性能参数，会弹出与之对应的数据管理窗口。

第 1 步，如图 12-35 所示，验证人员在数据库窗口中将偏航角的参考数据和仿真数据添加到验证平台系统中。

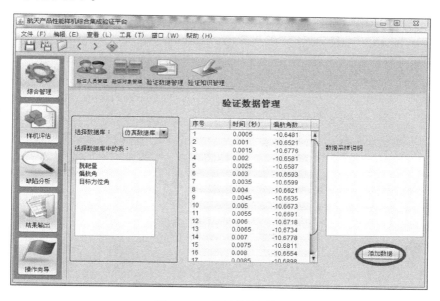

图 12-35 验证数据添加

第 2 步，验证人员进行空缺数据处理，如图 12-36 所示。

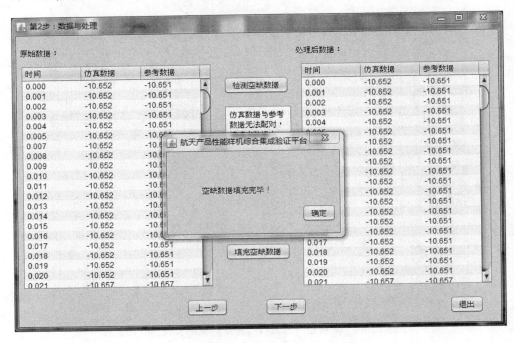

图 12-36　空缺数据处理

第 3 步，验证人员对仿真数据与参考数据进行相似度分析，如图 12-37 所示。

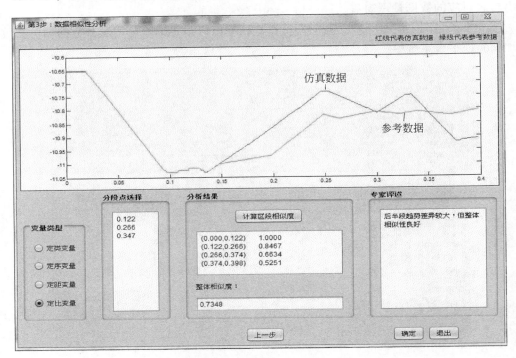

图 12-37　数据相似性分析

第五，在评估人员按照优先级高低依次度量各性能参数的同时，系统会自动调用配置好的综合算法对来自各子系统的性能可信度信息进行匹配，最终计算出某高超声速飞行器性能样机的整体可信度与局部可信度，如图 12-38 所示。

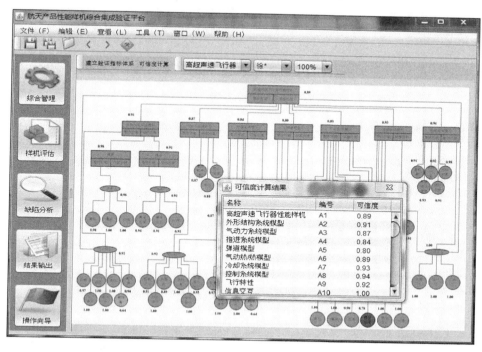

图 12-38　某高超声速飞行器性能样机的仿真验证可信度计算结果

第六，将性能样机综合集成验证平台系统切换至可信度缺陷环节分析模块。该模块在某高超声速飞行器性能样机仿真验证可信度计算结果的基础上，结合第 6 章的研究成果，自动标识出某高超声速飞行器性能样机存在的缺陷环节及其缺陷等级，并分别计算出各个缺陷环节的耦合灵敏度，如图 12-39 所示。双击缺陷环节，即可查看其耦合灵敏度。

总体来看，某高超声速飞行器性能样机具有较高的可信性，其整体可信度达到 0.892，但仍存在 7 处不同程度的缺陷环节，需要进一步修改完善。在对该仿真系统进行局部修改时，需要避免对灵敏度较高的耦合环节造成负面影响。

第七，将性能样机综合集成验证平台系统切换至验证结果输出模块，如图 12-40 所示。将输出一份 Word 文档形式的某高超声速飞行器性能样机验证报告。

综上所述，在某高超声速飞行器性能样机的验证工作中，无论从性能样机系统的规模，还是从使用到的仿真数据量与参考数据量均可以看出，开发性能样机综合集成验证平台的必要性。如果不依赖任何辅助工具，完全靠人力来完成验证工作，必将极大地增加人力、物力、财力等方面开销，影响工作进度，而且无法保证验证结论的准确性与高效性。

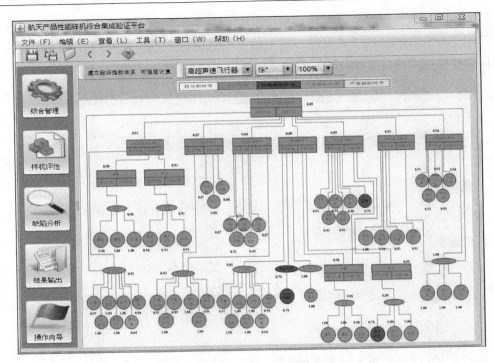

图 12-39　某高超声速飞行器性能样机的仿真验证可信度缺陷环节分析结果

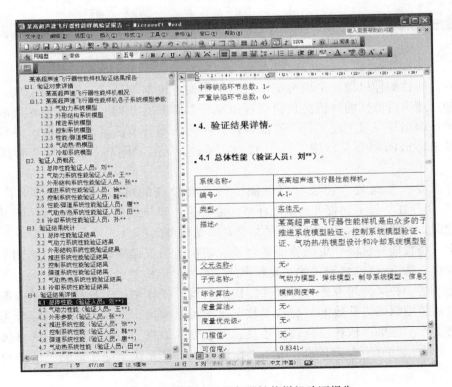

图 12-40　某高超声速飞行器性能样机验证报告

第 13 章　基于多 Agent 系统的性能样机验证

　　性能样机满足一定的可信度是将其代替物理样机进行研究的基础，而对其进行验证则是保证性能样机可信度的有效途径。因此，作者在研究和总结了国内外与性能样机验证有关的内容的基础上，针对性能样机验证过程工作量巨大、验证工作分布等问题，将多 Agent 系统（MAS）技术引入性能样机验证系统的研究中，提出了构建基于 MAS 的性能样机验证系统的新思想，论证了使用 MAS 技术来解决性能样机验证系统构建过程中所面临的问题的可行性和优越性。

　　复杂航天产品性能样机的验证是一项复杂的系统工程，涉及诸多学科的方法和技术。通过应用性能样机技术来模拟航天产品的性能，需要对性能样机的可信性进行验证，需要分析性能样机可信性验证的过程，需要研究性能样机可信性的验证方法，需要建立性能样机的验证系统，以提高性能样机的验证效率和确保可信度的客观性，涉及性能样机概念和其特点、常用模型验证方法、指标权重确定方法等内容。为此，本章在对性能样机概念及其特点进行分析的基础上，提出一种性能样机验证指标体系，并在分析和研究常用模型验证方法和相关权重确定方法后，对性能样机验证系统进行需求分析，根据需求分析结果提出性能样机验证系统功能框架，并给出基于 MAS 的性能样机验证系统的初步分析，最后，给出基于 MAS 的性能样机验证系统的体系结构并对其进行描述。

13.1　性能样机可信性验证概述

　　复杂航天产品性能样机的设计需要多领域、多学科的设计人员分布协同设计完成。由于建模过程需要实现各学科领域设计人员对各领域的专业知识在语义上有共同理解，所以必须按系统层次分析方法将复杂系统分解为不同层次的子系统，然后应用相关领域的设计方法对各个子系统按照模型之间交互的接口逻辑关系进行设计。最后，把所设计的各个学科的元模型综合集成为一个完整的系统模型。在整个性能样机分解设计到最后的集成设计过程中，各个子系统满足一定的可信性是最后进行系统集成的基础，而且各个分系统的可信性也不等于整个系统的可信性。性能样机是否可信是其能否代替真实物理样机对复杂航天产品各个性能进行分析和研究的基础。

13.1.1　性能样机可信性验证相关概念

　　模型的可信性通常用可信度的概念来衡量，对于可信度的定义有许多种，作者综合了其他可信度的定义，将性能样机的可信度定义如下。

　　定义 13.1　性能样机可信度是指性能样机在特定运行环境下，通过模拟原型系统的元素与结构以达到仿真应用目的的相似程度。

一个性能样机在特定应用目的下，其可信度是确定的，不以评估人员与评估方法的选择为转移。一个性能样机通常是由多个仿真分系统组成的，每个仿真分系统又可分为多个不同的仿真子模型。性能样机的层次性决定了其可信度的层次性。各个子模型或分系统的可信度是整个性能样机可信度的基础，但每个子模型或分系统是可信的不等于整个性能样机也是可信的。不同子模型或分系统之间并不是孤立的，它们之间存在着大量的数据耦合和控制耦合。因此，整个性能样机的可信度必须从其整体及其各个组成单元两个方面进行评估。

验证是从仿真系统应用的目的出发，确定仿真系统代表真实世界的准确程度。其任务是根据特定的建模目的，考察在其任务空间内，仿真系统是否准确地代表了实际的真实系统。性能样机是一个具有众多数据耦合和控制耦合的、分布式的、多领域和多学科的复杂仿真系统，其可信度可以通过对其各组成部分进行验证然后综合而得到。综上，性能样机的可信性是其代替真实物理样机对产品进行研究和分析的基础，其可信度的验证涉及的地域分散、学科众多。复杂航天产品性能样机的验证工作是一项系统工程，其特点如下。

（1）由于性能样机是一个具有众多数据耦合和控制耦合的、分布式的、多领域和多学科的复杂仿真系统，所以对其进行验证涉及的学科领域众多，各个性能指标间存在着一定的耦合，对可信度综合造成了一定的困难。

（2）由于性能样机在设计阶段往往分布在不同的地域，由不同部门完成相应的子系统或者子模型的设计，其建模与仿真得到的仿真数据量巨大，很难将这些数据集中到一起处理，而且模型验证专家存在分布性，评估专家之间难以直接交流。

（3）模型验证方法的选择及指标综合时各个权重的选取存在很强的主观性，其应用效果受外界影响较大。

13.1.2 性能样机验证指标体系分析

构建性能样机验证指标体系的目的是在性能样机的应用域内明确性能样机结构以及需要验证的指标参数。性能样机验证所采用的指标体系是性能样机可信度评估的重要依据，该指标体系代表了性能样机可信度的组成结构，不同权重表示各级验证指标对其上一级指标可信度的贡献大小不同。

对于模型验证，重点工作为对模型参数进行分析，以保证其满足用户要求。对于性能样机可信度的评估，重点在于各个节点指标的可信度的度量及其相应权重的确定。底层指标的可信度可由常用的模型验证方法确定，权重的确定可以由专家评估法等方法确定。最后，各级指标的可信度不断综合可以得到性能样机最终的可信度。

作者以模型层次结构验证指标体系为基础，结合性能样机验证工作的特点，提出了一种性能样机的验证指标体系，图13-1为其示意图。

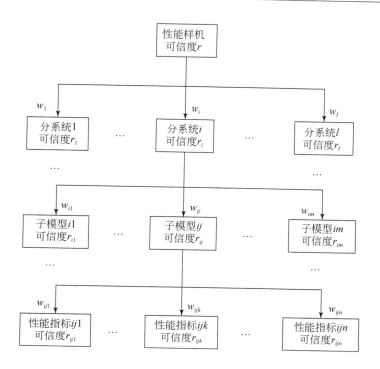

图 13-1　性能样机验证指标体系结构示意图

根据所构建的性能样机验证指标体系，性能样机可信度 r 可由式（13-1）求得

$$r = (w_1 w_2 \cdots w_i \cdots w_l) \begin{pmatrix} r_1 \\ r_2 \\ \vdots \\ r_i \\ \vdots \\ r_l \end{pmatrix} \tag{13-1}$$

其中，$1 \leqslant i \leqslant l$；$r_i$ 为分系统 i 的可信度；l 为性能样机分系统的个数；w_i 为各个分系统可信度对性能样机可信度影响的权重。分系统 i 的可信度 r_i 可由式（13-2）求得

$$r_i = (w_{i1} w_{i2} \cdots w_{ij} \cdots w_{im}) \begin{pmatrix} r_{i1} \\ r_{i2} \\ \vdots \\ r_{ij} \\ \vdots \\ r_{im} \end{pmatrix} \tag{13-2}$$

其中，$1 \leqslant j \leqslant m$；$r_{ij}$ 为分系统 i 的子模型 j 的可信度；m 为分系统 i 的子模型的个数；w_{ij} 为各个子模型的可信度对其上一级分系统可信度影响的权重。子模型 ij 的可信度 r_{ij} 可由式（3-3）求得

$$r_{ij} = (w_{ij1}\ w_{ij2}\cdots w_{ijk}\cdots w_{ijn}) \begin{pmatrix} r_{ij1} \\ r_{ij2} \\ \vdots \\ r_{ijk} \\ \vdots \\ r_{ijn} \end{pmatrix} \tag{13-3}$$

式中，$1 \leqslant k \leqslant n$；$r_{ijk}$ 为子模型 ij 的性能指标 k 的可信度；n 为子模型 ij 的性能指标的个数；w_{ijk} 为各个性能指标的可信度对其上一级子模型可信度影响的权重；r_{ijk} 可由常用模型验证方法求得，各级权重的值也可由专家评判法等方法得出。

综上，性能样机的可信度可以按照作者所提出的性能样机验证指标体系，由底层性能指标的可信度按式（13-1）～式（13-3）一步步综合得到。

13.2　性能样机性能指标验证方法分析

性能样机可信度验证的基础是其子模型可信度的验证，常用的模型验证方法可分为定性方法和定量方法。本节重点介绍几种常用的模型验证方法，并分析它们各自的优缺点以及使用条件，为性能样机验证系统的知识库和方法库的设计与开发提供基础。

13.2.1　定性方法

1. 图灵测试

图灵测试是主观验证方法中的经典方法之一，由领域专家对仿真模型与仿真对象的输出数据进行对比分析，他们能否正确地辨认出仿真数据和参考数据的区别是图灵测试的关键。图 13-2 是图灵测试主要步骤流程图。

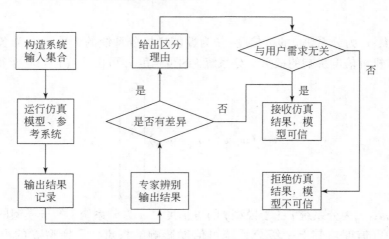

图 13-2　图灵测试主要步骤流程图

首先，构造一个元素是仿真模型和参考系统的输入的集合，该集合要尽量覆盖用户的需求；其次，运行仿真模型和参考系统，保存相应的输出结果；再次，提供多组仿真模型和参考系统输出对，由专家对这些曲线进行分析并区别其来源，如果专家无法辨别出曲线来源，则认为仿真数据和参考数据没有显著性差异，接受仿真结果，反之，专家给出其区分理由，如果其理由与用户需求无关，则仍接受仿真结果，否则拒绝仿真结果；最后，给出关于仿真模型是否可信的结论。

图灵测试作为一种定性方法，简单易懂，可操作性强，而且往往能够检测出被定量方法忽略的特征差异。但由于它具有很强的主观性，其应用效果容易受外界影响，因此，和其他定性方法一样，图灵测试通常作为定量方法的重要补充。

2. 专家验证

专家验证在统计方法难以使用而且专家知识不能形式化表示的情况下使用。这时只能请专家亲自对模型进行验证。仿真数据经过预处理后，通过计算出专家所关注的数据特征为专家判断提供参考。由于该方法完全依赖于专家的主观判断，因此，在相同条件下，不同的专家对同一个仿真模型可能会得出不同的结论。

13.2.2　非时序定量方法

1. 假设检验

假设检验基于数学上的反证法和小概率推断原理，通过样本信息来推断总体是否具有某种特征。两正态总体均值和方差的一致性检验是模型验证中常用的定量数据分析方法。

假设 x_1，x_2，$\cdots$，x_m 是来自仿真数据总体 $N(\mu_1，\sigma_1)$ 的一个样本，y_1，y_2，$\cdots$，y_n 是来自参考数据总体 $N(\mu_2，\sigma_2)$ 的一个样本，S_1、S_2 分别为仿真数据样本和参考数据样本的标准差，可以证明，S_1、S_2 分别是 σ_1、σ_2 的无偏估计，$\bar{x}$、$\bar{y}$ 表示样本均值。

1）方差一致性检验

方差一致性检验（即 F 检验）的具体步骤如下。

（1）构造假设检验 H_0：$\sigma_1^2=\sigma_2^2$，H_1：$\sigma_1^2\neq\sigma_2^2$。

（2）构造统计量 $F=\dfrac{S_1^2}{S_2^2}$，当原假设成立时，$F\sim F(m-1，n-1)$。

（3）选择显著性水平 α，F 检验做出拒绝原假设的原因是 $\dfrac{S_1^2}{S_2^2}$ 过大或过小，拒绝域为

$$\{F\leqslant F_{\frac{\alpha}{2}}(m-1,n-1)\}\cup\{F\leqslant F_{1-\frac{\alpha}{2}}(m-1,n-1)\} \tag{13-4}$$

（4）计算统计量，判断是否落入拒绝域，做出是否接受原假设的结论。

2）均值一致性检验

均值一致性检验（即 T 检验）的具体步骤如下。

（1）构造假设检验 H_0：$\mu_1=\mu_2$，H_1：$\mu_1\neq\mu_2$。

（2）构造统计量。根据样本情况，T 检验的统计量是不同的，本节选择其中常用的

三种进行讨论。

情况1，$\sigma_1^2=\sigma_2^2=\sigma^2$，$\sigma^2$未知，统计量为

$$t=\frac{(\bar{x}-\bar{y})-(\mu_1-\mu_2)}{S_w\sqrt{\dfrac{1}{m}+\dfrac{1}{n}}} \tag{13-5}$$

当原假设成立时，$t \sim t(m+n-2)$。

情况2，σ_1^2、σ_2^2未知，样本容量m、n较大，统计量为

$$t=\frac{(\bar{x}-\bar{y})-(\mu_1-\mu_2)}{\sqrt{\dfrac{S_1^2}{m}+\dfrac{S_2^2}{n}}} \tag{13-6}$$

当原假设成立时，$t \sim N(0,1)$。

情况3，σ_1^2、σ_2^2未知，样本容量m、n较小。统计量与式（13-6）相同，原假设成立时，$t \sim t(l)$。

$$l=\frac{\left(\dfrac{S_1^2}{m}+\dfrac{S_2^2}{n}\right)^2}{\dfrac{S_1^4}{m^2(m-1)}+\dfrac{S_2^4}{n^2(n-1)}} \tag{13-7}$$

（3）选择显著性水平α。根据统计量的不同，情况1、情况2和情况3的拒绝域分别为$\{|t|\geqslant t_{1-\frac{\alpha}{2}}(m+n-2)\}$、$\{|t|\geqslant u_{1-\frac{\alpha}{2}}\}$和$\{|t|\geqslant t_{1-\frac{\alpha}{2}}(l)\}$。

（4）计算统计量，判断是否落入拒绝域，做出是否接受原假设的结论。

假设检验方法的优点是理论成熟，便于对模型验证结果进行解释。缺点是假设检验中做出的拒绝或者接受原假设的结论有时会犯"弃真"或"取伪"的错误。只有加大样本的容量，犯错的概率才会减小。本书中的假设检验方法适用于总体服从正态分布的情况。

2. 特征匹配

由于某些参考系统没有开发完毕或者运行参考系统代价过高，参考数据无法获得从而对模型验证工作带来困难。特征匹配建立在可抽象出来并能被形式化表示的专家知识的基础之上。

（1）特征提取：包括系统行为模式确定、系统行为分割、行为函数选取及行为特征确定。

（2）特征匹配：包括专家知识库的构建、仿真模型有效性评价准则、特征匹配。对于行为特征，专家会给出一个能够容忍的区间，当行为特征落在该区间内时，表示符合专家知识。只有在参考数据行为模式和行为特征都满足专家知识的情况下，才能说明该仿真结果是正确的。

13.2.3 时序定量方法

1. TIC法

TIC（Theil's inequality coefficient，泰尔不等式系数）法是工程上常用的仿真动态数据

一致性检验方法。下面给出 TIC 法在单输出时间序列方面的应用。

设 x_i、t_i^x 为仿真输出时间序列，y_i、t_i^y 为参考时间序列。经过预处理后，t_i^x 与 t_i^y 一一对应，共有 N 组，则 TIC 为

$$\rho(X,Y) = \frac{\sqrt{\frac{1}{N}\sum_{i=1}^{N}(x_i - y_i)^2}}{\sqrt{\frac{1}{N}\sum_{i=1}^{N}x_i^2} + \sqrt{\frac{1}{N}\sum_{i=1}^{N}y_i^2}} \tag{13-8}$$

TIC 法适用于小样本，使用该方法时，可以将数据分段，这样做既可以确保每一段中的点数不至于过多，保证了方法的适用范围，也可以通过分段计算 TIC，突出用户关注的区域，锐化 TIC 在该区域内的大小，便于检验仿真数据是否存在问题。

TIC 法的使用步骤如下。

（1）在同一坐标系下绘制仿真时间序列和参考时间序列。

（2）根据关心区域对曲线进行分段或依据曲线变化特点分成 n 段。

（3）按式（13-8）分别计算每段的 TIC。

（4）确定每段重要程度 γ_i，满足 $\sum_{i=1}^{n}\gamma_i = 1$。每段的 TIC 用 $\rho_i(x,y)$ 表示，全段时间序列 TIC 为

$$\rho(x,y) = \sum_{i=1}^{n}\gamma_i \times \rho_i(x,y) \tag{13-9}$$

$\rho(x,y) \in [0,1]$，方法本身的精度不在考虑范围之内，将每段的 TIC 与临界值比较，关注用户所关心的区域，得出是否接受仿真结果的结论。

TIC 法的优点是对时间序列本身没有任何限制条件，是不急于统计分析和推断的方法，对样本序列没有独立性和服从正态分布的要求，而且 TIC 公式有明显的几何意义，便于对结果进行解释，形象直观。缺点是在对结果进行分析时存在主观因素。适合于处理小样本序列。

2. 灰色关联分析法

灰色关联分析法实质上是对曲线间几何形态的分析比较，即认为几何形状越接近，则其发展变化趋势越接近，其关联程度越高。灰色关联分析法的思想是根据先验知识，提出某一关联性能指标，利用该性能指标对仿真数据与参考数据进行定性分析、比较，据此给出两者一致性的结论，其原理如下。

设 $x_t^{(i)}$ 是在第 i 个因素影响下的仿真数据或者是在第 i 次改变模型参数后获得的仿真数据采样序列，$i = 1,2,\cdots,m$，y_t 是参考数据序列，$t = 1,2,\cdots,N$，灰色关联系数定义如下：

$$\rho_t^{(i)} = \frac{\min_t\min_t |x_t^{(i)} - y_t| + \xi\max_t\max_t |x_t^{(i)} - y_t|}{|x_t^{(i)} - y_t| + \xi\max_t\max_t |x_t^{(i)} - y_t|} \tag{13-10}$$

其中，$\xi \in [0, +\infty)$ 称为分辨系数，ξ 越小，分辨率越高。ρ_t 越大，任务 x_t 与 y_t 之间的关联程度越高。可以证明：$0 \leqslant \rho_t \leqslant 1$。当 $|x_t^{(i)} - y_t|$ 为常数时，定义 $\rho_t^{(i)} = 1$。由于关联系数与各个采样点有关，信息过于分散，不便于分析，因而有必要将各个时刻的关联系数

集中在一起，该点常常用灰关联度表示，灰关联度定义如下：

$$\gamma^{(i)} = \frac{1}{N}\sum_{t=1}^{N}\lambda_t^i \rho_t^i, \quad i=1,2,\cdots,m \tag{13-11}$$

其中，λ_t^i 称为权函数，它的选取一般要视具体问题凭经验而定，灰关联度是将每一个比较序列各个时刻的关联系数集中在一点上，将 $\gamma^{(i)}(i=1,2,\cdots,m)$ 按从大到小的顺序排列即得灰关联序。根据灰关联序便可知道各因素的主次关系，以及哪一个模型的输出与真实系统的输出更接近，从而为合理地安排试验顺序和进行模型的验证提供依据。

灰色关联分析法的优点是对样本容量不做任何限制，且不必考虑样本序列的统计分布规律，且方法原理简单，程序实现方便。缺点是不够精细，强调的是两个序列所形成的空间曲线形态的相似程度，而不考虑两条曲线之间距离的大小，所以用这种方法做出判断时往往有一定的风险性，特别适合小样本序列的情况。

13.3 性能样机验证指标权重确定方法分析

性能样机验证指标体系要依据建立性能样机的目的和条件来确定，同样，各级验证指标可信度的权重也要依据实际情况采用一定的方法来确定。不同的验证指标对性能样机的可信性的影响程度是不同的，在性能样机的验证过程中，确定的各个指标的可信度的权重是否合理直接影响性能样机的可信性和有效性。这里将专家投票法和层次分析法（analytic hierarchy process，AHP）引入性能样机验证指标权重确定中。

根据不同级别的验证指标的特点，我们可以采用不同的权重确定方法对其各自的权重进行确定。如底层验证指标 $\{B_{11}, B_{12}, \cdots, B_{1n}\}$ 分别代表同一子模型 B_1 的不同侧面，其仿真结果是以同一子模型进行仿真得到的，可以采用专家投票法来确定各个底层验证指标的权重。但是，对于子模型 $\{B_1, B_2, B_3\}$ 虽然属于同一分系统 B，但它们是三个不同的模型，对于这种情况用层次分析法对其验证指标的权重进行确定。

同一子模型的不同底层验证指标对子模型可信度的影响并不完全一样，作者采用一种专家投票法来确定各个底层验证指标对子模型可信度的影响。设对于子模型 B_1，其底层验证指标为 B_{11}，B_{12}，$\cdots$，B_{1n}，其可信度分别为 w_{11}，w_{12}，$\cdots$，w_{1n}。设有 m 个专家（p_1，p_2，$\cdots$，p_m）对 B_1 的底层验证指标做权数评定，第 k 个专家对第 i 个底层验证指标评定的权数记作 $a_i(p_k)$：

$$a_i(p_k) = \begin{cases} 0 \\ 1 \end{cases} \quad i=1,2,\cdots,n; k=1,2,\cdots,m \tag{13-12}$$

当第 k 个专家认为第 i 个底层验证指标的可信度可以代表整个子系统的符合度时，$a_i(p_k)=1$，否则，$a_i(p_k)=0$。则综合 m 个专家的投票结果，确定第 i 个底层验证指标的权重 a_i 为

$$a_i = \sum_{k=1}^{m} a_i(p_k)/m \tag{13-13}$$

可见 $a_i \in [0,1]$，归一化后的各个底层验证指标的可信度 $w_{1i} \in [0,1]$，由公式（13-3）可得子模型 B_1 的可信度 w_1 为

$$w_1 = \sum_{i=1}^{n} a_i w_{1i} \tag{13-14}$$

对所有相似的子模型进行计算（如子模型 B_1 的可信度 w_1 的计算），得出所有子模型的可信度，进而可以继续对子系统的可信度进行求解。

显然，不同的子模型的可信度对子系统的相似度的影响是不同的，在性能样机实施过程中，确定各个分系统及子模型的权重，将会直接影响到性能样机的可信度和有效性。这里将层次分析法引入子模型验证指标和子系统验证指标的权重的求解中。

对于单个分系统，将其相应的每个子模型验证指标作为评价因素，建立评价因素集：
$$U = \{u_1, u_2, \cdots, u_i, \cdots, u_j, \cdots, u_n\}$$

要比较它们对子系统验证指标符合度的影响程度，确定其在本级验证指标中所占的比重，用 x_{ij} 表示 u_i 对 u_j 的相对比较数值结果，则有
$$x_{ji} = \frac{1}{x_{ij}} \tag{13-15}$$

成对比较矩阵 X 为
$$X = \begin{pmatrix} x_{11} & x_{12} & \cdots & x_{1n} \\ x_{21} & x_{22} & \cdots & x_{2n} \\ \vdots & \vdots & & \vdots \\ x_{n1} & x_{n2} & \cdots & x_{nn} \end{pmatrix} \tag{13-16}$$

比较尺度及其含义如表 13-1 所示。

表 13-1　成对比较矩阵尺度及其含义

尺度	尺度含义
1	u_i 与 u_j 对子系统验证指标可信度影响相同
3	u_i 比 u_j 对子系统验证指标可信度影响稍强
5	u_i 比 u_j 对子系统验证指标可信度影响明显强
7	u_i 比 u_j 对子系统验证指标可信度影响强烈强
9	u_i 比 u_j 对子系统验证指标可信度影响绝对强

2、4、6、8 表示 u_i 比 u_j 对子系统验证指标可信度影响介于表 13-1 中两个相邻等级之间。根据上述定义，不难看出成对比较矩阵满足以下性质：
$$x_{ij} > 0, \quad x_{ii} = 1, \quad x_{ij} = \frac{x_{ik}}{x_{kj}}, \quad k = 1, 2, \cdots, n \tag{13-17}$$

权重系数的大小反映每一子模型验证指标对子系统验证指标可信度影响程度的大小。根据上述成对比较矩阵，权重数值大小确定步骤如下。

（1）成对比较矩阵每列归一化：
$$x'_{ij} = \frac{x_{ij}}{\sum_{k=1}^{n} x_{kj}} \tag{13-18}$$

（2）每列经过归一化后的矩阵按行相加：
$$X'_i = \sum_{j=1}^{n} x'_{ij} \tag{13-19}$$

得到 $\alpha = (X'_1, X'_2, \cdots, X'_n)^T$。

（3）对 α 进行归一化处理：

$$X_i = \frac{X'_i}{\sum_{i=1}^{n} X'_i} \tag{13-20}$$

得到特征向量 β：

$$\beta = (X_1, X_2, \cdots, X_n)^T \tag{13-21}$$

β 的各个分量为各个子模型验证指标的权重值。各个子系统验证指标对性能样机可信度的权重值确定过程同上述子模型验证指标权重确定过程，这里不再赘述。

13.4 基于多 Agent 系统的性能样机验证系统建模分析

13.4.1 性能样机验证系统需求分析

结合上述对性能样机可信性验证的特点、性能样机验证的方法及验证指标权重确定方法等内容的分析，系统的需求分析主要表现如下。

（1）性能样机的验证过程涉及多个领域、多个地域不同子系统的验证，而将所有子系统的验证工作集中到一起进行的工作量巨大，很难实现，所以性能样机验证系统与性能样机各分系统设计部门一样是分布式的。

（2）数据显示、查询和管理需求。性能样机验证过程需要大量的仿真数据和参考数据，也会产生一些数据，如各级指标的可信度及其相应权重，考虑到性能样机验证用户提供直观、快捷的数据检索功能，性能样机验证系统需具备基本的数据输入管理、查询、显示和输出功能。

（3）可信度计算、评估功能。性能样机可信度的计算、评估是性能样机验证系统核心功能，包括提取相关模型的数据或者数学表达式、对相关数据进行预处理和提供可信度评估方法供用户参考使用，可信性评估过程要快速、准确，性能样机需具备数据一致性分析、验证方法选取等功能。

（4）因为性能样机的验证过程涉及多个领域、多个部门的多个专家及验证人员，需要对这些专家和验证人员的信息进行统一的管理，并且对其设置相关的权限，性能样机验证系统需具备人员信息管理及权限设置的功能。

（5）性能样机的验证涉及多个分系统或者子模型的验证，各个分系统或者子模型的验证工作可以异步并行进行，为了可以管理和协调验证工作的进行、综合底层验证指标的验证结果以及方便不同验证任务之间的交互协作，性能样机验证系统需要具备协调管理和通信功能。

（6）性能样机的验证工作可能发生在其设计的各个阶段，各个分系统或者子模型的设计过程中也需要进行验证，因此，单个分系统或者子模型的验证可以独立进行，需要性能样机验证系统具有分布式的结构和独立完成部分验证工作的功能。

（7）验证结果除了可以界面友好地显示给验证用户，也可以生成一定格式的文档，便于验证人员生成分析报告,性能样机验证系统需具备将验证结论等内容生成文档的功能。另外,为了方便新用户的使用,系统也需提供验证系统使用方法和流程等辅助功能。

系统响应时间应在不影响相关功能的前提下,尽量短。而且因为复杂航天产品性能样机的数据往往保密性要求很高,因此,对系统的安全性也提出了更高的要求。性能样机验证任务的复杂和分散也要求系统具有稳定性及可靠性,局部功能出现问题要尽量较少影响甚至不影响其他功能的使用。另外,系统的可维护性和可扩展性也是性能样机验证系统重要的需求。

13.4.2 性能样机验证系统需求分析结果

通过对性能样机验证系统的需求分析,综合起来性能样机验证系统具有以下特性。

(1) 分布性。性能样机验证系统由一些相互独立的验证子系统组成,各子系统在功能空间上都相对比较独立。各个子系统需要协作才能完成整个性能样机的验证工作,表现出很强的分布性,如图 13-3 所示,解决各个分系统之间的信息交互与协作问题必将大幅度提高性能样机验证工作的自动化水平。

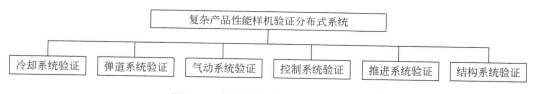

图 13-3 性能样机验证系统的分布性

(2) 自主性。为了能够在性能样机各个分系统设计阶段开展分系统的验证工作,各个验证分系统需要根据自己的需要进行阶段性的验证,而不必等到性能样机全系统设计完成之后才进行验证,这就要求各个验证分系统有足够的自主性,而且各个验证分系统具有相似的功能结构,将单个性能样机验证分系统进行模块划分,如图 13-4 所示,方便整个性能样机验证系统的实现。

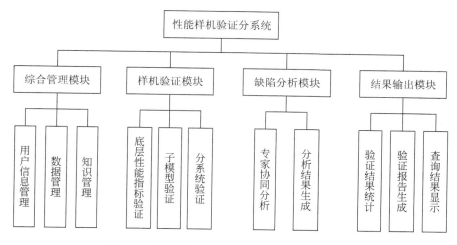

图 13-4 性能样机验证分系统主要功能结构图

（3）开放性。性能样机验证系统应该具有良好的开放性，以获取包括领域专家在内的各种技术支持，各种数据处理与验证方法也可以被多次重用，以提高系统的可重用性。

（4）健壮性。由于性能样机验证系统需要在性能样机设计的全生命周期内工作，因而系统应有不间断的工作能力。性能样机验证系统的健壮性还表现在其各个验证子系统在性能样机分系统验证期间，彼此之间没有依赖，互不影响。

13.4.3　性能样机验证系统建模的必要性

性能样机验证系统是一个综合型复杂系统，为了能够更有效地分析、设计和实现智能型的性能样机验证系统，需要构建一个验证系统模型，用统一的形式来描述系统的结构、信息和功能。由于性能样机验证系统本身所具有的复杂性和分布性，传统的面向结构和面向对象的建模方法不能给出一个描述子系统的行为及相互之间的信息交换的统一的、简洁的模型，也不能够提供有效的机制来描述各个验证子系统本身的智能行为以及子系统之间的协作行为。

采用面向 Agent 的方法来描述性能样机验证系统的结构，能够产生一个高度抽象、简洁有效的系统模型，将性能样机验证系统中的子系统描述为具有自主能力的一级 Agent，通过进一步对验证子系统 Agent 的功能划分和抽象，将其内部功能模块抽象为二级 Agent。建立基于 Agent 的性能样机验证系统模型能够为性能样机验证提供一个高效、简洁、智能化的系统结构，为实现性能样机验证系统的构建提供参考。

性能样机验证系统包括综合管理、样机验证、缺陷分析及结果输出四大模块。综合管理模块主要具有用户信息管理、数据管理、知识管理和任务管理的功能，可以完成验证人员信息、仿真数据、参考数据和知识的录入、修改、删除及查询，并且可以设置和查看用户权限及管理验证任务；样机验证模块包括分系统验证、子模型验证及底层性能指标验证，可以完成不同层次的性能样机验证指标的验证；缺陷分析模块包括专家协同分析和分析结果生成等功能，可以在性能样机验证结束之后对样机缺陷进行领域专家分析，并且生成缺陷分析报告，供性能样机设计人员做进一步改进的参考，从而达到性能样机优化的目的；结果输出模块包括验证结果统计、验证报告生成等功能，可以完成结果显示、验证报告生成等。

13.5　基于多 Agent 系统的性能样机验证模型体系结构

Agent 具有主动性、交互性和智能性等特点，MAS 使得内部的各个 Agent 进行有效协作，从而高效、优质地完成任务。根据上面对基于 MAS 的性能样机验证系统建模的必要性的分析，作者在性能样机验证系统中引入 MAS 而建立基于 MAS 的性能样机验证系统，以提高性能样机验证效率以及确保其可信度的客观性和准确性。

基于 MAS 的性能样机验证系统由用户层、功能层和数据层组成，包含两级 Agent，第一级 Agent 包括系统协调 Agent 和任务节点 Agent。第二级 Agent 包括验证 Agent 和用户 Agent。所有任务节点 Agent 具有相同的地位，分别代表性能样机一个分系统的验证系统，其功能由其用户、内部知识库等资源决定，必要的时候可以与其他任务节点 Agent 进行协同验证，整

个验证系统内的所有节点 Agent 在使用前要向系统协调管理 Agent 进行注册，系统协调
Agent 负责整个验证系统的任务分配、资源管理和任务成员管理，同时，它还是节点 Agent
与其他节点 Agent 进行协同的中介，系统协调管理 Agent 为其他 Agent 提供资源和信息共享，
并且合并和发布整个验证系统的验证结论，如图 13-5 所示。

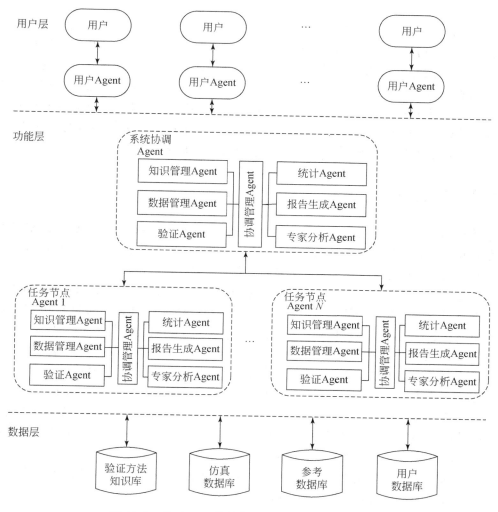

图 13-5　基于 MAS 的性能样机验证系统体系结构图

任务节点 Agent 在接收系统协调 Agent 的验证任务或者是根据用户 Agent 接收到用户
要进行的验证任务时，通过协调管理 Agent 分析任务并调用验证 Agent，验证计算 Agent，
根据计算所需的内容，调用仿真数据库里面的仿真数据和参考数据库里的参考数据以及
从验证方法知识库选择适合数据特点的验证方法，然后进行相关的计算，得出所要求的
验证指标的可信度，再将结果交由统计 Agent 进行推理，得出结论，将结果与结论通过用
户 Agent 显示给用户或者由协调管理 Agent 返回给系统协调 Agent，系统协调 Agent 综合各
个任务节点 Agent 的结果，合并其结论，得出性能样机的可信度和最终的验证结论。需要
指出的是，子系统验证的全部流程都在单个任务节点 Agent 里进行，当其需要其他任务

Agent 的信息时，向系统协调 Agent 发出请求，由系统协调 Agent 从其他 Agent 获取信息并返回给放出请求的 Agent，从而完成任务节点 Agent 之间的协同交互。

13.5.1　用户层

用户层是为用户和系统交互而提供的界面，以方便整个系统的输入和输出显示。用户通过界面登录后，即可获得系统为其提供的符合其权限的服务。用户层由用户和相应的用户 Agent 组成，基于 MAS 的性能样机验证系统是一个开放的动态系统，其目标是利用 Agent 的自主性等特性，给每一个用户分配一个用户 Agent。用户 Agent 是用户的个人助理，是用户与其他 Agent 的交流媒介，用户 Agent 与用户进行对话，接收用户的指令和负责验证结论的数据和图像显示，其界面对于不同的用户可以进行相应的个性化处理，既可以学习和存储用户以前的操作，也可以代替用户完成部分工作。

13.5.2　功能层

功能层是整个系统的核心层，也是系统中进行性能样机验证的处理后台。基于 MAS 的性能样机验证系统的多数功能都包括在这一层中。同时，它也是联系用户层和数据层的中间层，通过功能层，可以高效地完成性能样机验证任务。

功能层由一个系统协调 Agent 和多个任务节点 Agent 组成，系统协调 Agent 负责验证任务的分解和分发，相应的任务节点 Agent 接受验证任务并通过其内部的多个二级 Agent 进行交互与合作，完成其验证任务。系统协调 Agent 统一管理各个任务节点 Agent。

(1) 知识管理 Agent 获得真实物理样机的试验数据或者要求数据以及专家的经验知识，并将其转化为参考数据库中的参考数据和知识库中可以形式化表示的知识。

(2) 数据管理 Agent 负责获得并记录仿真结果，并将其提供给验证 Agent。

(3) 验证 Agent 根据定义好的规则，调用合适的方法，对参考数据和仿真数据进行比较。

(4) 协调管理 Agent 负责资源管理和协调各种 Agent 活动，系统协调管理 Agent 还负责任务分解与调度，还负责各个二级 Agent 之间的交互。

(5) 专家分析 Agent 负责提供领域专家之间交互的接口，对验证对象进行缺陷分析。

(6) 统计 Agent 负责将验证结果及缺陷分析结果进行整理，以一定格式交给数据管理 Agent 进行存储。

(7) 报告生成 Agent 负责将验证结论以文档形式导出。

功能层具有很强的智能性，其中的各级 Agent 通过相互之间的通信和协作，可以完成非常复杂的性能样机验证问题。同时，系统还具有良好的可扩展性，可以根据需要动态地添加或者删除其中的一个 Agent 或者多个 Agent。而且，由于这些 Agent 之间是松散耦合的，某个 Agent 崩溃也不会导致整个系统的瘫痪，这使得该系统具有很好的适应性和鲁棒性。

13.5.3　数据层

数据层是系统的最底层，是整个系统的根基，主要用于存储性能样机验证所需的知识、仿真数据和参考数据及用户的信息等数据。数据层由验证方法知识库、仿真数据库、参考数据库和用户数据库组成。

系统中的验证方法知识库用来存放关于性能样机各个分系统或者子模型的验证方法，仿真数据库存放模型仿真之后产生的相应的性能参数数据，参考数据库存放物理样机试验所得的性能参数的数据或者已经被证明是有效的专家数据，用户数据库用来存放验证人员或者领域专家的个人信息，这些数据库可以有效地支撑性能样机验证过程中各个 Agent 的工作。

13.6 基于多 Agent 系统的性能样机验证功能分析

系统的目标是建立一个分布的、实时的性能样机验证系统，该系统由若干个验证子系统组成，各个子系统的组成相似，仅在验证知识与用户数据库方面稍有差异。现以一个验证子系统为例，说明其功能细化过程。根据性能样机验证子系统模块的特点和功能及 MAS 的基本特性，将组成子系统的各个模块抽象为多个相对独立、彼此协作的二级 Agent，细化过程如图 13-6 所示。

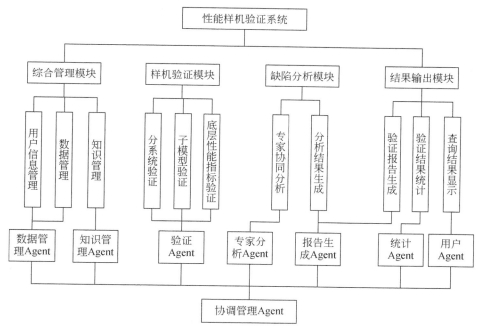

图 13-6 基于 MAS 的性能样机验证系统功能细化

数据管理 Agent 主要对用户信息及验证数据进行管理，具有添加、删除、修改及查询的基本功能，知识管理 Agent 负责管理性能样机验证知识库，它们一起构成系统的综合管理模块。系统的样机验证模块由验证 Agent 构成，负责不同层次的验证指标的可信度的验证。缺陷分析模块由专家分析 Agent 和报告生成 Agent 构成，完成对性能样机缺陷的分析并生成报告供性能样机设计人员参考。结果输出模块主要由统计 Agent 和用户 Agent 组成，主要完成与用户的交互，对验证结果进行统计，并且生成验证结果报告。协调管理

Agent 主要完成性能样机验证系统各个 Agent 之间的交互与协作，对验证任务进行管理，它是所有二级 Agent 之间交互的媒介。

13.7　综合管理模块设计

综合管理模块由数据管理 Agent、知识管理 Agent 和协调管理 Agent 组成，主要负责用户权限管理、系统设置、仿真和参考数据的录入及查询等基本操作，还负责验证知识的管理和验证任务的管理等。数据管理 Agent 和知识管理 Agent 采用的是反应式体系结构，协调管理 Agent 采用的是混合式体系结构。

13.7.1　数据管理 Agent 设计

数据管理 Agent 主要由数据过滤、数据初步分析、特征匹配等模块和用户数据库、参考数据库以仿真数据库组成，其组成结构如图 13-7 所示。数据管理 Agent 根据数据过滤功能区分出从数据输入接口输入的数据，将用户信息、仿真数据或参考数据分别存入相应的数据库。数据初步分析功能将参考数据和仿真数据进行初步分析，提取其样本特征，如离散数据的样本大小、均值和方差等信息，特征匹配将一些数据特征进行匹配，为数据的使用做准备。

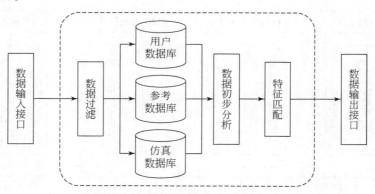

图 13-7　数据管理 Agent 功能结构

13.7.2　知识管理 Agent 设计

知识管理 Agent 由知识形式化、知识归类和使用条件分析及知识库组成，如图 13-8 所示。关于对样机进行验证的知识多数都是非形式化的，要在知识库中对其进行存储，首先要将其形式化，然后通过知识归类模块，将验证知识分为模型信息、验证方法信息等，分别存储在知识库中，当其他 Agent 提出使用知识请求时，使用条件分析模块对所提供的方法或知识进行使用条件分析和提供基本的注意事项，方便其他 Agent 快速、准确地进行知识的选择。另外，知识管理 Agent 还可以对知识库中的知识进行修改、增加和删除。

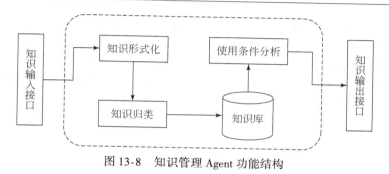

图 13-8　知识管理 Agent 功能结构

13.7.3　协调管理 Agent 设计

协调管理 Agent 的主要任务是负责系统中 Agent 的管理、系统服务及协助其他 Agent 之间进行交互与合作。其功能结构如图 13-9 所示。

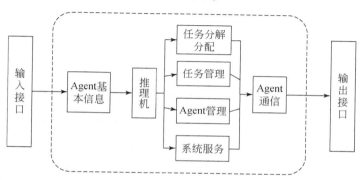

图 13-9　协调管理 Agent 功能结构

协调管理 Agent 的多重任务，决定其功能部件应该包括任务分解分配功能、任务管理功能和 Agent 管理功能，以及协助系统内的其他 Agent 合作功能。任务分解分配功能按照某种任务分配原则和算法来将分解后的多个子任务在系统内进行发布，由能够胜任的各个验证 Agent 来招标，最后通过竞争完成子任务的分配，任务分配功能在推理机的帮助下完成。Agent 管理可以对系统中的所有 Agent 的信息进行更新或删除等，新加入系统的 Agent 需进行登记注册，各 Agent 之间的交互都是通过协调管理 Agent 进行的。

协调管理 Agent 相当于整个系统的大脑，负责规划协调系统内部各 Agent 的运行，监控各 Agent 的工作进展状态，管理各 Agent 之间的相互通信与协作，每个 Agent 启动时必须向协调管理 Agent 发送自己的有关信息进行注册，并在退出时删除自己的信息，在需要其他 Agent 的信息时向协调管理 Agent 提出请求，这样可减少网络中不必要的动态数据，同时系统中只保留一份动态信息，各 Agent 的信息也可以任意改变而不会引起混乱。

13.8　样机验证模块设计

样机验证模块是整个性能样机验证系统的核心，所有的指标验证结果都在这里产生，主要由验证 Agent 构成，验证 Agent 功能结构如图 13-10 所示。验证 Agent 主要由验证方法选择、数据预处理等模块以及知识库、仿真数据库、参考数据库组成，可以为底层验证指标的可信度评估提供方法和数据支撑。其中，在复杂航天产品性能样机的设计过程中，各个阶段都需要对其子模型或者分系统进行验证，即性能样机各个层次的验证指标的验证最终都归结到具体的性能参数的可信性验证。

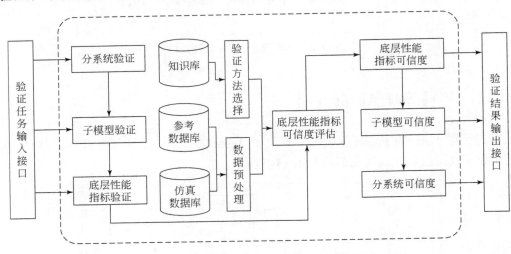

图 13-10 验证 Agent 功能结构

作者设计的验证系统对具体性能参数指标进行验证的思路是将仿真结果与参考数据在一定验证方法的处理下进行对比，因此需要借助知识库内存储的验证方法等知识，从仿真数据库和参考数据库中导入相应的仿真数据及参考数据到底层性能指标可信度评估模块进行相应的处理。底层性能指标可信度得到后，就可以通过指标可信度综合得到子模型、分系统的可信度，最后得到整个性能样机的可信度。

验证 Agent 在上述功能的基础上，还提供在线交互功能。在性能样机概念设计阶段，各个领域专家可以通过共享性能样机的数学模型和其他知识，通过在线方式讨论性能样机各个数学模型的可行性，在此基础上，可以更好地开发各个分系统的仿真模型。

13.8.1 验证方法选择功能设计

针对不同的样本数据，需要对验证方法进行判断以确定该验证方法是否适用。现以假设检验的 T 检验法为例，给出该方法是否适用于给定数据样本，其基本流程如图 13-11 所示。

对于系统里的每种验证方法，都需像上述 T 检验法一样判断对于给定数据是否可用。

13.8.2 数据预处理功能设计

一些模型验证方法在应用之前，需对其所用到的数据进行预处理，验证 Agent 中的数据预处理模块针对数据含有奇异值和数据分析方法使用条件等情况进行了处理。

在进行假设检验之前，应该进行奇异值剔除和正态性检验，正态性检验是对数据总

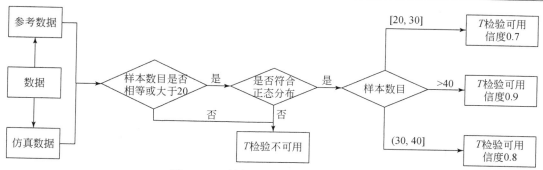

图 13-11　判断 T 检验法是否可用流程

体特性的推测, 奇异值剔除的是不属于该总体的样本值, 所以, 首先进行奇异值剔除以提高正态性检验结果的准确度, 图 13-12 为奇异值剔除流程图。

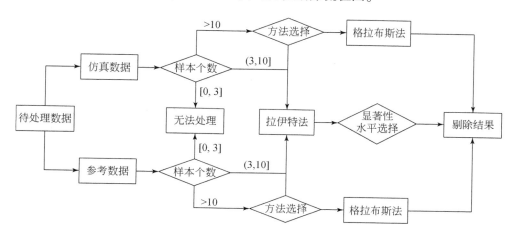

图 13-12　奇异值剔除流程

奇异值剔除之后再进行正态性检验, 图 13-13 为正态性检验流程图。

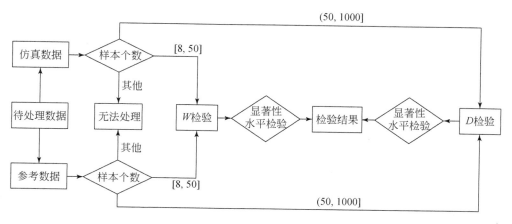

图 13-13　正态性检验流程

使用 TIC 法、回归分析等方法之前，应该检验时间序列的一致性，如果有参考数据缺失，应该剔除相应的仿真数据或者对参考数据进行插值处理，但以尽量不丢失试验信息为原则，常常选择对参考数据进行插值的方法。插值处理流程如图 13-14 所示。

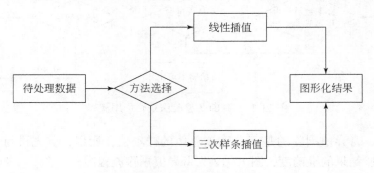

图 13-14　插值处理流程

13.8.3　底层性能指标可信度评估功能设计

底层性能指标验证根据所给的性能参数的性质和特征及其数据样本的大小，选择适用的验证方法，并对数据进行预处理，最后得到其可信度，这个过程如图 13-15 所示。

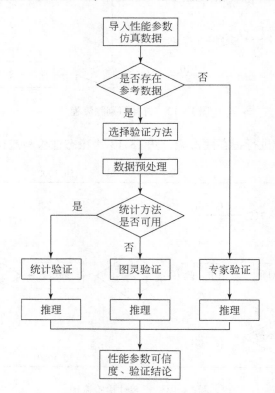

图 13-15　底层性能指标验证过程

各种方法的计算过程不是作者的研究重点，不再赘述。

13.9　缺陷分析模块设计

性能样机可信性验证的主要目的是从整体和局部两个层面上确保性能样机的可信度以及找到制约性能样机可信度的关键环节，以此来指导性能样机的优化工作。缺陷分析模块主要的功能是考虑各个缺陷环节对整个性能样机可信度的影响差异，主要由专家分析 Agent 和报告生成 Agent 组成，专家分析 Agent 可以给性能样机设计人员和领域专家提供良好的交互机制，共享性能样机的知识，通过专家商讨得出性能样机缺陷分析结论。报告生成 Agent 主要负责将已经得到的结论生成规范的文档，方便文档使用人员的阅读和分析。

专家分析 Agent 的信息主要来源于验证结果和知识库内关于性能样机的内容以及专家经验。验证结果分为可信与不可信，具体还可按可信度的大小来区分，在对组成性能样机各个分系统或者子模型的可信度进行分析之后，专家 Agent 综合模型本身以及性能样机开发条件（如时间、资金等条件）对可信度不满意的部分进行分析和商讨，最后给出优化建议并形成缺陷分析结论，图 13-16 为专家分析 Agent 功能结构图。

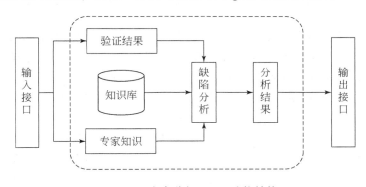

图 13-16　专家分析 Agent 功能结构

报告生成 Agent 可以根据得到的缺陷分析结论和验证结论以及样机的其他详细信息以 txt 或者 Word 格式的文档保存在指定位置。文档包括主题、目录及正文，正文包含所验证的性能样机及其分系统或子模型的概况、专家信息、各部分可信度、优化建议等信息。

13.10　结果输出模块设计

结果输出模块负责将性能样机验证系统的各种信息、验证结果等向用户显示或者存储，主要包括用户 Agent、统计 Agent 等。

用户 Agent 功能结构如图 13-17 所示。用户 Agent 是用户和验证系统交互的媒介，能够将用户的需求提交给其他 Agent，并将处理结果返回显示给用户。此外，用户 Agent 可以不断学习和了解用户的验证需求，从而为用户提供个性化和高质量的服务。从系统的角度看，用户 Agent 是用户与系统交互的助手，当整个系统或其他活动状态的 Agent 在运行

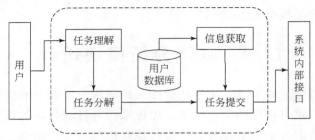

图 13-17　用户 Agent 功能结构

过程中遇到需要用户参与的任务时，就向用户 Agent 发出请求，并在该用户 Agent 中留下相关信息，用户 Agent 收到其他 Agent 的请求后发送给协调管理 Agent，如果协调管理 Agent 有处理该问题的能力，就代表用户自动处理任务，不必通知用户。否则，协调管理 Agent 根据之前用户处理该任务的方式和自身的学习和推理机制，提出处理方法供用户选择。

统计 Agent 主要负责统计性能样机各个性能验证指标的可信度、验证进度及其他信息，并将这些信息发送给报告生成 Agent 或用户 Agent 进行保存或者显示给用户。

13. 11　系统中 Agent 之间的通信

不同机器上的软件实体（线程、进程）之间的通信是分布式系统的主要特点，而 Agent 作为自治、独立的分布式软件实体，它们之间的通信更加重要，这是由于单个 Agent 只具有局部知识和局部解决能力，经常需要与其他 Agent 合作才能完成预期任务，而通信是合作的基础。不管是什么结构的 Agent，都把支持通信作为其基本功能，其通信的内容也随着应用领域的不同而有很大的差异，从命令、请求服务、事件通知到多媒体数据，甚至可以是整个程序。通信机制也很灵活，如 RPC、RMI、CORBA 消息传递，以及基于元组空间的通信等。不同的 Agent 系统采用的通信方式不同，不同的通信方式适合不同种类的 Agent。

在本系统中，在二级 Agent 之间采用黑板模型结构，在 Agent 之间使用消息传送结构。其中通信系统中的消息采用 KQML（knowledge query manipulation language，知识查询与操作语言）格式，对知识的表述采用 KIF（knowledge interchange format，知识交换格式），同时采用 XML 技术对通信的消息进行进一步封装。

所有 Agent 都有一个通信模块（agent communicate module，ACM），该模块负责所有与通信有关的动作。ACM 中维护一份地址簿，记录常用的 Agent 地址。通信过程中所采用的通信模式为图 13-18 所示的异步消息传递，也就是说，每个 Agent 都有一个消息队列，如果其他 Agent 需要与其通信，运行时环境就把相应的消息投递到其队列中。当消息队列中出现消息时，相应的 Agent 被通知，做出响应。

当 Agent 发送消息时，首先将 KQML 消息发送给 ACM，ACM 将其放入发送消息队列等待发送。ACM 定时检查发送消息队列，若存在待发送的信息，则使用 XML 对 KQML 消息进行封装，然后查询自己的地址簿，若目的地址存在则直接发送，若目的地址不存在则向 Agent 服务器进行查询，若查询成功，将查到的地址加入地址簿中，然后进行通信，否则返回通信失败。当 Agent 接收消息的时候，由 ACM 对 XML 进行解析，解析后的 KQML 消息对象反复接收消息队列，等待 Agent 管理模块进行处理。

图 13-18　Agent 的消息模式

　　ACM 还负责通信的保障，定期检查网络，检查自己与 Agent Server 所在主机之间的网络是否畅通。同时 ACM 还负责地址簿的维护，按最近最少使用（least recently used，LRU）算法整理地址簿。

13.12　系统数据库设计

　　系统数据库包括用户数据库、参考数据库和仿真数据库，分别存放性能样机验证系统用户的信息、参考数据及仿真数据。其中，参考数据库和仿真数据库类似，以参考数据库作为说明，下面分别对其进行详细设计。

13.12.1　用户数据库设计

　　用户数据库保存系统用户信息，系统用户分为普通用户与专家用户。每一个有系统访问权限的用户都会被系统分配一个唯一的编号，该编号与用户的账户一一对应，用户数据库还需记录用户的姓名、部门及类型等。

　　表 13-2 给出了用户信息在数据库中的储存方式。

表 13-2　用户信息存储表

字段名称	类型
ID	整型
用户姓名	字符串型
用户性别	字符串型
用户年龄	整型
工作单位	字符串型
研究方向	字符串型
备注	文本

13.12.2　参考数据库设计

　　性能样机需要验证的性能参数包含静态性能参数和动态性能参数，相应地，验证需要的参考数据也可以分为以上两类。下面分别给出这两类验证数据在参考数据库中的表示和存储方式。

1. 静态性能参数的表示和存储

对于验证对象 O 的第 k 个输入数据组合 $X^k(O)$，其静态性能参数可以表示为 $S^k = \{S_n^k : n \in N\}$，其中，$N$ 是静态性能参数的个数，$S_j^k = \{S_{jm}^k : m \in M\}$，$M$ 是样本数目。

表 13-3 为静态性能参数在数据库中的存储方式。

表 13-3　静态性能参数数据存储表

字段名称	类型
数据序号	整型
静态性能参数数据	双精度型

2. 动态性能参数的表示和存储

对于验证对象 O 的第 k 个输入数据组合 $X^k(O)$，其动态性能参数可以表示为 $D^k(T) = \{D_l^k(T) : l \in L\}$，其中，$L$ 是动态性能参数的个数，$D_l^k(T) = \{D_l^k(t_0), D_l^k(t_1), \cdots, D_l^k(t_{SL})\}$，SL 为样本长度。

表 13-4 给出了动态性能参数在数据库中的存储方式。

表 13-4　动态性能参数数据存储表

字段名称	类型
数据序号	整型
抽样时间	双精度型
静态性能参数数据	双精度型

13.13　性能样机验证系统通信与协作

基于 MAS 的性能样机验证系统各个 Agent 之间的通信与协作是其可以协作完成复杂性能样机验证任务的基础，多 Agent 之间的信息交换机制是保证系统运行的关键，本节在前面研究的基础上，开展对性能样机验证系统内各个 Agent 之间的通信与协作研究。

13.13.1　多 Agent 黑板模型

黑板模型是多 Agent 通信机制重要的模型之一，在多 Agent 系统中，黑板是一个数据交换区，各个 Agent 在这一区域内读写数据、交换信息。与消息传递所不同的是，黑板模型下的 Agent 之间不发生直接通信，每个 Agent 通过访问黑板来获取自己感兴趣的信息，并留下自己想要让其他 Agent 知道的信息。这种机制方便灵活，效率较高。

黑板模型由三部分组成，分别为黑板、控制机制和知识源。其结构图如图 13-19 所示。从图 13-19 可以看出，黑板是一个数据共享区，知识源是独立的求解程序，控制机制是协调知识源维护黑板信息的机构。在黑板模型中，当黑板上信息变化符合某个知识源执行的前提条件时，控制机制触发该知识源，知识源执行相应的动作，对黑板进行操作，增加、删除或修改信息。当其他知识源再次引起黑板上的信息变化时，控制机制再次激活其他相应的知识源，在控制机制的调节下，各个知识源不断被调用执行，黑板上的结果信息不断被更新，直到最终解的出现。

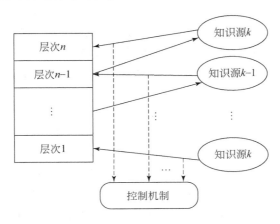

图 13-19　黑板模型的结构

作者构建的性能样机验证系统的通信与协作也是基于黑板的，在系统中，每个 Agent 都可以视作一个知识源，它包含了求解问题所需要的知识，能独立工作，通过读写黑板的信息完成与其他 Agent 的交互。黑板模型的好处有：黑板信息表示灵活，个体 Agent 相互独立且具备问题局部求解能力，个体 Agent 可以共享求解信息，可以解决某些无法确定求解步骤的复杂问题，监控机制独立，控制部分与问题求解独立运行等。

13.13.2　多 Agent 协作求解方式

多 Agent 系统和传统的智能系统存在明显的区别：多 Agent 系统的各个 Agent 的设计和实现可能完全不同，因此它们可能没有共同的目标，每个 Agent 为了完成自己的目标要采取必要的策略性行动，鉴于 Agent 自治性的特点，它们必须有动态协调的能力和与其他 Agent 合作的能力。传统的智能系统的设计具有一致的目标方案，系统功能之间没有冲突，功能模块之间的相互合作是设计时规划好的，灵活性较差。

在多 Agent 系统中常用的有任务共享和结果共享的协作方法。

1. 任务共享

将一个复杂问题分解为若干子问题，让每个 Agent 承担子问题的求解任务的方式属于任务共享。各个 Agent 通过分担执行整个任务的子任务而相互协作，系统以总体任务目标为指导进行协调与控制。这种方式适合应用于求解具有层次结构的任务。这种协作方式的典型代表是合同网模型。

2. 结果共享

每个 Agent 共享与子任务相关的信息，即共享局部结果的方式属于结果共享。各个 Agent 通过共享局部结果而进行相互协作，系统以数据结果为指导进行协调和控制。这种方式较适合用于各个子任务相互影响而且部分结果需要综合判断才能得到最终解的情况。常用的结果共享协作方式有功能精确的协同方法、基于黑板模型的协作等。

黑板模型的协作如 13.13.1 节所述，当黑板上出现求解问题和原始数据时，求解过程开始，在黑板控制机制的协调下，多个 Agent 共同完成一个问题的求解任务。每个 Agent 都可以使用黑板上其他 Agent 的解完成自己的任务求解。

在实际处理复杂任务的过程中，任务共享和结果共享的协作求解方式经常结合使用，以发挥各自的优势和效果。

13.13.3 基于 MAS 的性能样机验证系统协作策略

作者研究的性能样机验证任务是具有层次结构的任务，将性能样机验证任务分解为多个子任务分别交给多个一级 Agent 进行求解。一级 Agent 在进行相应任务求解时，又可以继续将任务细化为多个子任务，这些子任务相互影响而且部分结果需要综合才能得到最终的验证结果。所以，性能样机验证系统比较适合采用基于黑板的任务共享和结果共享相结合的协作方法。

各个一级任务节点 Agent 所需完成的任务比较明确，一个验证子系统只需完成与其对应的性能样机分系统的验证工作，然后将验证结果交给系统协调 Agent 进行综合即可，其任务分配可以通过人工给定的方式交给相应的一级 Agent 去完成。作者重点研究每个一级 Agent 内部的多个二级 Agent 的协作策略。把性能样机验证子系统验证任务求解的过程分为以下几个步骤：任务接收、综合管理、任务求解、结果共享和综合判断等。每个步骤都由一个或几个 Agent 共同完成。

（1）任务接收：由用户 Agent 负责接收用户的任务并对任务进行分解，将相应的任务交给相应的 Agent 去完成。

（2）综合管理：包括系统的数据与知识管理，由数据管理 Agent 和知识管理 Agent 负责完成相应的操作。

（3）任务求解：包括模型的可信度评估以及缺陷分析，由验证 Agent 和专家分析 Agent 完成。

（4）结果共享：统计 Agent 根据结果共享的信息进行结果综合处理，得到验证任务的最终结论。

（5）综合判断：得到最终的验证结果之后，将验证结论通过用户 Agent 反馈给用户。

各个 Agent 将其求解结果共享，为其他 Agent 的执行提供服务，所有的结果信息、通信信息和任务信息都通过黑板交互，通过多个 Agent 并行完成任务、综合求解，加快求解速度。

13.14　基于多 Agent 系统的性能样机验证协作模型

13.14.1　系统集中式黑板模型设计

根据黑板模型的设计思想，作者构建如图 13-20 所示的黑板模型系统，通过协调管理 Agent 对黑板信息进行监督和管理，维护整个系统的通信。协调管理 Agent 有两个重要的功能：监控和调度。监控过程监视黑板上所有共享信息区域的信息变化，维护黑板上的信息。调度过程会根据每个 Agent 的请求合理安排其活动，完成各个 Agent 的协作过程。

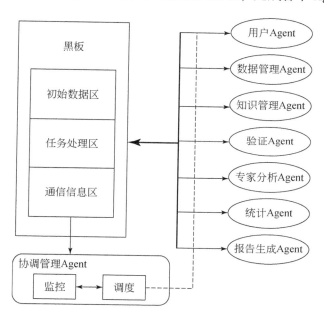

图 13-20　基于 MAS 的性能样机验证系统黑板结构图

将黑板结构分为三个区，初始数据区用来存储系统中各个 Agent 的一些基本信息，如名字、ID、领域信息、优先级等，这些信息可以供任务处理区和通信信息区调用；任务处理区主要对总任务进行分解，分解之后的子任务可由系统中的单个 Agent 完成，任务分解后涉及任务的分配，任务的分配可由基于黑板的合同网来进行。通信信息区是系统各个 Agent 进行通信交换信息的场所，各个 Agent 将自身任务的求解结果放到这个分区上，由协调管理 Agent 监控是否满足某个 Agent 的前提然后将信息发送给相应 Agent。

13.14.2　系统任务的分解分配

基于 MAS 的性能样机验证系统中各个环节必须以一种十分紧密的方式进行协作，一个复杂任务必须分解成适合单个 Agent 执行的任务才能进行任务的合理分配。

总的验证任务（validation task，VT）分成 5 个子任务：任务接收（task accept，TA）、

综合管理（integrated management，IM）、任务求解（task solving，TS）、结果统计（result statistics，RS）、综合判断（synthetic judgement，SJ）。可以表示为 VT =（TA，IM，TS，RS，SJ），子任务之间的关系为 TA<IM，IM<TS，TS<RS，RS<SJ，其中 $X<Y$ 表示任务 X 在任务 Y 之前执行。五个子任务中的综合管理又可以分为数据管理（data management，DM）、知识管理（knowledge management，KM），任务求解又可以分为可信度评估（reliability assessment，RA）、缺陷分析（defect analysis，DA），任务接收又可以分为用户登录（user login，UL）、任务确定（task confirm，TC），综合判断又可以分为结果综合判断（result judgement，RJ）、结果文档输出（result out，RO）。

黑板任务处理区的任务信息树形结构如图 13-21 所示。

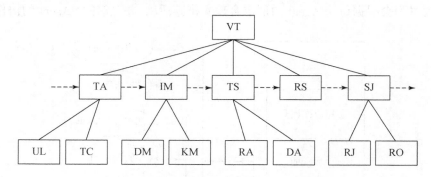

图 13-21　黑板任务处理区的任务信息树形结构图

图 13-21 中叶子节点为不可分割的任务，可以由一个 Agent 单独执行或者一组 Agent 协作完成。每个任务拥有不同的任务标识，其详细信息如表 13-5 所示。本系统中 Agent 数目不是很多，且各个 Agent 有比较明确的需要完成的任务，采用人工给定的方式将任务分配给相应的 Agent。

表 13-5　系统任务详细信息

任务	任务描述	执行 Agent	前置任务	任务输入	任务输出
T01	用户登录	用户 Agent	Null	用户信息登录	登录结果
T02	任务确定	用户 Agent	T01	验证任务设定	任务设定结果
T03	操作验证数据	数据管理 Agent	T01	需要数据请求	获得数据结果
T04	操作验证知识	知识管理 Agent	T01	需要知识请求	获得知识结果
T05	可信度评估	验证 Agent	T03 T04	T03 数据 T04 知识	评估对象可信度
T06	对象缺陷分析	专家分析 Agent	T05	对象可信度评估信息	缺陷分析结果
T07	结果统计处理	统计 Agent	T05 T06	可信度评估结果 缺陷分析结果	对象验证结果
T08	结果综合判断	用户 Agent	T07	对象验证结果	综合评判结果
T09	结果文档输出	文档生成 Agent	T08	T08 结果 用户操作	验证结果文档

因为有的任务必须在其他相关任务执行完之后才能进行，所以在表 13-5 中对每个任务都设置了其前置任务，任务的输入和输出分别表示完成该任务所需要的输入和任务执行完毕后的输出结果。某些任务的前置任务会有多个，必须等待所有的前置任务都执行完成后，此任务方可执行。执行任务时，各个 Agent 之间需要进行一定的通信来交换彼此的信息，通过黑板交互的信息可以看成自身执行任务的输入，任务的执行需要满足一定的约束条件，从而限定了任务执行的先后顺序。

13.15　基于多 Agent 系统的性能样机验证协作交互模型

图 13-22 详细说明了各个 Agent 将以黑板为数据共享中心，以协调控制 Agent 为消息传递枢纽进行交互和协作。

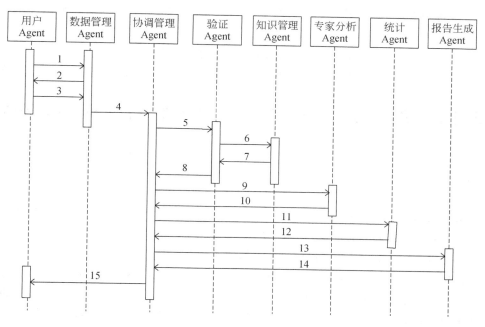

图 13-22　系统内多 Agent 间交互

（1）按照任务求解的过程来看系统中 Agent 之间的通信，首先用户要登录系统，由于账户和密码等登录信息保存在用户信息数据库中，此时用户 Agent 向数据管理 Agent 发送请求信息，请求验证登录信息是否正确。

（2）数据管理 Agent 得到用户 Agent 请求信息后返回登录验证信息。

（3）用户登录成功后，通过人机界面对验证系统参数进行设置，设置好这些参数后，向数据库请求仿真数据和参考数据。

（4）数据管理 Agent 得到用户 Agent 请求后将请求所需要的数据发至协调管理 Agent 的黑板中，供系统中其他 Agent 使用。

（5）数据管理 Agent 将数据发送给协调管理 Agent 的黑板上后，调度机制将其发送至满足其要求的验证 Agent。

（6）验证 Agent 根据所获得数据的特征，向知识管理 Agent 请求获取适合的验证方法。

（7）知识管理 Agent 在获取验证 Agent 的请求后，对验证方法和数据进行匹配，返回合适的验证方法或者知识。

（8）验证 Agent 进行验证之后，将验证结果返回给协调管理 Agent 的黑板上，供其他 Agent 使用。

（9）协调管理 Agent 在获取验证结果之后，将其相应的信息发送至专家分析 Agent，供其进行缺陷分析。

（10）缺陷分析 Agent 将分析的结果返回至协调管理 Agent 的黑板上。

（11）协调管理 Agent 将验证结果和缺陷分析结果发送至统计 Agent，供其进行结果统计。

（12）统计 Agent 将其统计的结果返回至协调管理 Agent。

（13）协调管理 Agent 将需要生成报告的信息发送至报告生成 Agent，将其生成相应的文档。

（14）报告生成 Agent 将生成的文档返回至协调管理 Agent。

（15）协调管理 Agent 将验证结果及相应文档返回至用户 Agent，供用户 Agent 进行分析。

13.16　基于多 Agent 系统的性能样机验证实现技术

13.16.1　多 Agent 验证开发技术

JADE（Java agent development framework）是一个完全由 Java 语言开发的软件框架，符合 FIPA（Foundation for Intelligent Physical Agents）规范。JADE 主要由运行时环境、行为库和一系列图形工具组成。其中，运行时环境是 Agent 赖以生存的环境，一个 Agent 一旦在某给定主机上被激活，就可以在这个环境中存活。行为库提供一系列面向对象特征的开发类库，可以被用来开发 Agent 应用。图形工具可以帮助用户管理和监控运行时的 Agent 的状态。

JADE 平台利用容器去容纳 Agent。一个平台可以有多个容器，并且这些容器可以在不同的主机上。在一个 JADE 平台中，有且仅有一个称为主容器的容器。当其他容器启动时，必须在主容器中注册。图 13-23 显示了在网络环境中，存在两个不同的 JADE 平台。其中一个平台由三个容器构成，另一个平台由一个容器构成。Agent 在 JADE 平台上用独一无二的名字来标识。一旦一个 Agent 知道网络上另一个 Agent 的名字，它们便可以进行通信，而不需要了解实际的位置。

主容器除可以提供其他一般容器注册的功能之外，还包括了两个特殊的 Agent，系统管理 Agent 和目录引导器。系统管理 Agent（Agent management system，AMS）提供 Agent 命名服务、在容器中创建或者删除 Agent 等管理功能，它维护一个 AID（Agent identifier）目录，该目录包含了其他 Agent 向 Agent 平台注册的识别信息，AMS 为其他 Agent 提供白皮书服务，每个 Agent 必须向 AMS 注册，以获得有效的 AID。目录引导器（directory facilitator，DF）提供了黄页功能。当一个 Agent 需要利用其他 Agent 提供服务时，便可以去 DF 中查找提供该服务的 Agent。

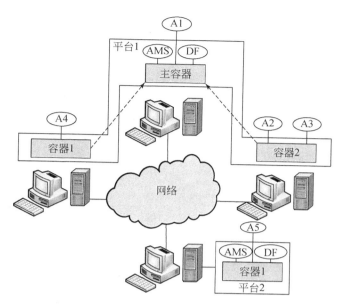

图 13-23　JADE 平台示意图

13.16.2　多 Agent 开发模型

在 JADE 平台中，每个 Agent 都要从其父类 Agent 类中派生，Agent 类为用户定义的 Agent 描述了一个通用的基类，它继承了 Agent 类的简单实例，这些实例能够实现用户自定义的各种行为。一个遵循 FIPA 规范的 Agent 的生命周期如图 13-24 所示。

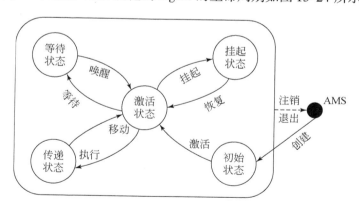

图 13-24　Agent 生命周期

对象建立使 Agent 处于初始状态，这时的 Agent 还没有由 AMS 注册，没有名字和地址，不能进行通信。随后，Agent 对象在 AMS 中注册，处于激活状态。当 Agent 对象被停止时，内部的线程被挂起，没有 Agent 行为执行时就变成了挂起状态。当 Agent 对象被阻塞，等待其他事件时，其内部的线程处于休眠状态，此时处于等待状态，条件满足时能够被唤醒。当移动一个 Agent 到一个新的位置时便进入传递状态。同时还有离开状态、复制状态以及删除状态。

为了让 Agent 执行由行为对象表示的任务，必须使用 Agent 类的 addBehaviour( )方法将行为添加到 Agent 上或者通过其他行为添加。

Agent 线程的执行流程如图 13-25 所示。任何继承 Behaviour 类都必须包含两个抽象方法。action( )方法定义了行为执行时 Agent 需要进行的操作，done( )方法返回一个 boolean 型的变量，显示行为是否完整执行，决定是否将该行为从 Agent 行为队列中删除。Agent 可以同时执行多个行为，不过需要注意的是，Agent 行为的时序不是预先安排制定好的，而是在运行过程中协商制定的。

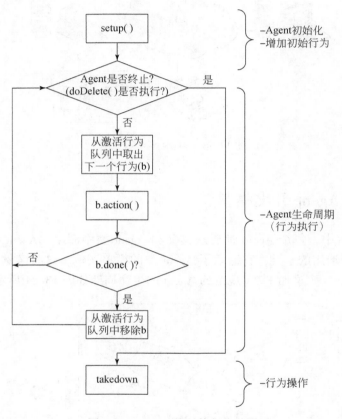

图 13-25　Agent 线程执行流程图

13.16.3　多 Agent 开发环境

作者采用基于 Java 的可扩展的、具有开放源代码的 Eclipse 作为系统的主要开发平台，使用面向对象的 Java 语言作为实现本系统的编程语言，每个 Agent 都是基于线程的独立运行实体。Eclipse IDE 提供了丰富的开发组件，所有的组件都是动态载入的。当 Eclipse 启动后，并不会把所有组件都载入内存中，而是只有调用一个插件时，才会把其调入内存。在 Eclipse 开发平台的基础上，添加 3.7 版本的 JADE，并选用了 Matlab R2008a 作为辅助开发工具，采用 Microsoft SQL Server 2008 作为系统的数据库。

13.17　系统总体架构

图 13-26 为基于 MAS 的性能样机验证系统的总体架构，性能样机全系统、各个分系统及子模型的验证系统可以分布在不同的地域，系统主要包括综合管理、样机验证、缺陷分析以及结果输出四大功能模块。数据中心包括用户信息数据库、参考结果数据库、仿真结果数据库和验证结果数据库等，分系统的各个子模型的验证可与分系统验证一起进行，作者实现的分系统验证系统在一台主机上完成，各个验证子系统可以在各自模型设计阶段独立进行本系统内部模型验证，从而为分系统综合集成提供可信度保证。也可以在性能样机集成设计完成后，再接受全系统验证的子任务，对各个分系统进行回归验证。

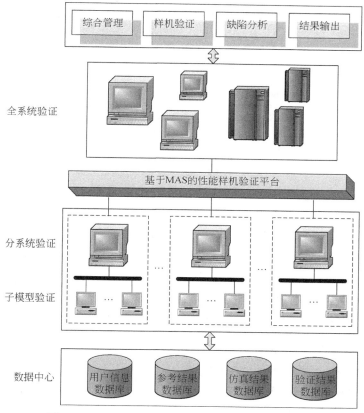

图 13-26　基于 MAS 的性能样机验证系统总体架构

13.18　基于多 Agent 系统的性能样机验证实现

13.18.1　系统主要 Agent 的实现

各个功能 Agent 主要通过创建相应的类实现，这些类都继承于 jade. core. Agent 类，其

各种操作及执行通过继承 jade. core. behaviours 类实现，消息的发送和接收主要通过继承
jade. lang. acl 实现。现以用户 Agent 的实现来说明各个 Agent 的实现过程。

用户 Agent 主要用来提供用户与系统交互的接口、确认登录信息以及对相关参数进行
设置，并将系统处理的结果以图像或者其他形式显示给用户，图 13-27 为其静态图。图中
对一个 UserAgent 的基本信息进行了描述，如其属性有用户名、登录密码、获得提供服务
的 Agent 名字的数组，基本操作有从登录窗口获得用户输入的用户名和登录密码、响应其
他 Agent 要求提供的服务，相关的通信协议有用户消息的确认协议、结果确认协议等。

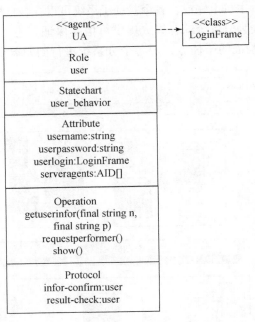

图 13-27   用户 Agent 静态图

用户 Agent 需要从登录界面获取用户的信息，并且对其进行验证以及接受其他 Agent
的处理结果以显示给用户。用户 Agent 实现的主要程序如关键代码 13-1 所示。

```
/**关键代码13-1 用户 Agent 实现**/
public class UserAgent extends Agent{
    private String username;
    private String userpassword;
    private LoginFrame mylogin;
    private AID[ ]serverAgents;
    public void setup(){
    System.out.println(getLocalName()+"启动");
    mylogin=new LoginFrame(this);
    mylogin.show();
    addBehaviour(new TickerBehaviour(this,60000){
        protected void onTick(){
            DFAgentDescription template=new DFAgentDescription();
```

```
ServiceDescription sd=new ServiceDescription();
sd.setType("data-confirm");
template.addServices(sd);
try {
    DFAgentDescription[] result=DFService.search(myAgent,template);
        serverAgents=new AID[result.length];
    for(int i=0;i < result.length;++i){
        serverAgents[i]=result[i].getName();}}
catch(FIPAException fe){
    fe.printStackTrace();
}
    addBehaviour(new RequestPerformer()}});
}
public void GetUserInfo(final String n,final String p){
    addBehaviour(new OneShotBehaviour(){
    public void action(){
    username=n;
    userpassword=p;
        }
});}
...
```

表 13-6 给出了系统所有 Agent 类及其含义。

表 13-6　系统所有 Agent 类

简称	类名	说明
UA	UserAgent	用户 Agent 功能类
DMA	DataManagerAgent	数据管理 Agent 功能类
CMA	CorManagerAgent	协调管理 Agent 功能类
VA	ValidateAgent	验证 Agent 功能类
KMA	KnManagerAgent	知识管理 Agent 功能类
EA	ExanAgent	专家分析 Agent 功能类
TA	TongjiAgent	统计 Agent 功能类
BA	BaogaoAgent	报告生成 Agent 功能类

　　各功能 Agent 类关系如图 13-28 所示。各个 Agent 类的实现过程由 13.7 节所设计的各个 Agent 的功能结构提供参考，具有复杂功能的 Agent 可以在相应类中添加内部类来实现。

13.18.2　系统主要功能类的实现

　　系统主要功能类主要负责系统界面的操作和显示，通过继承 Java 语言的 JComponent 类实现，事件的处理和委托主要通过 Event 类实现。表 13-7 列出了系统主要功能类及其含义。

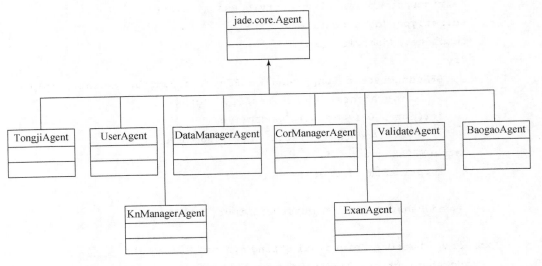

图 13-28　功能 Agent 类图

表 13-7　系统主要功能类及其含义

类名	说明
LoginFrame	用户登录信息输入的实现
MainFace	系统主界面，提供各种功能的选择
DataManagePanel	数据管理操作面板，提供数据管理功能
KManagementPanel	知识管理面板，提供知识显示等功能
ManagementPanel	用户管理面板，提供用户信息的显示查询
PerformGuidePanel	操作向导面板，提供关于系统操作的信息
ValidatePanel	样机验证面板，提供验证操作的选择
InteractionPanel	交互面板，提供交互信息的显示和输入

13.18.3　系统数据库的实现

使用 Microsoft SQL Server 2008 R2 来创建系统的各个数据库及其参数表，结果如图 13-29 所示，包括 ReferenceDB、ResultDB、SimulationDB 以及 UserDB，图中显示 ReferenceDB 数据库的目标方位角、脱靶量、俯仰角、偏航角四张数据表。系统数据库中还包括用户信息数据库、仿真数据库以及验证结果数据库，如图 13-29 中的 UserDB、SimulationDB 和 ResultDB。

本系统使用 JDBC（Java database connection）连接 Java 应用程序和数据库，可以通过统一的规范来完成与数据库的通信。系统各个数据库中的表可以通过用户界面进行添加和删除。

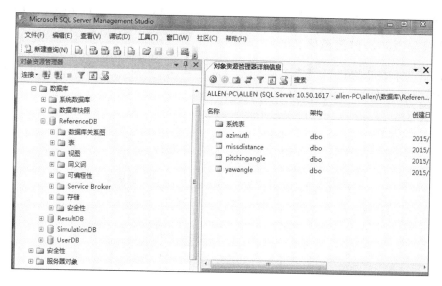

图 13-29　系统数据库

13.18.4　系统黑板通信功能的实现

1. 系统黑板的初始数据区实现

系统黑板的初始数据区负责存放多系统中各个 Agent 的初始数据，在系统中，每个 Agent 有一个唯一的 Agent 标识。采用 AMS 作为黑板的初始数据区，各个被激活的功能 Agent 会自动向 JADE 平台的 AMS 注册，每个 Agent 会获得自己在平台上的全局唯一的标识，格式为 "<nickname>@ <platform-name>"，如在平台 "allen-PC" 上名为 "UA" 的 Agent，其全局唯一标识是 "UA@ allen-PC"。

系统中的 Agent 向 AMS 注册后获得自己的唯一标识 AID，在 AMS 中有保存所有 Agent 的 AID 和 Agent 状态的目录结构，其他信息可以向 AMS 再次注册。当系统中某个 Agent 不再发挥作用时，该 Agent 消亡，AMS 将在目录结构中删除该 Agent 的注册信息以节省信息占有空间。通过 AMS 中保存的各个功能 Agent 信息的目录，Agent 可以在 AMS 中查找自己感兴趣的 Agent 的注册信息，利用如下的语句可以获得名为 "UA" 的 Agent 的 AID：

```
string nickname="UA";
AID id=new AID(nickname,AID.ISLOCALNAME);
```

另外，为了避免系统中的各个 Agent 运行冲突，需要确定各个功能 Agent 的优先级，如在黑板通信区存在对象可信度评估信息时，专家分析 Agent 和统计 Agent 都处于激活状态，因为专家分析 Agent 的缺陷分析结果也要发送给统计 Agent，所以专家分析 Agent 的优先级应该要比统计 Agent 的优先级高。系统中的其他 Agent 的优先级设置为默认优先级 0，将专家分析 Agent 的优先级设置为 2，统计 Agent 的优先级设置为 1。

各个 Agent 在向 AMS 注册之后，会再次向 AMS 发送自己的优先级，AMS 将优先级保存在各个 Agent 对应的信息目录中，以供黑板通信信息区或协调管理 Agent 使用。

2. 系统黑板的通信信息区实现

JADE 平台中有个提供目录服务功能的 Agent——DF，本系统黑板的通信信息区就是通过它来实现的。图 13-30 为黄页服务示意图。

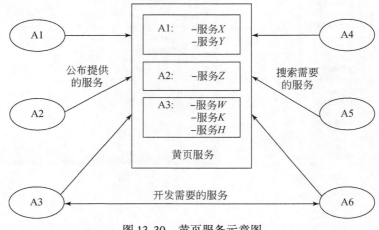

图 13-30　黄页服务示意图

DF 为平台上的其他 Agent 提供黄页服务，其自身保存着一个精确的、完整的和实时的 Agent 列表并且向其目录下的 Agent 提供最新服务，而这些服务则是系统中各个功能 Agent 在其上面注册的服务。系统中每个 Agent 都可以在 DF 上注册服务，然后其他 Agent 可以从 DF 中获得该 Agent 的服务。DF 像一个在 Agent 之间提供搜索服务的中介。

各个 Agent 将自己可以提供的服务发布到 DF 上，本系统中各个 Agent 将自己任务执行后的结果发布到 DF 上，任务结果就相当于是该 Agent 能够提供的服务，以被其他 Agent 使用。DF 会保存各个 Agent 提供的服务，当检测到有其他 Agent 在 DF 上搜索相应的服务时，将结果发给该 Agent。

Agent 想要将自己的服务发送至 DF 上，必须在 DF 上注册服务并且加入对该服务的描述，必须提供自己的 AID 以便让使用该服务的 Agent 知道此服务的来源，服务描述应该包含服务类型和服务名称，服务内容可以任意。注册服务过程如关键代码 13-2 所示。

```
/**关键代码13-2   在黄页上注册服务*/
DFAgentDescription dfd=new DFAgentDescription();
dfd.setName(getAID());
ServiceDescription sd=new ServiceDescription();
sd.setType("Standard data table");
dfd.addService(sd);
Try{
    DFService.register(this,dfd);
}catch(FIPAException fe){
fe.printStackTrace();
}
```

在向 DF 注册服务后，就可以将服务以消息的格式发送至 DF 的初始数据区，初始数据区将服务保存以便其他 Agent 进行搜索和使用。

提供服务的 Agent 消亡时，其提供的服务也随其终止，DF 删除其注册信息后，将初始数据区中对应的 AID 等信息删除，删除服务一般在 Agent 消亡前完成清理操作的 takedown()方法中实现，其代码如代码 13-3 所示。

```
/**代码 13-3　注销服务*/
protected void takedown(){
try{
DFService.deregister(this);
}catch(FIPAException fe){
fe.printStackTrace();
}
```

系统中当黑板通信信息区有某个 Agent 感兴趣的数据时，会通过协调管理 Agent 将数据发送至该 Agent。本系统中每个 Agent 将自己可以提供的服务和需要的服务都发送至 DF，这样 DF 中就建立了提供服务的目录和需要服务的目录，当需要服务的目录里的内容有与提供服务的目录里的内容相同的时候，将提供服务的 Agent 的数据发送给需要服务的 Agent。当有两个 Agent 需要同一种服务而产生冲突时，识别其优先级，优先级高的 Agent 先获得服务。

Agent 需要某种服务时需要向 DF 说明并提供模板描述，DF 搜索提供服务的目录，选择满足该模板描述的服务数据发给该 Agent，部分实现代码如代码 13-4 所示。

```
/**代码 13-4　搜索服务*/
DFAgentDescription dfd=new DFAgentDescription();
ServiceDescription sd=new ServiceDescription();
sd.setType("Standard data table");
template.addService(sd);
try{
    DFAgentDescription []result=DFService.search(myAgent,template);
    for(int i=0;i<result.length;i++){
        myAgent.addElement(result[i].getName());
}}catch(FIPAException fe){
Fe.printStackTrace();
}
```

13.19　基于 MAS 的性能样机验证系统测试

测试主要是用户通过程序运行界面与应用程序交互，对应用程序的反应进行分析，以此来核实应用程序设计的功能与实现的功能是否一致。由于作者只对基于 MAS 的性能样机验证系统的一个子系统——原型系统进行了具体实现，下面对所实现的子系统的功能和各个 Agent 之间的交互进行测试。

13.19.1 系统基本功能测试

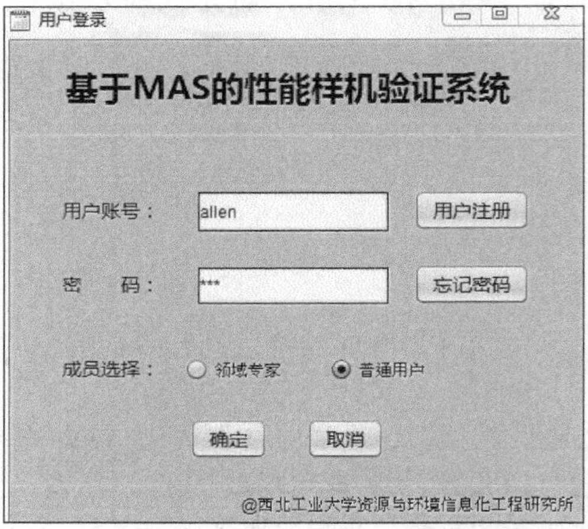

图 13-31 系统登录界面

用户登录需要账号和密码，不同的用户使用系统的权限不同。图 13-31 为系统登录界面，可以通过输入正确的用户账号、密码以及选择成员类型获得进入系统的权限。如果是新用户，则需要注册新账号，用户可以通过单击"用户注册"按钮进行注册。作者以用户名为"allen"、密码为"123"的普通用户登录系统，进入系统后，主界面如图 13-32 所示。

系统主界面可以分为 3 大区域：菜单工具栏区、功能导航视图区和主功能视图区。菜单工具栏区位于系统主界面的上方，分为菜单栏和工具栏，两者的某些功能随不同功能模块的切换有所改变，可以提供对当前功能视图的一系列快捷操作功能和一些系统基本功能。功能导航视图区位于系统主界面的左侧，包含"综合管理"、"样机验证"、"缺陷分析"、"结果输出"以及"操作向导"等功能按钮，单击任一按钮，即可切换系统的主功能视图区的内容，如图 13-32 所示。主功能视图区位于系统主界面的右侧，可以显示不同功能按钮对应的功能视图，用户可以在不同的功能视图内进行各种允许的操作。

图 13-32 系统主界面

13.19.2　综合管理模块功能测试

综合管理模块由三个子模块组成，分别为用户管理模块、知识管理模块与数据管理模块，可以完成对系统用户信息的浏览和管理、性能样机相关知识的查阅与管理、各性能参数的参考数据以及仿真数据的浏览与管理。用户管理模块可以按照用户的不同类型对用户信息进行浏览、添加、删除以及修改。图 13-33 为用户管理模块界面。

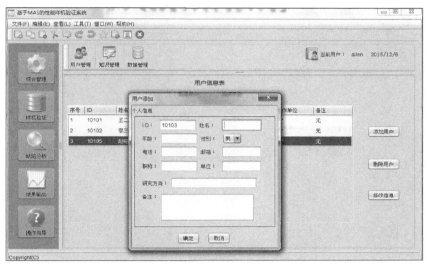

图 13-33　用户管理模块界面

用户类型分为领域专家和普通用户两类，不同的用户享有对性能样机验证系统进行操作的不同权限。用户的信息包括其 ID、姓名、年龄、职称、研究方向和工作单位等内容，图 13-34 显示的是在选中"领域专家"单选框并单击"添加用户"按钮之后显示的界面。

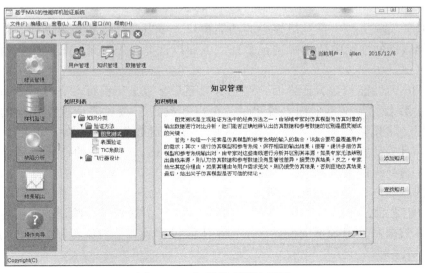

图 13-34　知识管理模块界面

　　知识管理模块提供查看性能样机验证时可能需要用到的知识，图 13-34 为其主界面。知识列表提供对样机验证时需要的知识进行分类的功能，根目录下包含不同知识类别根目录，单击节点目录，会在右侧的知识明细栏里显示所选知识的详细信息。

　　数据管理模块主要提供仿真数据与参考数据的浏览与管理功能，用户可以通过下拉列表选定相应的数据库，选定想要查看的表，可以在中间显示表中的数据，图 13-35 为选定仿真数据库中的偏航角的数据显示的界面。另外，还可以通过单击相关按钮进行添加数据和导出数据操作。

图 13-35　数据管理模块界面

13.19.3　样机验证模块功能测试

　　样机验证模块是整个系统最核心的功能模块，可以对性能样机全系统、分系统、子模型等不同级别的性能验证指标进行验证，下面以性能参数验证过程为例，对样机验证模块进行测试。

　　图 13-36 为性能参数验证界面，首先对脱靶量参数进行验证。在性能参数验证界面的"性能参数名称"文本框输入脱靶量，单击"确定"按钮之后搜索相应的参考数据和仿真数据，将搜索结果导入原始数据区域，然后对数据进行预处理，根据脱靶量是静态数据，且其仿真数据和参考数据的样本数量为 15，供参考的奇异值剔除方法为格拉布斯法，选择剔除度为 0.01，单击"开始处理"按钮，处理后的数据显示在右侧的处理后数据区域内。经数据预处理后可见，仿真数据与参考数据不包含奇异值。单击"确定"按钮之后，弹出"方法选择"对话框，系统根据需进行验证的脱靶量为静态数据及其仿真数据和参考数据的性质，推荐采用假设检验方法对脱靶量数据进行验证，如图 13-37 所示。

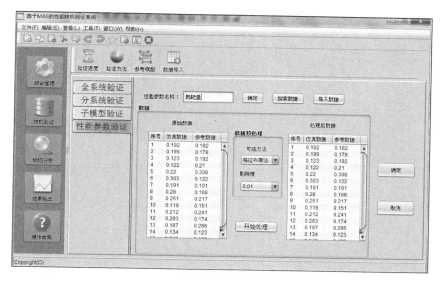

图 13-36　性能参数验证界面

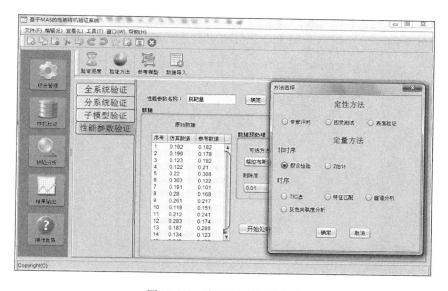

图 13-37　验证方法选择界面

　　本系统目前提供 9 种模型验证方法，定性方法有专家评判、图灵测试、表面验证，针对非时序数据的定量方法包括假设检验和 Z 估计，针对时序数据的验证方法有 TIC 法、特征匹配、窗谱分析和灰色关联度分析。有关这些方法的介绍在综合管理模块的知识管理模块中可以查阅。

　　单击"确定"按钮之后，会弹出如图 13-38 所示的假设检验操作界面，仿真数据和参考数据都采用 W 检验法处理后服从正态分布，因而对其进行均值检验，在显著性水平为 0.05 的情况下，得出脱靶量指标的可信度为 0.7604。用户可以在验证结果表格内填写其他内容，单击"生成报告"按钮生成验证报告。

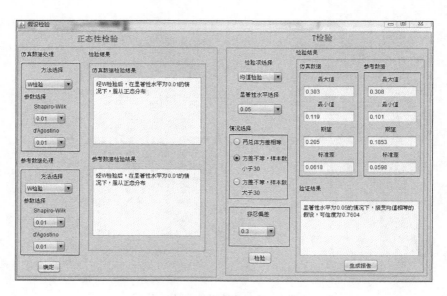

图 13-38　假设检验操作界面

对飞行器偏航角参数进行验证，共搜索并导入 399 组仿真数据与参考数据，因为飞行器偏航角数据是动态时序的，采用 TIC 分段法对其进行验证，图 13-39 为其操作界面。

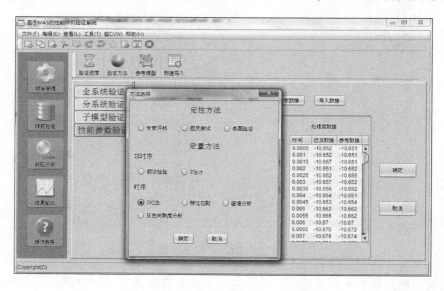

图 13-39　偏航角参数验证操作界面

单击"确定"按钮后，弹出 TIC 法操作界面如图 13-40 所示。界面上侧为偏航角仿真数据与参考数据的时序曲线，根据曲线特点将其分段，计算每段的 TIC，最后得出偏航角参数的可信度为 0.9713。

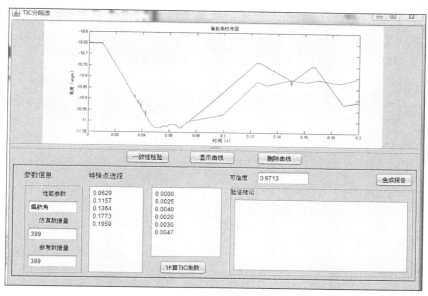

图 13-40　TIC 分段法操作界面

13.19.4　缺陷分析模块功能测试

缺陷分析模块的主要功能是根据获得的验证结果及验证对象的信息，对验证对象的一些缺陷进行分析，通过多位专家联合分析，最后得出缺陷分析结果，可以生成缺陷分析报告，以为验证对象的优化设计提供参考。

图 13-41 为缺陷分析模块中的专家交流区界面，左侧在线专家栏提供所有在线专家的分类，右侧文本域显示交流信息，文本框供用户进行文本输入，单击"发送"按钮将消息发送至所有在线专家的信息显示区域。

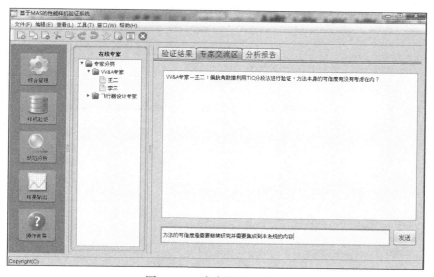

图 13-41　专家交流区界面

图 13-42 为专家评判模块界面，单击"浏览"按钮可以选择所要进行专家评判的指标名称，界面上方会显示其相应的上级指标以及仿真曲线和相应的指标信息，专家可根据仿真曲线等指标信息结合自己的经验和知识，对指标可信度进行评估。

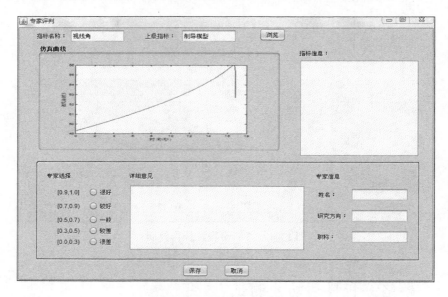

图 13-42　专家评判模块界面

13.19.5　系统其他主要功能测试

结果输出模块的主要功能是显示和输出验证结果，图 13-43 为结果统计界面，可以根据验证对象类型显示各个对象的验证结果信息，方便用户浏览以及生成相应的验证报告。

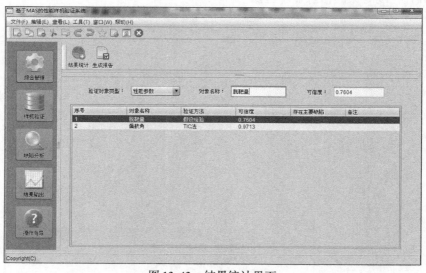

图 13-43　结果统计界面

图 13-44 为系统的操作向导界面，主要提供系统说明以及系统的操作说明，方便用户准确高效地使用系统。

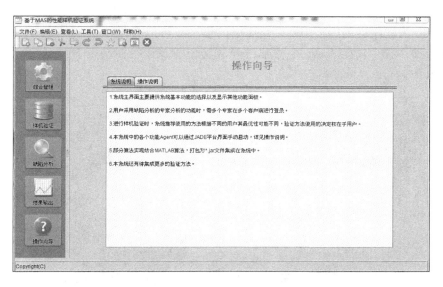

图 13-44　操作向导界面

13.20　多 Agent 系统协作测试

作者通过建立 JADE 多 Agent 平台实现了基于 MAS 的性能样机验证系统。图 13-45 为基于 MAS 的性能样机验证系统的启动界面，界面左侧显示了系统中的主容器，主要存放一些系统自带的服务 Agent，如 RMA、ams、df 等，它们主要帮助维护系统界面、管理多

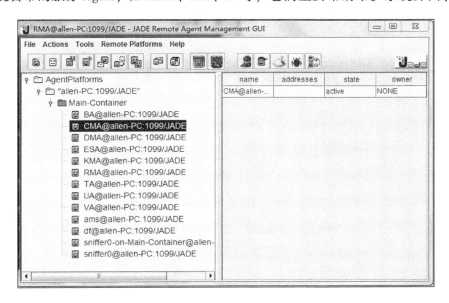

图 13-45　JADE 平台启动界面

Agent 系统以及提供 Agent 系统的黄页服务。UA、DMA、CMA、VA、KMA、ESA、TA 以及 BA 分别为存活在容器上用户 Agent、数据管理 Agent、协调管理 Agent、验证 Agent、知识管理 Agent、专家系统 Agent、统计 Agent 以及报告 Agent 的名字。

图 13-46 为程序启动后 JADE 平台输出的信息，可以看到，JADE 平台的各项服务都已经成功启动，各个功能 Agent 个体都已经成功创建并运行，基于 MAS 的性能样机验证系统启动成功。

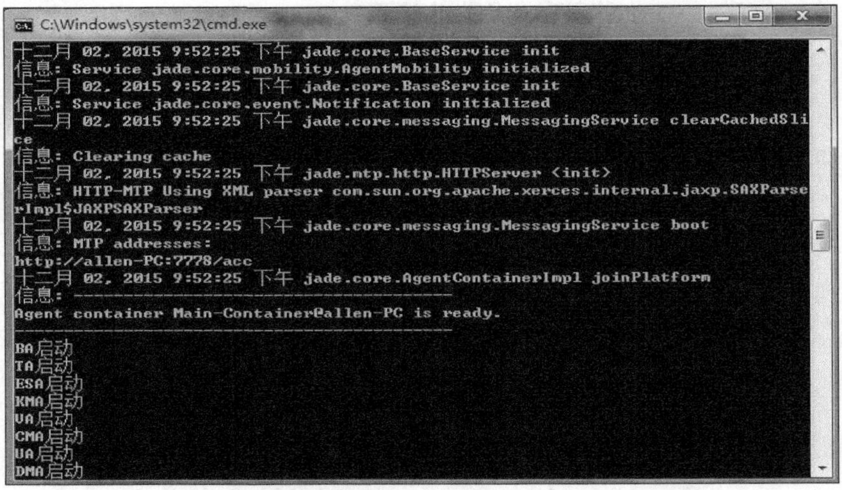

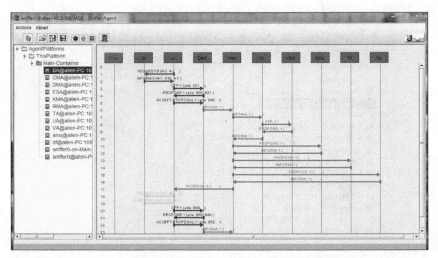

图 13-46　系统运行信息显示

通过 JADE 平台的图形用户界面可以检测基于 MAS 的性能样机验证系统的运行情况，图 13-47 为 JADE 平台提供的系统内 Agent 之间的交互监测界面，左侧显示的是各个运行的 Agent，右侧为 Agent 之间的交互过程，其执行流程正确，符合设计预期，达到了使用多 Agent 系统协调交互的目的。

图 13-47　Agent 之间的交互过程

参 考 文 献

艾辉.2011.复杂产品协同开发平台关键技术研究.武汉:华中科技大学博士学位论文.

蔡国飙.2012.高超声速飞行器技术.北京:科学出版社.

陈颖,王春蓉.2010.从复杂系统观点看国外 IMA 发展的经验及教训.电讯技术,2:106-110.

丁建完.2006.陈述式仿真模型相容性分析与约简方法研究.武汉:华中科技大学博士学位论文.

丁静,杨善林,罗贺.2012.云计算环境下的数据挖掘服务模式.计算机科学,S1:12-16.

董建刚,张峰.2012.基于循环进化的 IETM 领域本体构建研究.电子设计工程,14:1-4.

段寿建,杨朝凤,甘健侯.2009.基于领域本体的概念语义相似度和相关度综合量化研究.现代图书情报
    技术,11:40-43.

范文慧,肖田元.2011.基于联邦模式的云制造集成体系架构.计算机集成制造系统,17(3):469-476.

冯佰威.2011.基于多学科设计优化方法的船舶水动力性能综合优化研究.武汉:武汉理工大学博士学位
    论文.

冯景华,吴南星,余冬玲.2004.机械系统动态仿真技术及 ADAMS 的理论基础研究.机械设计与制造,2:
    13-16.

甘健侯,姜跃.2011.本体方法及其应用.北京:科学出版社.

龚春林.2008.高超声速飞行器多学科优化建模方法.计算机集成制造系统,14(9):1690-1695.

龚春林,谷良贤,袁建平.2005.基于系统分解的多学科集成设计过程与工具.弹箭与制导学报,25(3):98-
    101,114.

郭晓峰.2011.基于 SOA 和 HLA 的分布式仿真关键技术研究.郑州:解放军信息工程大学博士学位论文.

郭银章.2011.机械产品协同设计过程的建模、控制与管理研究.太原:太原科技大学博士学位论文.

郭银章.2013.网络化产品协同设计过程动态建模与控制.北京:科学出版社.

郭银章,曾建潮.2011.基于元模型调用的机械产品协同设计过程建模计算机集成制造系统.计算机集成
    制造系统,17(5):916-921.

何克清.2011.本体元建模理论与方法及其应用.北京:科学出版社.

何克清,何非,李兵.2005.面向服务的本体元建模理论与方法研究.计算机学报,(4):524-533.

何希凡.2004.飞机操纵系统数字化性能样机技术研究.西安:西北工业大学硕士学位论文.

侯守明.2010.面向大批量定制的快速响应设计若干关键技术研究.沈阳:东北大学博士学位论文.

黄雄庆,丁运亮.2000.多学科设计优化算法及其在飞行器设计中应用.航空学报,21(1):1-6.

黄一敏,孙春贞,薛晓中.2004.无动力弹体的纵向弹道控制.南京理工大学学报(自然科学版),1:19-23.

贾宗星.2009.基于工作流的协同办公系统的设计与实现.计算机时代,3:90-93.

康瑞锋.2013.基于 SOA 架构的 PaaS 中间件研究.电脑知识与技术,7:56-60.

寇鹏,牛威.2010.基于 PSO-TDNN 的空间目标识别.雷达科学与技术,5:406-411.

赖明珠,段志鸣,刘素艳.2012.基于 HLA 的多领域协同仿真模型集成研究.计算机工程,38(16):77-80.

李伯虎,柴旭东,朱文海,等.2003.复杂产品协同制造支撑环境技术的研究.计算机集成制造系统,(8):
    691-697.

李伯虎,柴旭东,侯宝存.2009.一种基于云计算理念的网络化建模与仿真平台——"云仿真平台".系统
    仿真学报,17:5292-5299.

李伯虎,张霖,王时龙,等.2010. 云制造——面向服务的网络化制造新模式. 计算机集成制造系统, 16(1):1-7,16.

李犁,肖田元,马成.2012. 复杂产品协同仿真中基于范畴论的语义本体集成. 清华大学学报,52(1): 40-46.

李犁,肖田元,马成.2013. 基于语义联邦的 HLA 对象模型生成方法. 系统仿真学报,25(3):395-401.

李宁,邹彤,孙德宝.2005. 基于粒子群的多目标优化算法. 计算机工程与应用,23(1):43-46.

李伟刚.2003. 复杂产品协同开发支撑环境的关键技术研究. 西安:西北工业大学博士学位论文.

李中凯,谭建荣,冯毅雄.2008. 基于拥挤距离排序的多目标粒子群优化算法及其应用. 计算机集成制造 系统,14(7):1329-1336.

林山,李越雷,陈颖.2011. 基于元模型的复杂航电系统建模. 电讯技术,51(7):14-18.

林亚军,张大发,房保国.2006. 基于 HLA 的舰船操纵虚拟仿真研究. 船海工程,13:3965-3968.

刘磊,韩克岑.2006. 数字化性能样机技术综述. 飞机工程,2:4-7.

刘强,朱晓冰,贾蓓.2014. 高性能计算仿真云平台的构建策略分析. 数字技术与应用,6:10-13.

刘兴堂.2011. 复杂系统建模与理论、方法与技术. 北京:科学出版社.

罗世彬.2004. 高超声速飞行器机体/发动机一体化及总体多学科设计优化方法研究. 长沙:国防科学技 术大学博士学位论文.

吕鸣剑,孟东升.2009. 基于 SOA 架构的企业集成系统设计与实现. 现代电子技术,(9):115-117.

马立元,董光波.2003. 分布式交互仿真技术研究. 航空计算技术,33(3):43-47.

毛媛,刘杰,李伯虎.2002. 基于元模型的复杂系统建模方法研究. 系统仿真学报,14(4):411-414,454.

孟秀丽.2005. 面向机床产品的协同设计支持环境关键技术的研究. 南京:东南大学博士学位论文.

孟秀丽.2006. 机床产品协同任务管理的研究. 机械设计,7:30-35.

孟秀丽.2010. 协同设计支持环境及冲突消解理论与方法. 南京:东南大学出版社.

闵春平.2003. 基于本体的跨领域虚拟样机技术研究. 长沙:国防科学技术大学博士学位论文.

宁芊.2006. 机电一体化产品虚拟样机协同建模与仿真技术研究. 成都:四川大学博士学位论文.

潘堤,费海涛,张成.2013. 基于 HLA 的空天地一体化通信仿真系统. 信息通信,(3):190-193.

潘峰,李位星,高琪.2014. 动态多目标粒子群优化算法及其应用. 北京:北京理工大学出版社.

钱学森.1954. 工程控制论. 北京:科学出版社.

生原,余鹏,霍金键.2005. 系统工程 Petri 网建模、验证与应用指南. 北京:电子工业出版社.

石峰,李群,王维平.2006. HLA 仿真系统因果追溯性设计. 计算机仿真,11:115-119.

史连艳,杨树兴.2007. 火箭弹 MR/GPS 制导系统应用仿真. 系统仿真学报,23:5443-5446.

孙宏波,范文慧,肖田元.2013. 一种基于本体的 HLA SOM 构建方法. 系统仿真学报,25(3):460-469.

孙亚东,张旭,宁汝新,等.2013. 面向多学科协同开发领域的集成建模方法. 计算机集成制造系统, 19(3):450-456.

汤新民,钟诗胜.2007. 基于元模型的模糊 Petri 网反向传播学习算法. 系统仿真学报,19(14):3163-3166.

唐硕,张栋,祝强军.2013. 吸气式高超声速飞行器推进系统耦合建模与分析. 飞行力学,31(3):244-249.

王鹏,李伯虎,柴旭东.2004. 复杂产品虚拟样机协同仿真建模技术研究. 系统仿真学报,(2):274-277.

王鹏,李伯虎,柴旭东,等.2006. 复杂产品多学科虚拟样机顶层建模语言研究. 计算机集成制造系统, 12(10):1605-1611.

王琦.2011. MDO 优化算法研究. 杭州:浙江大学博士学位论文.

王倩.2011. 高超声速飞行器飞行控制系统设计方法与仿真研究. 上海:复旦大学博士学位论文.

王倩,艾剑良.2012. 高超声速飞行器动态面控制系统设计与仿真. 系统仿真学报,24(11):2388-2392.

王生原,余鹏,霍金键.2005. 系统工程 Petri 网建模、验证与应用指南. 北京:电子工业出版社.

王威,范文慧,肖田元.2010. 复杂产品多学科协同设计优化建模方法. 系统仿真学报,22(11):2524-2528.

王西超,曹云峰,庄丽葵.2013.面向复杂系统虚拟样机协同建模的方法研究.电子科技大学学报,42(5):648-655.

王亚利,王宇平.2007.基于混合的 GA-PSO 神经网络算法.计算机工程与应用,2:38-40,56.

王允良,李为吉.2008.基于混合多目标粒子群算法的飞行器气动布局设计.航空学报,29(5):1202-1206.

王振国.2006.飞行器多学科设计优化理论与应用研究.北京:国防工业出版社.

魏锋涛,宋俐,李言.2013.改进的多学科协同优化方法.计算机集成制造系统,9:2116-2122.

吴森堂.2013.飞行控制系统.北京:北京航空航天大学出版社.

夏露,高正红.2006.基于 Pareto 的系统分解法及其在飞行器外形优化设计中的应用.西北工业大学报,24(1):90-96.

肖冰松,方洋旺,周晓滨,等.2009.基于 HLA 的航空武器协同作战仿真系统设计.系统仿真学报,21(13):3965-3968.

熊伟丽,徐保国.2006.基于 PSO 的 SVR 参数优化选择方法研究.系统仿真学报,18(9):2442-2446.

徐大军,蔡国飙.2010.高超声速飞行器关键技术量化评估方.北京航空航天大学学报,36(1):110-115.

徐正军,唐硕.2007.高超声速飞行器动力学虚拟样机设计.计算机仿真,24(3):50-54.

许红静.2007.复杂产品数字样机集成分析建模方法研究.天津:天津大学博士学位论文.

许卓明,顾华建,倪玉燕.2007.UML 类图向 OWL 本体转换工具的设计与实现.河海大学学报,35(4):478-481.

颜力.2006.飞行器多学科设计优化若干关键技术的研究与应用.长沙:国防科学技术大学博士学位论文.

闫喜强,李彦,李文强.2013.元模型的复杂产品多学科信息建模方法.计算机辅助设计与图形学学报,25(10):1540-1548.

杨军宏,李圣怡,王卓.2007.基于 ADAMS 的船舶运动模拟器及其液压驱动系统的设计与动力学仿真.机床与液压,9:80-83.

杨文兵,朱元昌,冯少冲.2013.基于本体的 HLA 对象模型生成方法.系统仿真学报,25(9):2000-2006.

姚锡凡,练肇,李永湘.2012.面向云制造服务架构及集成开发环境.计算机集成制造系统,18(10):2312-2322.

姚雄华,郑党党,范林.2015."两化"融合与飞机数字化性能样机.航空科学技术,26(3):10-13.

于瑞强,黄志球.2010.对象 Petri 网模型的复杂度度量.解放军理工大学学报(自然科学版),2:207-211.

于珊珊,徐尚德,雷君相.2004.多连杆机构分析和虚拟样机技术的发展.机械设计与制造,5:50-56.

原菊梅.2011a.复杂系统可靠性 Petri 网建模及其智能分析方法.北京:国防工业出版社.

原菊梅.2011b.基于粒子群优化算法的复杂系统可靠性分配与优化.火力与指挥控制,1:90-93.

原菊梅,侯朝桢,高琳.2007.基于有色 Petri 网的复杂武器系统任务可靠性建模及估计.系统仿真学报,11:2563-2566.

张超,马金宝,冯杰.2011.水文模型参数优选的改进粒子群优化算法.武汉大学学报(工学版),2:30-35.

张朝晖,徐立臻,董逸生.2011.一种基于 SOA 的企业集成平台.计算机工程,5:25-30.

张红梅.2011.高超声速飞行器的建模与控制.天津:天津大学博士学位论文.

张红梅,胡为.2012.通用高超声速飞行器的六自由度建模与仿真//第三十一届中国控制会议论文集 A 卷,合肥.

张立,陈刚,王玉柱,等.2007.基于本体的功能建模框架及协同设计环境研究.计算机集成制造系统,13(3):456-459.

张利彪,周春光,马铭,等.2004.基于粒子群算法求解多目标优化问题.计算机研究与发展,41(7):1286-1291.

张龙,马振书,穆希辉.2008.ADAMS 虚拟平台上的机器人夹持器动力仿真.现代制造工程,7:23-25.

张卫,陆宝春,吴慧中.2003.多领域虚拟样机混合建模方法研究.南京理工大学学报,27(3):269-317.

张彦忠,曲长征,李晓峰.2007.Petri 网维修过程仿真模型的 HLA 邦元改造.网络与信息技术,26(4): 34-35.

张勇,陆宇平,刘燕斌.2012.高超声速飞行器控制一体化设计.航空动力学报,27(12):2724-2729.

张昭理,洪帆,肖海军.2008.基于 Petri 网的混合安全策略建模与验证.计算机应用研究,2:509-511.

赵欣,叶庆卫,周宇.2009.一种保持 PSO 与 GA 独立性的混合优化算法.计算机工程与应用,26:53- 55,100.

郑党党,刘看旺,刘俊堂.2015.飞机性能样机技术及体系研究.航空科学技术,26(3):5-9.

郑晓鸣,吕士颖,王晓东.2007.免疫接种粒子群的聚类算法.电子科技大学学报,6:112-115.

钟佩思,刘梅.2006.基于虚拟样机的复杂产品协同设计与仿真关键技术研究.计算机应用研究,7:44-46.

朱德泉.2012.基于联合仿真的机电液一体化系统优化设计方法研究.合肥:中国科学技术大学博士学位论文.

朱殿华.2010.复杂产品多学科优化方案设计理论及方法研究.天津:天津大学博士学位论文.

AIAA White Paper. 1991. Current State of the Art: Multidisciplinary Design Optimization. Washington: AIAA Technical Committee for MDO.

Akkaya A, Genc G, Tugcu T. 2014. HLA based architecture for molecular communication simulation. Simulation Modelling Practice and Theory,42(3):163-177.

Antonio J Y, Rafa B L. 2010. Ontology refinement for improved information retrieval. Information Processing and Management,46(4):426-435.

Bhuyan P, Ray A, Mohapatra D P. 2015. A service-oriented architecture (SOA) framework component for verification of choreography. Smart Innovation,Systems and Technologies,33:25-35.

Bilimoria K D,Schmidt D K. 1995. Integrated development of the equations of motion for elastic hypersonic flight vehicles. Journal of Guidance,Control and Dynamics,18(1):73-81.

Bolender M A, Doman D B. 2007. Nonlinear longitudinal dynamical model of an air-breathing hypersonic vehicle. Journal of Spacecraft and Rockets,44(2):374-387.

Braun R D. 1996. Use of the Collaborative Optimization Architecture for Launch Vehicle. San Diego: American Institute of Aeronautics and Astronautics Inc.

Brun A,Aleksandrova M, Anne B. 2014. Analyzing cyber-physical energy systems: The INSPIRE cosimulation of power and ICT systems using HLA. IEEE Transactions on Industrial Informatics,10(4):2364-2373.

Chandy K M, Misra J. 1979. Distributed simulation: a case study in design and verification of distributed programs. IEEE Transactions on Software Engineering,SE-5(5):440-452.

Chen P L,Yang W S,Chao K M,et al. 2014. A fault-tolerant method for HLA typing with PacBio data. BMC Bioinformatics,15(1):500-503.

Chi Y L. 2010. Rule-based ontological knowledge base for monitoring partners across supply networks. Expert Systems with Applications,37(2):1400-1407.

Chilukuri M V, Dash P K. 2004. Multiresolutions-transform-based fuzzy recognition system for power quality events. IEEE Transactions On Power Delivery(S0885-8977),19(1):323-330.

Coello C A,Lechuga M S. 2002. MOPSO:A proposal for multiple objective particle swarm optimization. Computing Methodologies,(10):148-156.

Deb K,Pratab A,Agrawal S. 2002. A fast and elitist non-dominated sorting genetic algorithm for multi-objective optimization:NSGA. IEEE Trans. on Evolutionary Computation,6(2):182-197.

Eckart Z. 1999. Evolutionary arithms for multiobjective optimization: methods and applications//A dissertation submited to the Swiss Federal Institute of Technology Zurich for the degree of Doctor of Technical Seiences. London:Springer.

Etemadi H,Sood V K, Khorasani K, et al. 2009. Neural network based fault diagnosis in an HVDC system //

Proceedings. DRPT. International Conference on, London, UK, Electric Utility Deregulation and Restructuring and Power Technologies:209-214.

Fan M M. 2010. A heterogeneous model integration and interoperation approach in distributed collaborative simulation environment. International Journal of Internet Manufacturing and Services,2(3-4):294-309.

Fujimoto R M. 1987. Performance measurements of distributed simulation strategies. Trans Scs,6(2):29-30.

Grogan P T, Weck O L D. 2015. Infrastructure system simulation interoperability using the high-level architecture. IEEE Systems Journal,(99):1-12.

Gudiño-Mendoza B, López-Mellado E, Alla H. 2016. A linear characterization of the switching dynamic behavior of timed continuous Petri nets with structural conflicts. Nonlinear Analysis: Hybrid Systems,19:38-59.

Guo F Z. 2013. Relative dynamics modeling and simulation of double agile satellites' collaborative earth observation. Dongbei Daxue Xuebao/Journal of Northeastern University,34:283-287.

Hamdi J, Valerio B, Andreas W, et al. 2015. Modified primers for rapid and direct electrochemical analysis of coeliac disease associated HLA alleles. Biosensors and Bioelectronics,73:64-70.

Hiraishi K. 2015. Simulating Markovian stochastic Petri nets by difference equations with interval parameters. Discrete Event Dynamic Systems: Theory and Applications,25(3):365-386.

Hu J L, Zhang H M. 2009. Ontology based collaborative simulation framework using HLA and Web Services // 2009 WRI World Congress on Computer Science and Information Engineering, Los Angeles, CA, USA. Los Alamitos, CA, USA: IEEE Computer Society,5:702-706.

IEEE Std 1516. 2010. IEEE Standard for Modeling and Simulation(M&S) High Level Architecture(HLA)-Federate Interface Specification.

Imsland L, Kittilsen P, Schei T S. 2010. Model-based optimizing control and estimation using Modelica models. Modeling, Identification and Control,31(3):107-121.

Javed M, Abgaz Y M, Pahl C. 2009. A pattern-based framework of change operators for ontology evolution//Shvaiko P. The 4th International Workshop on Ontology Content. Algarve: OTM Workshops:544-553.

Ji J. 2010. Modeling technique of product master model for aero engine multidisciplinary collaborative design and simulation//Proceedings of the 2010 International Conference on Mechanical, Industrial, and Manufacturing Technologies, MIMT:99-104.

Joachim N, Beimborn D, Weitzel T. 2013. The influence of SOA governance mechanisms on IT flexibility and service reuse. Journal of Strategic Information Systems,22(1):86-101.

Karnopp D C, Margolie D, Rosenferg R C. 1990. Systems Dynamics: A Unified Approach. New York: John Wiley and Sons:200-204.

Kayed A, El-Qawasmeh E, Qawaqneh Z. 2010. Ranking web sites using domain ontology concepts. Information and Management,47(7-8):350-355.

Kennedy J, Eberhart R C. 1995. Particle Swarm Optimization//Proceedings IEEE International Conference on Neural Networks, Piscataway: IEEE Service Center,1942-1944.

Keshmiri S, Mirmirani M D. 2004. Six-DOF modeling and simulation of a generic hypersonic vehicle for conceptual design studies//AIAA Modeling and Simulation Technologies Conference and Exhibit. Norfolk: AIAA 4805.

Khansary M A, Sani A H. 2014. Using genetic algorithm(GA) and particle swarm optimization(PSO) methods for determination of interaction parameters in multicomponent systems of liquid-liquid equilibria. Fluid Phase Equilibria,365(6):141-145.

Kim K, Manley D, Yang H. 2006. Ontology-based assembly design and information sharing for collaborative product development. Computer-Aided Design(S0010-4485),38(12):1233-1250.

Lautenbacher F, Bauer B. 2010. Linguistics-based modeling methods and ontologies in requirements engineering. International Journal of Enterprise Information Systems,6(1):12-28.

Lee I W C,Dash P K. 2003. S-transform-based intelligent system for classification of power quality disturbance signals. IEEE Transactions on Industrial Electronics(S0278-0046),50(4):800-805.

Lee P M,Logan P B,Theodoropoulos P G. 2007. Distributed simulation of agent-based systems with HLA. ACM Transactions on Modeling and Computer Simulation,17(3):1-25.

Li R,Reveliotis S. 2015. Performance optimization for a class of generalized stochastic Petri nets. Discrete Event Dynamic Systems:Theory and Applications,15(3):387-417.

Li Y Z. 2014. Agent-oriented dynamic simulation in collaborative production development process. Xitong Gongcheng Lilun yu Shijian/System Engineering Theory and Practice,34(9):2446-2456.

Li Z,Reformat M. 2010. A Schema for ontology-based concept definition and identification. International Journal of Computer Applications in Technology,38(4):333-345.

Li Z X. 2014. A multi objective optimization algorithm for recommender system based on PSO. Computer Modelling and New Technologies,18(7):231-235.

Lin J,Yu J,Hsu C. 2010. An ontology-based architecture for consumer support systems. WSEAS Transactions on Information Science and Applications,7(2):153-165.

Lin L F,Zhang W Y,Lou Y C,et al. 2011. Developing manufacturing ontologies for knowledge reuse in distributed manufacturing environment. International Journal of Production Research,49(2):343-359.

Liu Y B. 2015. A parallel matching algorithm based on order relation for HLA data distribution management. International Journal of Modeling,Simulation,and Scientific Computing,6(2):51-56.

Lonsdale D, Embley D, Ding Y, et al. 2010. Reusing ontologies and language components for ontology generation. Data and Knowledge Engineering,69(4):318-330.

Ma C. 2012a. MDA-based meta-modeling technique for collaborative simulation. Communications in Computer and Information Science,323:250-261.

Ma C. 2012b. Two novel ADAMS model encapsulation methods in HLA based collaborative product development. Applied Mechanics and Material,130-134:1085-1091.

Maedehe A. 2002. Ontology Learning for the Semantic Web. Boston:Kluwer Academic Publishers:13-42.

Marrison C I,Stengel R F. 1998. Design of robust control systems for a hypersonic aircraft. Journal of Guidance, Control and Dynamics(S0731-5090),21(1):58-63.

Martin-Vega L A. 1999. Design, manufacturing and industrial innovation (DMII): past, present, and future perspectives//Keynot Report. 1999 NSF Design & Manufacturing Grantees Conference,Los Angeles.

Möller B. 2014. Solving common interoperability challenges with HLA-to-HLA bridging. Fall Simulation Interoperability Workshop,12(1):402-409.

Moore J,Chapman R. 1999. Application of Particle Swarm to Multi-objective optimization:Dept. Computer. Sei. Software Eng. ,Auburn Univ. 1(12):12-21.

Musen A M,Chugh A,Liu W,et al. 2006. A framework for ontology evolution in collaborative environments//Isebel F. Proceedings of the 5th International Semantic Web Conference. Heidelberg:Springer-Verlag:544-558.

Natalya F N,Deborah L. 2001. Ontology development:a guide to creating your first ontology. http://protege. Stanford. edu/publications/ontologydevelopment/ontology.

Nicolich M. 2014. System models simulation process management and collaborative multidisciplinary optimization. CEUR Workshop Proceedings,1300:1-16.

Niu Y F. 2009. AIS design based on service-oriented architecture SOA. World Academy of Science,Engineering and Technology,34:27-29.

Özdikis O,Durak U,Oguztuzun H. 2010. Tool support for transformation from an OWL ontology to an HLA object model // Proceedings of the 3rd International ICST Conference on Simulation Tools and Techniques. Belgium: ICST:1-6.

Park J,Cho W,Rho S. 2010. Evaluating ontology extraction tools using a comprehensive evaluation framework. Data and Knowledge Engineering,69(10):1043-1061.

Patil L, Dutta D, Sriram R. 2005. Ontology- based exchange of product data semantics. IEEE Transactions on Automation Science and Engineering(S1545-5955),2(3):213-225.

Paul C,Zeiler G,Nolan M. 2003. Integrated support system for the self protection system. Proceedings of the 2003 Autotestcon. Anaheim,1:155-160.

Paulheim H,Probst F. 2010. Ontology-enhanced user interfaces:A survey. Semantic Web and Information Systems, 6(2):36-59.

Rahi O P. 2011. Optimization of hydro power plant design by particle swarm optimization (PSO). Procedia Engineering,30:418-425.

Randhir T O. 2014. Urbanization and watershed sustainability: Collaborative simulation modeling of future development states. Journal of Hydrology,519(8):1526-1536.

Rathnam T. 2004. Using Ontologies to Support Interoperability in Federated Simulation. Georgia:Georgia Institute of Technology:20-25.

Recker J,Mendling J,Hahn C. 2013. How collaborative technology supports cognitive processes in collaborative process modeling:A capabilities-gains-outcome model. Information Systems,38(8):1031-1045.

Reddi K R,Moon Y B. 2011. System dynamics modeling of engineering change management in a collaborative environment. International Journal of Advanced Manufacturing Technology,55(9-12):1225-1239.

Reynolds P F. 1988. A Spectrum of options for parallel simulation//Simulation Conference,IEEE.

Rindi A. 2016. Efficient models of three- dimensional tilting pad journal bearings for the study of the interactions between rotor and lubricant supply plant. Journal of Computational and Nonlinear Dynamics,11(1):1-11.

Shen D K. 2012. Knowledge based collaborative modeling and simulation platform to design complex product. Advanced Materials Research,346:455-459.

Singh A,Teng J T C. 2016. Enhancing supply chain outcomes through information technology and trust. Computers in Human Behavior,54:290-300.

Sobieszczanski-Sobieski J,Haftka R T. 1996. Multidisciplinary aerospace design optimization:survey of recent developments. AIAA 0711.

Son J W,Rojas E M. 2011. Evolution of collaboration in temporary project teams:An agent- based modeling and simulation approach. Journal of Construction Engineering and Management,137(8):619-628.

Stramiello A,Kacprzynski G,Moffatt J,et al. 2008. Aviation turbine engine diagnostic system for the CH- 47 helicopter//Proceedings of the 2008 AHS International Meeting,Huntsville,1:200-211.

Sumile M S. 2013. Collaborative modeling & tailored simulation for course of action validation. Simulation Series, 45(7):1-11.

Sung C,Kim T G. 2014. Collaborative modeling process for development of domain- specific discrete event simulation systems. IEEE Transactions on Systems, Man and Cybernetics Part C: Applications and Reviews, 42(4):532-546.

Tappeta R. 1997. Multiobjective collaborative optimization// Proceedings of the 1997 ASME Design Engineering Technical Conference and Computers in Engineering Conference,1-14.

Tian S. 2003. Research on collaborative decision-making with the conception of simulation-based material management. Kongzhi yu Juece/Control and Decision,18(3):300-303,308.

Tietje H. 2012. A DIS socket for PSI-SA:Merging DIS and HLA. European Simulation Interoperability Workshop,

（1）:93-98.

Tiplea F L. 2017. On the complexity of deciding soundness of acyclic workflow nets. IEEE Transactions on Systems, Man, and Cybernetics: Systems, 45（9）:1292-1298.

Vázquez C R, Silva M. 2015. Stochastic Hybrid approximations of Markovian Petri nets. IEEE Transactions on Systems, Man, and Cybernetics: Systems, 45（9）:1231-1244.

Verzichelli G. 2008. Development of an aircraft and landing gears model with steering system in modelica-dymola// Proceedings of the 6th International Modelica Conference. Bielefeld: The Modelica Association: 181-191.

Wainer G, Liu Q. 2009. Tools for graphical specification and visualization of DEVS models. Simulation, 85（3）: 131-158.

Wang H W. 2009. Design and implementation for a collaborative simulation platform in wide area network environment. Jisuanji Jicheng Zhizao Xitong/Computer Integrated Manufacturing Systems, CIMS, 15（1）:12-20.

Wang H W. 2012. Using collaborative computing technologies to enable the sharing and integration of simulation services for product design. Simulation Modelling Practice and Theory, 27:47-64.

Wang Q, Stengel R F. 2000. Robust nonlinear control of a hypersonic aircraft. Journal of Guidance, Control and Dynamics（S0731-5090）, 23（4）:577-584.

Wang X. 2015. Diagnosis of time Petri nets using fault diagnosis graph. IEEE Transactions on Automatic Control, 60（9）:2321-2335.

Wang X C. 2013. Collaborative modeling approach for virtual prototype of complex systems. Dianzi Keji Daxue Xuebao/Journal of the University of Electronic Science and Technology of China, 42（5）:648-655.

Wei S G. 2013. UML-HLA collaborative modeling method and its application in multi-train simulation system. Jiaotong Yunshu Gongcheng Xuebao/Journal of Traffic and Transportation Engineering, 13（4）:108-115.

Xiong Z. 2014. The design and application of aircraft flight stimulation and visualization based on HLA. Applied Mechanics and Materials, 543-547:3472-3475.

Xu H. 2012. Implementation and simulation of ontology-based knowledge sharing model in collaborative product design support system. International Journal of Advancements in Computing Technology, 4（13）:447-453.

Xu H J, Mirmirani M, Ioannou P A, 2003. Robust neural adaptive control of a hypersonic aircraft// AIAA Guidance, Navigation, and Control Conference and Exhibit. Austin: AIAA:1-8.

Ye B J. 2013. Modeling and simulation of collaborative flight based on multi-agent technique. Jiaotong Yunshu Gongcheng Xuebao/Journal of Traffic and Transportation Engineering, 13（6）:90-98.

Zacharewicz G. 2009. Multi agent/HLA enterprise interoperability（short-lived ontology based）. International Workshop on Modeling and Applied Simulation:187-196.

Zhan P. 2007. An ontology-based approach for semantic level information exchange and integration in applications for product lifecycle management. Washington: Washington State University.

Zhang A, Zuo W L, Wang Y, et al. 2010. An ontology-based schema matching on deep web. Journal of Computational Information Systems, 6（4）:1077-1084.

Zhang F, Xue H F. 2012. Cloud manufacturing-based enterprise platform architecture and implementation//3rd International Conference on Digital Manufacturing and Automation, Guangxi, 190-191:60-63.

Zhang F, Xue H F. 2014. A method of reliability modeling based on characteristic model for performance digital mock-up. Computer Modelling and New Technologies, 18（2）:238-243.

Zhang F, Xue H F. 2015. A new hybrid modeling method for performance digital mock-up of hypersonic vehicle. Applied Mathematics & Information Sciences, 9（1）:337-343.

Zhang X D. 2013. Organization configuration simulation of production cells based on human-machine collaborative model. Jisuanji Jicheng Zhizao Xitong/Computer Integrated Manufacturing Systems, CIMS, 19（3）:499-506.

Zhang Y. 2015a. Intelligent affect regression for bodily expressions using hybrid particle swarm optimization and adaptive ensembles. Expert Systems with Applications,42(22):8678-8697.

Zhang Y. 2015b. Research on anti-jamming simulation system of wireless communication network based on HLA. Beijing Ligong Daxue Xuebao/Transaction of Beijing Institute of Technology,35(1):79-85.

Zhang Y H, Zhang F. 2014. A new replacement algorithm of web search engine cache based on user behavior. Applied Mathematics & Information Sciences,8(6):3049-3054.

Zheng D,Gen M,Cheng R. 1999. Multi-objective optimization using genetic algorithms. Engineering Valuation and Cost Analysis,2:303-310.